“十三五”国家重点出版物出版规划项目
面向可持续发展的土建类工程教育丛书
普通高等教育工程造价类专业系列教材

# 工程造价管理

第3版

主　编　林君晓　冯羽生
副主编　朱　迪　汪俊辉
参　编　郭晓剑　曾慧群
主　审　邹　坦

机械工业出版社

本书在继承和保持第2版的特色、风格和基本结构的基础上，增加和调整了部分内容，以适应我国工程造价管理发展的要求。

本书依据高等学校工程造价、工程管理专业培养目标和培养方案，基于《建设工程工程量清单计价规范》（GB 50500—2013）、《建筑安装工程费用项目组成》（建标〔2013〕44号）等国家规范、标准和相关规定，吸取工程造价管理改革的新成就编写而成。

本书全面介绍了建设项目的工程造价组成、工程计价原理、计价模式和全生命周期造价管理、全面造价管理、全过程造价管理的内容与方法。全书共10章，主要内容包括：工程造价概论，工程造价管理概论，建设项目决策阶段工程造价的计价与控制，建设项目设计阶段工程造价的计价与控制，建设项目招标投标阶段的工程计价与控制，建设项目施工阶段工程造价的计价与控制，建设项目竣工决算的编制，建设项目造价审计，建设项目造价管理的新理论与方法简介，BIM与工程造价管理。

本书每章章前设置有"本章学习重点与难点"，章后设置有题型丰富的复习思考题。

本书可作为高等院校工程管理、工程造价、土木工程、房地产开发与管理等专业的教材，也可供工程造价从业人员以及相关执业资格考试考生参考。

本书配有电子课件和章后习题解答，免费提供给选用本书的授课教师。需要者请登录机械工业出版社教育服务网（www.cmpedu.com）注册后下载。

**图书在版编目（CIP）数据**

工程造价管理/林君晓，冯羽生主编. —3版. —北京：机械工业出版社，2021.12（2024.2重印）
（面向可持续发展的土建类工程教育丛书）
"十三五"国家重点出版物出版规划项目　普通高等教育工程造价类专业系列教材
ISBN 978-7-111-69624-7

Ⅰ.①工…　Ⅱ.①林…②冯…　Ⅲ.①建筑造价管理-高等学校-教材
Ⅳ.①TU723.31

中国版本图书馆CIP数据核字（2021）第238994号

机械工业出版社（北京市百万庄大街22号　邮政编码100037）
策划编辑：刘　涛　　责任编辑：刘　涛
责任校对：史静怡　张　薇　封面设计：马精明
责任印制：单爱军
保定市中画美凯印刷有限公司印刷
2024年2月第3版第6次印刷
184mm×260mm · 20.5印张 · 505千字
标准书号：ISBN 978-7-111-69624-7
定价：65.00元

电话服务　　网络服务
客服电话：010-88361066　机　工　官　网：www.cmpbook.com
010-88379833　机　工　官　博：weibo.com/cmp1952
010-68326294　金　书　网：www.golden-book.com
封底无防伪标均为盗版　机工教育服务网：www.cmpedu.com

# 前　言

工程造价管理是一门不断发展并具有广阔前景的新兴边缘学科，我国工程造价管理体制改革也在不断发展与深化。为了培养符合新时代要求的工程造价管理人员，我们按照“普通高等教育‘十三五’工程造价类专业系列教材”编委会的要求，于2014年组织编写了本书第2版。

本书第2版自2015年出版以来，得到了相关院校师生的肯定和好评，在此表示衷心的感谢！在总结经验和吸纳新知识的基础上，我们对第2版进行了修订。

本次修订在保持第2版的特色、风格和基本结构的基础上，增加和调整了部分内容，以适应我国工程管理发展的新要求。第3版主要修订了以下内容：

(1) 按照《关于全面推开营业税改征增值税试点的通知》(财税〔2016〕36号) 以及住房城乡建设部办公厅《关于做好建筑业营改增建设工程计价依据调整准备工作的通知》(建办标〔2016〕4号) 等文件要求，结合《建筑安装工程费用项目组成》(建标〔2013〕44号) 的规定，对“工程造价的构成”内容做了修订。

(2) 充实了每章的复习思考题。

(3) 增加了第10章 BIM 与工程造价管理。

本书主要基于《建设工程工程量清单计价规范》(GB 50500—2013)、《建筑安装工程费用项目组成》(建标〔2013〕44号)、《建设项目投资估算编审规程》(CECA/GC 1—2015)、《建设项目设计概算编审规程》(CECA/GC 2—2015)、《建设项目工程结算编审规程》(CECA/GC 3—2010)、《建设项目全过程造价咨询规程》(CECA/GC 4—2017)、《建设工程施工合同（示范文本)》(GF—2017—0201) 和 FIDIC《施工合同条件》(1999) 的相关内容，并吸收工程造价管理改革的新成就编写，适合不同地区的读者学习和使用。

工程造价管理贯穿于建设项目全过程，从投资决策到设计、施工、竣工验收，涉及投资主管部门、建设单位、设计单位、施工企业及设备材料供应等部门的全方位管理。本书从不同角度介绍全过程造价管理的内容与方法，力求做到专业面宽、适用面广。既着眼于造价管理理论要领的阐述，又介绍现实的工程造价管理实践；造价管理理论的介绍涵盖了包括施工企业、政府审计部门在内的全方位造价管理。本书尽量做到能反映我国和国际社会工程造价管理领域的最新动态。

本书包括工程造价和工程造价管理基础知识、建设项目全过程工程造价管理、建设项目造价审计和建设项目造价管理新方法及 BIM 与工程造价管理四部分内容。第一部分包括工程造价的构成、工程造价计价模式和工程造价管理基础知识等；第二部分按照工程项目建设程序，分别介绍建设项目投资决策阶段、设计阶段、招标投标阶段、施工阶段，以及竣工验收阶段的工程造价管理的内容和方法，并专门介绍了施工企业的项目成本控制理论方法与实践；第三部分从政府审计的角度，全面介绍了建设项目的设计概算审计、施工图预算审计和竣工结算审计的方法与实践；第四部分介绍了工程造价管理理论的发展历程和国际社会工程造价管理领域的最新发展动态，以及BIM技术在工程造价管理中的应用。

本书由江西理工大学林君晓、冯羽生主编。本次修订分工如下：第1、2、8、9章由林君晓、曾慧群编写，第3、4章由冯羽生编写，第5、6章由朱迪、汪俊辉编写，第7章由汪俊辉、郭晓剑编写，第10章由朱迪编写。邹坦教授担任本书主审，在此表示感谢。

本书在编写过程中引用了大量工程实例，感谢深圳市福田区审计局和北京博大经开建设有限公司提供的参考资料和案例资料，感谢蒋传辉教授对本书编写给予的极大帮助。

由于编者学术水平和实践经验有限，书中难免存在疏漏和谬误，恳请读者批评指正。

编　者

# 目 录


前 言

第 1 章 工程造价概论 …… 1

本章学习重点与难点 …… 1

1.1 工程造价的内涵 …… 1

1.2 建设项目工程造价的形成 …… 3

1.3 工程造价的构成 …… 9

1.4 建设项目工程计价原理与方法 …… 32

复习思考题 …… 38

第 2 章 工程造价管理概论 …… 39

本章学习重点与难点 …… 39

2.1 工程造价管理的内涵 …… 39

2.2 我国工程造价管理体系 …… 42

2.3 国外工程造价管理体系 …… 50

复习思考题 …… 53

第 3 章 建设项目决策阶段工程造价的计价与控制 …… 55

本章学习重点与难点 …… 55

3.1 概述 …… 55

3.2 建设项目可行性研究 …… 62

3.3 建设项目投资估算 …… 69

复习思考题 …… 85

第 4 章 建设项目设计阶段工程造价的计价与控制 …… 89

本章学习重点与难点 …… 89

4.1 概述 …… 89

4.2 设计方案的评价和比较 …… 92

4.3 设计方案优化 …… 107

4.4 设计概算的编制 …… 119

4.5 施工图预算的编制 …… 128

复习思考题 …… 131

第 5 章 建设项目招标投标阶段的工程计价与控制 …… 135

本章学习重点与难点 …… 135

5.1 招标投标概述 …… 135

5.2 施工招标投标与合同价款的确定 …… 141

复习思考题 …… 158

第 6 章 建设项目施工阶段工程造价的计价与控制 …… 162

本章学习重点与难点 …… 162

6.1 概述 …… 162

6.2 工程变更与合同价款调整 …… 165

6.3 工程索赔 …… 184

6.4 工程价款结算 …… 200

6.5 资金使用计划的编制 …… 217

6.6 施工项目成本控制 …… 226

复习思考题 …… 236

第 7 章 建设项目竣工决算的编制 …… 244

本章学习重点与难点 …… 244

7.1 竣工验收 …… 244

7.2 竣工决算 …… 248

7.3 竣工决算案例 …… 258

复习思考题 …… 262

第 8 章 建设项目造价审计 …… 266

本章学习重点与难点 …… 266

8.1 概述 …… 266

8.2 设计概算审计 …… 281

8.3 施工图预算（标底）审计 …… 284

8.4 竣工结算审计 …………………………… 287
复习思考题………………………………… 291
第9章 建设项目造价管理的新理论与方法简介……………………… 293
本章学习重点与难点……………………… 293
9.1 工程造价管理理论发展简介 ………… 293
9.2 全生命周期造价管理 ………………… 297
9.3 全面造价管理 ………………………… 299
9.4 全过程造价管理 ……………………… 306
复习思考题………………………………… 308
第10章 BIM与工程造价管理 ……… 310
10.1 BIM技术的定义与主要特征 ……… 310
10.2 BIM在国内外的发展与应用 ……… 311
10.3 BIM在中国建筑业应用与发展的障碍 … 312
10.4 基于BIM技术的工程造价管理的特点 ………………………………… 313
10.5 基于BIM技术的造价管理与现行的工程造价管理对比分析 …………… 314
10.6 BIM技术在建筑工程造价管理中应用的意义 ……………………………… 315
10.7 基于BIM的工程项目全过程造价控制方法 ……………………………… 316
10.8 营改增下基于BIM技术的工程造价管理 ……………………………… 319
复习思考题………………………………… 319
参考文献……………………………………… 320

# 第1章 工程造价概论

本章学习重点与难点：本章内容为以后各章节的学习奠定理论基础。读者通过本章的学习了解工程造价及工程造价计价模式的基本原理和方法的基础知识；熟悉工程造价的基本内涵、建设项目的组成和工程建设程序、我国现行建筑安装工程费用的构成和主要内容；掌握工程建设各阶段的计价过程、定额计价与工程量清单计价方法的基本原理；了解清单计价模式与定额计价模式的异同、我国“工程造价”一词的由来。同时对于国际工程建筑安装费用的构成有所了解。

## 1.1 工程造价的内涵

工程造价、建筑产品价格与工程价格是工程造价管理理论与实践中常用的几个术语，其含义相近又有区别。在学习工程造价的基本理论前，先了解工程造价、建筑产品价格与工程价格这三个概念以及它们之间的联系与区别。

### 1.1.1 建筑产品价格

建筑产品是指经过勘察设计、施工以及设备安装等一系列生产活动所完成的符合设计要求和质量标准，能够独立发挥使用价值，可供人类使用的最终产品，具有商品属性，但又不同于一般商品。

商品交换发展到一定的时期，商品价格随之产生。在商品交换过程中，一切商品都先与货币交换，用货币表现其价值。因此，商品价格就是以货币形式表现的商品价值。所谓价格形成机制就是指价格决定，即商品价格以及价格体系的形成、变化的基本原理。目前我国商品和劳务的价格形成机制有三种：政府定价机制、政府指导价机制和市场形成价格机制。

任何商品均有价格属性，进入建筑市场用来交换的建筑产品也不例外。建筑产品价格是建筑产品价值的货币表现，是在建筑产品生产中社会必要劳动时间的货币体现。建筑产品价格是指建筑产品进行交易时，买方（业主）、卖方（工程承包商）都愿意接受的价格，它反映的是建筑产品市场上以建筑产品为对象的商品交换过程，表现形式多样，如招标控制价、投标价、中标价、结算价等形式。

### 1.1.2 工程造价

“工程造价”一词在开始出现时概念带有一定的不确定性，我国工程造价管理界对“工程造价”有许多不同的定义。1996 年中国建设工程造价管理协会（以下简称“中价协”）学术委员会对“工程造价”一词提出了界定意见，明确了两种不同的含义：其一，指建设项目的预期或实际全部开支的全部建设费用，即该工程项目从建设前期到竣工投产全过程所花费的费用总和；其二，指建设工程的承发包价格。

建筑产品交易的双方都有造价的概念，但其意义不同。对于承包商来讲，工程造价就是建筑产品的生产成本；对于业主来讲，工程造价是指其投资费用或投资成本，即用于购买建筑施工企业服务并得到最终建筑工程产品的这部分投资成本。双方的造价含义和数额都不相同。

显然，工程造价的第一种含义是从投资者或业主的角度来定义的，它反映建设项目的全部工程投资费用。投资者为了获得投资项目的预期效益，就需要进行项目策划、决策及实施，直至竣工验收等一系列投资管理活动。在上述活动中所花费的全部费用最终形成了固定资产和无形资产。

工程造价的第二种含义是从承包商的角度来定义的，它反映的是工程这种特殊产品在市场中交易的价格，是指工程的产品价格。从市场交易的角度而言，工程造价是指为建成一项工程，预计或实际在土地市场、设备市场、技术劳务市场，以及承发包市场等交易活动中所形成的建筑安装工程的价格和建设工程总价格。显然，工程造价的第二种含义是指以建设工程这种特定的商品形式作为交易对象，通过招投标或其他交易方式，在进行多次预估的基础上，最终由市场形成的价格。这里的工程既可以是涵盖范围很大的一个建设工程项目，也可以是其中的一个单项工程，甚至可以是整个建设工程中的某个阶段，如土地开发工程、建筑安装工程、装饰工程，或者其中的某个组成部分。

通常，对承发包双方而言，工程造价第二种含义指发包工程的承包价格。承发包价格是工程造价中一种重要的、也是最典型的价格形式。它是在建筑市场通过招投标，投资者和承包商共同认可的价格。

与工程造价两种含义对应，工程造价管理也有两种含义，其一是指建设成本的管理；其二是指承包价格的管理。从管理性质看，前者属于投资管理范畴。投资者关注项目实施中完善项目功能，提高工程质量，降低投资费用，提高投资效益，按期或者提前交付使用；后者属于价格管理范畴，承包商追求的是高利润、较高的工程造价。因此要通过宏观调控、市场管理来求得价格的总体合理，这也是区分清楚工程造价两种含义的原因所在，不同的利益主体不能混为一谈，这是市场机制运行的必然结果。

### 1.1.3 工程价格

1999 年颁布的《建设工程施工发包与承包价格管理暂行规定》（建标［1999］1 号）中使用了“工程价格”一词代替“工程造价”，该文件的颁布标志着我国建设市场基本形成，建筑产品的商品属性得到了充分认识。该文件第三条指出：“工程价格系指按国家有关规定由甲乙双方在施工合同中约定的工程造价”。可见，工程价格是项目通过招标投标方式确定的合同造价，是建设项目在承发包阶段的工程造价。

由上面的分析可知，工程价格和工程造价的第二种含义基本上表达的是同一个含义。显然，工程造价的第二种含义和工程价格这两个概念是以社会主义市场经济为前提的，将工程这种特定的商品形式作为市场交易对象，通过招投标等交易方式，最终由市场形成的价格。

在不同经济发展时期，建筑产品有不同的价格形式，不同的定价主体，不同的价格形成机制，而一定的建筑产品价格形式产生、存在于一定的工程建设管理体制和一定的建筑产品交换方式之中。“建筑产品价格”“工程造价”“工程价格”这三种表达方式，表现了不同历史时期人们对建设项目价格的认识倾向。

## 1.2 建设项目工程造价的形成

由于建设项目周期长、投资规模大等特殊性，表现出建设项目工程造价的形成过程比较复杂、构成内容及计算比较繁杂。在探讨工程造价的形成过程前，先了解一下建设项目的组成及建设程序。

### 1.2.1 建设项目的组成

所谓建设项目，就是将一定量的投资，在一定的约束条件下（时间、质量、资源），按照科学的程序，经过决策和实施，以形成固定资产为明确目标的一次性活动，是按一个总体规划或设计范围内进行建设的，实行统一施工、统一管理、统一核算的工程，往往是由一个或数个单项工程所构成的总和，也可以称为基本建设项目。

建设项目应满足下列要求：①技术上在一个总体设计或初步设计范围内；②在建设过程中，实行统一核算、统一管理；③行政上具有法人资格、具有独立组织形式；④构成上，由一个或几个相互关联的单项工程所组成。在一个总体设计文件范围内，按规定分期进行建设的项目，仍算作一个建设项目。按照一个总体设计和总投资文件在一个场地或者是几个场地上进行建设的工程，也属于一个建设项目。

工业建设中，一般以一个工厂为一个建设项目；民用建设中，以一个事业单位如一所学校、一所医院为建设项目。一个建设项目可以有几个单项工程，也可以只有一个单项工程。

建设项目按照它的组成内容不同，从大到小，可以分为单项工程、单位工程、分部工程和分项工程。

#### 1. 单项工程

单项工程是指在一个建设项目中，具有独立的设计文件，可以独立组织施工，建成后能够独立发挥生产能力或具有使用效益的工程。生产性建设项目的单项工程，一般是指能独立生产的车间，如主要生产车间、辅助生产车间、试验室等；非生产性建设项目的单项工程，如一所学校的教学楼、图书馆、食堂等。

#### 2. 单位工程

单位工程是指具有独立设计文件，可以单独组织施工，但竣工后不能独立发挥生产能力或作用的工程。单位工程是单项工程的组成部分，如车间的土建工程、设备安装工程、电气照明、室内给水排水、工业管道等都是一个单项工程中所包含的不同性质的单位工程。

一个单位工程按照它的构成，可以分解为建筑工程、设备及安装工程。

（1）建筑工程　建筑工程是一个复杂的综合体，主要包括：

1）一般土建工程。

2）卫生工程，包括给水排水管道、采暖、通风和民用煤气管道敷设工程。

3）工业管道工程，包括蒸汽、压缩空气、煤气、输油管道及其他工业介质输送管道工程。

4）构筑物和特殊构筑物工程，包括各种设备基础、烟囱、水塔、桥梁、涵洞工程等。

5）电气照明工程，包括室内外照明设备的安装、线路铺设、变电与配电设备的安装工程等。

（2）设备及安装工程　设备及安装工程包括机械设备及安装工程、电气设备及安装工程。

1）机械设备及安装工程，包括各种工艺设备、起重运输设备、动力设备等的购置及安装工程。

2）电气设备及安装工程，包括传动电气设备、起重机电气设备、起重控制设备等的购置及安装工程。

### 3. 分部工程

分部工程是单位工程的组成部分，分部工程的划分应按专业性质、建筑部位确定。一般工业与民用建筑工程可划分为：地基与基础工程、主体结构工程、装修工程、屋面工程等分部工程。

当分部工程较大或较复杂时，可按材料种类、施工特点、施工程序等进一步分解为若干子分部工程。例如，主体结构分部工程又可细分为混凝土结构、砌体结构、木结构等子分部工程；建筑装修分部工程又可细分为地面、抹灰、门窗等子分部工程。

### 4. 分项工程

分项工程是按照不同的施工方法、不同的材料、不同的规格等内容对分部工程再进一步划分。如砌筑工程中的“砌砖”工程划分为：砖基础、砖墙、空斗墙、空花墙、填充墙、实心砖、柱、零星砌砖8个分项工程。

由以上分析可知，一个建设项目通常是由一个或几个单项工程组成的，一个单项工程是由几个单位工程组成的，而一个单位工程又是由若干个分部工程组成的，一个分部工程可按照选用的施工方法、使用的材料、结构构件规格的不同等因素划分为若干个分项工程。

## 1.2.2 工程项目建设程序

工程项目的建设程序是指建设项目从策划、评估、决策、设计、施工到竣工验收和后评价的全过程中，各项工作必须遵循的先后次序。它是工程建设过程客观规律的反映，是建设项目科学决策和顺利进行的重要保证。按照建设项目发展的内在联系和发展过程，每一个建设项目都要经过投资决策和建设实施两个时期，这两个时期又可分为有严格先后次序的若干阶段。

以世界银行贷款项目为例，其建设周期包括项目选定、项目准备、项目评估、项目谈判、项目实施和项目总结评价六个阶段。每一阶段的工作深度，决定着项目在下一阶段的发展，彼此相互联系、相互制约。正是由于其科学、严密的项目周期，保证了世界银行在各国的投资保持有较高的成功率。

我国对建设程序的划分没有统一的标准，但一般分为决策阶段、设计阶段、建设实施阶段和竣工验收阶段，生产性项目还有后评估阶段。

### 1. 决策阶段

决策阶段又称为建设前期工作阶段，主要包括编报项目建议书和可行性研究两项工作内容。它可进一步分解为投资机会研究（项目规划）、初步可行性研究、可行性研究、项目评估、项目决策审批五个阶段性过程。

（1）投资机会研究　是根据国民经济发展规划、行业规划、地区规划以及有关技术经济政策，在一定的地区或部门内，结合资源分布、市场预测等条件，选择投资方向，并依据有关参数、资料、数据和必要的技术经济分析，提出投资建议及有关方案，为投资者提供最有利的投资机会。

（2）初步可行性研究 初步可行性研究的结果是项目建议书。项目建议书是业主提出的要求建设某一具体工程项目的建议文件，是根据国民经济和社会发展长远规划，结合行业和地区发展规划的要求，在投资决策前对拟建项目的总体轮廓设想。

（3）可行性研究 可行性研究也称详细可行性研究，是建设项目投资决策的基础。在可行性研究中，对拟建项目的市场需求状况、建设条件、生产条件、协作条件、工艺技术、设备、投资、经济效益、环境和社会影响以及风险等问题，进行深入调查研究，充分进行技术经济论证，做出项目是否可行的结论，选择并推荐优化的建设方案，为项目决策单位或业主提供决策依据。

可行性研究工作完成后，需要编写出反映其全部工作成果的“可行性研究报告”。报告内容一般包括：①建设项目提出的背景和依据；②市场需求情况和拟建规模；③资源、原材料、燃料及协作情况；④厂址方案和建厂条件；⑤方案优化选择；⑥环境保护；⑦生产组织、劳动定员；⑧投资估算和资金筹措；⑨产品成本估算；⑩经济效益评价与结论。

（4）项目评估阶段 项目评估决策就是由投资决策部门、单位或业主组织有关专家，对可行性研究报告进行全面审核与论证，确定项目可行性研究报告提出的方案是否可行，科学、客观、公正地提出对项目可行性报告的评价意见，为项目审批决策提供依据。重要的项目，项目建议书编写后也要进行一次论证。

（5）项目决策审批阶段 项目主管单位或业主，根据可行性研究报告的评价结论，结合国家宏观经济条件等实际情况，对项目是否建设、何时建设进行审定。

随着我国社会主义市场经济体制的建立和完善，国家逐步开放建设项目审批权，对竞争性项目鼓励私人投资。根据《国务院关于投资体制改革的决定》，对于企业不使用政府投资建设的项目，一律不再实行审批制，区别不同情况实行登记备案制和核准制。政府弱化对这类项目的管理，由投资主体自主决策、风险自担。可行性研究报告批准后，即为初步设计的依据，不得随意修改或变更。

1）对于采用直接投资和资本金注入方式的政府投资项目，政府需要从投资决策的角度审批项目建议书和可行性研究报告，除特殊情况外不再审批开工报告，同时要严格审批其初步设计和概算；对于采用投资补助、转贷和贷款贴息方式的政府投资项目，则只审批资金申请报告。政府投资项目一般要经过符合资质要求的咨询机构的评估论证，特别重大的项目还应实行专家评议制度。国家将逐步实行政府投资项目公示制度，以广泛听取各方面的意见和建议。

2）对于企业不使用政府资金投资建设的项目，国家一律不再实行审批制，区别不同情况实行核准制或登记备案制。企业投资建设《政府核准的投资项目目录》中的项目时，实行核准制，即企业仅需向政府提交项目申请报告，不再经过批准项目建议书、可行性研究报告和开工报告的程序；对于《政府核准的投资项目目录》以外的企业投资项目，实行备案制。除国家另有规定外，由企业按照属地原则向地方政府投资主管部门备案。

为扩大大型企业集团的投资决策权，对于基本建立现代企业制度的特大型企业集团，投资建设《政府核准的投资项目目录》中的项目时，可以按项目单独申报核准，也可编制中长期发展建设规划，规划经国务院或国务院投资主管部门批准后，属于《政府核准的投资项目目录》中的项目不再另行申报核准，只需办理备案手续。企业集团要及时向国务院有关部门报告规划执行和项目建设情况。

尽管国家不再对所有建设项目实行审批制度，项目建议和可行性研究作为项目建设的科学程序，依然是需要进行的。

### 2. 设计阶段

可行性报告批准后，即进行建设地点的选择。在综合研究工程地质、水文地质等自然条件，建设工程所需水、电、运输条件和项目建成投产后原材料、燃料以及生产和工作人员生活条件、生产环境等因素，并进行多方案比选后，提交选点报告，落实建设地点。

通过设计招标或设计方案选择设计单位后，即开始设计阶段工作，按可行性研究报告中的有关要求，编制设计文件。根据建设项目的不同情况，一般进行两阶段设计，即初步设计和施工图设计。对于大型复杂项目，技术上比较复杂而又缺乏设计经验的项目，可进行三阶段设计，即初步设计、技术设计（扩大初步设计）和施工图设计。

初步设计是为了阐明在指定地点、时间和投资限额内，拟建项目技术上可行且经济上合理。

技术设计阶段是进一步解决初步设计的重大技术问题，如工艺流程、建筑结构、设备选型等。

施工图设计是在初步设计基础上完整表现建筑物外形、内部空间尺寸、结构等，还包括通信、管道系统设计等。

### 3. 建设实施阶段

建设实施阶段主要包括建设准备、工程实施和竣工前的生产准备三项工作内容。

（1）建设准备　项目在开工建设之前，要做好各项准备工作，主要包括征地、拆迁、“三通一平”（通水、电、道路，场地平整），组织材料、设备采购，组织施工招投标择优选择施工单位，报批开工报告等。

（2）工程实施　项目经批准开工建设后，便进入了实施阶段。项目新开工时间，按设计文件中规定的任何一项永久性工程第一次正式破土开槽时间而定；不需要开槽的以正式打桩作为开工时间，铁路、公路、水库等以开始进行土石方工作作为正式开工时间。

（3）竣工前的生产准备　在生产性建设项目竣工投产前，适时地由建设单位组织专门机构，有计划地做好生产准备工作，包括组建管理机构，制定管理制度和有关规定；招收并培训生产人员，组织生产人员参加设备的安装、调试和工程验收；签订原料、材料、协作产品、燃料、水、电等供应及运输的协议；进行工具、器具、备品、备件等的制造或订货等。生产准备是由建设阶段转入生产经营的一项重要工作。

### 4. 竣工验收阶段

建设项目按设计文件规定内容全部施工完成后，由建设项目主管部门或建设单位向负责验收单位提出竣工验收申请报告，组织验收。竣工验收按项目的规模大小和复杂程度分为初步验收和竣工验收两个阶段。

工程竣工验收是建设程序的最后一步，是全面考核建设成果、检验设计和施工质量的重要步骤，也是建设项目转入生产和使用的标志；竣工验收是全面考核基本建设工作，检查是否符合设计要求和工程质量的重要环节，对清点建设成果，促进建设项目及时投产，发挥投资效益及总结建设经验教训，都有重要作用。

5. 后评价阶段

建设项目后评价是工程项目竣工投产、生产运营一段时间后，再对项目的立项决策、设计施工、竣工投产、生产运营等全过程进行系统评价的一种技术活动，是固定资产管理的一项重要内容，也是固定资产投资管理的最后一个环节。通过建设项目后评价，可以达到肯定成绩、总结经验、研究问题、吸取教训、提出建议、改进工作、不断提高项目决策水平和投资效果的目的。

### 1.2.3　工程造价的形成

1. 工程造价及相关概念

（1）建设项目总投资　建设项目总投资是指在工程项目建设阶段所需要的全部费用的总和。生产性建设项目总投资包括建设投资、建设期利息、固定资产投资方向调节税和流动资金；非生产性建设项目总投资包括建设投资、建设期利息和固定资产投资方向调节税。建设投资由建设项目的工程费用、工程建设其他费用及预备费组成。其中，工程费用包括建筑工程费、设备购置费及安装工程费；预备费包括基本预备费和价差预备费。

建设项目总投资的各项费用按资产属性，分别形成固定资产原值、无形资产原值和其他资产原值。

（2）建设工程造价　建设工程造价是指完成一个建设项目预期开支或实际开支的全部建设费用，即该建设项目从筹建到竣工交付使用的整个建设过程所花费的全部费用，是建设项目投资中最主要的部分，包括建筑安装工程费用、设备工器具购置费用、工程建设其他费用、预备费（基本预备费和涨价预备费）、建设期贷款利息等。建筑安装工程造价是建设项目投资中的建筑安装工程投资部分，也是建设工程造价的重要组成部分。

（3）铺底流动资金　铺底流动资金是指项目投产初期所需，为保证项目建成后进行试运转所必需的流动资金。生产经营性建设项目的铺底流动资金是指为保证投产后正常的生产营运所需、并在项目资本金中筹措的自有流动资金。非生产经营性建设项目不列铺底流动资金。铺底流动资金一般占流动资金的 30%，其余 70%流动资金可申请短期贷款。

（4）静态投资与动态投资　静态投资是以某一基准年、月的建设要素的价格为依据所计算出的建设项目投资的瞬时值，不考虑物价上涨、建设期贷款利息等动态因素。

动态投资是指为完成一个工程项目的建设，预计投资需要量的总和，是在考虑物价上涨、建设期贷款利息等动态因素情况下估算的建设投资，除包括静态投资外，还包括建设期贷款利息、涨价预备费等。动态投资适应了市场价格运行机制的要求，使投资的计划、估算、控制更加符合实际。动态投资包含静态投资，静态投资是动态投资最主要的组成部分，也是动态投资的计算基础。

2. 工程造价的分类及形成

工程造价除具有一般商品价格运动的共同特点之外，还具有“多次性”计价的特点。建设产品的生产周期长、规模大、造价高，需要按建设程序分阶段分别计算造价，并对其进行监督和控制，以防工程超支。例如，工程的设计概算和施工图预算，都是确定拟建工程预期造价的，而在建设项目完全竣工以后，为反映项目的实际造价和投资效果，还必须编制竣工决算。

建设项目的多次性计价特点决定了工程造价不是固定、唯一的，而是随着工程的进行，逐步深化、逐步细化、逐步接近实际造价的。其过程如图 1-1 所示。

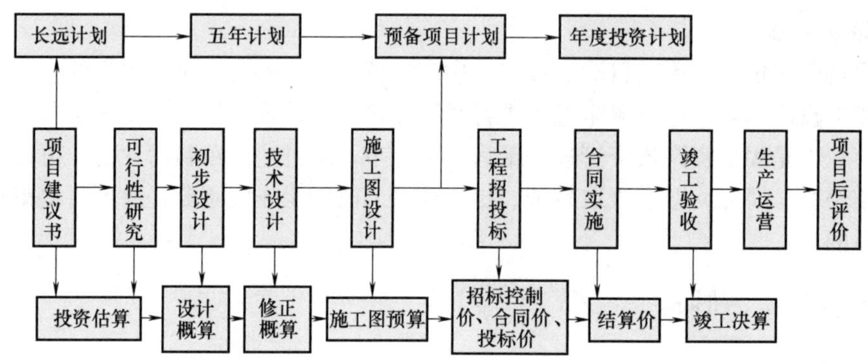


图1-1 项目建设各阶段造价的形成

（1）投资估算 投资估算是进行建设项目技术经济评价和投资决策的基础，在项目建议书、可行性研究、方案设计阶段应编制投资估算。一般是指在工程项目决策过程中，建设单位向国家计划部门申请建设项目立项或国家、建设主体对拟建项目进行决策，确定建设项目在规划、项目建议书等不同阶段的投资总额而编制的造价文件。通常是采用投资估算指标、类似工程的造价资料等对投资需要量进行估算。

投资估算是可行性研究报告的重要组成部分，是进行项目决策、筹资、控制造价的主要依据。经批准的投资估算是工程造价的目标限额，是编制概预算的基础。

（2）设计概算 在初步设计阶段，根据初步设计的总体布置，采用概算定额、概算指标等编制项目的总概算。设计概算是初步设计文件的重要组成部分。经批准的设计概算是确定建设项目总造价、编制固定资产投资计划、签订建设项目承包合同和贷款合同的依据，也是控制建设项目贷款和施工图预算以及考核设计经济合理性的依据。

设计概算较投资估算准确，但受投资估算的控制。设计概算文件包括建设项目总概算、单项工程综合概算和单位工程概算。

（3）修正概算 在采用三阶段设计的技术设计阶段，根据技术设计的要求编制修正概算文件。它对设计总概算进行修正调整，比概算造价准确，但受概算造价控制。

（4）施工图预算 施工图预算是在施工图设计阶段，根据已批准的施工图，在施工方案（或施工组织设计）已确定的前提下，按照一定的工程量计算规则和预算编制方法编制的工程造价文件，它是施工图设计文件的重要组成部分。经承发包双方共同确认、管理部门审查批准的施工图预算，是签订建筑安装工程承包合同、办理建筑安装工程价款结算的依据。

（5）招标控制价 招标控制价是工程招标发包过程中，由招标人根据国家或省级、行业建设主管部门颁发的有关计价依据和办法，以及拟定的招标文件，结合工程具体情况编制的招标工程的最高投标限价，其作用是招标人用于对招标工程发包的最高投标限价。

（6）合同价 在工程招投标阶段通过签订建设项目总承包合同、建筑安装工程承包合同、设备材料采购合同，以及技术和咨询服务合同所确定的价格。合同价是承发包双方根据市场行情共同认可的成交价格，但并不等于实际工程造价。对于一些施工周期较短的小型建设项目，合同价往往就是建设项目最终的实际价格。对于施工周期长、建设规模大的工程，由于施工过程中诸如重大设计变更、材料价格变动等情况难以事先预料，所以合同价还不是建设项目的最终实际价格。这类项目的最终实际工程造价，由合同各种费用调整后的差额组成。

按计价方式不同，建设工程合同有不同类型（总价合同、单价合同、成本加酬金合同），对于不同类型的合同，其合同价的内涵也有所不同。

（7）投标价　投标价是在工程招标发包过程中，由投标人按照招标文件的要求，根据工程特点，并结合自身的施工技术、装备和管理水平，依据有关计价规定自主确定的工程造价，是投标人希望达成工程承包交易的期望价格。投标价不能高于招标人所设定的招标控制价。

（8）结算价　在合同实施阶段，对于实际发生的工程量增减、设备材料价差等影响工程造价的因素，按合同规定的调整范围及调整方法对合同价进行必要的调整，确定结算价。结算价是某结算工程的实际价格。

结算一般有定期结算、阶段结算和竣工结算等方式。它们是结算工程价款、确定工程收入、考核工程成本、进行计划统计、经济核算及竣工决算等的依据。竣工结算（价）是在承包人完成施工合同约定的全部工程内容，发包人依法组织竣工验收合格后，由发承包双方按照合同约定的工程造价条款，即已签约合同价、合同价款调整（包括工程变更、索赔和现场签证）等事项确定的最终工程造价。

（9）竣工决算　在工程项目竣工交付使用时，由建设单位编制竣工决算，反映建设项目的实际造价和建成交付使用的资产情况。它是最终确定的实际工程造价，是建设投资管理的重要环节，是财产交接、考核交付使用财产和登记新增财产价值的依据。

由此可见，工程的计价是一个由粗到细、由浅入深、由粗略到精确，多次计价后最后达到实际造价的过程。各阶段的计价过程之间是相互联系、相互补充、相互制约的关系，前者制约后者，后者补充前者。

## 1.3 工程造价的构成

### 1.3.1 概述

**1. 我国现行建设项目投资构成和工程造价的构成**

建设项目投资包括建设投资、建设期利息和流动资金之和，建设投资和建设期利息之和对应于固定资产投资，固定资产投资与建设项目的工程造价在量上相等，一般可以按建设资金支出的性质、途径等方式来分解工程造价。工程造价基本构成中，包括用于购买工程项目所含各种设备的费用，用于建筑施工和安装施工所需支出的费用，用于委托工程勘察设计应支付的费用，用于购置土地所需的费用，也包括用于建设单位自身进行项目筹建和项目管理所花费的费用等。总之，工程造价是建设项目按照确定的建设内容、建设规模、建设标准、功能要求和使用要求等全部建成并验收合格交付使用所需的全部费用。

工程造价的主要构成部分是建设投资，根据《建设项目经济评价方法与参数》（第3版）的规定，建设投资包括工程费用、工程建设其他费用和预备费三部分。工程费用是指直接构成固定资产实体的各种费用，可以分为建筑安装工程费和设备及工器具购置费；工程建设其他费用是指根据国家有关规定应在投资中支付，并列入建设项目总造价或单项工程造价的费用；预备费是为了保证工程项目的顺利实施，避免在难以预料的情况下造成投资不足而预先安排的费用。我国现行建设项目总投资构成内容如图1-2和表1-1所示。

### 2. 世界银行工程造价的构成

1978年，世界银行、国际咨询造价师联合会对项目的总建设成本（相当于我国的工程造价）做了统一规定，工程项目总建设成本包括直接建设成本、间接建设成本、应急费和建设成本上升费等。各部分详细内容如图1-2和表1-1所示。

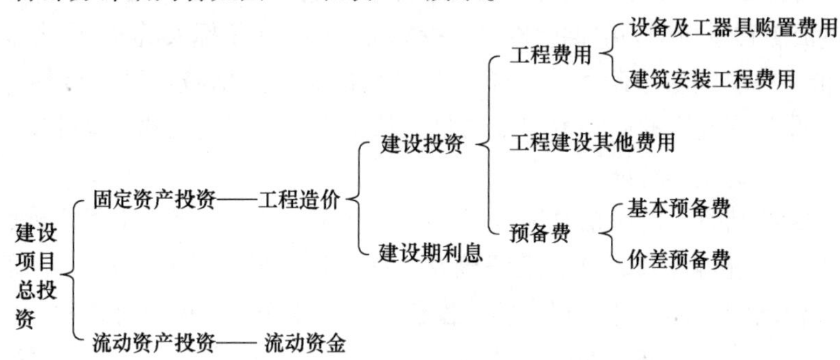


图1-2 我国现行建设项目总投资构成

注：图中所列项目总投资主要是指在项目可行性研究阶段用于财务分析时的总投资构成，在“项目概算总投资”中只包括铺底流动资金，其金额通常为流动资金总额的30%。

表1-1 我国现行建设项目总投资构成

| 费用项目名称 | | | | 资产类别归并（限项目经济评价用） |
|---|---|---|---|---|
| 建设项目总投资 | 建设投资 | 第一部分 工程费用 | 建筑工程费 | 固定资产费用 |
| | | | 设备购置费 | |
| | | | 安装工程费 | |
| | | 第二部分 工程建设其他费用 | 建设管理费 | |
| | | | 建设用地费 | |
| | | | 可行性研究费 | |
| | | | 研究试验费 | |
| | | | 勘察设计费 | |
| | | | 环境影响评价费 | |
| | | | 劳动安全卫生评价费 | |
| | | | 场地准备及临时设施费 | |
| | | | 引进技术和引进设备其他费 | |
| | | | 工程保险费 | |
| | | | 联合试运转费 | |
| | | | 特殊设备安全监督检验费 | |
| | | | 市政公用设施费 | |
| | | | 专利及专有技术使用费 | 无形资产费用 |
| | | | 生产准备 | 其他资产费用（递延资产） |
| | | 第三部分 预备费 | 基本预备费 | 固定资产费用 |
| | | | 价差预备费 | |
| | 建设期利息 | | | 固定资产费用 |
| | 固定资产投资方向调节税（暂停征收） | | | |
| | 流动资金 | | | 流动资产 |

（1）项目直接建设成本　项目直接建设成本包括以下内容：

1）土地购置费。

2）场外设施费用，如道路、码头、桥梁、机场、输电线路等设施费用。

3）场地费用，指用于场地准备、厂区道路、铁路、围栏、场内设施等的建设费用。

4）工艺设备费，指主要设备、辅助设备及零配件的购置费用，包括海运包装费用、交货港离岸价，但不包括税金。

5）设备安装费，指工艺设备供应商的监理费用，本国劳务及工资费用，辅助材料、电缆管道和工具等费用，以及安装承包商的管理费和利润等。

6）管道系统费用，指与系统的材料及劳务相关的全部费用。

7）电气设备费，其内容与第 4）项相似。

8）电气安装费，指电气设备供应商的监理费用，本国劳务与工资费用，辅助材料、电缆管道和工具费用，以及安装承包商的管理费和利润。

9）仪器仪表费，指所有自动仪表、控制表、配线和辅助材料的费用以及供应商的监理费用，外国或本国劳务及工资费用、承包商的管理费和利润。

10）机械的绝缘和油漆费，指与机械及管道的绝缘和油漆相关的全部费用。

11）工艺建筑费，指原材料、劳务费及基础、建筑结构、屋顶、屋内装修、公共设施等有关的全部费用。

12）服务性建筑费用，其内容与第 11）项相似。

13）工厂普通公共设施费，包括材料和劳务费以及与供水、燃料供应、通风、蒸汽发生及分配、下水道、污水处理等公共设施有关的费用。

14）车辆费，指工艺操作必需的机动设备零件费用，包括海运包装费用及交货港的离岸价，但不包括税金。

15）其他当地费用，指那些不能归类于以上任何一个项目，不能计入项目间接成本，但在建设期间是必不可少的当地费用。如临时设施、临时公共设施及场地的维持费，营地设施及其管理，建筑保险和债务，杂项开支等费用。

（2）项目间接建设成本　项目间接建设成本包括以下内容：

1）项目管理费，包括：①总部人员的薪金和福利费，以及用于初步和详细工程设计、采购、时间和成本控制、行政和其他一般管理的费用；②施工管理现场人员的薪金、福利费和用于施工现场监督、质量保证、现场采购、时间及成本控制、行政及其他施工管理机构的费用；③零星杂项费用，如返工、旅行、生活津贴、业务支出等；④各种酬金。

2）开工试车费，指工厂投料试车必需的劳务和材料费用（项目直接成本包括项目完工后的试车和空运转费用）。

3）业主的行政性费用，指业主的项目管理人员费用及支出（其中某些费用必须排除在外，并在“估算基础”中详细说明）。

4）生产前费用，指前期研究、勘测、建矿等费用（其中一些费用必须排除在外，并在“估算基础”中详细说明）。

5）运费和保险费，指海运、国内运输、许可证及佣金、海洋保险、综合保险等费用。

6）地方税，指地方关税、地方税及对特殊项目征收的税金。

（3）应急费　应急费包括以下内容：

1）未明确项目的准备金。此项准备金用于在估算时不可能明确的潜在项目，包括那些在做成本估算时因为缺乏完整、准备和详细的资料而不能完全预见和不能注明的项目，并且这些项目是必须完成的，或它们的费用是必定要发生的。在每一个组成部分中均单独以一定的百分比确定，并作为估算的一个项目单独列出。此项准备金不是为了支付工作范围以外可能增加的项目，不是用以应付天灾、非正常经济情况及罢工等情况，也不是用来补偿估算的任何误差，而是用来支付那些几乎可以肯定要发生的费用。因此，它是估算不可缺少的一个组成部分。

2）不可预见准备金。此项准备金（在未明确项目准备金之外）用于在估算达到了一定的完整性并符合技术标准的基础上，由于物质、社会和经济的变化，导致估算增减的情况。此种情况可能发生，也可能不发生。因此，不可预见准备金只是一种储备，可能不动用。

（4）建设成本上升费用　通常估算中使用的构成工资率、材料和设备价格基础的截止日期就是“估算日期”，必须对该日期或已知成本基础进行调整，以补偿直至工程结束时的未知价格增长。

工程的各个主要组成部分（国内劳务和相关成本、本国材料、外国材料、本国设备、外国设备、项目管理机构）的细目划分决定以后，便可确定每一个主要组成部分的增长率。这个增长率是一项判断因素。它以已发表的国内和国际成本指数、公司记录等为依据，并与实际供应商进行核对，然后根据确定的增长率和从工程进度表中获得的每项活动的中点值，计算出每项主要组成部分的成本上升值。

### 1.3.2 设备购置费用的构成

设备购置费用是由设备购置费和工具、器具及生产家具购置费组成的，它是固定资产投资中的重要部分。在生产性工程建设中，设备及工器具购置费用占工程造价比重的增大，意味着生产技术的进步和资本有机构成的提高。

#### 1. 设备购置费的构成及计算

设备购置费是指为建设项目购置或自制的达到固定资产标准的各种国产或进口设备、工具、器具的购置费用。它由设备原价和设备运杂费构成。

设备购置费 =设备原价+设备运杂费

式中，设备原价指国产设备或进口设备的原价；设备运杂费指除设备原价之外的关于设备采购、运输、途中包装及仓库保管等方面支出费用的总和。

（1）国产设备原价的构成及计算　国产设备原价一般指的是设备制造厂的交货价，或订货合同价。它一般根据生产厂或供应商的询价、报价、合同价确定，或采用一定的方法计算确定，国产设备原价分为国产标准设备原价和国产非标准设备原价。

国产标准设备是指按照主管部门颁布的标准图样和技术要求，由我国设备生产厂批量生产的，符合国家质量检测标准的设备。国产标准设备原价有两种，即带有备件的原价和不带有备件的原价。在计算时，一般采用带有备件的原价。

国产非标准设备是指国家尚无定型标准，各设备生产厂不可能在工艺过程中采用批量生产，只能按一次订货，并根据具体的设计图样制造的设备，非标准设备原价有多种不同的计算方法，如成本计算估价法、系列设备插入估价法、分部组合估价法、定额估价法等。但无论采用哪种方法都应该使非标准设备计价接近实际出厂价，并且计算方法要简便。按成本计算估价法，非标准设备的原价由以下各项组成。

1）材料费。其计算公式如下

材料费=材料净重×(1+加工损耗系数)×每吨材料综合价

2）加工费。包括生产工人工资附加费、燃料动力费、设备折旧费、车间经费等，其计算公式如下

加工费=设备总质量(t)×设备每吨加工费

3）辅助材料费（简称辅材费）。包括焊条、焊丝、氧气、氩气、氮气、油漆、电石等费用，其计算公式如下

辅助材料费=设备总质量×辅助材料费指标

4）专用工具费。按1)~3）项之和乘以一定百分比计算。

5）废品损失费。按1)~4）项之和乘以一定百分比计算。

6）外购配套件费。按设备设计图样所列的外购配套件的名称、型号、规格、数量、质量，根据相应的价格加运杂费计算。

7）包装费。按以上1)~6）项之和乘以一定百分比计算。

8）利润。可按1)~5）项加第7)项之和乘以一定利润率计算。

9）税金，主要指增值税。计算公式为

增值税=当期销项税额-进项税额

当期销项税额=销售额×适用增值税率

销售额为1)~8）项之和。

10）非标准设备设计费，按国家规定的设计费收费标准计算。

综上所述，单台非标准设备原价可用下面的公式表达

单台非标准设备原价={[(材料费+加工费+辅助材料费)×(1+专用工具费率)×(1+废品损失费率)+外购配套件费]×(1+包装费率)-外购配套件费}×(1+利润率)+销项税金+非标准设备设计费+外购配套件费　(1-1)

【例1-1】　某工厂采购一台国产非标准设备，制造厂生产该台设备所用材料费20万元，加工费2万元，辅助材料费4000元，制造厂为制造该设备，在材料采购过程中发生进项增值税额3.5万元。专用工具费率1.5%，废品损失费率10%，外购配套件费5万元，包装费率1%，利润率为7%，增值税率为17%，非标准设备设计费2万元，则该国产非标准设备的原价是多少？

**解**：专用工具费=(20+2+0.4)万元×1.5%=0.336万元

废品损失费=(20+2+0.4+0.336)万元×10%=2.274万元

包装费=(20+2+0.4+0.336+2.274+5)万元×1%=0.3万元

利润=(20+2+0.4+0.336+2.274+0.3)万元×7%=1.772万元

销项税额=(20+2+0.4+0.336+2.274+5+0.3+1.772)万元×17%
=5.454万元

该国产非标准设备的原价=(20+2+0.4+0.336+2.274+0.3+1.772+5.454+2+5)万元
=39.536万元

(2) 进口设备原价的构成及计算 **进口设备的原价是指进口设备的抵岸价，通常是由进口设备到岸价（CIF）和进口从属费构成。**进口设备的到岸价，即抵达买方边境港口或边境车站的价格。在国际贸易中，交易双方所使用的交货类别不同，则交易价格的构成内容也有所差异。进口从属费用包括银行财务费、外贸手续费、进口关税、消费税、进口环节增值税等，进口车辆的还需缴纳车辆购置税。

1）进口设备的交易价格。较为广泛使用的进口设备交易价格有FOB、CFR和CIF。

装运港船上交货（Free on Board，FOB），也称为离岸价格，是指当货物在指定的装运港越过船舷，卖方即完成交货义务。风险转移是以在指定的装运港货物越过船舷时为分界点，费用划分与风险转移的分界点相一致。在FOB交货方式下，卖方的责任是：办理出口清关手续，自负风险和费用，领取出口许可证及其他官方文件；在约定的日期或期限内，在合同规定的装运港，按港口惯常的方式，把货物装上买方指定的船只，并及时通知买方；承担货物在装运港越过船舷之前的一切费用和风险；向买方提供商业发票和证明货物已交至船上的装运单据或具有同等效力的电子单证。买方的基本义务有：负责租船订舱，按时派船到合同约定的装运港接运货物，支付运费，并将船期、船名及装船地点及时通知卖方；负担货物在装运港越过船舷后的各种费用以及货物灭失或损坏的一切风险；负责获取进口许可证或其他官方文件，以及办理货物入境手续；受领卖方提供的各种单证，按合同规定支付货款。

成本加运费（Cost and Freight，CFR），也称为运费在内价。CFR是指装运港货物越过船舷，卖方即完成交货，卖方必须支付将货物运至指定的目的港所需的运费和费用，但交货后货物灭失或损坏的风险，以及由于各种事件造成的任何额外费用，由卖方转移到买方。与FOB价格相比，CFR的费用划分与风险转移的分界点是不一致的。

在CFR交货方式下，卖方的责任有：提供合同规定的货物，负责订立运输合同并租船订舱，在合同规定的装运港和规定的期限内，将货物装上船并及时通知买方，支付运至目的港的运费，负责办理出口清关手续，提供出口许可证或其他官方批准的文件；承担货物在装运港越过船舷之前的一切费用和风险；按合同规定提供正式有效的运输单据、发票或具有同等效力的电子单证。买方的责任有：承担货物在装运港越过船舷以后的一切风险及运输途中因遭遇风险所引起的额外费用；在合同规定的目的港受领货物，办理进口清关手续，交纳进口税；受领卖方提供的各种约定的单证，并按合同规定支付货款。

成本加保险费、运费（Cost Insurance and Freight，CIF），也称为到岸价格。在CIF中，卖方除负有与CFR相同的义务外，还应办理货物在运输途中最低险别的海运保险，并应支付保险费。如买方需要更高的保险险别，则需要与卖方明确地达成协议，或者自行做出额外的保险安排。除保险这项义务之外，买方的义务与CFR相同。

2）进口设备抵岸价的构成及计算。进口设备采用最多的是装运港船上交货价（FOB），其抵岸价的构成可概括为

$$
\begin{aligned}
\text{进口设备抵岸价} =\ & \text{货价}+\text{国际运费}+\text{运输保险费}+\text{银行财务费}+\text{外贸手续费}+ \\
& \text{关税}+\text{增值税}+\text{消费税}+\text{海关监管手续费}+\text{车辆购置税}
\end{aligned}
$$

货价：一般指装运港船上交货价（FOB）。设备货物分为原币货价和人民币货价，原币货价一律折算为美元表示，人民币货价按原币货价乘以外汇市场美元兑换人民币汇率中间价确定，进口设备货价按有关生产商询价、报价、订货合同价计算。

国际运费：即从装运港（站）到达我国抵岸港（站）的运费。我国进口设备大部分采

用海洋运输，小部分采用铁路运输，个别采用航空运输。进口设备国际运费计算公式为

国际运费(海、陆、空)=原币货价(FOB)×运费率(%)

或者

国际运费（海、陆、空）=运量×单价运价

式中，运费率或单位运价参照有关部门或进出口公司的规定执行。

运输保险费：对外贸易货物运输保险人（保险公司）与被保险人（出口人或进口人）订立保险契约，在被保险人交付议定的保险费后，保险人根据保险契约的规定对货物在运输过程中发生的承担责任范围内的损失给予经济上的补偿，是一种财产保险。计算公式为

$$运输保险费=\frac{原币货价(FOB)+国外运费}{1-保险费率(\%)}\times保险费率(\%) \tag{1-2}$$

式中，保险费率按保险公司规定的进口货物保险费率计算。

银行财务费：一般是指在国际贸易结算中，中国银行为进出口商提供金融结算服务所收取的费用，可按下式简化计算：

银行财务费=离岸价格(FOB)×人民币外汇汇率×银行财务费率

外贸手续费：指按原对外经济贸易部规定的外贸手续费率计取的费用，外贸手续费率一般取1.5%。计算公式为

$$\begin{aligned}外贸手续费=&(装运港船上交货价(FOB)+国际运费+运输保险费)\times\\&人民币外汇汇率\times外贸手续费率\end{aligned} \tag{1-3}$$

关税：由海关对进出国境或关境的货物和物品征收的一种税。计算公式为

关税=到岸价格(CIF)×人民币外汇汇率×进口关税税率

式中，到岸价格（CIF）包括离岸价格（FOB）、国际运费、运输保险费，通常又可称为关税完税价格。进口关税税率分为优惠和普通两种，优惠税率适用于与我国签订有关税互惠条款的贸易条约或协定的国家的进口设备；普通税率适用于与我国未签订有关税互惠条款的贸易条约或协定的国家的进口设备。进口关税税率按我国海关总署发布的进口关税税率计算。

进口环节增值税：是对从事进口贸易的单位和个人，在进口商品报关进口后征收的税种。我国增值税条例规定，进口应税产品均按组成计税价格和增值税税率直接计算应纳税额。即

进口环节增值税额=组成计税价格×增值税税率(%)

组成计税价格=关税完税价格+关税+消费税

增值税税率根据规定的税率计算。

消费税：对部分进口设备（如轿车、摩托车等）征收，一般计算公式为

$$应纳消费税额=\frac{到岸价(CIF)\times人民币外汇汇率+关税}{1-消费税税率(\%)}\times消费税税率(\%)$$

式中，消费税税率根据规定的税率计算。

海关监管手续费是指海关对进口减税、免税、保税货物实施监督、服务的手续费。对于全额征收进口关税的货物不计本项费用。其计算公式为

海关监管手续费=到岸价×海关监管手续费率

车辆购置税：进口车辆需缴进口车辆购置税，其公式如下

进口车辆购置税=(到岸价+关税+消费税)×进口车辆购置税率(%)

【例 1-2】 某进口设备的人民币货价为 50 万元，国际运费费率为 10%，运输保险费费率为 3%，进口关税税率为 20%，则该设备应付关税是多少？(2008 年造价师考试试题)

解：关税=到岸价×关税税率=(货价+国际运费+运输保险费率)×关税税率

$$运输保险费=\frac{(50+50\times10\%)}{(1-3\%)}万元\times3\%=1.7万元$$

因此

$$关税=(50+50\times10\%+1.7)万元\times20\%=11.34万元$$

【例 1-3】 某进口设备的到岸价为 100 万元，银行财务费 0.5 万元，外贸手续费费率为 1.5%，关税税率为 20%，增值税税率 17%，该设备无消费税，则该进口设备的抵岸价是多少？(2006 年造价师考试试题)

解：到岸价=100 万元

银行财务费=0.5 万元

外贸手续费=100 万元×1.5%=1.5 万元

关税=100 万元×20%=20 万元

增值税=(100+20)万元×17%=20.4 万元

进口设备的抵岸价=(100+0.5+1.5+20+20.4)万元=142.4 万元

【例 1-4】 某项目进口一套加工设备，该设备的离岸价（FOB）为 100 万美元，国外运费 5 万美元，运输保险费 1 万美元，关税税率 20%，增值税税率 17%，无消费税，则该设备的增值税为多少人民币？(外汇汇率：1 美元=8.14 元人民币)（2005 年造价师考试试题）

解：增值税=(到岸价+关税+消费税)×增值税税率

=(100+5+1)×(1+20%)×17%×8.14 万元

=176.02 万元

（3）设备运杂费的构成及计算 设备运杂费通常由下列各项构成：

1）运费和装卸费。国产设备由设备制造厂交货地点起至工地仓库（或施工组织设计指定的需要安装设备的堆放地点）止所发生的运费和装卸费；进口设备则由我国到岸港口或边境车站起至工地仓库（或施工组织设计指定的需安装设备的对方地点）止所发生的运费和装卸费。

2）包装费。在设备原价中没有包含的为运输而进行的包装支出的各种费用。

3）设备供销部门的手续费。按有关部门规定的统一费率计算。

4）采购与仓库保管费。指采购、验收、保管和收发设备所发生的各种费用，包括设备采购人员、保管人员和管理人员的工资、工资附加费、办公费、差旅交通费，设备供应部门办公和仓库所占固定资产使用费、工具用具使用费、劳动保护费、检验试验费等。这些费用可按主管部门规定的采购与保管费费率计算。

设备运杂费按设备原价乘以设备运杂费率计算，其计算公式为

$$设备运杂费=设备原价\times设备运杂费率（\%）$$

式中，设备运杂费率按各部门及省、市等的规定计取。

2. 工具、器具及生产家具购置费的构成及计算

工具、器具及生产家具购置费，是指新建或扩建项目初步设计规定的，保证初期正常生产必须购置的没有达到固定资产标准的设备、仪器、工卡模具、器具、生产家具和备品配件等的购置费用。一般以设备购置费为计算基数，按照部门或行业规定的工具、器具及备件等的购置费率计算。

工具、器具及生产家具购置费的计算公式为

工具、器具及生产家具购置费=设备购置费×定额费率

### 1.3.3　建筑安装工程费用构成

1. 建筑安装工程费用内容

建筑工程费用内容主要包括以下几个方面：

1）各类房屋建筑工程和列入房屋建筑工程预算的供水、供暖、卫生、通风、煤气等设备费用及其装设、油饰工程的费用，列入建筑工程预算的各种管道、电力、电信和电缆导线敷设工程的费用。

2）设备基础、支柱、工作台、烟囱、水塔、水池、灰塔等建筑工程以及各种炉窑的砌筑工程和金属结构工程的费用。

3）为施工而进行的场地平整，工程和水文地质勘查，原有建筑和障碍物的拆除以及施工临时用水、电、气、路和完工后的场地清理，环境绿化、美化等工作的费用。

4）矿井开凿、井巷延伸、露天矿剥离，石油、天然气钻井，修建铁路、公路、桥梁、水库、堤坝、灌渠及防洪等工程的费用。

安装工程费用内容主要包括以下几个方面：

1）生产、动力、起重、运输、传动和医疗、试验等各种需要安装的机械设备的装配费用，与设备相连的工作台、梯子、栏杆等设施的工程费用，附属于被安装设备的管线敷设工程费用，以及被安装设备的绝缘、防腐、保温、油漆等工作的材料费和安装费。

2）为测定安装工程质量，对单台设备进行单机试运转、对系统设备进行系统联动无负荷试运转工作的调试费。

2. 建筑安装工程费用组成

我国住房和城乡建设部与财政部于 2013 年颁布了新《建筑安装工程费用项目组成》（建标［2013］44 号，简称《费用组成》），原《关于印发〈建筑安装工程费用项目组成〉的通知》（建标［2003］206 号）同时废止。《费用组成》调整的主要内容包括：

1）按照国家统计局《关于工资总额组成的规定》，合理调整了人工费构成及内容。

2）依据国家发展和改革委员会、财政部等 9 部委发布的《中华人民共和国标准施工招标文件》的有关规定，将工程设备费列入材料费；原材料费中的检验试验费列入企业管理费。

3）将仪器仪表使用费列入施工机具使用费；大型机械进出场及安拆费列入措施项目费。

4）按照《中华人民共和国社会保险法》的规定，将原企业管理费中劳动保险费中的职工死亡丧葬补助费、抚恤费列入规费中的养老保险费；在企业管理费中的财务费和其他中增加担保费用、投标费、保险费。

5）按照《中华人民共和国社会保险法》《中华人民共和国建筑法》的规定，取消原规费中危险作业意外伤害保险费，增加工伤保险费、生育保险费。

6）按照财政部的有关规定，在税金中增加地方教育附加。

调整后，建筑安装工程费用项目有两种划分方式，一是按费用构成要素划分，建筑安装工程费由人工费、材料（包含工程设备，下同）费、施工机具使用费、企业管理费、利润、规费和税金组成。其中人工费、材料费、施工机具使用费、企业管理费和利润包含在分部分项工程费、措施项目费、其他项目费中，如图1-3所示；二是按造价形成划分，建筑安装工程费由

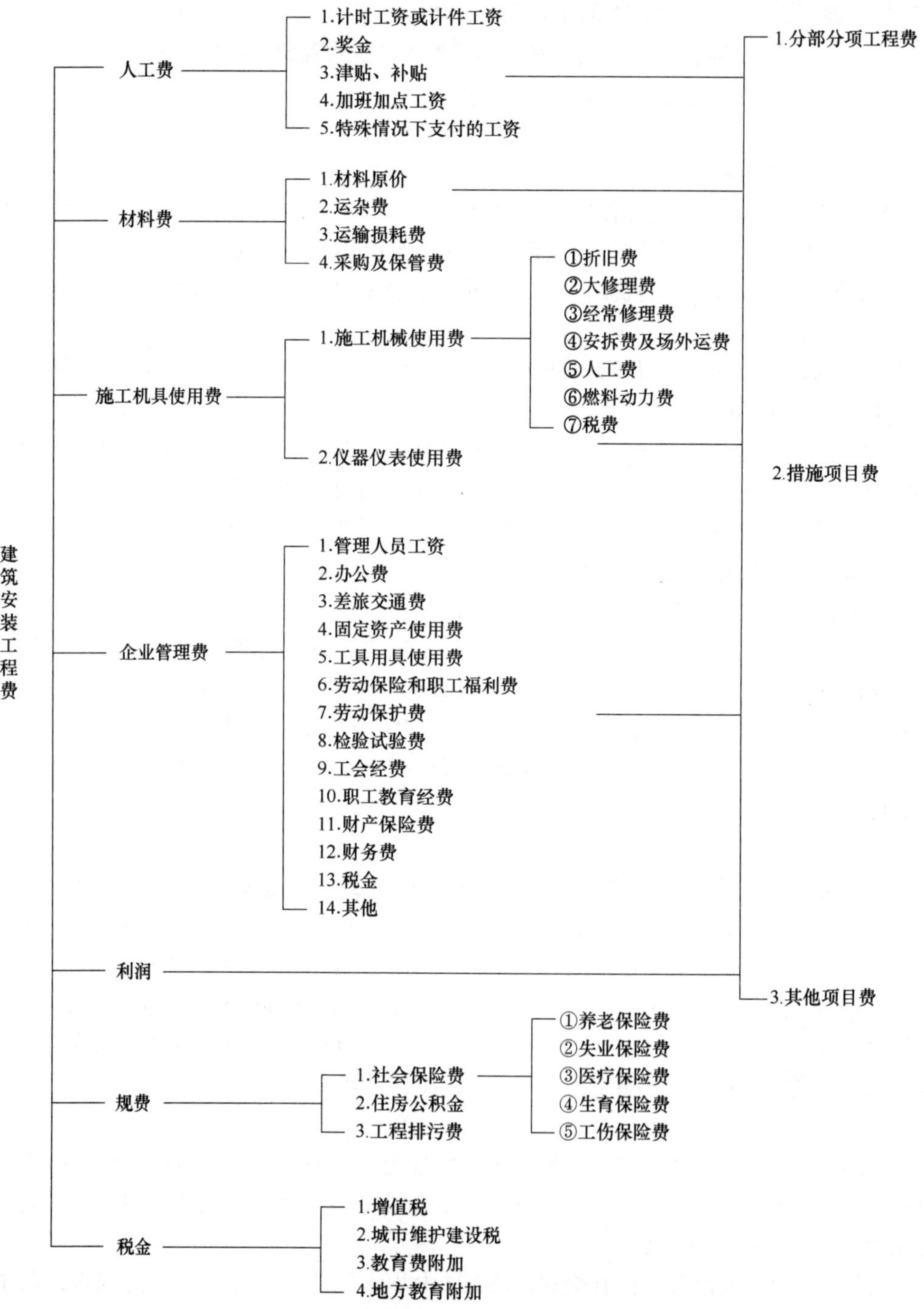

图1-3 建筑安装工程费用项目组成（按费用构成要素划分）

分部分项工程费、措施项目费、其他项目费、规费、税金组成。分部分项工程费、措施项目费、其他项目费包含人工费、材料费、施工机具使用费、企业管理费和利润，如图1-4所示。

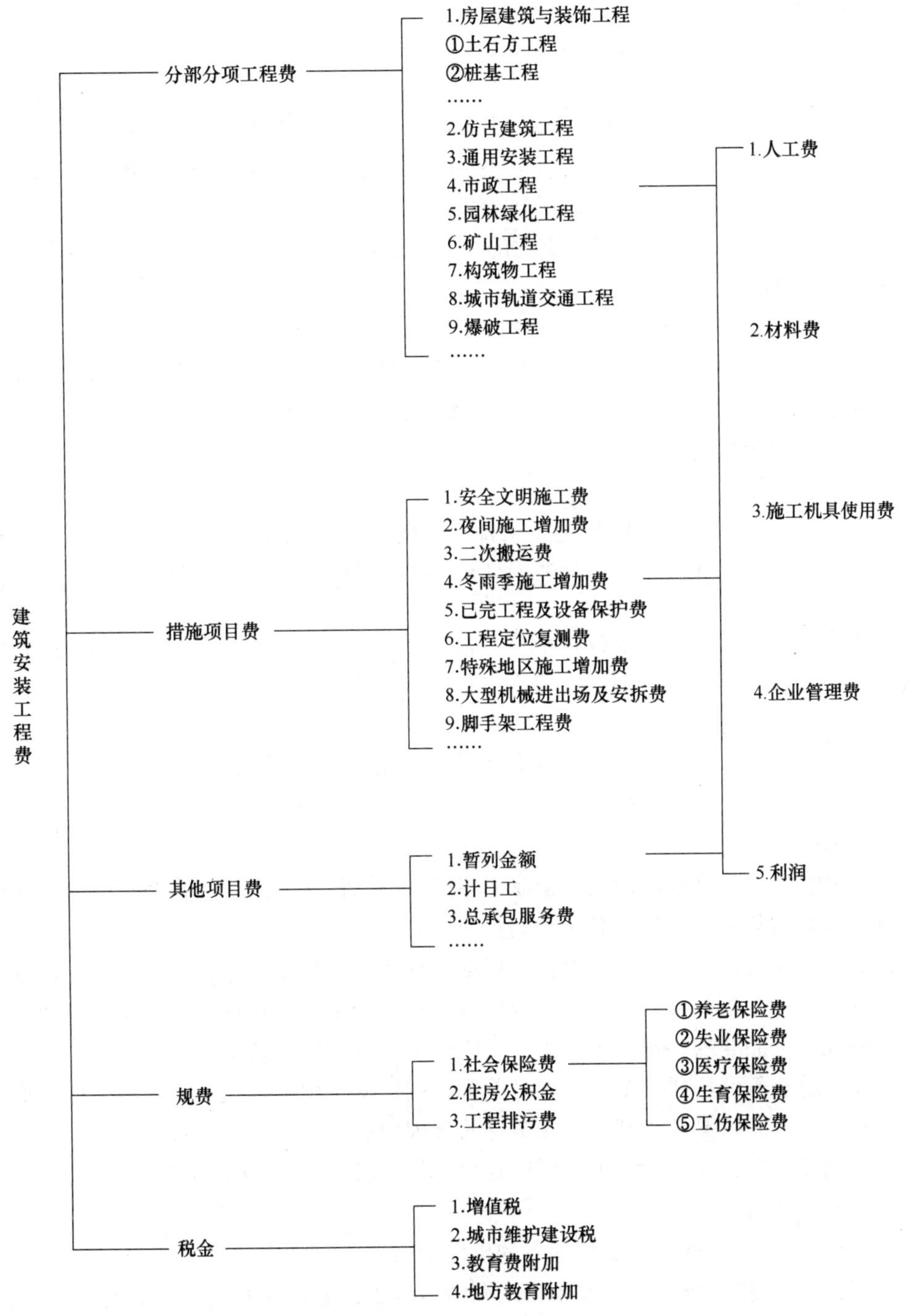


图1-4　建筑安装工程费用项目组成（按造价形成划分）

(1) 人工费　是指按工资总额构成规定，支付给从事建筑安装工程施工的生产工人和附属生产单位工人的各项费用。内容包括：

1）计时工资或计件工资：是指按计时工资标准和工作时间或对已做工作按计件单价支付给个人的劳动报酬。

2）奖金：是指对超额劳动和增收节支支付给个人的劳动报酬。如节约奖、劳动竞赛奖等。

3）津贴、补贴：是指为了补偿职工特殊或额外的劳动消耗和因其他特殊原因支付给个人的津贴，以及为了保证职工工资水平不受物价影响支付给个人的物价补贴。如流动施工津贴、特殊地区施工津贴、高温（寒）作业临时津贴、高空津贴等。

4）加班加点工资：是指按规定支付的在法定节假日工作的加班工资和在法定日工作时间外延时工作的加点工资。

5）特殊情况下支付的工资：是指根据国家法律、法规和政策规定，因病、工伤、产假、计划生育假、婚丧假、事假、探亲假、定期休假、停工学习、执行国家或社会义务等原因按计时工资标准或计时工资标准的一定比例支付的工资。

人工费的计算公式有如下两种：

① 公式1：

$$人工费=\sum(工日消耗量\times日工资单价)$$

$$日工资单价=\frac{生产工人平均月工资(计时、计件)+平均月(奖金+津贴补贴+特殊情况下支付的工资)}{年平均每月法定工作日}$$

公式1主要适用于施工企业投标报价时自主确定人工费，也是工程造价管理机构编制计价定额确定定额人工单价或发布人工成本信息的参考依据。

② 公式2：

$$人工费=\sum(工程工日消耗量\times日工资单价)$$

公式2主要适用于工程造价管理机构编制计价定额时确定定额人工费，是施工企业投标报价的参考依据。

公式2中的日工资单价是指施工企业平均技术熟练程度的生产工人在每工作日（国家法定工作时间内）按规定从事施工作业应得的日工资总额。

工程造价管理机构应通过市场调查，根据工程项目的技术要求，参考实物工程量人工单价综合分析确定日工资单价，最低日工资单价不得低于工程所在地人力资源和社会保障部门所发布的最低工资标准的：普工1.3倍、一般技工2倍、高级技工3倍。

工程计价定额不可只列一个综合工日单价，应根据工程项目技术要求和工种差别适当划分多种日人工单价，确保各分部工程人工费的合理构成。

（2）材料费 是指施工过程中耗费的原材料、辅助材料、构配件、零件、半成品或成品、工程设备的费用。内容包括：

1）材料原价：是指材料、工程设备的出厂价格或商家供应价格。

2）运杂费：是指材料、工程设备自来源地运至工地仓库或指定堆放地点所发生的全部费用。

3）运输损耗费：是指材料在运输装卸过程中不可避免的损耗。

4）采购及保管费：是指为组织采购、供应和保管材料、工程设备的过程中所需要的各项费用。包括采购费、仓储费、工地保管费、仓储损耗。

材料费=Σ(材料消耗量×材料单价)

材料单价=[(材料原价+运杂费)×(1+运输损耗率(%))]×(1+采购保管费率(%))

工程设备是指构成或计划构成永久工程一部分的机电设备、金属结构设备、仪器装置及其他类似的设备和装置。须注意的是，当设备及工器具购置费中的设备购置费构成永久工程一部分时，设备购置费与工程设备费是完全相同的。这就意味着，在清单计价时，工程设备费被统一纳入建筑安装工程费用中，构成发包人发包给承包人的一个整个工程的内容。若发包人对此工程设备进行申购，则计入暂估价中。

工程设备费=Σ(工程设备量×工程设备单价)

工程设备单价=(设备原价+运杂费)×(1+采购保管费率(%))

(3) 施工机具使用费　是指施工作业所发生的施工机械、仪器仪表使用费或其租赁费。

1) 施工机械使用费：以施工机械台班耗用量乘以施工机械台班单价表示，施工机械台班单价由下列七项费用组成：

① 折旧费：指施工机械在规定的使用年限内，陆续收回其原值的费用。

② 大修理费：指施工机械按规定的大修理间隔台班进行必要的大修理，以恢复其正常功能所需的费用。

③ 经常修理费：指施工机械除大修理以外的各级保养和临时故障排除所需的费用。包括为保障机械正常运转所需替换设备与随机配备工具附具的摊销和维护费用，机械运转中日常保养所需润滑与擦拭的材料费用及机械停滞期间的维护和保养费用等。

④ 安拆费及场外运费：安拆费指施工机械（大型机械除外）在现场进行安装与拆卸所需的人工、材料、机械和试运转费用以及机械辅助设施的折旧、搭设、拆除等费用；场外运费指施工机械整体或分体自停放地点运至施工现场或由一施工地点运至另一施工地点的运输、装卸、辅助材料及架线等费用。

⑤ 人工费：指机上司机（司炉）和其他操作人员的人工费。

⑥ 燃料动力费：指施工机械在运转作业中所消耗的各种燃料及水、电等。

⑦ 税费：指施工机械按照国家规定应缴纳的车船使用税、保险费及年检费等。

施工机械使用费=Σ(施工机械台班消耗量×机械台班单价)

机械台班单价=台班折旧费+台班大修费+台班经常修理费+台班安拆费及场外运费+台班人工费+台班燃料动力费+台班车船税费

2) 仪器仪表使用费：是指工程施工所需使用的仪器仪表的摊销及维修费用。

仪器仪表使用费=工程使用的仪器仪表摊销费+维修费

(4) 企业管理费　是指建筑安装企业组织施工生产和经营管理所需的费用。内容包括：

1) 管理人员工资：是指按规定支付给管理人员的计时工资、奖金、津贴补贴、加班加点工资及特殊情况下支付的工资等。

2) 办公费：是指企业管理办公用的文具、纸张、账表、印刷、邮电、书报、办公软件、现场监控、会议、水电、烧水和集体取暖降温（包括现场临时宿舍取暖降温）等费用。

3) 差旅交通费：是指职工因公出差、调动工作的差旅费、住勤补助费，市内交通费和误餐补助费，职工探亲路费，劳动力招募费，职工退休、退职一次性路费，工伤人员就医路费，工地转移费以及管理部门使用的交通工具的油料、燃料等费用。

4）固定资产使用费：是指管理和试验部门及附属生产单位使用的属于固定资产的房屋、设备、仪器等的折旧、大修、维修或租赁费。

5）工具用具使用费：是指企业施工生产和管理使用的不属于固定资产的工具、器具、家具、交通工具和检验、试验、测绘、消防用具等的购置、维修和摊销费。

6）劳动保险和职工福利费：是指由企业支付的职工退职金、按规定支付给离休干部的经费，集体福利费、夏季防暑降温、冬季取暖补贴、上下班交通补贴等。

7）劳动保护费：是企业按规定发放的劳动保护用品的支出。如工作服、手套、防暑降温饮料以及在有碍身体健康的环境中施工的保健费用等。

8）检验试验费：是指施工企业按照有关标准规定，对建筑以及材料、构件和建筑安装物进行一般鉴定、检查所发生的费用，包括自设试验室进行试验所耗用的材料等费用。不包括新结构、新材料的试验费，对构件做破坏性试验及其他特殊要求检验试验的费用和建设单位委托检测机构进行检测的费用，对此类检测发生的费用，由建设单位在工程建设其他费用中列支。但对施工企业提供的具有合格证明的材料进行检测不合格的，该检测费用由施工企业支付。

9）工会经费：是指企业按《中华人民共和国工会法》规定的全部职工工资总额比例计提的工会经费。

10）职工教育经费：是指按职工工资总额的规定比例计提，企业为职工进行专业技术和职业技能培训，专业技术人员继续教育、职工职业技能鉴定、职业资格认定以及根据需要对职工进行各类文化教育所发生的费用。

11）财产保险费：是指施工管理用财产、车辆等的保险费用。

12）财务费：是指企业为施工生产筹集资金或提供预付款担保、履约担保、职工工资支付担保等所发生的各种费用。

13）税金：是指企业按规定缴纳的房产税、车船使用税、土地使用税、印花税等。

14）附加税：是指企业按规定缴纳的城市维护建设税、教育费附加以及地方教育附加。按简易计税法计算工程造价的，附加税另列入税金。

15）其他：包括技术转让费、技术开发费、投标费、业务招待费、绿化费、广告费、公证费、法律顾问费、审计费、咨询费、保险费等。

企业管理费的取费基数有三种，分别是：以分部分项工程费为计算基础，以人工费和机械费合计为计算基础，以人工费为计算基础。在不同的取费基础下，企业管理费的计算方法有所不同。

1）以分部分项工程费为计算基础

$$企业管理费费率(\%)=\frac{生产工人年平均管理费}{年有效施工天数\times人工单价}\times人工费占分部分项工程费比例(\%)$$

2）以人工费和机械费合计为计算基础

$$企业管理费费率(\%)=\frac{生产工人年平均管理费}{年有效施工天数\times(人工单价+每一工日机械使用费)}\times100\%$$

3）以人工费为计算基础

$$企业管理费费率(\%)=\frac{生产工人年平均管理费}{年有效施工天数\times人工单价}\times100\%$$

上述公式适用于施工企业投标报价时自主确定管理费，是工程造价管理机构编制计价定额确定企业管理费的参考依据。

工程造价管理机构在确定计价定额中企业管理费时，应以定额人工费或（定额人工费+定额机械费）作为计算基数，其费率根据历年工程造价积累的资料，辅以调查数据确定，列入分部分项工程和措施项目中。

（5）利润　是指施工企业完成所承包工程后扣除建筑产品生产成本和税金后的纯收入。利润可依据以下两个原则确定：

1）施工企业根据企业自身需求并结合建筑市场实际自主确定，列入报价中。

2）工程造价管理机构在确定计价定额中利润时，应以定额人工费（或定额人工费+定额机械费）作为计算基数，其费率根据历年工程造价积累的资料，并结合建筑市场实际确定，以单位（单项）工程测算，利润在税前建筑安装工程费的比重可按不低于 5%且不高于 7%的费率计算。利润应列入分部分项工程和措施项目中。

（6）规费　是指按国家法律、法规规定，由省级政府和省级有关权力部门规定必须缴纳或计取的费用。包括：

1）社会保险费，包括以下五项：

① 养老保险费：是指企业按照规定标准为职工缴纳的基本养老保险费。

② 失业保险费：是指企业按照规定标准为职工缴纳的失业保险费。

③ 医疗保险费：是指企业按照规定标准为职工缴纳的基本医疗保险费。

④ 生育保险费：是指企业按照规定标准为职工缴纳的生育保险费。

⑤ 工伤保险费：是指企业按照规定标准为职工缴纳的工伤保险费。

2）住房公积金：是指企业按规定标准为职工缴纳的住房公积金。

3）工程排污费：是指按规定缴纳的施工现场工程排污费。工程排污费应按工程所在地环境保护等部门规定的标准缴纳，按实计取列入。

其他应列而未列入的规费，按实际发生计取。

（7）税金　是指国家税法规定的应计入建筑安装工程造价内的增值税额，按税前造价乘以增值税税率确定。

1）采用一般计税方法时增值税的计算。

当采用一般计税方法时，建筑业增值税税率为 9%。其计算公式为

$$增值税=税前造价\times 9\%$$

税前造价为人工费、材料费、施工机具使用费、企业管理费、利润和规费之和，各费用项目均以不包含增值税可抵扣进项税额的价格计算。

2）采用简易计税方法时增值税的计算。

① 简易计税的适用范围。根据《营业税改征增值税试点实施办法》及《营业税改征增值税试点有关事项的规定》，简易计税方法主要适用于以下四种情况。

a. 小规模纳税人发生应税行为时。小规模纳税人通常是指纳税人提供建筑服务的年应征增值税销售额未超过 500 万元，并且会计核算不健全，不能按规定报送有关税务资料的增值税纳税人。年应税销售额超过 500 万元，但不经常发生应税行为的单位也可选择按照小规模纳税人计税。

b. 一般纳税人以清包工方式提供的建筑服务时。以清包工方式提供建筑服务，是指施

工方不采购建筑工程所需的材料或只采购辅助材料，并收取人工费、管理费或者其他费用的建筑服务。

c. 一般纳税人为甲供工程提供的建筑服务时。甲供工程，是指全部或部分设备、材料、动力由工程发包方自行采购的建筑工程。

d. 一般纳税人为建筑工程老项目提供的建筑服务时。建筑工程老项目：《建筑工程施工许可证》注明的合同开工日期在2016年4月30日前的建筑工程项目；未取得《建筑工程施工许可证》的，建筑工程承包合同注明的开工日期在2016年4月30日前的建筑工程项目。

② 简易计税的计算方法。当采用简易计税方法时，建筑业增值税税率为3%。其计算公式为

$$增值税=税前造价\times 3\%$$

税前造价为人工费、材料费、施工机具使用费、企业管理费、利润和规费之和，各费用项目均以包含增值税进项税额的含税价格计算。

### 1.3.4 工程建设其他费用组成

工程建设其他费用，是指从工程筹建起到工程竣工验收交付使用止的整个建设期间，除建筑安装工程费用和设备及工器具购置费用以外的，为保证工程建设顺利完成和交付使用后能够正常发挥效用而发生的固定资产其他费用、无形资产费用和其他资产费用。

#### 1. 固定资产其他费用

固定资产其他费用是固定资产费用的一部分，是在工程建设其他费用中按规定将形成固定资产的费用。包括建设管理费、建设用地费、可行性研究费、研究试验费、勘察设计费、环境影响评价费、劳动安全卫生评价费、场地准备及临时设施费、引进技术和引进设备其他费、工程保险费、联合试运转费、特殊设备安全监督检验费、市政公用设施费等。

（1）建设管理费 指建设单位从项目筹建开始直至工程竣工验收合格或交付使用为止发生的项目建设管理费用。包括建设单位管理费、工程总承包管理费、工程监理费、工程造价咨询费等。计算时以建设投资中的工程费用为基数乘以建设管理费率计算；改扩建项目的建设管理费率应比新建项目适当降低。同时，建设管理费也可按所包含的各项费用内容分别列项计算。

1）建设单位管理费是指建设单位从项目开工之日起至办理竣工财务决算之日止发生的管理性质的开支，包括不在原单位发工资的工作人员工资、基本养老保险费、基本医疗保险费、失业保险费、办公费、差旅交通费、劳动保护费、工具用具使用费、固定资产使用费、零星购置费、招募生产工人费、技术图书资料费、印花税、业务招待费、施工现场津贴、竣工验收费和其他管理性质开支。

建设单位管理费可根据项目建设期及项目具体情况估算，也可参照国家或项目所在地有关部门发布的相关文件规定计算。

2）工程总承包管理费：如建设单位采用工程总承包方式，其总包管理费由建设单位与总包单位根据总包工作范围在合同中商定，从建设管理费中支出。

3）工程监理费：由于工程监理是受建设单位委托的工程建设技术服务，属于建设管理范畴。如采用监理，建设单位部分管理工作量转移至监理单位。工程监理费可参照国家或项目所在地有关部门发布的相关文件规定计算。

4）工程造价咨询费是指工程造价咨询人接受委托，编制与审核工程概算、工程预算、工程量清单、工程结算、竣工结算等计价文件，以及从事建设各阶段工程造价管理的咨询服务、出具工程造价成果文件等收取的费用。可参照项目所在地有关部门发布的收费文件规定计算，从建设管理费中支出。

（2）建设用地费　任何一个建设项目都固定于一定地点与地面相连接，必须占用一定量的土地，也就必然要发生为获得建设用地而支付的费用，这就是土地使用费。它是指通过划拨方式取得土地使用权而支付的土地征用及迁移补偿费，或者通过土地使用权出让方式取得土地使用权而支付的土地使用权出让金。

1）土地征用及迁移补偿费，是指建设项目通过划拨方式取得无限期的土地使用权，依据《中华人民共和国土地管理法》等规定所支付的费用，其内容包括土地补偿费、安置补助费、以及农村村民住宅、其他地上附着物和青苗等的补偿费用，并安排被征地农民的社会保障费用。

征收农用地的土地补偿费、安置补助费标准由省、自治区、直辖市通过制定公布区片综合地价确定。制定区片综合地价应当综合考虑土地原用途、土地资源条件、土地产值、土地区位、土地供求关系、人口以及经济社会发展水平等因素，并至少每三年调整或者重新公布一次。征收农用地以外的其他土地、地上附着物和青苗等的补偿标准，由省、自治区、直辖市制定。对其中的农村村民住宅，应当按照先补偿后搬迁、居住条件有改善的原则，尊重农村村民意愿，采取重新安排宅基地建房、提供安置房或者货币补偿等方式给予公平、合理的补偿，并对因征收造成的搬迁、临时安置等费用予以补偿，保障农村村民居住的权利和合法的住房财产权益。

县级以上地方人民政府应当将被征地农民纳入相应的养老等社会保障体系。被征地农民的社会保障费用主要用于符合条件的被征地农民的养老保险等社会保险缴费补贴。被征地农民社会保障费用的筹集、管理和使用办法，由省、自治区、直辖市制定。

2）土地使用权出让金，是指建设项目通过土地使用权出让方式，取得有限期的土地使用权，依照《中华人民共和国城镇国有土地使用权出让和转让暂行条例》规定支付的土地使用权出让金。

明确国家是城市土地的唯一所有者，并分层次、有偿、有期限地出让、转让城市土地。第一层次是城市政府将国有土地使用权出让给用地者，该层次由城市政府垄断经营。出让对象可以是有法人资格的企事业单位，也可以是外商。第二层次及以下层次的转让则发生在使用者之间。

城市土地的出让和转让可采用协议、招标、公开拍卖等方式。协议方式是由用地单位申请，经市政府批准同意后双方洽谈具体地块及地价。该方式适用于市政工程、公益事业用地以及需要减免地价的机关、部队用地和需要重点扶持、优先发展的产业用地。招标方式是在规定的期限内，由用地单位以书面形式投标，市政府根据投标报价、所提供的规划方案以及企业信誉综合考虑，择优而取。该方式适用于一般工程建设用地。公开拍卖是指在指定的地点和时间，由申请用地者叫价应价，价高者得，这是由市场竞争决定，适用于盈利高的行业用地。

在有偿出让和转让土地时，政府对地价不做统一规定，但应坚持以下原则：①地价对目前的投资环境不产生大的影响；②地价与当地的社会经济承受能力相适应；③地价要考虑已投入的土地开发费用、土地市场供求关系、土地用途和使用年限。

关于政府有偿出让土地使用权的年限，各地可根据时间、区位等各种条件做不同的规定。根据《中华人民共和国城镇国有土地使用权出让和转让暂行条例》，土地使用权出让最高年限按下列用途确定：①居住用地 70 年；②工业用地 50 年；③教育、科技、文化、卫生、体育用地 50 年；④商业、旅游、娱乐用地 40 年；⑤综合或者其他用地 50 年。

土地有偿出让和转让，土地使用者和所有者要签约，明确使用者对土地享有的权利和对土地所有者应承担的义务。有偿出让和转让使用权，要向土地受让者征收契税；转让土地如有增值，要向转让者征收土地增值税；在土地转让期间，国家要区别不同地段，不同用途向土地使用者收取土地占用费。

3）计算时根据征用建设用地面积、临时用地面积，按建设项目所在省（直辖市、自治区）人民政府制定颁发的征地补偿费用（含土地补偿费、青苗补偿费和地上附着物补偿费、安置补助费、新菜地开发建设基金、耕地占用税、土地管理费）、拆迁补偿费用、出让金、土地转让金标准计算。

4）建设用地上的建（构）筑物如需迁建，其迁建补偿费应按迁建补偿协议计列或按新建同类工程造价计算。建设场地平整中的余物拆除清理费在“场地准备及临时设施费”中计算。

5）建设项目采用“长租短付”方式租用土地使用权，在建设期间支付的租地费用计入建设用地费，在生产经营期间支付的土地使用费应进入营运成本中核算。

（3）前期工作咨询费　包括建设项目专题研究、编制和评估项目建议书或者可行性研究报告，以及其他与建设项目前期工作有关的咨询服务收费。此项费用应依据前期研究委托合同计列，或参照国家或项目所在地有关部门发布的相关文件规定计算。前期其他费用按实际发生额或分项预估。

（4）研究试验费　是指为建设项目提供和验证设计参数、数据、资料等所进行的必要的使用费用以及设计规定在施工中必须进行的试验、验证所需费用。包括自行或委托其他部门研究试验所需人工费、材料费、试验设备及仪器使用费等。这项费用按照设计单位根据本工程项目的需要提出的研究试验内容和要求计算。在计算时要注意不应包括以下项目：

1）应由科技三项费用（即新产品试制费、中间试验费和重要科学研究补助费）开支的项目。

2）应在建筑安装费用中列支的施工企业对建筑材料、构件和建筑物进行一般鉴定、检查所发生的检验试验费。

3）应由勘察设计费或工程费用中开支的项目。

（5）勘察设计费　勘察设计费是指委托勘察设计单位进行工程水文地质勘查、工程设计所发生的各项费用。包括：工程勘察费、初步设计费（基础设计费）、施工图设计费（详细设计费）、设计模型制作费。依据勘察设计委托合同计列，也可参照国家或项目所在地有关部门发布的相关文件规定计算。

（6）专项评价及验收费　含环境影响咨询及验收费、安全预评价及验收费、职业病危害预评价及控制效果评价费、地震安全性评价费、地质灾害危险评价费、水土保持评价及验收费、压覆矿产资源评价费、节能评估及评审费、危险与可操作分析及安全完整性评价费、以及其他专项评价及验收费。具体建设项目应按实际发生的专项评价及验收项目计列，不得虑列项目费用。

1）环境影响咨询及验收费：指为全面、详细评价建设项目对环境可能产生的污染或造成的重大影响，而编制环境影响评价报告书（含大纲）、环境影响报告表和评估等所需的费用，以及建设项目竣工验收阶段环境保护验收调查和环境监测、编制环境保护验收报告的费用。其中环境影响咨询费可参照国家或项目所在地有关部门发布的相关文件规定计算，有咨询专题的，可根据专题工作量另外计算专题收费；验收费按环境影响咨询费的比例计算，一般为环境影响咨询费的 0.6~1.3 倍。

2）安全预评价及验收费：指为预测和分析建设项目存在的危害因素种类和危险危害程度，提出先进、科学、合理可行的安全技术管理对策，而编制评价大纲，编写安全评价报告和评估等所需的费用，以及在竣工阶段验收时所发生的费用。其计算方法按照建设项目所在省（直辖市、自治区）人民政府有关规定计算。不需评价的建设项目不计取此项费用。

3）职业病危害预评价及控制效果评价费：指建设项目因可能产生职业病危害，而编制职业病危害预评价书、职业病危害控制效果评价书和评估所需的费用。其计算方法按照建设项目所在省（直辖市、自治区）人民政府有关规定计算。不需评价的建设项目不计取此项费用。

4）地震安全性评价费：指通过对建设场地和场地周围的地震活动与地震、地质环境的分析，而进行的地震活动环境评价、地震地质构造评价、地震地质灾害评价，编制地震安全评价报告书和评估所需的费用。其计算方法按照建设项目所在省（直辖市、自治区）人民政府有关规定计算。不需评价的建设项目不计取此项费用。

5）地质灾害危险评价费：指在灾害易发区对建设项目可能诱发的地质灾害和建设项目本身可能遭受的地质灾害危险程度的预测评价，编制评价报告书和评估所需的费用。其计算方法按照建设项目所在省（直辖市、自治区）人民政府有关规定计算。不需评价的建设项目不计取此项费用。

6）水土保持评价及验收费：指对建设项目在生产建设过程中可能造成水土流失进行预测，编制水土保持方案和评估所需的费用，以及在施工期间的监测、竣工阶段验收时所发生的费用。其计算方法按照建设项目所在省（直辖市、自治区）人民政府有关规定计算。不需评价的建设项目不计取此项费用。

7）压覆矿产资源评价费：指对需要压覆重要矿产资源的建设项目，编制压覆重要矿床评价和评估所需的费用。其计算方法按照建设项目所在省（直辖市、自治区）人民政府有关规定计算。不需评价的建设项目不计取此项费用。

8）节能评估及评审费：指对建设项目的能源利用是否科学合理进行分析评估，并编制节能评估报告以及评估所发生的费用。其计算方法按照建设项目所在省（直辖市、自治区）人民政府有关规定计算。不需评价的建设项目不计取此项费用。

9）危险与可操作分析及安全完整性评价费：危险与可操作分析（英文简称：HAZOP）及安全完整性评价（英文简称：SIL）费是指对应用于生产具有流程性工艺特征的新建、改建、扩建项目进行工艺危害分析和对安全仪表系统的设置水平及可靠性进行定量评估所发生的费用。其计算方法按照建设项目所在省（直辖市、自治区）人民政府有关规定，根据建设项目的生产工艺流程特点计算。

10）其他专项评价及验收费：指除以上 9 项评价及验收费外，根据国家法律法规、建设项目所在省（直辖市、自治区）人民政府有关规定，以及行业规定需进行的其他专项评价、评估、咨询和验收（如重大投资项目社会稳定风险评估、防洪评价等）所需的费用。其计算方法按照建设项目所在省（直辖市、自治区）人民政府有关规定计算。不需评价的建设项目不计取此项费用。

（7）场地准备及临时设施费　为使工程项目的建设场地达到开工条件，由建设单位组织进行的场地清理等准备工作而发生的费用以及建设单位为满足工程项目建设、生活、办公的需要，用于临时设施建设、维修、租赁、使用所发生或摊销的费用。

1）场地准备及临时设施应尽量与永久性工程统一考虑。建设场地的大型土石方工程应计入工程费用中的室外附属/总体工程费用中。

2）新建项目的场地准备和临时设施费应根据实际工程量估算，或按工程费用的比例计算，改扩建项目一般只计拆除清理费。

场地准备和临时设施费=工程费用×费率+拆除清理费

3）发生拆除清理费时可按新建同类工程造价或主材费、设备费的比例计算。凡可回收材料的拆除工程采用以料抵工方式冲抵拆除清理费。

4）此项费用不包括已列入工程费用中的施工单位临时设施费用。

（8）引进技术和引进设备其他费　引进技术和设备发生的但未计入设备购置费中的费用。该项费用包括引进项目图样资料翻译复制费、备品备件测绘费、出国人员费用、来华人员费用、银行担保及承诺费等。

1）引进项目图样资料翻译复制费、备品备件测绘费：根据引进项目的具体情况计列，或按离岸价（FOB）的比例估列；引进项目发生备品备件测绘费时按具体情况估列。

2）出国人员费用，依据合同或协议规定的出国人次、期限以及相应的费用标准计算。

3）来华人员费用：依据引进合同或协议有关条款及来华技术人员派遣计划进行计算。来华人员接待费用可按每人次费用指标计算。引进合同价款中已包括的费用内容不得重复计算。

4）银行担保及承诺费：应按担保或承诺协议计取。投资估算和概算编制时可以按担保金额或承诺金额为基数乘以费率计算。

5）引进设备材料的国外运输费、国外运输保险费、进口关税、进口环节增值税、外贸手续费、银行财务费、国内运杂费、引进设备材料国内检验费等按离岸价（FOB）为基数乘以相应费税率计算后进入相应的设备材料费中，不在此项费用中计列。

6）单独引进的软件不计算关税，只计算增值税。

（9）工程保险费　工程保险费是指建设项目在建设期间根据需要，对建筑工程、安装工程、机器设备和人身安全进行投保而发生的保险费用。包括以各种建筑工程及其在施工过程中的物料、机械设备为保险标的的建筑工程一切险，以安装工程中的各种机械、机械设备为保险标的的安装工程一切险，引进设备财产保险和人身意外伤害险等。计算时应注意以下问题：

1）不投保的工程不计取此项费用。

2）不同的建设项目可根据工程特点选择投保险种，根据投保合同计划列保险费用。编制投资估算时可按工程费用的比例估算。

3）此项费用不包括已列入建筑安装工程费中企业管理费项下的财产保险费。

根据不同的工程类别，分别以其建筑、安装工程费乘以建筑、安装工程保险费率计算。民用建筑（住宅楼、综合性大楼、商场、旅馆、医院、学校）占建筑工程费的2‰～4‰；其他建筑（工业厂房、仓库、道路、码头、水坝、隧道、桥梁、管道等）占建筑工程费的3‰~6‰；安装工程（农业、工业、机械、电子、电器、纺织、矿山、石油、化学及钢铁工业、钢结构桥梁）占建筑工程费的3‰~6‰。

（10）联合试运转费　联合试运转费是指新建或新增加生产能力的工程项目，在交付生产前按照设计文件规定的工程质量标准和技术要求，对整个生产线或装置进行负荷联合试运转所发生的费用净支出（费用支出大于试运转收入的亏损部分）。试运转支出包括：试运转所需的原料、燃料、油料和动力的费用，机械使用费用，低值易耗品及其他物料消耗、工具用具使用费、保险金、施工单位参加联合试运转人员的工资、专家指导等。试运转收入包括试运转期间的产品销售收入和其他收入。计算时应注意以下问题：

1）不发生试运转或试运转收入大于或等于费用支出的工程，不列此项费用。

2）当联合试运转收入小于试运转支出时，取两者之差。

3）联合试运转费不包括应由设备安装工程费开支的单台设备调试及试车费用，以及在试运转中暴露出来的因施工原因或设备缺陷等发生的处理费用。

4）试运行期的确定，依照以下规定：引进涉外设备项目按建设合同中规定的试运行期执行；国内一般性建设项目试运行期原则上按照批准的设计文件所规定的期限执行。

个别行业的建设项目试运行期需要超过规定试运行期的，应报项目设计文件审批机关批准。试运行期一经确定，建设单位应严格按规定执行，不得擅自缩短或延长。

（11）特殊设备安全监督检验费　安全监察部门在对施工现场组装的锅炉及压力容器、压力管道、消防设备、燃气设备、电梯等特殊设备和设施安全检验收取的费用。此项费用按照建设项目所在省（自治区、直辖市）安全监察部门的规定标准计算。无具体规定的，在编制投资估算和概算时可按受检设备现场安装费的比例估算。

（12）施工队伍调遣费

（13）市政公用设施费　该项费用是指使用市政公用设施的工程项目，按照项目所在地省级人民政府有关规定建设或缴纳的市政公用设施建设配套费用，以及绿化工程补偿费用。按工程所在地人民政府规定标准计列；不发生或按规定免征项目不计取。

### 2. 无形资产费用

无形资产费用指直接形成无形资产的建设投资，主要指专利及专有技术使用费。

（1）专利及专有技术使用费的主要内容　包括国外设计及技术资料费，引进有效专利、专有技术使用费和技术保密；国内有效专利、专有技术使用费；商标权、商誉和特许经营权费等。

（2）专利及专有技术使用费的计算　计算时应注意以下问题：

1）按专利使用许可协议和专有技术使用合同的规定计列。

2）专有技术的界定应以省、部级鉴定批准为依据。

3）项目投资中只计取需在建设期支付的专利及专有技术使用费，协议或合同规定在生产期支付的使用费应在生产成本中核算。

4）一次性支付的商标权、商誉及特许经营权费按协议或合同规定计列，协议或合同规定在生产期支付的商标权、商誉及特许经营权费应在生产成本中核算。

5）为项目配套的专用设施投资，包括专用铁路线、专用公路、专用通信设施、送变电站、地下管道、专用码头等，如由项目建设单位负责投资但产权不归属本单位的，应作无形资产处理。

3. 其他资产费用（递延资产）

其他资产费用指建设投资中除形成固定资产和无形资产以外的部分，即生产准备费等。

（1）生产准备费的内容 该项费用包括建设项目为保证正常生产而发生的人员培训费、提前进厂费以及投产使用必备的生产办公、生活家具用具及工器具等购置费用。

1）人员培训费及提前进厂费。包括自行组织培训或委托其他单位培训的人员工资、工资性补贴、职工福利费、差旅交通费、劳动保护费、学习资料费等。

2）为保证初期正常生产所必需的生产办公、生活家具用具购置费。

3）为保证初期正常生产所必需的第一套不够固定资产标准的生产工具、器具、用具购置费。不包括备品备件费。

（2）生产准备费的计算 新建项目按设计定员为基数计算，改扩建项目按新增设计定员为基数计算。可采用综合的生产准备费指标（元/人）进行计算，也可以按费用内容的分类指标计算。计算公式为

生产准备费=设计定员×生产准备费指标

### 1.3.5 预备费与建设期贷款利息

1. 预备费

按我国现行规定，预备费包括基本预备费和价差预备费。

（1）基本预备费 基本预备费是指针对在项目实施过程中可能发生但难以预料的支出，需要事先预留的费用，又称工程建设不可预见费。主要指设计变更及施工过程中可能增加工程量的费用，基本预备费一般由以下内容构成：

1）在批准的初步设计范围内，技术设计、施工图设计及施工过程中所增加的工程费用；设计变更、材料代用、局部地基处理等增加的费用。

2）一般自然灾害造成的损失和预防自然灾害所采取的措施费用。实行工程保险的工程项目，该费用应适当降低。

3）竣工验收时为鉴定工程质量对隐蔽工程进行必要的挖掘和修复费用。

基本预备费是按工程费用和工程建设其他费用二者之和为计取基础，乘以基本预备费率进行计算。

基本预备费=(工程费用+工程建筑其他费用)×基本预备费率

基本预备费率应根据建设项目的设计深度、采用的各项估算指标的精确度、项目所属行业主管部门的具体规定等综合确定。

（2）价差预备费 价差预备费是指针对建筑项目在建筑期间由于材料、人工、设备等价格可能发生变化引起工程造价变化，而事先预留的费用，也称为价格变动不可预见费。价差预备费内容包括：人工、设备、材料、施工机械的价差费，建筑安装工程费及工程建设其他费用调整，利率、汇率调整等增加的费用。

价差预备费的估算应根据国家或行业主管部门的具体规定和发布的指数计算。规定的投资综合价格指数，按估算年份价格水平的投资额为基数，采用复利方法计算。计算公式为

$$PF=\sum_{t=1}^{n} I_t\left[(1+f)^m(1+f)^{0.5}(1+f)^{t-1}-1\right] \tag{1-4}$$

式中　PF——价差预备费，单位为元；

$n$——建设期，单位为年；

$I_t$——建设期中第 $t$ 年的投资计划额，包括工程费用、工程建设其他费用及基本预备费，即第 $t$ 年的静态投资，单位为元；

$f$——年均投资价格上涨率；

$m$——建设前期年限（从编制估算到开工建设），单位为年。

【例 1-5】 某建设项目，经投资估算确定的工程费用与工程建设其他费用合计为 2000 万元，项目建设前期为 0 年，项目建设期为 2 年，每年各完成投资计划 50%。在基本预备费率为 5%，年均投资价格上涨率为 10%情况下，该项目建设期的价差预备费为多少？（2006 年造价师考试试题）

解：静态投资 = 2000 万元 ×(1+5%) = 2100 万元

建设期每年投资：1050 万元

第一年　价差预备费：$PF_1 = 1050\times[(1+10\%)^{0.5}-1]$ 万元 = 51.25 万元

第二年　价差预备费：$PF_2 = 1050\times[(1+10\%)^{1.5}-1]$ 万元 = 161.37 万元

所以，建设期的价差预备费为

$$PF = (51.25+161.37)\ 万元 = 212.62\ 万元$$

### 2. 建设期贷款利息

建设期贷款利息包括向国内银行和其他非银行金融机构贷款、出口信贷、外国政府贷款、国际商业银行贷款以及在境内外发行的债券等在建设期间内应计的借款利息。

建设期利息估算根据建设期资金用款计划。当总贷款是分年均衡发放时，当年借款在当年年中支用考虑，即当年借款按半年计息，上年贷款按全年计息。利用国外贷款的利息计算中，年利率应综合考虑贷款协议中向贷款方加收的手续费、管理费、承诺费、以及国内代理机构向贷款方收取的转贷费、担保费和管理费等。计算公式为

$$q_j = (P_{j-1}+A_j/2)\times i \tag{1-5}$$

式中　$q_j$——建设期第 $j$ 年应计利息；

$P_{j-1}$——建设期第（$j$−1）年末贷款累计本金与利息之和；

$A_j$——建设期第 $j$ 年贷款金额；

$i$——贷款年利率。

国外贷款利息的计算中，还应包括国外贷款银行根据贷款协议向贷款方以年利率的方式收取的手续费、管理费、承诺费；以及国内代理机构经国家主管部门批准的以年利率的方式向贷款单位收取的转贷费、担保费、管理费等。

【例 1-6】 某新建项目，建设期为 3 年，分 3 年均衡进行贷款，第一年贷款 300 万元，第二年贷款 650 万元，第三年贷款 350 万元，年利率为 12%，建设期内利息只计息不支付，计算建设期贷款利息。

解：在建设期，各年利息计算如下：

$q_1=A_1/2\times i=(300/2)$ 万元 $\times12\%=18$ 万元

$q_2=(P_1+A_2/2)\times i=(300+18+650/2)$ 万元 $\times12\%=77.16$ 万元

$q_3=(P_2+A_3/2)\times i=(318+650+77.16+350/2)$ 万元 $\times12\%=146.42$ 万元

因此：

建设期贷款利息 $=q_1+q_2+q_3=(18+77.16+146.42)$ 万元 $=241.58$ 万元

## 1.4 建设项目工程计价原理与方法

所谓工程计价就是指按照规定的计算方法与程序，估算建设项目的工程造价。工程计价的基本原理就在于项目的分解与组合，即分部组合性计价。目前我国主要采取两种方法进行工程造价的计价，分别是定额计价与工程量清单计价。

### 1.4.1 工程计价基本原理及模式

#### 1. 工程计价的基本原理

建设项目具有单件性与多样性组成的特点，每个项目都具有自身不同的自然、技术特征，都是单独设计、单独施工，因此只能就各个工程按照一定的计价程序和计价方法计算工程造价。通常是将项目进行分解，划分为若干个基本构造要素（即分部、分项工程），再将各基本构造要素的费用组合而成整个项目的造价。

由此可见，工程造价的计算是分部组合而成，一个建设项目总造价由各个单项工程造价组成；一个单项工程造价由各个单位工程造价组成；一个单位工程造价按分部分项工程计算得出，这充分体现了分部组合计价的特点。因此，工程计价过程依次是：分项工程造价、分部工程造价、单位工程造价、单项工程造价、建设项目总造价（图1-5）。

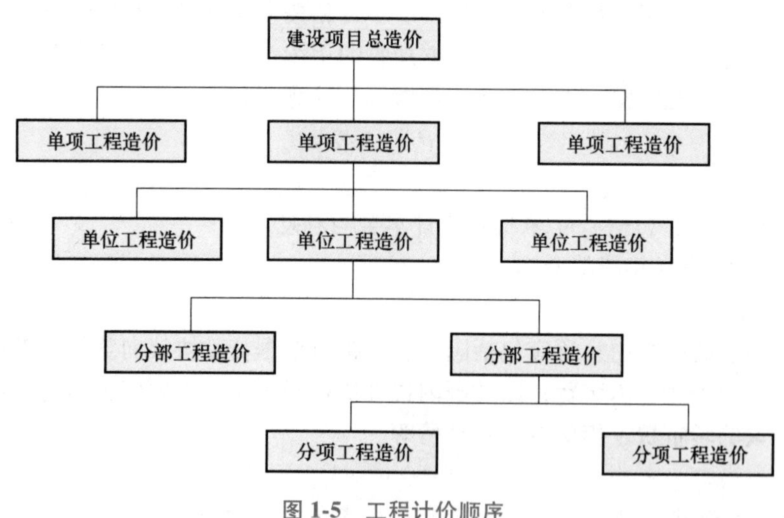


图1-5 工程计价顺序

由以上分析可知，我国工程造价计价的主要思路是将建设项目细分至最基本的构成单位

(如分项工程)，用其工程量与相应单价相乘后汇总相加，即为建筑安装工程造价。尽管这个原理很简单，但在工程量的计算规则，尤其是相应单价的组成计算时却比较复杂，衍生出了不同的计价模式。

$$\text{建筑安装工程造价}=\sum(\text{单位工程基本构造要素的工程量}\times\text{相应单价})$$

在不同的计价模式下，式中的“基本构造要素”“相应单价”均有不同的含义。定额计价时，“基本构造要素”是按工程建设定额划分的分项工程项目；“相应单价”是指定额基价，即包括人工、材料、机械台班费用。清单计价时“基本构造要素”是指清单项目；“相应单价”是指综合单价，除包括人工、材料、机械台班费以外，还包括企业管理费、利润和风险因素。

**2. 我国适用的工程计价模式**

由于各地实际情况的差异，目前我国建设工程造价实行“双轨制”计价，即在保留传统定额计价方式的基础上，参照国际惯例引入了工程量清单计价方式。

(1) 定额计价模式

1) 工程定额计价方法是我国采用的一种与计划经济相适应的工程造价管理制度，是我国长期以来采用的计价模式。定额计价实际上是国家通过颁布统一的估价指标、概算指标、概算定额、预算定额和相应的费用定额，对建筑产品价格进行有计划管理的一种方式。在计价中以定额为依据，按定额规定的分部分项子目，逐项计算工程量，套用预算定额单价(或单位估价表)确定直接工程费，然后按规定的取费标准确定措施费、间接费、利润和税金，加上材料调差系数和适当的不可预见费，经汇总后即为工程预算或标底，而标底则作为评标定标的主要依据。

定额计价方法最基本的过程有两个：工程量计算和工程计价。为统一口径，工程量的计算均按照统一的项目划分和工程量计算规则。工程量确定以后，就可以按照一定的方法确定工程的成本及盈利，最终就可以确定工程预算造价(或投标报价)。定额计价方法的特点就是量与价的结合。概预算的单位价格的形成过程，就是依据以预算定额所确定的消耗量乘以定额单价或市场价，经过不同层次的计算达到量与价的最优结合过程。

2) 定额计价制度为我国工程造价管理发挥了巨大作用，但随着市场经济体制改革的不断深入，传统的定额计价制度也不断受到冲击，改革势在必行。

定额计价制度第一阶段改革的核心思想是“量价分离”，即由国家建设行政主管部门制定符合国家有关标准、规范，并反映一定时期施工水平的人工、材料、机械等消耗量标准，实现国家对消耗量标准的宏观管理。对人工、材料、机械的单价等，由工程造价管理机构依据市场价格的变化发布工程造价相关信息和指数，将过去完全由政府计划统一管理的定额计价转变为“控制量、指导价、竞争费。”

定额计价制度改革的第二阶段的核心问题是工程造价计价方式的改革。这是由于在招投标已经成为工程发包的主要方式之后，应当采用适应市场经济发展的、利于市场合理形成造价的计价方式来确定工程项目的价格。2003 年 2 月，国家标准 GB 50500—2003《建设工程工程量清单计价规范》发布并从当年 7 月开始实施，这是我国工程计价方式改革历程中的里程碑，标志着我国工程造价的计价方式实现了从传统定额计价向工程量清单计价的转变。

(2) 工程量清单计价模式　工程量清单计价是一种区别于定额计价模式的新计价模式，是一种主要由市场定价的计价模式。就我国目前的实践而言，工程量清单计价作为一种市场价格的形成机制，其使用主要在工程施工招投标阶段。它是由建设产品的买方和卖方在建设市场上根据供求状况、信息状况进行自由竞价，从而最终签订工程合同价格的方法。工程量清单计价方法是在建设市场建立、发展和完善过程中的必然产物。

工程量清单计价是在建设工程招标投标中按照国家统一的工程量清单计价规范，招标人或由其委托的具有资质的中介机构编制反映工程实体消耗和措施消耗的工程量清单，并作为招标文件的一部分提供给投标人，由投标人依据工程量清单，根据各种渠道所获得的工程造价信息和经验数据，结合企业定额自主报价的计价方式。

我国现行建设行政主管部门发布的工程预算定额消耗量和有关费用及相应价格是按照社会平均水平编制的，以此为依据形成的工程造价基本上属于社会平均价格。这种平均价格可作为市场竞争的参考价格，但不能充分反映参与竞争企业的实际消耗和技术管理水平，在一定程度上限制了企业的公平竞争。采用工程量清单计价能够反映工程个别成本，有利于企业自主报价和公平竞争；同时，实行工程量清单计价，工程量清单作为招标文件和合同文件的重要组成部分，对于规范招标人计价行为，在技术上避免招标中弄虚作假和暗箱操作及保证工程款的支付结算都会起到重要作用。

### 3. 建筑安装工程计价

建筑安装工程费按照工程造价形成由分部分项工程费、措施项目费、其他项目费、规费、税金组成，分部分项工程费、措施项目费、其他项目费包含人工费、材料费、施工机具使用费、企业管理费和利润。

（1）分部分项工程费　分部分项工程费是指各专业工程的分部分项工程应予列支的各项费用。

1）专业工程：是指按现行国家计量规范划分的房屋建筑与装饰工程、仿古建筑工程、通用安装工程、市政工程、园林绿化工程、矿山工程、构筑物工程、城市轨道交通工程、爆破工程等各类工程。

2）分部分项工程：指按现行国家计量规范对各专业工程划分的项目。如房屋建筑与装饰工程划分的土石方工程、地基处理与桩基工程、砌筑工程、钢筋及钢筋混凝土工程等。

$$分部分项工程费=\sum(分部分项工程量\times综合单价)$$

综合单价包括人工费、材料费、施工机具使用费、企业管理费和利润以及一定范围的风险费用。

（2）措施项目费　措施项目费是指为完成工程项目施工，发生于该工程施工准备和施工过程中技术、生活、安全、组织、环境保护等方面的非工程实体项目的费用。措施项目划分为两类：一类是不能计算工程量的项目，如文明施工和安全防护、临时设施等，以“项”计价，称为“总价项目”；另一类是可以计算工程量的项目，如脚手架、降水工程等，以“量”计价，更有利于措施费的确定和调整，称为“单价项目”。

1）单价项目。国家计量规范规定应予计量的措施项目，其计算公式为

$$措施项目费=\sum(措施项目工程量\times综合单价)$$

2）总价项目。国家计量规范规定不宜计量的措施项目，主要包括：

① 安全文明施工费：包括环境保护费、文明施工费、安全施工费、临时设施费。环境保护费是指施工现场为达到环保部门所要求的各项费用；文明施工费是指施工现场文明施工所需要的各项费用；安全施工费是指施工现场安全施工所需要的各项费用；临时设施费是指

施工企业为进行建筑工程施工所必须搭设的生活和生产用的临时建筑物、构筑物和其他临时设施费用等。

安全文明施工费的计算公式为

$$安全文明施工费=计算基数\times安全文明施工费费率(\%)$$

计算基数应为定额基价（定额分部分项工程费+定额中可以计量的措施项目费）、定额人工费或（定额人工费+定额机械费），其费率由工程造价管理机构根据各专业工程的特点综合确定。

② 夜间施工增加费：是指因夜间施工所发生的夜班补助费、夜间施工降效、夜间施工照明设备摊销及照明用电等费用。夜间施工增加费的计算方法：

$$夜间施工增加费=计算基数\times夜间施工增加费费率(\%)$$

③ 二次搬运费：是指因施工场地条件限制而发生的材料、构配件、半成品等一次运输不能到达堆放地点，必须进行二次或多次搬运所发生的费用。二次搬运费的计算方法：

$$二次搬运费=计算基数\times二次搬运费费率(\%)$$

④ 冬雨季施工增加费：是指在冬季或雨季施工需增加的临时设施、防滑、排除雨雪，人工及施工机械效率降低等费用。冬雨季施工增加费的计算方法为

$$冬雨季施工增加费=计算基数\times冬雨季施工增加费费率(\%)$$

⑤ 已完工程及设备保护费：是指竣工验收前，对已完工程及设备采取的必要保护措施所发生的费用。已完工程及设备保护费的计算方法为

$$已完工程及设备保护费=计算基数\times已完工程及设备保护费费率(\%)$$

上述②~⑤项措施项目的计费基数应为定额人工费或（定额人工费+定额机械费），其费率由工程造价管理机构根据各专业工程特点和调查资料综合分析后确定。

⑥ 工程定位复测费：是指工程施工过程中进行全部施工测量放线和复测工作的费用。

⑦ 特殊地区施工增加费：是指工程在沙漠或其边缘地区、高海拔、高寒、原始森林等特殊地区施工增加的费用。

⑧ 大型机械设备进出场及安拆费：是指机械整体或分体自停放场地运至施工现场或由一个施工地点运至另一个施工地点，所发生的机械进出场运输及转移费用及机械在施工现场进行安装、拆卸所需的人工费、材料费、机械费、试运转费和安装所需的辅助设施的费用。

⑨ 脚手架工程费：是指施工需要的各种脚手架搭、拆、运输费用以及脚手架购置费的摊销（或租赁）费用。

（3）其他项目费　工程建设标准的高低、工程的复杂程度、工程的工期长短、工程的组成内容、发包人对工程管理要求等都直接影响其他项目的具体内容。下列内容作为其他项目费的列项参考，不足部分，可根据工程的具体情况进行补充：

1）暂列金额：是指建设单位在工程量清单中暂定并包括在工程合同价款中的一笔款项。用于施工合同签订时尚未确定或者不可预见的所需材料、工程设备、服务的采购，施工中可能发生的工程变更、合同约定调整因素出现时的工程价款调整以及发生的索赔、现场签证确认等的费用。

2）计日工：是指在施工过程中，施工企业完成建设单位提出的施工图样以外的零星项目或工作所需的费用。

3）总承包服务费：是指总承包人为配合、协调建设单位进行的专业工程发包，对建设

单位自行采购的材料、工程设备等进行保管以及施工现场管理、竣工资料汇总整理等服务所需的费用。

4）暂估价：包括材料暂估单价、工程设备暂估单价、专业工程暂估价。暂估价是招标人在工程量清单中提供的用于支付必然发生但暂时不能确定价格的材料、工程设备的单价以及专业工程的金额。暂估价中的材料、工程设备暂估价应根据工程造价信息或参照市场价格估算；专业工程暂估价应分不同专业，按有关计价规定估算。

（4）规费与税金 按照省、自治区、直辖市或行业建设主管部门发布标准计算规费和税金，不得作为竞争性费用。

### 1.4.2 定额计价法与清单计价法的联系与区别

1. 两种计价方法的联系

无论是工程定额计价方法还是工程量清单计价方法，都是一种从下而上的分部组合计价方法，即将整个项目进行分解，划分为可以按有关技术经济参数测算价格的基本构造要素，用其工程量相应单价相乘后汇总，即为整个建设工程造价。

2. 两种计价方法的区别

工程量清单计价与工程定额计价相比有一些重大区别，这些区别也体现出了工程量清单计价方法的特点。

（1）体现了我国建设市场的不同定价阶段 我国建筑产品价格经历了国家定价、国家指导价、国家调控价三个阶段。

1）在国家定价时期，建筑产品不具有商品性质，也不存在“建筑产品价格”，此时的建筑产品价格实际上是在建设过程的各个阶段利用国家或地区颁布的各种定额进行投资费用的预估和计算，建设单位、设计单位、施工单位都按照规定的定额标准、材料价格和取费标准确定工程价格，工程价格水平由国家规定。

2）在国家指导价时期，出现了预算包干价格形式和工程招标投标价格形式，预算包干价格虽然属于国家计划价格形式，但是因为它对工程施工过程中费用的变动采取了一次包死的形式，对提高工程价格管理水平有一定作用。而工程招标投标价格是在建筑产品招标投标交易过程中形成的工程价格，这一阶段的工程招标投标价格属于国家指导性价格，是在最高限价范围，国家指导下的竞争性价格。这种价格形式表现了计划控制性、国家指导性以及竞争性特征。

具体来说，作为评标基础的标底价格要按照国家工程造价管理部门规定的定额和有关取费标准制定，标底价格的最高数额受到国家批准的工程概算控制，这体现了计划控制性；国家工程招标管理部门对标底的价格进行审查，管理部门组成的监督小组直接监督指导大中型工程招标、投标、评标和决标过程，这体现了国家指导性；投标单位可以根据本企业的条件和经营状况确定投标报价，并以价格作为竞争承包工程手段，而招标单位可以在标底价格的基础上，择优确定中标单位和工程中标价格，这体现了竞争性。

3）在国家调控价时期，采取的是国家调控的招标投标价格形式，是一种由市场形成价格为主的价格机制。它是在国家有关部门调控下，由工程承发包双方根据工程市场中建筑产品供求关系变化自主确定工程价格。其价格的形成可以不受国家工程造价管理部门的直接干预，而是根据市场的具体情况，通过竞争形成价格。

4）在定额计价模式下，工程价格或直接由国家决定，或是由国家给出一定的指导性标准，承包商可以在该标准的允许幅度内实现有限竞争；工程量清单计价模式则反映了市场定价，工程价格是在国家有关部门间接调控和监督下，由工程承包发包双方根据工程市场中建筑产品供求关系变化自主确定工程价格。

（2）采用单价不同　定额计价采用的单价是定额基价；而清单计价采用的单价是综合单价。清单计价的综合单价，从工程内容角度来看，不仅包括组成清单项目的主体工程项目，还包括与主体项目有关的辅助项目。也就是说，一个清单项目可能包括多个分项工程。例如，混凝土工程中的条形基础梁这个清单项目，综合了“混凝土制作、运输、浇筑、振捣、养护”主体项目，以及“垫层铺设”“地脚螺栓二次灌浆”两项辅助项目，而定额中上述三项是作为三个定额子目处理的。

从费用内容的角度看，清单计价下的综合单价不仅包括人工费、材料费、机械使用费，还包括管理费、利润和风险因素。工程量清单报价具有直观、单价相对固定的特点，工程量发生变化时，单价一般不做调整。

（3）编制工程量的主体不同　在定额计价方法中，建设工程的工程量由招标单位和投标单位分别按图样计算。而在清单计价方法中，工程量由招标人或委托有资质的中介机构统一计算。工程量清单是招标文件的重要组成部分，各投标人根据招标人提供的工程量清单，根据自身的技术装备、施工经验、企业成本、企业定额、管理水平自主填写单价。

除编制主体不同以外，编制工程量的时间也有所不同。定额预算计价法是在发出招标文件后编制（招标与投标人同时编制或投标人编制在前，招标人编制在后）。工程量清单报价法必须在发出招标文件前编制工程量清单。

（4）编制的依据不同　采用定额计价法编制预算时，主要依据建设行政主管部门颁发的预算定额，以及工程造价管理部门发布的价格信息进行计算。采用工程量清单报价法，招标控制价根据招标文件中的工程量清单和有关要求、施工现场情况、合理的施工方法以及建设行政主管部门制定的有关工程造价计价办法编制。企业的投标报价则根据企业定额和市场价格信息，或参照建设行政主管部门发布的社会平均消耗量定额编制。

由此可见，定额计价方式下，一律采用具有社会平均水平的预算定额（或消耗量定额）计价，计算出来的工程造价不能反映企业的实际水平；清单计价方式下，投标报价时，采用或参照消耗量定额计价，也可以采用企业定额自主报价。投标人计算出来的工程造价反映企业的实际水平。

（5）评标方法不同　预算定额计价投标一般采用百分制评分法，而工程量清单计价法投标，一般采用合理低报价中标法，既要对总价进行评分，还要对综合单价进行分析评分。

（6）合同价调整方式不同　定额计价方式下，合同价调整方式主要有：变更签证、定额解释、政策调整。工程量清单计价方式下，一般情况下单价是相对固定的，减少了在合同实施过程中的调整活口，合同价调整方式主要是索赔。工程量清单的综合单价一般通过招标中报价的形式体现，一旦中标，报价作为签订施工合同的依据相对固定下来，工程结算时按承包商实际完成工程量乘以清单中相应的单价计算。

（7）对施工措施性消耗费用的处理不同　定额计价没有区分施工实体性消耗和施工措施性消耗，而工程量清单计价将施工措施与工程实体项目进行分离，突出了施工措施费用的市场竞争性。工程量清单计价规范中的工程量计算规则的编制原则一般是以工程实体的净尺寸计算，也没有包含工程量合理损耗，这一特点也就是定额计价的工程量计算规则与工程量清单计价规范的工程量计算规则的本质区别。

## 复习思考题

一、简答题

1. 试叙述工程造价的内涵。
2. 举例说明建设项目的组成。
3. 试叙述我国工程项目的建设程序。
4. 简述我国建设项目总投资的构成，以及工程造价的组成。
5. 国际工程建筑安装工程费主要包括哪些方面？
6. 设备费、工器具费两者的区别是什么？
7. 简述进口设备原价的构成及计算。
8. 简述我国现行建筑安装工程费用的组成。
9. 工程建设其他费用由哪些费用组成？
10. 什么是基本预备费？一般包括哪些内容？
11. 简述定额计价与工程量清单计价的异同。

二、计算题

1. 某工厂采购一台国产非标准设备，制造厂生产该台设备所用材料费 20 万元，加工费 2 万元，辅助材料费 4000 元。制造厂为制造该设备，在材料采购过程中发生进项增值税额 3.5 万元。专用工具费率 1.5%，废品损失费率 10%，外购配套件费 5 万元，包装费率 1%，利润率为 7%，增值税率为 17%，非标准设备设计费 2 万元，求该国产非标准设备的原价。

2. 从某国进口设备，重量 1000t，装运港船上交货为 400 万美元，运至国内某省会城市，国际海运费 300 美元/t，国外海运保险费为 3‰，银行财务税率为 5‰，关税税率为 20%，外贸手续费率为 1.5%，1 美元 = 6.8 元人民币。对该设备原价进行估算。

# 第2章 工程造价管理概论

本章学习重点与难点：通过本章的学习，读者可以熟悉工程造价管理的基本内涵，同时对我国工程造价管理现状及其国外工程造价管理体系有所了解。

## 2.1 工程造价管理的内涵

### 2.1.1 工程造价管理的含义

工程造价管理是随着社会生产力的发展，商品经济的发展和现代管理科学的发展而产生发展的。它是指运用科学、技术原理和经济、法律等管理手段，解决工程建设活动中的造价确定与控制、技术与经济、经营与管理等实际问题，力求合理使用人力、物力和财力，达到提高投资效益和经济效益的全方位、符合客观规律的全部业务和组织活动。

1. 工程造价管理的两种含义

与工程造价两种含义对应，工程造价管理也有两种含义：一是指建设工程投资费用的管理；二是建设工程价格的管理。

（1）建设工程投资费用管理　建设工程投资费用管理是指为了实现投资的预期目标，在拟定的规划、设计方案的条件下，预测、确定和监控工程造价及其变动的系统活动。建设工程投资费用管理属于投资管理范畴，它既涵盖了微观层次的项目投资费用管理，又涵盖了宏观层次的投资费用管理。

（2）建设工程价格管理　建设工程价格管理属于价格管理范畴。在社会主义市场经济条件下，价格管理分两个层次。在微观层次上，是指生产企业在掌握市场价格信息的基础上，为实现管理目标而进行的成本控制、计价、定价和竞价的系统活动。在宏观层次上，是指政府根据社会经济发展的要求，利用法律、经济和行政的手段对价格进行管理和调控，以及通过市场管理规范市场主体价格行为的系统活动。

国家对工程造价的管理，不仅承担一般商品价格的调控职能，而且在政府投资项目上也承担着微观主体的管理职能。这种双重角色的双重管理职能，是工程造价管理的一大特色。区分不同的管理职能，进而制定不同的管理目标，采用不同的管理方法是一种必然趋势。

2. 全面造价管理

按照国际全面造价管理促进会的定义，全面造价管理就是有效地使用专业知识和专门技术去计划和控制资源、造价、盈利和风险。建设工程全面造价管理包括全生命周期造价管理、全过程造价管理、全要素造价管理和全方位造价管理。

（1）全生命周期造价管理 全生命周期造价管理是指建设工程的建造成本与建成后的日常维护、使用成本之和，它包括建设前期、建设期、使用期及拆除期各个阶段的成本。由于在工程建设及使用的不同阶段，工程造价存在诸多不确定性，使得全生命周期造价管理工作比较困难。全生命周期造价管理旨在实现全寿命周期造价最小化，常用来指导建设工程的投资决策及设计方案的选择。

（2）全过程造价管理 全过程造价管理是指建设工程造价管理工作涵盖从前期决策直至竣工验收的各个阶段，包括决策阶段的项目策划、投资估算、项目经济评价、项目融资方案分析；设计阶段的限额设计、方案比选、概预算编制；招投标阶段的承发包模式及合同形式的选择、标底编制；施工阶段的工程计量与结算、工程变更控制、索赔管理；竣工验收阶段的竣工结算与决策等。

（3）全要素造价管理 建设工程造价管理不能单就造价本身谈造价管理，因为工程的工期、质量、安全及环境等因素均会对工程造价产生影响。为此，工程造价管理不仅仅是控制工程的成本，还应同时考虑工期、质量、安全与环境，从而实现工程造价、工期、质量、安全、环境的集成管理。

（4）全方位造价管理 建设工程造价管理不仅仅是业主或承包单位的任务，而且是政府建设行政主管部门、行业协会、业主、设计单位、承包方以及有关咨询机构的共同任务。尽管各方的地位、利益、角度等有所不同，但必须建立完善的协同工作机制，才能实现建设工程造价的有效控制。

### 2.1.2 我国工程造价管理的基本内容

#### 1. 工程造价管理的目标和任务

（1）工程造价管理的目标 其目标是指利用科学管理方法和先进管理手段，合理地确定工程造价和有效地控制造价，以提高投资效益和建筑安装企业经营效果。

合理确定造价和有效控制造价不是简单的因果关系，是有机联系辩证的关系，贯穿于工程建设全过程。国家计划委员会印发的《关于控制建设工程造价的若干规定》（计标［1988］30号）指出："控制工程造价的目的不仅仅在于控制项目投资不超过批准的造价限额，更积极的意义在于合理使用人力、物力、财力，以取得最大的投资效益。"

（2）工程造价管理的任务 工程造价管理的任务是加强工程造价的全过程动态管理，强化工程造价的约束机制，维护有关各方的经济利益，规范价格行为，促进微观效益和宏观效益的统一。

#### 2. 工程造价管理的基本内容

工程造价管理的基本内容就是合理确定和有效控制工程造价。

（1）工程造价的合理确定 工程造价的合理确定是指在工程建设的各个阶段，采用科学的计算方法和现行的计价依据及批准的设计方案或设计图样等文件资料，合理计算和确定投资估算价、设计概算价、施工图预算价、承包合同价、竣工结算价、竣工决算价的过程。

1）项目建议书阶段：编制初步投资估算，经有关部门批准，作为拟建项目列入国家中长期计划和开展前期工作的控制造价。

2）可行性研究阶段：编制投资估算，经有关部门批准，作为该项目国家计划控制造价。

3）初步设计阶段：按有关规定编制初步设计总概算，经有关部门批准，作为控制拟建项目工程造价的最高限额。

4）施工图设计阶段：编制施工图预算，用以核实施工图阶段造价是否超过批准的初步设计概算。

5）对以施工图预算为基础实施招标的工程，承包合同价也是以经济合同形式确定的建筑安装工程造价。

6）工程实施阶段：按照承包方实际完成的工程量，以合同价为基础，同时考虑因物价上涨引起的造价变化，考虑到设计中难以预料的而在实施阶段实际发生的工程变更和费用，合理确定结算价。

7）竣工验收阶段：全面总结在工程建设过程中实际花费的全部费用，编制竣工决算，体现该建设工程的实际造价。

（2）工程造价的有效控制　工程造价的有效控制是工程建设管理的重要组成部分，它是指在优化建设方案、设计方案的基础上，在建设程序的各个阶段（包括投资决策阶段、设计阶段、建设项目发包阶段和建设实施阶段），采用一定的方法和措施把建设工程造价的实际发生控制在合理的范围和核定的造价限额内的过程。并随时纠正发生的偏差，以保证项目管理目标的实现，以求在各个建设项目中能合理使用人力、物力、财力，取得较好的投资效益和社会效益。具体说，就是用投资估算价控制设计方案的选择和初步设计概算造价；用概算造价控制技术设计和修正概算造价；用概算造价或修正概算造价控制施工图设计和预算造价。

有效地控制工程造价应遵守以下几项基本原则：

1）合理设置工程造价控制目标。建设工程造价控制目标的设置是随着工程项目建设的不断深入由粗到细分阶段设置的。投资估算是进行设计方案选择和初步设计阶段的造价控制目标；设计概算是进行技术设计和施工图设计阶段的造价控制目标；设计预算或建筑安装工程承包合同价是施工阶段的造价控制目标。各阶段的目标有机联系，相互制约，相互补充，共同形成工程造价目标控制系统。目标设置时要注意力求先进、准确、能实现的可能性；但也不要压低控制目标，失去目标管理的意义。

2）以设计阶段为重点进行建设全过程造价控制。工程造价控制应贯穿于项目建设的全过程，但是各阶段工作对造价的影响程度是不同的。工程造价控制的关键在于前期决策和设计阶段，而在项目投资决策完成后，控制工程造价的关键就在于设计。据西方一些国家分析，设计费一般不足建设工程全寿命周期费用的 1%，但对工程造价的影响度占到 75% 以上。由此可见，设计质量对整个工程建设的效益是至关重要的。

设计单位和设计人员必须树立经济核算的观念，克服重技术轻经济的思想，严格按照设计任务书规定的投资估算做好多方案的技术经济比较。工程经济人员在设计过程中应及时地对工程造价进行分析对比，能动地影响设计，以保证有效地控制造价。

3）以主动控制为主控制工程造价。长期以来，建设管理人员把控制理解为进行目标值与实际值的比较，当两者有偏差时，分析产生偏差的原因，确定下一阶段的对策。但这种立足于调查—分析—决策基础之上的偏离—纠偏—再偏离—再纠偏的控制只能发现偏差，不能预防发生偏差，是被动的控制。主动控制是指把控制立足于事先主动地采取决策措施，尽可能减少以至避免目标值与实际值发生偏离。因此，工程造价管理人员不能死算账，而应能进行科学管理。不仅要真实地反映投资估算、设计概预算，更重要的是要能动地影响投资决策、设计和施工。

4）技术与经济相结合是控制工程造价的有效手段。有效控制工程造价，应从组织、技术、经济、合同等多方面采取措施。从组织上采取措施，包括明确项目组织结构，明确造价控制者及其任务，明确管理职能分工，做到专人负责，明确分工；从技术上采取措施，包括重视设计多方案选择，严格审查监督初步设计、技术设计、施工图设计、施工组织设计，深入技术领域研究节约投资的可能性；从经济上采取措施，包括动态比较投资的计划值和实际值，严格审核各项支出，采取对节约投资的有力奖励措施等。

工程建设要把技术与经济有机地结合起来，认真进行技术经济分析和效果评价，正确处理技术先进与经济合理之间的对立统一关系，力求做到在技术先进前提下的经济合理，在经济合理基础上的技术先进，把控制工程造价的思想真正地渗透到可行性研究、项目评价、设计和施工的全过程中去。

3. 工程造价管理的组织

工程造价管理的组织，是指为了实现工程造价管理目标而进行的有效组织活动，以及与造价管理功能相关的有机群体。它是工程造价动态的组织活动过程和相对静态的造价管理部门的统一。具体来说，主要是指国家、地方、部门和企业之间管理权限和职责范围的划分。

工程造价管理的组织有三个系统，分别是：政府行政管理系统、企事业单位管理系统、行业协会管理系统。

从政府行政管理系统来看，政府在工程造价管理中既是宏观管理主体，也是政府投资项目的微观管理主体。从宏观管理的角度，政府对工程造价管理有严密的组织系统，设置了多层管理机构，规定了管理权限和职责范围。例如，国务院建设主管部门、省、自治区、直辖市和国务院其他主管部门均设有造价管理机构，在相应范围内行使管理职能。

企事业单位对工程造价的管理，属微观管理的范畴。设计单位、工程造价咨询企业参与工程项目建设全过程管理进行造价控制。工程承包企业的造价管理是企业管理的重要内容，工程承包企业在加强工程造价管理的同时，还要加强企业内部的各项管理，特别要加强成本控制，才能切实保证企业有较高的利润。

成立于1990年的中国建设工程造价管理协会是我国建设工程造价管理的行业协会，是由从事工程造价咨询服务与工程造价管理的单位以及具有注册资格的造价工程师和资深专家、学者个人自愿组成的全国性的工程造价行业协会。协会辅助政府主管部门逐步开展行业的具体管理工作，例如受国家行政主管部门委托，承担工程造价咨询行业和造价工程师执业资格及职业教育等相关的具体工作。

## 2.2 我国工程造价管理体系

### 2.2.1 全过程造价管理内涵概述

全过程造价管理是以中国工程造价管理界为主推出的理论和方法。自20世纪80年代中期开始，我国建设项目造价管理界的工作者中就有一批人先后提出了对建设项目进行全过程造价管理的思想，特别是在1988年，国家计划委员会印发的《关于控制建设工程造价的若干规定》（计标［1988］30 号）指出："建设工程造价的合理确定和有效控制是工程建设管理的重要组成部分。控制工程造价的目的，不仅仅在于控制工程项目投资不超过批准的造价限额，更积极的意义在于合理使用人力、物力、财力，以取得最大的投资效益"。这是国内对于建设项目造价管理必须以投资效益最大化作为指导思想的较早描述，它确定了我国提出的全过程造价管理的根本指导思想。同时，该规定还提出了"为有效地控制工程造价，必须建立健全投资主管单位、建设、设计、施工等各有关单位的全过程造价控制责任制"。这是我国政府最早有关全过程造价管理的说明文件。

可见，全过程造价管理的根本指导思想是通过造价管理，实现项目投资效益的最大化和合理地使用项目的人力、物力和财力。而全过程造价管理的根本方法是整个项目建设全过程中的各有关单位共同分工合作实现项目全过程的造价控制。

全过程造价管理的理论与方法强调建设项目是一个过程，建设项目造价的确定与控制也是一个过程，是一个项目造价决策和实施的过程，各相关单位在全过程中都需要开展造价管理工作。

工程造价管理的基本内容是合理确定和有效控制工程造价，因此，下面从工程造价的计价、控制、造价管理体制及造价工程师管理制度四个方面全面介绍我国工程造价管理体系。

### 2.2.2　我国工程造价的计价方法

目前，我国建设工程造价的计价是两种模式并存，即定额计价与工程量清单计价。

**1. 定额计价**

工程造价的定额计价是借鉴苏联的做法逐步建立起来的，是与计划经济相适应的计价模式。

定额计价的基本方法是：首先根据施工图和国家（或地方）统一颁发的工程量计算规则，按预算定额规定的分部分项子目，逐项计算工程量，套用统一的预算定额单价（或单位估价表）确定工、料、机费。然后按照费用定额规定的取费标准，确定措施项目费、企业管理费、规费、利润、税金等，再加上材料调差系数，汇总后得到工程的预算造价。工程竣工后再根据工程造价管理部门的有关规定计算相关调整费用，编制竣工结算和决算，经审核后即为工程的最终造价。工程定额计价的基本程序如图 2-1 所示。

**2. 工程量清单计价**

工程量清单计价是指在建设工程招标投标时，以招标人提供的工程量清单为平台，投标人根据自身的技术、财务、管理、设备等能力进行投标报价，招标人根据具体的评标细则进行优选。

工程量清单计价的基本过程可以描述为：在统一的工程量清单项目设置的基础上，制定工程量清单计量规则，根据具体工程的施工图计算出各个清单项目的工程量，再根据各种渠道所获得的工程造价信息和经验数据计算得到工程造价。这一基本的计算过程如图 2-2 所示。

从图 2-2 中可以看出，工程量清单编制过程可以分为两个阶段：工程量清单的编制和利用工程量清单来编制投标报价。投标报价是在业主提供的工程量计算结果的基础上，根据企业自身所掌握的各种信息、资料，结合企业定额编制而成。

1）分部分项工程费 = $\sum$ 分部分项工程量 × 相应分部分项工程综合单价。

综合单价包括完成规定计量单位合格产品所需的人工费、材料费、机械使用费、管理

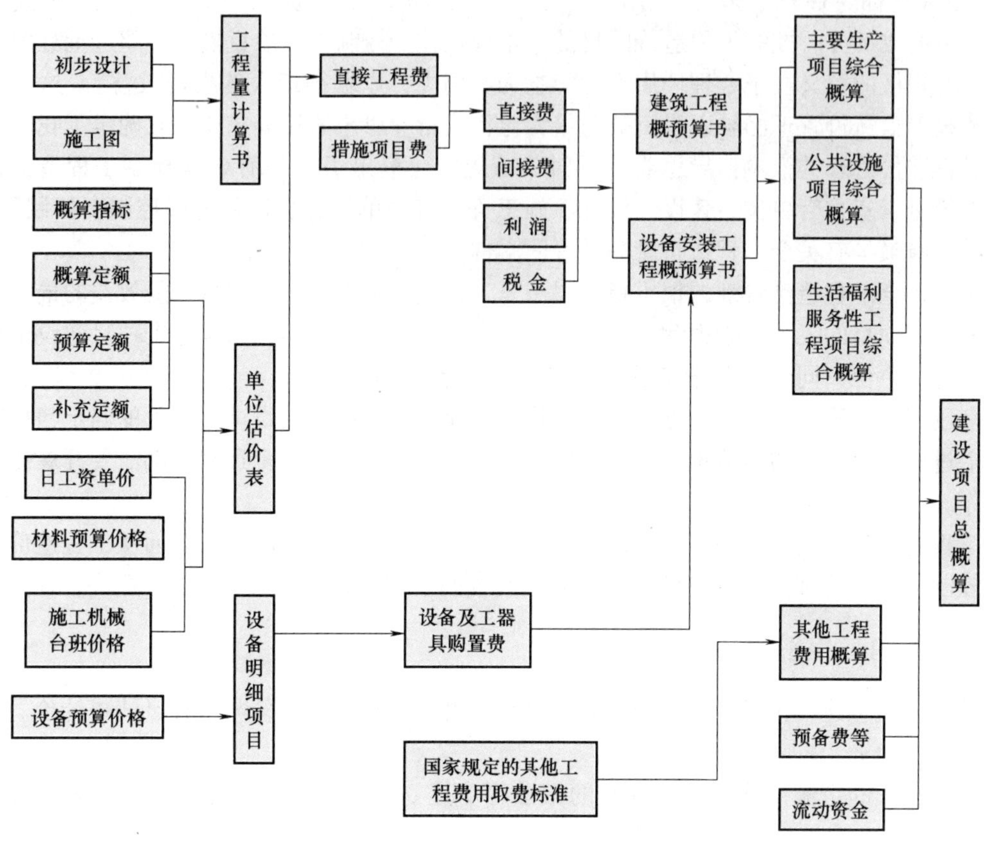


图 2-1　定额计价基本程序示意图

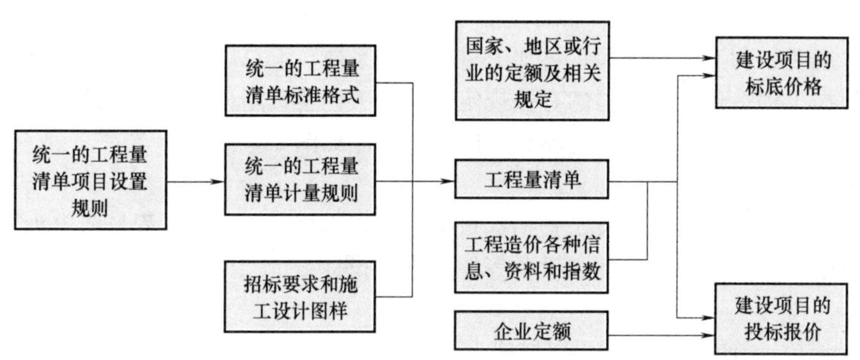


图 2-2　工程量清单计价过程示意图

费、利润，并考虑风险因素。

2）措施项目费 = Σ各措施项目费。

3）其他项目费 = 招标人部分金额 + 投标人部分金额。

4）单位工程造价 = 分部分项工程费 + 措施项目费 + 其他项目费 + 规费 + 税金。

5）单项工程造价 = Σ单位工程造价。

6）建设项目总造价 = $\sum$ 单项工程造价。

### 2.2.3 我国工程造价的全过程控制

我国工程造价的全过程控制，就是在优化建设方案、设计方案的基础上，在建设程序的各个阶段，采用一定的方法和措施将工程造价的发生控制在合理的范围和核定的造价限额内。具体来说，就是用投资估算价控制设计方案的选择和初步设计概算造价；用概算造价控制技术设计和修正概算造价；用概算造价或修正概算造价控制施工图设计和预算造价。在施工过程中，施工企业要在合同价内完成工程施工，并严格控制成本。详见本书后续章节内容。

### 2.2.4 我国工程造价管理体制

#### 1. 工程造价管理体制的建立与发展

工程造价管理体制随着新中国的成立而建立。在 20 世纪 50 年代，全国面临着大规模的恢复重建工作，特别是第一个五年计划后，为用好有限的建设资金，我国引进了苏联的概预算定额管理制度，设立了概预算管理部门，并通过颁布一系列文件，建立了概预算工作制度，同时对概预算的编制原则、内容、方法和审批、修正办法、程序等做出了明确规定，确立了对概预算编制依据实行集中管理为主的分级管理原则。

从 20 世纪 50 年代后期开始直至 1976 年，概预算定额管理工作遭到严重破坏。概预算和定额管理机构被撤销，大量基础资料被销毁。

从 1977 年起，国家恢复建设工程造价管理机构。1983 年国家计委成立了基本建设标准定额研究所、基本建设标准定额局，各有关部门、各地区也陆续成立了相应的管理机构，1988 年划归建设部成立了标准定额司。经过几十年的不断深化改革，国务院建设行政主管部门及其他各有关部门、各地区对建立健全建设工程造价管理制度，改进建设工程造价计价依据做了大量工作。

#### 2. 工程造价管理体制改革

我国在计划经济条件下实行政府高度集权的工程项目管理体制，政府是唯一的投资主体，由政府以指令性计划的方式拨付项目建设资金；同时，国家也是工程造价管理的主体，工程造价管理部门以法定的形式进行造价管理。

随着我国经济水平的发展和经济结构的日趋复杂，传统的与计划经济相适应的管理体制必须改革。自 1978 年中国共产党十一届三中全会后，伴随经济体制改革的发展，我国项目管理体制进行了一系列改革，主要表现在以下几个方面：

1）重视和加强项目决策阶段的投资估算工作，努力提高可行性研究报告中投资估算的准确度，切实发挥其控制建设项目总造价的作用。

2）进一步明确概预算工作的重要作用。概预算不仅要计算工程造价，更要能动地影响设计，从而发挥控制工程造价、促进建设资金合理使用的作用。工程设计人员要进行多方案的技术经济比较，通过优化设计来保证设计的技术经济合理性。

3）推进工程量清单计价模式，以适应我国建筑市场发展的要求和国际市场竞争的需要，逐步与国际惯例接轨。

4）引入竞争机制，通过招标方式择优选择工程承包公司和设备材料供应单位，以促使这些单位改善经营管理，提高应变能力和竞争能力，降低工程造价。

5）提出用“动态”方法研究和管理工程造价。研究如何体现项目投资额的时间价值，要求各地区、各部门工程造价管理机构定期公布各种设备、材料、工资、机械台班的价格指数以及各类工程造价指数，要求尽快建立地区、部门以至全国的工程造价管理信息系统。

6）提出对工程造价的估算、概算、预算、承包合同价、结算价、竣工决算实行“一体化”管理，并研究如何建立一体化的管理制度，改变过去分段管理的状况。

7）发展壮大工程造价咨询机构，建立健全造价工程师职业资格制度。

### 3. 进一步深化工程造价管理体制改革

随着我国建筑市场的逐步建立与完善，原有的工程造价管理体制已不能适应市场经济发展的需要，迫切需要进行下一阶段改革，逐步建立政府宏观调控、以市场形成价格为主的价格机制，形成企业自主报价，社会全面监督的工程造价管理格局。主要有以下几个方面：

（1）实施工程量清单计价模式　2003年，建设部颁布了《建设工程工程量清单计价规范》，在全国范围内推广实施工程量清单计价方法，该计价规范的出台是我国工程造价管理改革的里程碑，推动了工程造价管理改革的不断深入以及机制创新。2008年、2013年住房和城乡建设部相继修订推出GB 50500—2008《建设工程工程量清单计价规范》和GB 50500—2013《建设工程工程量清单计价规范》。工程量清单计价是一种新的计价方法，它强化了政府对工程造价的宏观调控。国家制定统一的工程量计算规则，编制全国统一的工程项目编码，定期公布人工、材料、机械等价格信息。

实行工程量清单计价不仅是工程造价管理模式的改革，也将对建设市场各方主体行为产生深远的影响。各地方主管部门开始建设并完善工程造价信息网，采集和测算市场供求、设备材料价格、社会平均成本等基础数据，并分析其发展趋势。通过适时发布人工、材料、机械台班生产要素价格信息和工程造价指数等，引导并规范建筑市场各方主体的计价行为，增强价格信息服务的社会效果。而施工企业也要逐步建立反映本企业水平的造价指标和价格信息数据库，增强企业自主报价的能力。

（2）区分投资主体，实行工程分类管理　我国已形成了各级政府、企业、个体、外商等多种投资主体并存的多元化局面，在所有权与经营权适度分离的基础上，进一步强调政企分开，使企业逐步发展成为投资主体，并鼓励通过资金市场募集建设资金或者利用外资等多种融资渠道。

2004年国务院颁布了《国务院关于投资体制改革的决定》（国发〔2004〕20号），建立了分层次的项目决策管理体系。对于政府投资项目，维持现有的审批制管理办法；对于不需要政府资金支持，但涉及国家安全、重要资源开发、产业布局的重大项目，实行核准制管理办法；对不需要政府投资、能够自行落实建设资金和建设条件的一般竞争性产业项目，实行备案登记制管理办法。

引入市场竞争机制，初步培育发展了投资项目市场服务体系，在工程项目可行性研究、设计、施工、监理等方面全面引入市场竞争机制，实行项目招投标、工程承包和法人责任制等制度。政府对公共项目投资、建设、管理方式进行改革，推行非经营性项目代建制、经营性项目法人招标制，充分发挥市场配置资源的基础性作用。

（3）加强对工程造价咨询业的管理　1996年，建设部审批了一批工程造价咨询单位，建立了造价工程师执业资格制度，促进了我国工程造价咨询业的发展。为了规范工程造价管理中介组织的行为，保障其依法进行经营活动，维护建设市场的秩序，建设部先后发布了一系列文件，如《工程造价咨询单位管理办法》《工程造价咨询企业管理办法》等。

目前，国务院建设主管部门负责对全国工程造价咨询企业的统一监督管理工作。省、自治区、直辖市人民政府建设主管部门负责本行政区域内工程造价咨询企业的监督管理工作。有关专业部门对本专业工程造价咨询企业实施监督管理。

我国工程造价管理体制改革的最终目标是：建立市场形成价格的机制，实现工程造价管理市场化，形成社会化的工程造价咨询服务业。

### 2.2.5　我国工程造价工程师管理制度简介

1. 造价工程师简介

所谓造价工程师，是指经全国造价工程师执业资格统一考试合格，并注册取得《造价工程师注册证》，从事建设工程造价活动的专业技术人员。未经注册的人员，不得以造价工程师的名义从事建设工程造价活动。造价工程师分为一级和二级。对造价工程师的要求如下：

（1）素质要求　造价工程师的工作关系到国家和社会公众利益，具有很强的技术性。对造价工程师的素质要求包括以下几个方面：

1）职业道德方面。许多建设工程造价高达数千万、数亿元，甚至数百亿、上千亿元。造价确定得是否准确，造价控制得是否合理，不仅关系到国民经济发展的速度和规模，而且关系到多方面的经济利益关系。这就要求造价工程师具有良好的思想修养和职业道德，既能维护国家利益，又能以公正的态度维护有关各方合理的经济利益，绝不能以权谋私。

2）专业技能方面。集中表现在以专业知识和技能为基础的工程造价管理方面的实际工作能力。其中，造价工程师应掌握和了解的专业知识主要包括：相关的经济理论；项目投资管理和融资；建筑经济与企业管理；财政税收与金融实务；市场与价格；招投标与合同管理；工程造价管理；工作方法与动作研究；综合工业技术与建筑技术；建筑制图与识图；施工技术与施工组织；相关法律、法规和政策；计算机应用和信息管理；现行各类计价依据。

3）身体方面。造价工程师要有健康的身体，以适应紧张而繁忙的工作。同时，应具有肯于钻研和积极进取的精神。

以上各项素质，只是造价工程师工作能力的基础。造价工程师在实际岗位上应能独立完成建设方案、设计方案的经济比较工作，项目可行性研究的投资估算、设计概算和施工图预算、招标标底和投标报价、补充定额和造价指数等编制与管理工作，应能进行合同价结算和竣工决策的管理，以及对造价变动规律和趋势应具有分析和预测能力。

（2）技能结构　造价工程师必须具备现代管理人员的技能结构。按照行为科学的观点，作为管理人员应具有三种技能，即技术技能、人文技能和观念技能。技术技能是指能使用经验、教育及训练上的知识、方法、技能及设备，来达到特定任务的能力。人文技能是指与人共事的能力和判断力。观念技能是指了解整个组织及自己在组织中地位的能力，使自己不仅能按本身所属的群体目标行事，而且能按整个组织的目标行事。不同层次的管理人员所需具备的这三种技能的结构有所不同。造价工程师应同时具备这三种技能，特别是观念技能和技术技能，但也不能忽视人文技能，忽视与人共事能力的培养，忽视激励的作用。

（3）执业　造价工程师只能在一个单位执业。造价工程师的执业范围包括：

1）建设项目建议书、可行性研究投资估算的编制、审核，项目经济评价。

2）工程概算、工程预算、工程结算、竣工决算、工程量清单、工程招标控制价、投标报价的编制、审核。

3）工程变更和合同价款的调整、工程款支付与工程索赔费用的计算。

4）建设项目各阶段的工程造价控制。

5）工程经济纠纷的鉴定。

6）工程造价计价依据的编制、审核。

7）与工程造价有关的其他事项。

工程造价成果文件应当由造价工程师签字，加盖执业专用章和单位公章。经造价工程师签字的工程造价成果文件，应当作为审批、报建、拨付工程款和工程结算的依据。

**2. 造价工程师执业资格制度概述**

我国每年固定资产投资达几万亿元，从事工程造价业务活动的人员近一百万，这支队伍在专业和技术方面对管好用好固定资产投资发挥了重要的作用。为了加强建设工程造价专业技术人员的执业准入管理，确保建设工程造价管理工作质量，维护国家和社会公共利益，1996年，国家人事部、建设部联合发布了《造价工程师执业资格制度暂行规定》，明确在工程造价领域实施造价工程师执业资格制度。之后，为了加强对造价工程师专业人员的管理，规范注册造价工程师的执业行为，国家相继出台了一系列相关法规、条例。例如，2006年颁布的《注册造价工程师管理办法》（建设部令第150号）等；中国建设工程造价管理协会制订了《造价工程师继续教育实施办法》等，使造价工程师执业资格制度得到逐步完善。造价工程师执业资格制度如图2-3所示。

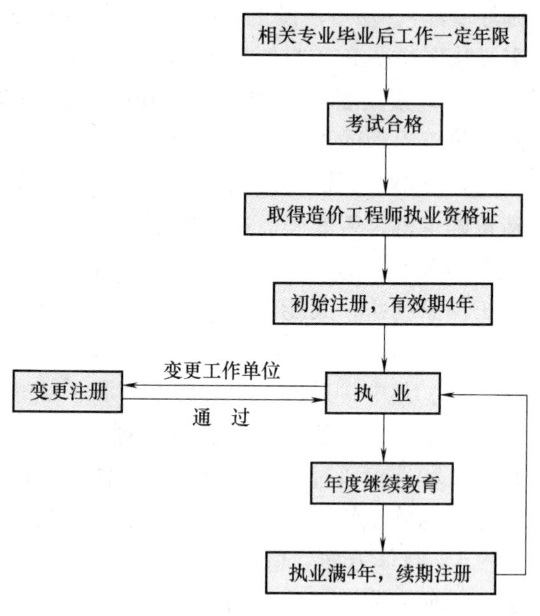


图2-3 造价工程师执业资格制度

**3. 造价工程师的执业资格考试与注册**

一级造价工程师执业资格考试实行全国统一大纲、统一命题、统一组织的办法。原则上每年举行一次。自2018年起设立二级造价工程师。二级造价工程师执业资格考试全国统一大纲，各省、自治区、直辖市自主命题并组织实施。

（1）报考资格 凡中华人民共和国公民，工程造价或相关专业大专及其以上毕业，从事工程造价业务工作一定年限后，均可申请参加造价工程师执业资格考试。

（2）考试内容 造价工程师执业资格考试分为四个科目：

1）建设工程造价管理。主要包括工程经济理论、工程项目管理、经济法律法规、工程造价的控制等。

2）建设工程计价。主要包括造价的基本概念、全过程造价的确定等。

3）建设工程技术与计量。分土建方向、安装方向、交通方向、水利方向，主要掌握四个方向的基本技术知识与计量方法。

4）建设工程造价案例分析。分土建方向、安装方向、交通运输方向、水利方向，主要考查考生实际操作能力，包括计算或审查专业单位工程量，编制或审查专业工程投资估算、概算、预算、标底价、价款结算、决算，投标报价评价分析，设计或施工方案技术经济分析，编制补充定额的技能等。

对于长期从事工程造价业务工作的专业技术人员，符合一定的学历和专业年限条件的，可免试“建设工程造价管理”“建设工程技术与计量”两个科目，只参加“建设工程计价”和“建设工程造价案例分析”两个科目的考试。

造价工程师四个科目分别单独考试、单独计分。参加全部科目考试的人员，需在连续的四个考试年度通过；参加免试部分科目考试的人员，需在两个考试年度内通过应试科目。通过造价工程师执业资格考试的专业人员才可获得由人事部门颁发的造价工程师执业资格证书，并以此作为造价工程师进行注册的凭证。

(3) 注册管理　只有取得执业资格的人员，经过注册后才能以注册造价工程师的名义执业，从事工程造价活动。

国务院建设主管部门负责全国造价工程师的注册管理工作，省、自治区、直辖市人民政府建设行政主管部门作为省级注册机构，负责本行政区域造价工程师的注册管理工作，中国建设工程造价管理协会受委托做造价工程师的具体工作，并对造价工程师实行自律管理。

对注册造价工程师的注册管理主要包括初始注册、续期注册、变更注册三部分。

1) 初始注册。经全国造价工程师执业资格统一考试合格的人员，应当在取得造价工程师执业资格考试合格证书后的 1 年内，向当地的省级注册机构或者部门注册机构提出注册申请。对符合注册条件的，颁发《造价工程师注册证》和注册造价工程师执业专用章。造价工程师初始注册的有效期限为 4 年，自核准注册之日起计算。

2) 续期注册。造价工程师注册有效期满要求继续执业的，应当在有效期期满前到原注册机构重新办理注册手续，即进行续期注册。申请续期注册的注册造价工程师，应当经单位考核合格具有从事工程造价工作的业绩证明和工作总结，并提供参加建设主管部门认可的继续教育的合格证明。造价工程师续期注册的有效期限为 4 年，自核准注册之日起计算。

3) 变更注册。造价工程师变更工作单位，应当在变更工作后到省级注册机构或者部门注册机构办理变更注册。

由以上分析可见，造价工程师的注册工作有三个前提：①获得造价工程师执业资格，即通过了全国造价工程师执业资格统一考试；②受聘于工程造价的相关单位；③在注册有效期内完成规定的继续教育。

#### 4. 造价工程师的继续教育

造价工程师在每一注册期内应当达到注册机关规定的继续教育要求。经继续教育达到合格标准的，颁发继续教育合格证明。造价工程师继续教育由中国建设工程造价管理协会负责组织。

由于工程造价专业正处于一个快速发展、不断成熟的阶段，各种理论创新层出不穷。同时，随着中国加入世界贸易组织后，发达国家的工程造价咨询机构已全面进入我国建筑市场，他们先进的技术和管理对我国工程造价咨询行业造成了威胁。因此，每一位工程造价从业人员都应当保质保量完成继续教育。

## 2.3 国外工程造价管理体系

### 2.3.1 英国工程造价管理体系

英国是英联邦制国家中开展工程造价管理最早、体系最完整的国家，其工程造价管理体系具有一定的普遍性和代表性。

1. 工程量计算规则

英国没有统一的定额，只有统一的工程量计算规则。1922年英国首次在全国范围内制定了一套工程量计算规则，现行的《建筑工程工程量标准计算规则》（SMM）是在其基础上几次修订而成。《建筑工程工程量标准计算规则》（SMM）是由英国皇家测量师学会组织制定并被各方共同认可，它详细规定了项目划分、计量单位和工程量计算规则。统一的工程量计算规则为工程量的计算、计价工作及工程造价管理科学化、规范化提供了基础。

2. 计价方式及工程单价计算

英国从19世纪30年代起，在工程招投标中，就采用了工程量清单计价方式：业主的招标文件中附带一份由业主工料测量师编制的工程量清单，承包商的工料测量师对工程量清单中的所有项目进行标价，最后将所有项目的成本进行汇总，并加入相应的管理费和利润等项。可见，英国的工程计价是由承包商依据统一的工程量计算规则，参照政府和各类咨询机构发布的造价指数自由报价，通过竞争，合同定价。

由于没有工程建设定额和标准，工程单价完全根据市场价格，随行就市。工程估价一般委托工料测量师完成。在英国，工料测量师行的估价大体上按比较法和系数法进行，在估价时，工料测量师行将不同设计阶段提供的拟建工程项目资料与以往同类工程项目对比，结合当前建筑市场行情，确定项目单价，没有对比对象的项目，则以其他建筑物的造价分析得来的资料补充。承包商在投标时的估价一般要凭自己的经验完成，往往把投标工程划分为各分部工程，根据本企业定额计算出所需人工、材料、机械等的耗用量。人工单价主要根据各工头的报价，材料单价主要根据各材料供应商的报价加以比较确定，承包商根据建筑市场供求情况随行就市，自行确定管理费率，最后做出体现当时当地实际价格的工程报价。

可见，工程造价相关的价格信息等资料无论对业主、承包商及工程造价专业人员都非常重要。因此，英国十分重视已完工程数据资料的积累和数据库的建设。英国皇家测量师学会（RICS）的每个会员都有责任和义务将自己经办的已完工程的数据资料，按照规定的格式认真填报，收入学会数据库，同时也取得利用数据库资料的权利。计算机实行全国联网，所有会员资料共享。这些不仅为测算各类工程的造价指数提供基础，同时也为工程在没有设计图样及资料的情况下，提供类似工程造价资料和信息参考。在英国，对工程造价的调整及价格指数的测定、发布等有一整套比较科学、严密的办法，政府部门要发布《工程调整规定》和《价格指数说明》等文件。

3. 工程建设费用的组成

在英国，一个工程项目的工程建设费从业主的角度由以下项目组成：①土地购置或租赁费；②现场清除及场地准备费；③工程费；④永久设备购置费；⑤设计费；⑥财务费用；⑦法定费用，如支付地方政府的费用、税收等；⑧其他，如广告费等。其中，工程费由以下三部分组成：①直接费（即直接构成分部分项工程的人工费、材料和机械台班费）；②现场费（主要包括：现场职员、交通、福利和现场办公室费用，保险费以及保函费用等）；③管理费、风险费和利润。

4. 工程造价管理体制

英国的建设项目分为两类：私人工程和政府公共工程项目。近十几年来，许多政府项目都相继私有化或公私合营，两者在工程造价管理上越来越趋于融合，但仍然存在一定的差异性。

英国对政府投资项目和私人投资项目采用不同的工程造价管理方式。政府投资工程采取集中管理的办法，主要体现在立项、审批非常严格。政府投资的工程从确定投资和控制工程项目规模及计价的需要出发，各部门大都制定并经财政部门认可的各种建设标准和造价指标，例如政府办公楼人均面积标准等。这些标准是审批立项、确定规模和造价限额的依据。建设工程中，按政府制定的面积、造价标准在核定的投资范围内进行方案设计、施工图设计，实行目标控制，不得突破投资。若有特殊原因造成投资非突破不可时，则在保证使用功能的前提下降低建设标准，从而将投资控制在额度范围内。

对于私人投资项目，政府通过签发建设项目规划许可证及建筑质量安全标准等形式，在一定范围内加以限量控制。只要不违反国家法律法规，政府一般不对其进行干预。

从以上分析可知，英国的工程造价管理体系有其深厚的社会基础。一是有统一的工程量计算规则；二是有一大批高素质的咨询机构和测量师（以英国皇家测量师学会会员为核心），为业主和承包商提供造价指数、价格信息指数及全过程的咨询服务；三是有严格的法律体系规范市场行为，对政府项目和私人投资项目实行分类管理，政府项目实行公开招标，并对工程结算、承包商资格实行系统管理；而对私人项目可采用邀请议标等多种方式确定承包商，政府采取不干预政策；四是有通用合同文本，一切按合同办事。

### 2.3.2 美国工程造价管理体系

1. 工程量、工程单价计算

美国的政府部门不组织制定计价依据，没有统一的计价依据和标准，而是实行典型的市场化价格。换句话说，美国的工程量计算、工程单价计算没有统一的标准。

美国的政府部门不制定统一的计价依据和标准，指标、费用标准等由大型的工程咨询公司制定。各地的咨询机构根据本地区特点，制定单位建筑面积的消耗量和基价，作为所管辖项目的造价标准。此外，美国联邦政府、州政府和地方政府也根据各自积累的工程造价资料，并参考各工程咨询公司有关造价资料，分别对各自管辖的政府投资项目制定相应的计价标准，以作为项目费用估算的依据。

由于没有统一的工程量计算规则，招标文件中一般不给出统一的工程量，承包商依据自身的劳务费用、材料价格、设备消耗、管理费和利润来计算价格。在美国，工程造价的估算主要由设计部门或专业估价公司来承担，专业公司都有自己的一套行之有效的造价计价标准和要求，并且掌握着不同的预备费率来调节所做的造价估计和预算水平。造价估算师在具体编制工程造价估算时，除了考虑项目本身的特征因素外，一般还对项目进行较为详细的风险分析，以确定适度的预备费。但确定工程预备费的比例并不固定，因项目风险程度不同，风险较大的项目，预备费的比例较高，否则较小。造价工程师通过掌握不同的预备费率来调节造价估算的总体水平。

2. 重视实施过程中的造价控制

在美国，造价工程师十分重视工程项目实施过程中的控制和管理，对工程预算执行情况的检查和分析工作做得非常细致，对于建设工程的各分部分项工程都有详细的成本计划，美国的建筑承包商是以各分部分项工程的成本详细计划为依据来检查工程造价计划的执行情况。对于工程实施阶段实际成本与计划目标出现偏差的工程项目，首先按照一定标准筛选成本差异，然后进行重要成本差异分析，并填写成本差异分析报告表，由此反映出造成此项差异的原因、此项成本差异对项目其他成本项目的影响、拟采取的纠正措施以及实施这些措施的时间、负责人及所需条件等。对于采取措施的成本项目，每月跟踪检查采取措施后费用的变化情况。若采取的措施不能消除成本差异，则需重新进行此项成本差异的分析，再提出新的纠正措施，如果仍不奏效，造价控制项目经理则有必要重新审定项目的竣工结算。

3. 工程造价管理体制

在美国，国家出资的政府投资项目，约占建筑业总产值的30%，私人投资是美国工程项目建设投资的主体。

对于政府投资项目，一般是由政府投资部门直接进行管理，其计价标准一般来源于各州咨询机构过去所承担工程的造价数据积累，同时参考各工程公司出版的资料、造价指数和地区的数据库等。这些标准和价格指数不强行要求全社会执行，只适应于政府投资项目。

美国对私人工程项目在造价方面完全不加干涉，但在投资方向的控制方面有一套完整的项目目录，明确规定私人投资者应在哪些领域投资，并使用经济杠杆，如价格、税收、利率、信息指导、城市规划等来引导和约束私人投资方向。政府通过定期发布信息资料，使私人投资者了解市场状况，尽可能使投资项目符合经济发展的需要。私人投资项目的招标管理、计价、造价管理、投资效益分析等工作都主要借助于工程咨询公司、造价工程师事务所等专业公司承担完成。

从以上分析可知，美国工程造价管理体系有着深厚的社会基础，即社会咨询业高度发达。大多数咨询公司为了准确地估算和控制工程造价，均十分注意历史资料的积累和分析整理，广泛运用计算机，建立起完整的信息数据库，形成信息反馈、分析、判断、预测等一整套科学管理体系，为政府、业主和承包商确定工程造价、控制造价提供服务，在某种意义上充当了代理人或顾问。

美国的建筑造价指数一般由一些咨询机构和新闻媒介来编制，在多种造价信息来源中，ENR（Engineering News Record）是比较重要的一种来源。ENR编制建筑造价指数和房屋造价指数，它由构件钢材、波特兰水泥、木材和普通劳动力4种个体指数组成。该指数资料来源于20个美国城市和2个加拿大城市，总部将各城市收集的价格信息和数据汇总，在每周的星期四计算并发布最近的造价指数。

### 2.3.3 国外工程造价管理特点总结

分析国外工程造价管理，其特点主要体现在以下几个方面：

1. 政府间接调控

国外一般按投资来源不同，将项目划分为政府投资项目和私人投资项目。政府对不同类别的项目实施不同力度的管理，重点控制政府投资项目。例如，美国对政府投资项目一般由政府设专门机构对工程进行直接管理，或者通过公开招标委托承包商进行管理。美国法律规定，所有的政府投资项目都要进行公开招标，涉及国防、军事机密等的项目可邀请招标和议标。但对项目的审批权限、技术标准（规范）、价格、指数都须做出明确规定，确保项目资金不突破审批的金额。

对于私人投资项目，政府一般不干预其具体实施过程，只进行政策引导和信息指导，充分体现了政府对造价的宏观管理和间接调控。

#### 2. 有章可循的计价依据

从国外造价管理来看，一定的计价依据仍然是不可缺少的。尽管美国没有统一的工程造价计价依据和标准，也没有统一的工程量计算规则，但是各大型工程咨询公司会制定指标、费用标准等，各专业公司也都掌握自己的一套行之有效的造价计价标准、要求和预备费率。

英国也没有统一的定额，但是统一的工程量计算规则是参与工程建设各方共同遵守的计量、计价的基本规则。

#### 3. 工程造价信息丰富

及时、准确地捕捉建筑市场价格信息是业主和承包商保持竞争优势和取得盈利的关键。造价信息是进行估价和结算的重要依据，是建筑市场价格变化的指示灯。如上所述，英、美两国都十分重视工程造价资料和信息的收集、编制与管理。

#### 4. 动态估价

尽管各国采用的估价方法不同，但基本上都是动态估价。如上所述，英国工料测量师行的估价大体上按比较法和系数法进行，将拟建工程项目资料与以往同类工程项目对比，结合当前市场行情，确定项目单价。美国也是根据历史统计资料确定工程的工程量，根据市场行情进行估价。

#### 5. 通用的合同文本

合同在国外工程造价管理中有着重要的地位，对于各方利益与义务的实现都有重要的意义，因此，国外都把严格按合同规定办事作为一项通用的准则来执行。如著名的国际咨询工程师联合会（FIDIC）合同文件，是以英国的一种文件作为母本，英国的联合合同审理委员会（The Joint Contracts Tribunal，JCT）合同系列是英国的主要合同体系，主要适用于房屋建筑工程。美国建筑师学会（AIA）的合同条件体系更为庞大，分为A、B、C、D、F、G系列。

## 复习思考题

一、填空题

1. 工程造价管理的两种含义包括（　　）和（　　）。

2. 建设工程全面造价管理包括（　　）、（　　）、（　　）和（　　）。

3. 全生命周期造价管理是指建设工程的（　　）与建成后的（　　）、（　　）之和。

4. 从（　　）年起，国家恢复建设工程造价管理机构。（　　）年原国家计委成立了基本建设标准定额研究所、基本建设标准定额局，各有关部门、各地区也陆续成立了相应的管理机构，（　　）年划归原建设部成立了标准定额司。经过20多年的不断深化改革，国务院建设行政主管部门及其他各有关部门、各地区对建立健全建设工程造价管理制度，改进建设工程造价计价依据做了大量工作。

5. 目前我国主要采取两种方法进行工程造价的计价，分别是（ ）与（ ）。

二、简答题

1. 简述工程造价管理的内涵。
2. 简述定额计价的原理与方法。
3. 简述我国工程造价管理体制的发展历程。
4. 分析我国工程造价管理体系的特点，以及与国外工程造价管理体系之间的区别和联系。

# 第3章 建设项目决策阶段工程造价的计价与控制

本章学习重点与难点：通过本章的学习，读者可以了解投资决策阶段工程造价确定与控制的内容，掌握投资估算的编制方法，并能进行可行性研究报告的编制。要求读者在学习中熟悉决策阶段工程造价管理的主要内容；掌握投资估算的内容和编制方法；了解建设项目可行性研究的概念、程序及内容，了解我国对建设项目可行性研究报告的审批规定。

## 3.1 概述

### 3.1.1 建设项目决策的含义

#### 1. 建设项目决策的概念

建设项目决策是选择和决定投资行动方案的过程，是对拟建项目的必要性和可行性进行技术经济论证，对不同建设方案进行技术经济比较及做出判断和决定的过程。正确的项目投资行动来源于正确的项目投资决策。项目决策正确与否，直接关系到项目建设的成败，关系到工程造价的高低及投资效果的好坏。正确决策是合理确定与控制工程造价的前提。

（1）我国现行投资项目分类　根据《国务院关于投资体制改革的决定》（国发［2004］20号）的要求，把投资项目划分为政府投资项目和企业投资项目。企业投资项目不再实行审批制，区别不同情况实行核准制和备案制。其中，政府只对重大项目和限制类项目从维护社会角度进行核准，其他项目无论规模大小均改为备案制，项目的市场前景、经济效益、资金来源和产品方案等均由企业自主决策，自担风险，并依法办理环境保护、土地使用、资源利用、安全生产、城市规划等许可手续和减免税确认手续。

实行核准制的投资项目，投资者仅需向政府提交项目申请报告，政府不再批准项目建议书、可行性研究报告和开工报告等。

对于实行备案制的投资项目，除国家另有规定外，由投资者按照属地原则向地方政府主管部门备案。

政府投资项目仍然实行审批制。对于政府投资项目，采用直接投资和资本金注入的，只从投资决策角度审批项目建议书和可行性研究报告，除特殊情况外不再审批开工报告，同时应严格政府投资项目的初步设计、概算审批工作。对于企业使用政府补助、转贷、贴息投资的建设项目，政府只审批资金申请报告。

（2）投资项目决策及审批程序

1）**企业投资项目的决策程序**（以实行核准制为例），分为以下4个步骤：

① 提交项目申请报告。对于项目申请报告，国家制定有比较严格的标准，投资者应按所要求的内容提交报告。

② 政府职能部门（发展改革委或发展改革局）对投资者提交的项目申请报告进行核准。在投资者提出项目申请后，政府职能部门在规定的时间对项目进行核实、论证。如果属于重大项目，政府职能部门还要委托有资质的中介咨询机构进行项目评估，如符合有关要求，则予以核准。

③ 办理相关手续。项目核准后，投资者可依此办理相关手续，包括环境保护、土地转让和城市规划等。在办理环境保护手续前，要根据《中华人民共和国环境影响评价法》的要求，委托有资质的机构编制环境影响评价报告。

④ 金融机构进行项目评估。如果企业需要贷款，金融机构在提供贷款之前，要按照贷款程序进行项目评估。

2）**政府投资项目的决策程序**，分为以下4个步骤：

① 提交项目建议书。在拟建项目之前，项目的投资者必须向政府职能部门提交项目建议书，并由政府职能部门审批。

② 编制并提交可行性研究报告。如果项目建议书得到批准，投资者要委托有资质的中介咨询机构编制可行性研究报告，并提交政府职能部门。对一般投资项目，政府职能部门组织有关专家进行认证；对重大投资项目，政府职能部门要委托有资质的中介咨询机构进行项目评估。对于符合有关要求的投资项目，政府职能部门准予实施。

③ 办理相关手续。项目批准后，投资者可以此办理相关手续，包括环境保护、土地征用和城市规划等。与企业投资项目相同，在投资者办理环境保护手续前，要委托有资质的机构编制环境影响评价报告。

④ 金融机构进行项目评估。如果政府投资项目需要贷款，金融机构在提供贷款之前，要按照贷款程序进行项目评估。

**2. 建设项目决策与工程造价的关系**

（1）建设项目决策的正确性是工程造价合理性的前提　建设项目决策正确，意味着对建设项目做出科学的决断，优选出最佳投资行动方案，达到资源的合理配置，这样才能合理地估计和计算工程造价，并且在实施最优投资方案过程中，有效地控制工程造价。建设项目决策失误，主要体现在对不该建设的项目进行投资建设，或者项目的建设地点选择错误，或者投资方案的确定不合理等。诸如此类的决策失误，会直接带来不必要的资金投入和人力、物力及财力的浪费，甚至造成不可弥补的损失。在这种情况下，合理地进行工程造价与控制已经毫无意义了。因此，要实现工程造价的合理性，事先就要保证项目决策的正确性，避免决策失误。

（2）建设项目决策的内容是决定工程造价的基础　工程造价的计价与控制贯穿项目建设全过程，但决策阶段各项技术经济决策，对该项目的工程造价有重大影响，特别是建设标准的确定、建设地点的选择、工艺的评选、设备的选用等，直接关系到工程造价的高低。据有关资料统计，在项目建设各阶段中，投资决策影响工程造价的程度最高，达到70%～90%。因此，决策阶段是决定工程造价的基础阶段，直接影响着决策阶段之后的各个建设阶段工程造价的计价与控制是否科学、合理。

（3）造价高低、投资多少也影响建设项目决策　决策阶段的投资估算是进行投资方案选择的重要依据之一，同时也决定项目是否可行及主管部门进行项目审批的参考依据。

（4）项目决策的深度影响投资估算的精确度，也会影响工程造价的控制效果　投资决策过程，是一个由浅入深、不断深化的过程，依次分为若干工作阶段，不同阶段决策的深度不同，投资估算的精确度也不同。如投资机会及项目建议书阶段，是初步决策的阶段，投资估算的误差率在±30%左右；而详细可行性研究阶段，是最终的决策阶段，投资估算误差率在±10%以内。另外，由于在项目建设各阶段中，即决策阶段、初步设计阶段、技术设计阶段、施工图设计阶段、工程招投标及承发包阶段、施工阶段以及竣工验收阶段，通过工程造价的确定与控制，相应形成投资估算、设计概算、修正概算、施工图预算、承包合同价、结算价及竣工决算。这些造价形式之间存在着前者控制后者，后者补充前者的相互作用关系。按照“前者控制后者”的制约关系，意味着投资估算对其后面的各种形式的造价起着制约的作用，作为限额目标。由此可见，只有加强项目决策的深度，采用科学的估算方法和可靠的数据资料，合理地计算投资估算，保证投资估算打足，才能保证其他阶段的造价控制在合理范围，使投资控制目标在合理范围，避免“三超”现象的发生。

## 3.1.2　项目决策阶段影响工程造价的主要因素

项目工程造价的多少主要取决于项目的建设标准。制定建设标准的目的在于建立工程项目的建设活动秩序，适应社会主义市场经济体制要求，加强固定资产投资与建设宏观调控，指导建设项目科学决策和管理，合理确定项目建设水平，充分利用资源，推动技术进步，不断提高投资效益。

建设标准的具体内容应根据各类工程项目的不同情况确定。工业项目一般包括：建设条件、建设规模、项目构成、建设用地、环境保护、劳动定员、建设工期、工艺装备、建筑标准、配套工程等方面的标准或指标；民用项目一般包括：建设规模、建设等级、建筑标准、建设用地、建设工期等。建设标准是编制、评估、审批项目可行性研究的重要依据，是衡量工程造价是否合理及监督检查项目建设的客观尺度。

建设标准能否起到控制工程造价、指导建设投资的作用，关键在于标准水平定得合理与否。标准水平定得过高，会脱离我国的实际情况和财力、物力的承受能力，增加造价；标准水平定得过低，将会妨碍技术进步，影响国民经济的发展和人民生活的改善。因此，建设标准水平应从我国目前的经济发展水平出发，区别不同地区、不同规模、不同等级、不同功能，合理确定。大多数工业交通项目应采用中等适用的标准，对少数引进国外先进技术和设备的项目或少数有特殊要求的项目，标准可适当高些。在建筑方面，应坚持经济、适用、安全、朴实的原则。建设项目标准中的各项规定，能定量的应尽量给出指标，不能定量的要有定性的原则要求。

**1. 项目建设规模**

项目建设规模也称项目生产规模，是指项目设定的正常生产营运年份可能达到的生产能力或使用效益。建设规模确定，就是要合理选择拟建项目的生产规模，解决“生产多少”的问题。每一个建设项目都存在着一个合理规模的选择问题。生产规模过小，会使资源得不到有效配置，单位产品成本较高，经济效益低下；生产规模过大，超过了项目产品市场的需求量，则会导致开工不足、产品积压或降价销售，致使项目经济效益低下。因此，项目规模的合理选择关系着项目的成败，决定着工程造价合理与否。

合理经济规模是指在一定技术条件下，项目投入产出比处于较优状态，资源和资金可以得到充分利用，并可获得较优经济效益的规模。因此，在确定项目规模时，不仅要考虑项目内部各因素之间的数量匹配、能力协调，还要使所有生产力因素共同形成的经济实体（如项目）在规模上大小适应。这样可以合理确定和有效控制工程造价，提高项目的经济效益。但同时也须注意，规模扩大所产生的效益不是无限的，它受到技术进步、管理水平、项目经济技术环境等多种因素的制约。超过一定限度，规模效益将不再出现，甚至可能出现单位成本递增和收益递减的现象。项目规模合理化的制约因素有：

（1）市场因素　市场因素是项目规模确定中需考虑的首要因素。首先，项目产品的市场需求状况是确定项目生产规模的前提。通过市场分析与预测，确定市场需求量、了解竞争对手情况，最终确定项目建成时的最佳生产规模，使所建项目在未来能够保持合理的盈利水平和持续发展的能力。其次，原材料市场、资金市场、劳动力市场等对项目规模的选择起着程度不同的制约作用。如项目规模过大可能导致材料供应紧张和价格上涨，造成项目所需投入资金的筹集困难和资金成本上升等，将制约项目的规模。

（2）技术因素　先进适用的生产技术及技术装备是项目规模效益赖以存在的基础，而相应的管理技术水平则是实现规模效益的保证。若与经济规模生产相适应的先进技术及其装备的来源没有保障，或获得技术的成本过高，或管理水平跟不上，则不仅预期的规模效益难以实现，还会给项目的生存和发展带来危机，导致项目投资效益低下，工程支出浪费严重。

（3）环境因素　项目的建设、生产和经营都是在特定的社会经济环境下进行的，项目规模确定中需考虑的主要环境因素有：政策因素、燃料动力供应、协作及土地条件、运输及通信条件。其中，政策因素包括产业政策，投资政策，技术经济政策，国家、地区及行业经济发展规划等。特别是为了取得较好的规模效益，国家对部分行业的新建项目规模做了以下规定，选择项目规模时应遵照执行。

1）对于煤炭、金属与非金属矿山、石油、天然气等矿产资源开发项目，应根据资源合理开发利用要求和资源可采储量、赋存条件等确定建设规模。

2）对于水利水电项目，应根据水的资源量、可开发利用量、地质条件、建设条件、库区生态影响、占用土地，以及移民安置等确定建设规模。

3）对于铁路、公路项目，应根据建设项目影响区域内一定时期运输量的需求预测以及该项目在综合运输系统和本系统中的作用确定线路等级、线路长度和运输能力。

4）对于技术改造项目，应充分研究建设项目生产规模与企业现有生产规模的关系；新建生产规模属于外延型还是外延内涵复合型，以及利用现有场地、公用工程和辅助设施的可能性等因素，确定项目建设规模。

（4）建设规模方案比选　在对以上因素进行充分考核以后，应确定相应的产品方案、产品组合方案和项目建设规模。生产规模的变动会引起收益的变动。规模经济是指通过合理安排经济实体内各生产力要素的比例，寻求适当的经营规模而取得节约或经济效益。可行性研究报告应根据经济合理性、市场容量、环境容量以及资金、原材料和主要外部协作条件等方面的研究对项目建设规模进行充分论证，必要时进行多方案技术经济比较。大型、复杂项目的建设规模论证应研究合理、优化的工程分期，明确初期规模和远景规模。不同行业、不同类型项目在研究确定其建设规模时还应充分考虑其自身特点。

**2. 建设地区及建设地点（厂址）**

一般情况下，确定某个建设项目的具体地址（或厂址），需要经过建设地区选择和建设地点选择（厂址选择）这样两个不同层次的、相互联系又相互区别的工作阶段。这两个阶段是一种递进关系。其中，建设地区选择是指在几个不同地区之间对拟建项目适宜配置在哪个区域范围的选择，建设地点选择是指对项目具体坐落位置的选择。

（1）建设地区的选择　建设地区选择得合理与否，在很大程度上决定拟建项目的命运，影响工程造价的高低，建设工期的长短、建设质量的好坏，还影响项目建成后的运营状况。因此，建设地区的选择要充分考虑各种因素的制约，具体要考虑以下因素：

1）要符合国民经济发展战略规划、国家工业布局总体规划和地区经济发展规划的要求。

2）要根据项目的特点和需要，充分考虑原材料条件、能源条件、水源条件、各地区对项目需求及运输条件等。

3）要综合考虑气象、地质、水文等建厂的自然条件。

4）要充分考虑劳动力来源、生活环境、协作、施工力量、风俗文化等社会环境因素的影响。

因此，在综合考虑上述因素的基础上，建设地区的选择要遵循以下两个基本原则：

1）靠近原料、燃料提供地和产品消费地的原则。满足这一要求，在项目建成投产后，可以避免原料、燃料和产品的长期远途运输，减少费用，降低产品的生产成本，并且缩短流通时间，加快流动资金的周转速度。但这一原则并不是意味着项目安排在距原料、燃料提供地和产品消费地的等距离范围内，而是根据项目的技术经济特点和要求，具体对待。例如，对农产品、矿产品的初步加工项目，由于大量消耗原料，应尽可能靠近原料产地；对于能耗高的项目，如铝厂、电石厂等，宜靠近电厂，它们取得廉价电能和减少电能运输损失所获得的利益，通常大大超过原料、半成品调运中的劳动耗费；而对于技术密集型的建设项目，由于大中城市工业和科学技术力量雄厚，协作配套条件完备、信息灵通，所以其选址宜在大中城市。

2）工业项目适当聚集的原则。在工业布局中，通常是一系列相关的项目聚成适当规模的工业基地和城镇，从而有利于发挥“集聚效益”。集聚效益形成的客观基础是：第一，现代化生产是一个复杂的分工合作体系，只有相关企业集中配置，才能对各种资源和生产要素充分利用，便于形成综合生产能力，对那些具有密切投入产出链环关系的项目，集聚效益尤为明显；第二，现代产业需要有相应的生产性和社会性基础设施相配合，其能力和效率才能充分发挥，企业布点适当集中，才有可能统一建设比较齐全的基础设施，避免重复建设，节约投资，提高这些设施的效益；第三，企业布点适当集中，才能为不同类型的劳动者提供多种就业机会。

但是，工业布局的聚集程度，并非越高越好，当工业聚集超越客观条件时，也会带来许多弊端，促使项目投资增加，经济效益下降。这主要是因为：第一，各种原料、燃料需要量大增，原料、燃料和产品的运输距离延长，流通过程中的劳动耗费增加；第二，城市人口相应集中，形成对各种农副产品的大量需求，势必增加城市农副产品供应的费用；第三，生产和生活用水量大增，在本地水源不足时，需要开辟新水源，远距离引水，耗资巨大；第四，大量生产和生活排泄物集中排放，势必造成环境污染、破坏生态平衡，利用自然界自净能力净化“三废”的可能性相对下降。为保持环境质量，不得不花费巨资兴建各种人工净化处理设施，增加环境保护费用。当工业集聚带来的“外部不经济性”的总和超过生产集聚的利益时，综合经济效益反而下降，这表明集聚程度已超过经济合理的界限。

（2）建设地点（厂址）的选择 建设地点的选择是一项极为复杂的技术经济综合性很强的系统工程，它不仅涉及项目建设条件、产品生产要素、生态环境和未来产品销售等重要问题，受社会、政治、经济、国防等多因素的制约，而且直接影响项目建设投资、建设速度和施工条件，以及未来企业的经营管理及所在地点的城乡建设规划与发展。因此，必须从国民经济和社会发展的全局出发，运用系统观点和方法分析决策。

选择建设地点的要求主要有：

1）节约土地，少占耕地。项目的建设应尽可能节约土地，尽量把厂址放在荒地、劣地、山地和空地，尽可能不占或少占耕地，并力求节约用地。尽量节省土地的补偿费用，降低工程造价。

2）减少拆迁移民。工程选址、选线应着眼于少拆迁、少移民，尽可能不靠近、不穿越人口密集的城镇或居民区，减少或不发生拆迁安置费，降低工程造价，若必须拆迁移民，应制定征地拆迁移民安置方案，考虑移民数量、安置途径、补偿标准、拆迁安置工作量和所需资金等情况，作为前期费用计入项目投资成本。

3）应尽量选在工程地质、水文地质条件较好的地段，土壤耐压力应满足拟建厂的要求，严防选在断层、熔岩、流沙层和有用矿床上，以及洪水淹没区、已采矿坑塌陷区、滑坡区。厂址的地下水位应尽可能低于地下建筑物的基准面。

4）要有利于厂区合理布置和安全运行。厂区土地面积与外形能满足厂房与各种构筑物的需要，并适合于按科学的工艺流程布置厂房与构筑物，满足生产安全要求，厂区地形力求平坦略有坡度（一般以5%~10%为宜），以减少平整土地的土方工程量，节约投资，又便于地面排水。

5）应尽量靠近交通运输条件和水电等供应条件好的地方。厂址应靠近铁路、公路、水路，以缩短运输距离，减少建设投资的未来的运营成本；有利于施工条件满足和项目运营期间的正常运作。

6）应尽量减少对环境的污染，对于排放大量有害气体和烟尘的项目，不能建在城市的上风口，以免对整个城市造成污染，对于噪声大的项目，厂址应选在距离居民集中地区较远的地方，同时，要设置一定宽度的绿化带，以减弱噪声的干扰；对于生产或使用易燃、易爆、辐射产品的项目，厂址应远离城镇和居民密集区。

上述条件能否满足，不仅关系到建设工程造价的高低和建设期限，对项目投产后的运营状况也有很大的影响。因此，在确定厂址时，也应进行方案的技术经济分析、比较，选择最佳厂址。

在进行厂址多方案技术经济分析时，除比较上述厂址条件外，还应具有全生命周期的理念，从以下两方面进行分析：

1）项目投资费用。包括土地征购费、拆迁补偿费、土石方工程费、运输设施费、排水及污水处理设施费、动力设施费、生活设施费、临时设施费、建材运输费等。

2）项目投产后生产经营费用比较。包括原材料、燃料运入及产品运出费用，给水、排水、污水处理费用，动力供应费用等。

### 3. 技术方案

生产技术方案是指产品生产所采用的工艺流程和生产方法。技术方案不仅影响项目的建设成本，也影响项目建成后的运营成本。因此，技术方案的选择直接影响项目的工程造价，必须认真选择和确定。

（1）技术方案选择的基本原则　选择技术方案时应遵循的基本原则包括：

1）先进适用。这是评定技术方案最基本的标准。先进与适用，是对立的统一，保证工艺技术的先进性是首先要满足的，它能够带来产品质量、生产成本的优势。但是不能单独强调先进而忽视适用，还要考察工艺技术是否符合我国国情和国力，是否符合我国的技术发展政策。有的引进项目，可以在主要工艺上采用先进技术，而其他部分则采用适用技术。总之，要根据国情和建设周期项目的经济效益，综合考虑先进与适用的关系。对于拟采用的工艺，除了必须保证能用指定的原材料按时生产出符合数量、质量要求的产品外，还要考虑与企业的生产和销售条件（包括原有设备能否配套、技术和管理水平、市场需求、原材料种类等）是否相适应，特别要考虑到原有设备能否利用，技术和管理水平能否跟上。

2）安全可靠。项目所采用的技术或工艺，必须经过多次试验和实践证明是成熟的，技术过关，质量可靠，有详尽的技术分析数据和可靠性记录，并且生产工艺的危害程度控制在国家规定的标准之内，才能确保生产安全运行，发挥项目的经济效益。对于核电站、产生有毒有害和易燃易爆物质的项目（如油田、煤矿等）及水利水电枢纽等项目，更应重视技术的安全性和可靠性。

3）经济合理。经济合理是指所用的技术或工艺应能以尽可能小的消耗获得最大的经济效果，要求综合考虑所用技术或工艺能产生的经济效益和国家的经济承受能力。在可行性研究中可能提出几种不同的技术方案，各方案的劳动需要量、能源消耗量、投资数量等可能不同，在产品质量和产品成本等方面可能也有差异，因而应反复进行比较，从中挑选最经济合理的技术和工艺。

（2）技术方案选择的内容　主要包括生产方法选择与工艺流程方案选择。

1）生产方法选择。生产方法直接影响生产工艺流程的选择。一般在选择生产方法时，从以下几个方面着手：①研究与项目产品相关的国内外的生产方法，分析比较优缺点和发展趋势，采用先进适用的生产方法；②研究拟采用的生产方法是否与采用的原材料相适应；③研究拟采用生产方法的技术来源的可得性，若采用引进技术或专利，应比较所需费用；④研究拟采用生产方法是否符合节能和清洁的要求。

2）工艺流程方案选择。工艺流程是指投入物（原料或半成品）经过有次序的生产加工，成为产出物（产品或加工品）的过程，选择工艺流程方案的具体内容包括以下几个方面：①研究工艺流程方案对产品质量的保证程度；②研究工艺流程先进合理性，提高收效和效率；③研究选择先进合理的物料消耗定额，提高效率；④研究选择主要工艺参数；⑤研究工艺流程的柔性安排，既能保证主要工序生产的稳定性，又能根据市场需求变化，使生产的产品在品种规格上保持一定的灵活性。

### 4. 设备方案

生产工艺流程和生产技术确定后，就要根据工厂生产规模和工艺过程的要求，选择设备的型号和数量。设备的选择与技术密切相关，两者必须匹配。没有先进的技术，再好的设备也没用；而没有先进的设备，技术的先进性则无法体现。对于主要设备方案选择，应符合以下要求：

1）主要设备方案应与确定的建设规模、产品方案和技术相适应，并满足项目投产后生产或使用的要求。

2）主要设备之间、主要设备与辅助设备之间能力要相互匹配。

3）设备质量可靠、性能成熟，保证生产和产品质量稳定。

4）在保证设备性能前提下，力求经济合理。

5）选择的设备应符合政府部门或专门机构发布的技术标准要求。

因此，在设备选用中，应注意处理好以下问题：

（1）要尽量选用国产设备　凡是国内能够制造，并能保证质量、数量和按期供货的设备，或者进口专利技术就能满足要求的，则不必从国外进口整套设备；凡是只要引进关键设备就能由国内配套使用的，就不必成套引进。

（2）要注意进口设备之间以及国内外设备之间的衔接配套问题　有时一个项目从国外引进设备时，为了考虑各供应厂家的设备特长和价格等问题，可能分别向几家制造厂购买，这时，就必须注意各厂所供设备之间技术、效率等方面的衔接配套问题。为了避免各厂所供设备不能配套衔接，引进时最好采用总承包的方式。还有一些项目，一部分进口国外设备，另一部分则引进技术由国内制造，这时，也必须注意国内外设备之间的衔接配套问题。

（3）要注意进口设备与原有国产设备、厂房之间的配套问题　主要应注意本厂原有国产设备的质量、性能与引进设备是否配套，以免因国内外设备能力不平衡而影响生产。有的项目利用原有厂房安装引进设备，就应把原有厂房的结构、面积、高度以及原有设备的情况了解清楚，以免设备到厂后安装不下或互不适应而造成浪费。

（4）要注意进口设备与原材料、备品备件及维修能力之间的配套问题　尽量避免引进的设备所用主要原料需要进口。如果必须从国外引进，则安排国内有关厂家尽快研制这种原料。在备品备件供应方面，随机引进的备品备件数量往往有限，有些备件在厂家输出技术或设备之后不久就被淘汰，因此采用进口设备，还必须同时组织国内研制所需备品备件问题，以保证设备长期发挥作用。另外，对于进口的设备，还必须懂得如何操作和维修，否则不能发挥设备的先进性。在外商派人调试安装时，可培训国内技术人员及时学会操作，必要时也可派人出国培训。

## 3.2 建设项目可行性研究

对建设项目进行合理选择，是对国家经济资源进行优化配置最直接、最重要的手段。可行性研究是在建设项目的投资前期，对拟建项目进行全面、系统的技术经济分析和论证，从而对建设项目进行合理选择的一种重要方法。

### 3.2.1 可行性研究的概念与作用

#### 1. 可行性研究的概念

建设项目的可行性研究是在投资决策前，通过对项目的主要内容和配套条件，如市场需求、资源供应、建设规模、工艺路线、设备选型、环境影响、营利能力等，从经济、技术、工程等方面进行深入细致的调查研究和分析比较，并对项目建成后可能取得的经济、社会、环境效益进行科学的预测和评价，为项目决策提供依据的一种综合性的系统分析方法。在此基础上，对拟建项目的技术先进性和适用性、经济合理性和有效性，以及建设的必要性和可行性进行全面分析、系统论证、多方案比较和综合评价。由此得出该项目是否应该投资和如何投资等结论性意见，为项目投资决策提供可靠的科学依据。

一项好的可行性研究，应该向投资者推荐技术经济最优的方案，使投资者明确项目具有多大财务获利能力，投资风险多大，是否值得投资建设；可使主管部门领导明确从国家角度看该项目是否值得支持和批准；使银行和其他资金供给者明确该项目能否按期或者提前偿还他们提供的资金。

**2. 可行性研究的作用**

在建设项目的整个生命周期中，前期具有决定性意义，起着极其重要的作用。而作为建设项目投资前期工作的核心和重点的可行性研究工作，一经批准，在整个项目周期中，就会发挥着极其重要的作用。具体体现在以下几方面。

（1）作为建设项目投资决策的依据　可行性研究作为一种投资决策方法，从市场、技术、工程建设、经济及社会等多方面对建设项目进行全面综合的分析和论证，依其结论进行投资决策可大大提高投资决策的科学性。

（2）作为编制设计文件的依据　可行性研究报告一经审批通过，意味着该项目正式批准立项，可以进行初步设计。在可行性研究工作中，对项目选址、建设规模、主要生产流程、设备选型等方面都进行了比较详细的论证和研究，设计文件的编制应以可行性研究报告为依据。

（3）作为向银行贷款的依据　在可行性研究工作中，详细预测了项目的财务效益、经济效益及贷款偿还能力。世界银行等国际金融组织，均把可行性研究报告作为申请工程项目贷款的先决条件，我国的金融机构在审批建设项目贷款时，也都以可行性研究报告为依据，对建设项目进行全面、细致的分析评估，确认项目的偿还能力及风险水平后，才做出是否贷款的决策。

（4）作为建设项目与各协作单位签订合同和有关协议的依据　在可行性研究工作中，对建设规模、主要生产流程及设备选型等都进行了充分的论证。建设单位在与有关协作单位签订原材料、燃料、动力、工程建筑、设备采购等方面的协议时，应以批准的可行性研究报告为基础，保证预定建设目标的实现。

（5）作为环保部门、地方政府和规划部门审批项目的依据　建设项目开工前，须地方政府批拨土地，规划部门审查项目建设是否符合城市规划，环保部门审查项目对环境的影响。这些审查都以可行性研究报告中总图布置、环境及生态保护方案等方面的论证为依据。因此，可行性研究报告为建设项目申请建设执照提供了依据。

（6）作为施工组织、工程进度安排及竣工验收的依据　可行性研究报告对以上工作都有明确的要求，所以可行性研究又是检验施工进度及工程质量的依据。

（7）作为项目后评估的依据　建设项目后评估是在项目建成运营一段时间后，评价项目实际运营效果是否达到预期目标。建设项目的预期目标是在可行性研究报告中确定的，因此，后评估应以可行性研究报告为依据，评价项目目标实现程度。

### 3.2.2 可行性研究的内容及报告的编制

**1. 可行性研究的内容**

项目可行性研究是在对建设项目进行深入细致的技术经济论证的基础上做多方案的比较和优选，提出结论性意见和重大的措施建议，为决策部门最终决策提供科学依据。因此，它的内容应满足作为项目投资决策的基础和重要依据的要求。可行性研究的基本内容和研究深度应符合国家规定。一般工业建设项目的可行性研究包含以下几个方面的内容。

（1）总论 总论部分包括项目背景、项目概况和问题与建议三部分。

1）项目背景：包括项目名称、承办单位情况、可行性研究报告编制依据、项目提出的理由与过程等。

2）项目概况：包括项目拟建地点、拟建规模与目标、主要建设条件、项目投入总资金及效益情况和主要技术经济指标等。

3）问题与建议：主要指存在的可能对拟建项目造成影响的问题及相关解决建议。

（2）市场预测 市场预测是对项目的产出品和所需的主要投入品的市场容量、价格、竞争力和市场风险进行分析预测，为确定项目建设规模与产品方案提供依据。它包括：产品市场供应预测、产品市场需求预测、产品目标市场分析、价格现状与预测、市场竞争力分析、市场风险。

（3）资源条件评价 只有资源开发项目的可行性研究报告才包含此项。资源条件评价包括资源可利用量、资源品质情况、资源赋存条件和资源开发价值。

（4）建设规模与产品方案 在市场预测和资源评价的基础上，论证拟建项目的建设规模和产品方案，为项目技术方案、设备方案、工程方案、原材料燃料供应方案及投资估算提供依据。

1）建设规模包括建设规模方案比选及其结果——推荐方案及理由。

2）产品方案包括产品方案构成、产品方案比选及其结果——推荐方案及理由。

（5）厂址选择 可行性研究阶段的厂址选择是在初步可行性研究（或项目建议书）规划的基础上，进行具体坐落位置选择，包括厂址所在位置现状、建设条件及厂址条件比选三方面内容。

1）厂址所在位置现状包括地点与地理位置、厂址土地权属及占地面积、土地利用现状。技术改造项目还包括现有场地利用情况。

2）厂址建设条件包括地形、地貌、地震情况，工程地质与水文地质，气候条件，城镇规划及社会环境条件，交通运输条件，公用设施社会依托条件，防洪、防潮、排涝设施条件，环境保护条件，法律支持条件，征地、拆迁、移民安置条件和施工条件。

3）厂址条件比选主要包括建设条件比选、建设投资比选、运营费用比选，并推荐厂址方案，给出厂址地理位置图。

（6）技术方案、设备方案和工程方案 技术方案、设备方案和工程方案构成项目的主体，体现了项目的技术和工艺水平，是项目经济合理性的重要基础。

1）技术方案包括生产方法、工艺流程、工艺技术来源及推荐方案的主要工艺。

2）主要设备方案包括主要设备选型、来源和推荐的设备清单。

3）工程方案主要包括建筑物、构筑物的建筑特征、结构及面积方案，特殊基础工程方案，建筑安装工程量及“三材”用量估算和主要建筑物、构筑物工程一览表。

（7）主要原材料、燃料供应　原材料、燃料直接影响项目运营成本，为确保项目建成后正常运营，需对原材料、辅助材料和燃料的品种、规格、成分、数量、价格、来源及供应方式进行研究论证。

（8）总图布置、场内外运输与公用辅助工程　总图布置、场内外运输与公用辅助工程是在选定的厂址范围内，研究生产系统、公用工程、辅助工程及运输设施的平面和竖向布置，以及工程方案。

1）总图布置包括平面布置、竖向布置、总平面布置及主要技术经济指标，技术改造项目包含原有建筑物、构筑物的利用情况。

2）场内外运输包括场内外运输量和运输方式，场内运输设备及设施。

3）公用辅助工程包括给水排水、供电、通信、供热、通风、维修、仓储等工程设施。

（9）能源和资源节约措施　在研究技术方案、设备方案和工程方案时，能源和资源消耗大的项目应提出能源和资源节约措施，并进行能源和资源消耗指标分析。

（10）环境影响评价　建设项目一般会对所在地的自然环境、社会环境和生态环境产生不同程度的影响。因此，在确定厂址和技术方案时，需进行环境影响评价，研究环境条件，识别和分析拟建项目影响环境的因素，提出治理和保护环境措施，比选和优化环境保护方案。环境影响评价主要包括厂址环境条件、项目建设和生产对环境的影响、环境保护措施方案及投资和环境影响评价。

（11）劳动安全卫生与消防　在技术方案和工程方案确定的基础上，分析论证在建设和生产过程中存在的对劳动者和财产可能产生的不安全因素，并提出相应的防范措施，就是劳动安全卫生与消防研究。

（12）组织机构与人力资源配置　项目组织机构和人力资源配置是项目建设和生产运营顺利进行的重要条件，合理、科学地配置有利于提高劳动生产率。

1）组织机构主要包括项目法人组建方案、管理机构组织方案和体系图及机构适应性分析。

2）人力资源配置包括生产作业班次、劳动定员数量及技能素质要求，职工工资福利、劳动生产力水平分析、员工来源及招聘计划、员工培训计划等。

（13）项目实施进度　项目工程建设方案确定后，需确定项目实施进度，包括建设工期、项目实施进度计划（横道图），科学组织施工和安排资金计划，保证项目按期完工。

（14）投资估算　投资估算是在项目建设规模、技术方案、设备方案、工程方案及项目进度计划基本确定的基础上，估算项目投入的总资金，包括投资估算依据、建设投资估算（建筑工程费、设备及工器具购置费、安装工程费、工程建设其他费用、基本预备费、涨价预备费、建设期利息）、流动资金估算和投资估算表等方面的内容。

（15）融资方案　融资方案是在投资估算的基础上，研究拟建项目的资金渠道、融资形式、融资机构、融资成本和融资风险，包括资本金（新设项目法人资本金或既有项目法人资本金）筹措、债务资金筹措和融资方案分析等方面的内容。

（16）项目的经济评价　项目的经济评价包括财务评价和国民经济评价，并通过有关指标的计算，进行项目营利能力、偿还能力等分析，得出经济评价结论。

（17）社会评价　社会评价是分析拟建项目对当地社会的影响和当地社会条件对项目的

适应性和可接受程度，评价项目的社会可行性。评价的内容包括项目的社会影响分析，项目与所在地区的互适性分析和社会风险分析，并得出评价结论。

（18）风险分析　项目风险分析贯穿于项目建设和生产运营的全过程。首先，识别风险，揭示风险来源。识别拟建项目在建设和运营中的主要风险因素（如市场风险、资源风险、技术风险、工程风险、政策风险、社会风险等）；其次，进行风险评价，判别风险程度；再者，提出逃避风险的对策，降低风险损失。

（19）研究结论与建议　在前面各项研究论证的基础上，从技术、经济、社会、财务等各个方面综合论述项目的可行性，推荐一个或几个方案供决策参考，指出项目存在的问题以及结论性意见和改进建议。

可以看出，建设项目可行性研究报告的内容可概括为三大部分。首先是**市场研究**工作，包括产品的市场调查和预测研究，这是项目可行性研究的前提和基础，其主要任务是要解决项目的“必要性”问题；第二是**技术研究**，即技术方案和建设条件研究，这是项目可行性研究的技术基础，它要解决项目在技术上的“可行性”问题；第三是**效益研究**，即对经济效益的分析和评价，这是项目可行性研究的核心部分，主要解决项目在经济上的“合理性”问题。市场研究、技术研究和效益研究是构成项目可行性研究的三大支柱。

**2. 可行性研究报告的编制**

（1）编制程序　根据我国现行的工程项目建设程序和国家颁布的《关于建设项目进行可行性研究的试行管理办法》，可行性研究报告的编制程序如下：

1）建设单位提出项目建议书和初步可行性研究报告，各投资单位根据国家经济发展的长远规划、经济建设的方针任务和技术经济政策，结合资源情况、建设布局等条件，在广泛调查研究、收集资料、踏勘建设地点、初步分析投资效果的基础上，提出需要进行可行性研究的项目建议书和初步可行性研究报告。

2）项目业主、承办单位委托有资格的单位进行可行性研究。当项目建议书经国家计划部门、贷款部门审定批准后，该项目即可立项。项目业主或承办单位就可以签订合同的方式委托有资格的工程咨询公司（或设计单位）着手编制拟建项目可行性研究报告。

3）咨询或设计单位进行可行性研究工作，编制完整的可行性研究报告。

咨询或设计单位与委托单位签订合同后，即可开展可行性研究工作，一般按以下步骤开展工作：

① 了解有关部门与委托单位对建设项目的意图，并组建工作小组，制订工作计划。

② 调查研究与收集资料。调查研究主要从市场调查和资源调查两方面着手。通过分析论证，研究项目建设的必要性。

③ 方案设计和优选。建立几种可供选择的技术方案和建设方案，结合实际条件进行方案论证和比较，从中选出最优方案，研究论证项目在技术上的可行性。

④ 经济分析和评价。项目经济分析人员根据调查资料和领导机关有关规定，选定与本项目有关的经济评价基础数据和定额指标参数，对选定的最佳建设总体方案进行详细的财务预测、财务效益分析、国民经济评价和社会效益评价。

⑤ 编写可行性研究报告，项目可行性研究各专业方案，经过技术经济论证和优化后，由各专业组分工编写，经项目负责人衔接协调，综合汇总，提出《可行性研究报告》初稿。

⑥ 与委托单位交换意见。

（2）编制依据　主要包括以下几类：

1）项目建议书初步可行性研究报告及其批复文件。

2）国家和地方的经济和社会发展规划，行业部门发展规划。

3）国家有关法律、法规、政策。

4）对于大中型骨干项目，必须具有国家批准的资源报告、国土开发整治规划、区域规划、江河流域规划、工业基地规划等有关文件。

5）有关机构发布的工程建设方面的标准、规范、定额。

6）合资、合作项目各方签订的协议书或意向书。

7）委托单位的委托合同。

8）经国家统一颁布的有关项目评价的基本参数和指标。

9）有关的基础数据。

（3）编制要求　编制可行性研究报告时须遵循以下几个基本要求：

1）编制单位必须具备承担可行性研究的条件。编制单位必须具有经国家有关部门审批登记的资质等级证明。研究人员应具有所从事专业的中级以上专业职称，并具有相关的知识、技能和工作经历。

2）确保可行性研究报告的真实性和科学性。为保证可行性研究报告的质量，应切实做好编制前的准备工作，拥有大量的、准确的、可用的信息资料，进行科学的分析比选论证，报告编制单位和人员应坚持独立、客观、公正、科学、可靠的原则，实事求是，对提供的可行性研究报告质量负完全责任。

3）可行性研究的格式要规范化和标准化，“报告”选用主要设备的规格、参数应能满足预订货的要求；重大技术、经济方案应有两个以上方案的比选；主要的工程技术数据应能满足项目初步设计的要求。“报告”应附有评估、决策（审批）所必需的合同、协议、政府批件等。

4）可行性研究报告必须签证。可行性研究报告编制完成后，应由编制单位的行政、技术、经济方面的负责人签字，并对研究报告质量负责。

### 3.2.3　可行性研究报告的审批

#### 1. 政府对于投资项目的管理

根据《国务院关于投资体制改革的决定》，政府对于投资项目的管理分为审批、核准和备案三种方式。

1）对于政府投资项目，继续实行审批制，其中采用直接投资和资本金注入方式的，审批程序上与传统的投资项目审批制度基本一致，继续审批项目建议书、可行性研究报告等。采用投资补助、转贷和贷款贴息方式的，不再审批项目建议书和可行性研究报告，只审批资金申请报告。

2）对于企业不使用政府性资金建设的项目，一律不实行审批制，区别不同情况实行核准制和备案制。其中，政府对重大项目和限制类项目从维护社会公共利益角度进行核准，其他项目无论规模大小，均改为备案制。《政府核准的投资项目目录》对于实行核准制的范围进行了明确界定。

3）对于以投资补助、转贷和贷款贴息方式使用政府投资资金的企业投资项目，应在项目核准或备案后向政府有关部门提交资金申请报告；政府有关部门只对是否给予资金支持进行批复，不再对是否允许项目投资建设提出意见。以资本金注入方式使用政府投资资金的，实际上是政府、企业共同出资建设，项目单位应向政府有关部门报送项目建议书和可行性研究报告等。

由此可知，凡企业不使用政府性资金投资建设的项目，政府实行核准制或备案制，其中企业投资建设实行核准制的项目，仅需向政府提交项目申请报告，而无须报批项目建议书、可行性研究报告和开工报告；备案制无须提交项目申请报告，只要备案即可。因此，凡不使用政府性投资资金的项目，可行性研究报告无须经过任何部门审批。

对于外商投资项目和境外投资项目，除中央管理企业限额以下投资项目实行备案管理以外，其他均需政府核准。

**2. 政府直接投资和资本金注入的项目审批**

对于政府投资项目，只有直接投资和资本注入方式的项目，政府需要对可行性研究报告进行审批，其他项目无须审批可行性研究报告。

（1）由国家发展改革委审核国务院审批的项目 包括使用中央预算内投资、中央专项建设基金、中央统还国外贷款5亿元及以上的项目，以及使用中央预算内投资、中央专项建设基金、统借自还国外贷款的总投资50亿元及以上项目。

（2）国家发展改革委审批地方政府投资的项目 主要包括以下四类项目：

1）各级地方政府采用直接投资（含通过各类投资机构）或以资本金注入方式安排地方各类财政性资金，建设《政府核准的投资项目目录》范围内应由国务院或国务院投资主管部门管理的固定资产投资项目，需由省级投资主管部门（通常指省级发展改革委和具有投资管理职能的经贸委）报国家发展改革委有关部门审批或核报国务院审批。

2）需上报审批的地方政府投资项目，只需报批项目建议书。国家发展改革委主要从发展建设规划、产业政策以及经济安全等方面进行审查。

3）地方政府投资项目申请中央政府投资补助、贴息和转贷的，按照国家发展改革委发布的有关规定报批资金申请报告，也可在向国家发改委报批项目建议书时，一并提出申请。

4）《国家发展改革委关于审批地方政府投资项目的有关规定（暂行）》范围以外的地方政府投资项目，按照地方政府的有关规定审批。

可见，国家发展改革委对地方政府投资项目只审批项目建议书，无须审批可行性研究报告。

（3）使用国外援助性资金的项目审批 对于借用世界银行、亚洲开发银行、国际农业发展基金会等国际金融组织贷款和外国政府贷款及与贷款混合使用的赠款、联合融资等国际金融组织和外国政府贷款投资项目有关规定如下：

1）由中央统借统还的项目，按照中央政府直接投资项目进行管理，其可行性研究报告由国家发展改革委审批或审核后报国务院审批。

2）由省级政府负责偿还或提供还款担保的项目，按照省级政府直接投资项目进行管理，其项目审批权限，按国务院及国务院发展改革部门的有关规定执行。除应当报国务院及国务院发展改革部门审批的项目外，其他项目的可行性研究报告均由省级发展改革部门审批，审批权限不得下放。

3）由项目用款单位自行偿还且不需政府担保的项目，参照《政府核准的投资项目目录》规定办理。凡是《政府核准的投资项目目录》所列的项目，其项目申请报告分别由省级发展改革部门、国务院发展改革部门核准，或由国务院发展改革部门审核后报国务院核准；《政府核准的投资项目目录》之外的项目，需报项目所在地省级发展改革部门备案，可行性研究报告无须审批。

## 3.3 建设项目投资估算

### 3.3.1 建设项目投资估算的含义和作用

#### 1. 建设项目投资估算的概念

投资估算是指在项目投资决策阶段，依据现有的资料和特定的方法，对建设项目的投资数额进行预算测算和确定，它是项目建设前期编制项目建议书和可行性研究报告的重要组成部分，是进行建设项目技术经济评价和投资决策的基础。在项目建议书、预可行性研究、可行性研究、方案设计阶段（包括概念方案设计和报批方案设计）应编制投资估算。投资估算的准确与否不仅影响可行性研究工作的质量和经济评价结果，而且也直接关系到下一阶段设计概算和施工图预算的编制，对建设项目资金筹措方案也有直接的影响。因此，全面准确地估算建设项目的工程造价，是可行性研究乃至整个决策阶段造价管理的重要任务。

投资估算应参考相应工程造价管理部门发布的投资估算指标，依据工程所在地市场价格水平，结合项目具体情况及科学合理的建造工艺，全面反映建设项目建设前期和建设期的全部投资。

投资估算应委托有相应工程造价咨询资质的单位编制。投资估算单位应在投资估算成果文件上签字和盖章，对成果质量负责并承担相应的责任；工程造价人员应在投资估算文件上签字和盖章，并承担相应的责任。

#### 2. 建设投资估算的作用

投资估算在项目开发建设过程中的作用有以下几点：

1）项目建议书阶段的投资估算，是项目主管部门审批项目建议书的依据之一，并对项目的规划、规模起参考作用。

2）项目可行性研究阶段的投资估算，是项目投资决策的重要依据，也是研究、分析、计算项目投资经济效果的重要条件。当可行性研究报告被批准之后，其投资估算额就作为设计任务书中下达的投资限额，即作为建设项目投资的最高限额，不得随意突破。

3）项目投资估算对工程设计概算起控制作用，设计概算不得突破批准的投资估算额，并应控制在投资估算额以内。

4）项目投资估算可作为项目资金筹措及制订建设贷款计划的依据，建设单位可根据批准的项目投资估算额，进行资金筹措和向银行申请贷款。

5）项目投资估算是核算建设项目固定资产投资需要金额和编制固定资产投资计划的重要依据。

### 3.3.2 投资估算的阶段划分与精度要求

1. 国外项目投资估算的阶段划分与精度要求

在国外，如英、美等国，对一个建设项目从开发设想直至施工图设计，这期间各个阶段项目投资的预计额均称估算，只是各阶段的设计深度不同、技术条件不同，对投资估算的准确度要求不同。英、美等国把建设项目的投资估算分为五个阶段。

第一阶段：项目的投资设想时期。在尚无工艺流程图、平面布置图，也未进行设备分析的情况下，即根据假想条件比照同类型已投产项目的投资额，并考虑涨价因素来编制项目所需要的投资额，所以这一阶段称为毛估阶段，或称比照估算。这一阶段投资估算的意义是判断一个项目是否需要进行下一步的工作，对投资估算精度的要求准确程度为允许误差大于±30%。

第二阶段：项目的投资机会研究时期。此时应有初步的工艺流程图和主要生产设备的生产能力及项目建设的地理位置等条件。故可套用相近规模厂的单位生产能力建设费用来估算拟建项目所需要的投资额，据此初步判断项目是否可行，或据此审查项目引起投资兴趣的程度，这一阶段称为粗估阶段，或称因素估算，其对投资估算精度的要求为误差控制在±30%以内。

第三阶段：项目的初步可行性研究时期。此时已具有设备规格表、主要设备的生产能力、项目的总平面布置、各建筑物的大致尺寸、公用设施的初步位置等条件。此时期的投资估算额，可据此决定拟建项目是否可行，或据此列入投资计划，这一阶段称为初步估算阶段，或称认可估算。其对投资估算精度的要求为误差控制在±20%以内。

第四阶段：项目的详细可行性研究时期。此时项目的细节已经清楚，并已经进行了建筑材料、设备的询价，已进行了设计和施工的咨询，但工程图和技术说明尚不完备。可根据此时期的投资估算额进行筹款，这一阶段称为确定估算，或称控制估算，其对投资估算精度的要求为误差控制在±10%以内。

第五阶段：项目的工程设计阶段，此时应具有工程的全部设计图、详细的技术说明、材料清单、工程现场勘察资料等，故可根据单价逐项计算而汇总出项目所需要的投资额。可据此投资估算控制项目的实际建设。这一阶段为详细估算，或称投标估算，其对投资估算精度的要求为误差控制在±5%以内。

2. 我国项目投资估算的阶段划分与精度要求

在我国，项目投资估算是在做初步设计之前各工作阶段均需进行的一项工作，在做工程初步设计之前，根据需要可邀请设计单位参加编制项目规划和项目建议书，并可委托设计单位承担项目的初步可行性研究、可行性研究及设计任务书的编制工作，同时应根据项目已明确的技术经济条件，编制和估算出精确度不同的投资估算额。我国建设项目的投资估算分为以下几个阶段。

（1）项目规划阶段的投资估算　建设项目规划阶段是指有关部门根据国民经济发展规划、地区发展规划和行业发展规划的要求，编制一个建设项目的建设规划。此阶段是按项目的要求和内容，粗略地估算建设项目所需要的投资额，其对投资估算精度的要求为允许误差大于±30%。

（2）项目建议书阶段的投资估算　在项目建议书阶段，是按项目建议书中的产品方案、项目建设规模、产品主要生产工艺、企业车间组成、初选项建厂地点等，估算建设项目所需要的投资额。其对投资估算精度的要求为误差控制在±30%以内，此阶段项目投资估算的意义是可据此判断一个项目是否需要进行下一阶段的工作。

（3）初步可行性研究阶段的投资估算　初步可行性研究阶段，是在掌握了更详细、更深入的资料的条件下，估算建设项目所需要的投资额。其对投资估算精度的要求为误差控制在±20%以内，此阶段项目投资估算的意义是据以确定是否进行详细可行性研究。

（4）详细可行性研究阶段的投资估算　详细可行性研究阶段的投资估算至关重要，因为这个阶段的投资估算经审查批准之后，便是工程设计任务书中规定的项目投资限额，并可据此列入项目年度基本建设计划，其对投资估算精度的要求为误差控制在±10%以内。

## 3.3.3　投资估算的内容

**1. 投资估算文件的组成**

投资估算文件一般由封面、签署页、编制说明、投资估算分析、总投资估算表、单项工程估算表、主要技术经济指标等组成。

投资估算编制说明一般阐述以下内容：

1）工程概况。

2）编制范围。

3）编制方法。

4）编制依据。

5）主要技术经济指标。

6）有关参数、率值选定的说明。

7）特殊问题的说明（包括采用新技术、新材料、新设备、新工艺）；必须说明价格的确定过程；进口材料、设备、技术费用的构成与计算参数；采用特殊结构的费用估算方法；安全、节能、环保、消防等专项投资占总投资的比重；建设项目总投资中未计算项目或费用的必要说明等。

8）采用限额设计的工程还应对投资限额和投资分解做进一步说明。

9）采用方案比选的工程还应对方案比选的估算和经济指标做进一步说明。

10）资金筹措方式。

**2. 投资估算的费用构成**

根据国家规定，从满足建设项目投资设计和投资规模的角度，建设项目投资的估算包括建设投资、建设期利息、固定资产投资方向调节税和流动资金估算。

建设投资估算的内容按照费用的性质划分，包括建筑工程费、设备购置费、安装工程费、工程建设其他费用、基本预备费、价差预备费。其中，建筑工程费、设备购置费、安装工程费直接形成实体固定资产，被称为工程费用；工程建设其他费用可分别形成固定资产、无形资产及其他资产。基本预备费、价差预备费，在可行性研究阶段为简化计算，一并计入固定资产。

建设期利息是债务资金在建设期内发生并计入固定资产原值的利息，包括借款利息及手续费、承诺费、管理费等。建设期利息单独估算，以便对建设项目进行融资前和融资后财务分析。

流动资金是指生产经营性项目投产后，用于购买原材料、燃料，支付工资及其他经营费用等所需的周转资金。它是伴随着建设投资而发生的长期占用的流动资产投资。

### 3.3.4 建设项目投资估算的依据、要求及步骤

**1. 投资估算依据**

投资估算依据是指在编制投资估算时所遵循的计量规则、市场价格、费用标准及工程计价有关参数、率值等基础性资料，主要包括以下几类：

1）国家、行业和地方政府的有关法律、法规和规定；政府有关部门、金融机构等发布的价格指数、利率、汇率、税率等有关参数。

2）行业部门、项目所在地工程造价管理机构或行业协会等编制的投资估算指标、概算指标（定额）、工程建设其他费用定额（规定）、综合单价、价格指数和有关造价文件等。

3）类似工程的各种技术经济指标和参数。

4）工程所在地的同期的人工、材料、机械市场价格，建筑、工艺及附属设备的市场价格和有关费用。

5）政府有关部门、金融机构等部门发布的价格指数、利率、汇率、税率等有关参数。

6）与项目建设相关的工程地质资料、设计文件、图样或有关设计专业提供的主要工程量和主要设备清单等。

7）委托单位提供的其他技术经济资料。

**2. 投资估算要求**

1）建设项目投资估算要结合拟建项目所处行业的特点，按照拟建项目采用的设计方案及总图布置，参考拟建项目所在地的投资估算基础资料和数据，采用合适的方法进行建设项目投资估算。

2）工程内容和费用构成齐全，计算合理，不重复计算，不提高或者降低估算标准，不漏项、不少算。

3）充分考虑拟建项目设计的技术参数和投资估算所采用的估算系数、估算指标在质和量方面所综合的内容，遵循口径一致的原则。

4）选用指标与具体工程之间存在标准或者条件差异时，应进行必要的换算或调整。应将所采用的估算系数和估算指标价格水平调整到项目建设所在地及项目建设期的实际水平，同时应对拟建项目的建设条件，如抗震设防等级、建设用地费、厂外交通、供水、供电等，以及所采用的估算系数和估算指标中未包括的费用内容进行修正。

5）对影响造价变动的因素进行敏感性分析，注意分析市场的变动因素，充分估计物价上涨因素和市场供求情况对造价的影响。

6）投资估算精度应能满足控制初步设计概算的要求，并尽量减少投资估算的误差。

**3. 投资估算的步骤**

1）分别估算各单项工程所需的建筑工程费、设备及工器具购置费、安装工程费。

2）在汇总各单项工程费用的基础上，估算工程建设其他费用和基本预备费。

3）估算涨价预备费和建设期利息。

4）估算流动资金。

### 3.3.5　投资估算的方法

1. 建设投资静态投资部分的估算

不同阶段的投资估算，其方法和允许误差都是不同的。项目规划和项目建议书阶段投资估算的精度低，可采取简单的算法，如生产能力指数法、单位生产能力法、比例法、系数法等。在可行性研究阶段尤其是详细可行性研究阶段，投资估算精度要求高，需采用相对详细的投资估算方法，即指标估算法。

（1）单位生产能力估算法　依据调查的统计资料，利用相近规模的单位生产能力投资乘以建设规模，即得拟建项目投资。其计算公式为

$$C_2 = \left(\frac{C_1}{Q_1}\right) Q_2 f \tag{3-1}$$

式中　$C_1$——已建类似项目的静态投资额；

$C_2$——拟建项目静态投资额；

$Q_1$——已建类似项目的生产能力；

$Q_2$——拟建项目的生产能力；

$f$——不同时期、不同地点的定额、单价、费用变更等的综合调整系数。

这种方法把项目的建设投资与其生产能力的关系视为简单的线性关系，估算结果精确度较差。使用这种方法时要注意拟建项目的生产能力和类似项目的可比性，否则误差很大。由于在实际工作中不易找到与拟建项目极为类似的项目，通常是把项目按其下属的车间、设施和装置进行分解，分别套用类似车间、设施和装置的单位生产能力投资指标计算，然后相加求得项目总投资。或根据拟建项目的规模和建设条件，将投资进行适当调整后估算项目的投资额。这种方法主要用于新建项目或装置的估算，十分简便迅速，但要求估价人员掌握足够的典型工程的历史数据，而且这些数据均应与单位生产能力的造价有关，方可应用，而且必须是新建装置与所选取装置的历史资料相类似，仅存在规模大小和时间上的差异。

【例 3-1】　某地拟于 2005 年兴建一座工厂，年生产某种产品 50 万吨。已知 2002 年在另一地区已建类似工厂，年生产同类产品 30 万吨，投资 5.43 亿元。若综合调整系数为 1.5，用单位生产能力估算法计算拟建项目的投资额是多少？（2005 年造价师考试试题）

解：拟建项目投资 $C_2 = (C_1/Q_1) Q_2 f$

$= (5.43/30 \times 50 \times 1.5)$ 亿元

$= 13.58$ 亿元

【例 3-2】　假定某地拟建一座 150 套客房宾馆，另有一座宾馆最近在该地竣工，且掌握了以下资料：它有 300 套客房，有门厅、餐厅、会议室、游泳池、网球场等设施，总造价 1225 万美元，试估算新建项目的总投资。

解：根据以上资料，可首先推算出折算为每套客房的造价：

$$\frac{总造价}{客房总套数} = \frac{1225}{300} 万美元/套 = 4.08 万美元/套$$

据此，即可计算出在同一个地方，且各方面有可比性的具有 150 套客房的豪华宾馆造价

的估算值为

$$(4.08\times150)\text{万美元}=612\text{万美元}$$

单位生产能力估算法估算误差较大，可达到±30%。此法只能是粗略地快速估算，由于误差大，应用该估算法时需要小心，应注意以下几点：

1）地方性。建设地点不同，地方性差异主要表现为：两地经济情况不同；土壤、地质、水文情况不同；气候、自然条件的差异；材料、设备的来源、运输状况不同等。

2）配套性。一个工程项目或装置，均有许多配套装置和设施，也可能产生差异，如公用工程、辅助工程、厂外工程和生活福利工程等，这些工程随地方差异和工程规模的变化均各不相同，它们并不与主体工程的变化呈线性关系。

3）时间性。工程建设项目的兴建，不一定是在同一时间建设，时间差异或多或少存在，在这段时间内可能在技术、标准、价格等方面发生变化。

（2）生产能力指数法 又称指数估算法，它是根据已建成的类似项目生产能力和投资额来粗略估算拟建项目投资额的方法，是对单位生产能力估算法的改进。本方法主要应用于设计深度不足，已设计定型并系列化，行业内相关指数和系数等基础资料完备的情况。其计算公式为

$$C_2=C_1\left(\frac{Q_2}{Q_1}\right)^x f \tag{3-2}$$

式中 $x$——生产能力指数；

其他符号含义同前。

上式表明，造价与规模（或容量）呈非线性关系，且单位造价随工程规模（或容量）的增大而减小。在正常情况下，$0\leqslant x\leqslant1$。不同生产率水平的国家和不同性质的项目中，$x$ 的取值是不相同的。比如化工项目美国取 $x=0.6$，英国取 $x=0.66$，日本取 $x=0.7$。

若已建类似项目的生产规模与拟建项目生产规模相差不大，$Q_1$ 与 $Q_2$ 的比值在 0.5~2 之间，则指数 $x$ 的取值近似为 1。

若已建类似项目的生产规模与拟建项目生产规模相差不大于 50 倍，且拟建项目生产规模的扩大仅靠增大设备规模来达到时，则 $x$ 的取值为 0.6~0.7；若是靠增加相同规格设备的数量达到时，$x$ 的取值为 0.8~0.9。常见的化工和炼油装置的 $x$ 值见表 3-1。

表 3-1 某些化工和炼油装置的 $x$ 值

| 装置名称 | $x$ 值 | 装置名称 | $x$ 值 | 装置名称 | $x$ 值 |
|---|---|---|---|---|---|
| 常压蒸馏（汽化 65%） | 0.90 | 溶剂抽提 | 0.67 | 制氢装置 | 0.72 |
| 减压蒸馏（汽化 65%） | 0.70 | 硅铁法制镁 | 0.62 | 硫黄回收 | 0.64 |
| 流化催化液化 | 0.70 | 乙烯（以炼厂汽油为原料） | 0.83 | 合成甲醇（天然气蒸汽转化法） | 0.60 |
| 加氢脱硫 | 0.65 | 乙烯（以油为原料） | 0.72 | 甲醛 | 0.80 |
| 催化重整 | 0.60 | 苯乙烯 | 0.53 | 尿素 | 0.70 |
| 硫酸法烷基法 | 0.60 | 乙醛 | 0.70 | 聚乙烯（低压） | 0.68 |
| 叠合 | 0.58 | 丁二烯 | 0.66 | 聚乙烯（高压） | 0.81 |

（续）

| 装置名称 | x 值 | 装置名称 | x 值 | 装置名称 | x 值 |
|---|---|---|---|---|---|
| 热裂化 | 0.70 | 由乙烯制取丁二烯 | 1.02 | 苯 | 0.61 |
| 延迟焦化 | 0.38 | 聚丁二烯 | 0.67 | 苯酐 | 0.62 |
| 芳烃抽提 | 0.70 | 合成氨 | 0.81 | 三硝基甲苯 | 1.01 |
| 溶剂脱蜡 | 0.76 | 合成氨（蒸汽转化法） | 0.53 | 铝锭 | 0.9 |

生产能力指数法主要应用于拟建装置或项目与用来参考的已知装置或项目规模不同的场合。

【例 3-3】 某年产量 10 万吨化工产品已建项目的静态投资额为 3300 万元，现拟建类似项目的生产能力为 20 万吨/年。已知生产能力指数为 0.6，因不同时期、不同地点的综合调整系数为 1.15，采用生产能力指数法估算的拟建项目静态投资额为多少？（2008 年造价师考试试题）

解：拟建项目静态投资 $C_2=[3300\times(20/10)^{0.6}\times1.15]$ 万元

$=5752$ 万元

生产能力指数法与单位生产能力估算法相比精确度略高，其误差可控制在±20%以内，尽管估价误差仍较大，但有它独特的好处，即这种估价方法不需要详细的工程设计资料，只知道工艺流程及规模就可以。在总承包工程报价时，承包商大都采用这种方法估价。

（3）系数估算法　也称为因子估算法，它是以拟建项目的主体工程费或主要设备费为基数，以其他辅助配套工程费占主体工程费或主要设备购置费的百分比为系数，估算拟建项目相关投资额的方法。这种方法主要应用于设计深度不足、拟建项目与类似项目的主体工程费或主要设备购置费比重较大，行业内相关系数等基础资料完备的情况。一般用于项目建议书阶段。系数估算法的种类很多，在我国常用的方法有设备系数法和主体专业系数法。朗格系数法是世界银行项目投资估算常用的方法。

1）设备系数法。以拟建项目的设备费为基数，根据已建成的同类项目的建筑安装费和其他工程费与设备价值的百分比，求出拟建项目建筑安装工程费和其他工程费，进而求出建设项目总投资，其计算公式如下：

$$C=E(1+f_1P_1+f_2P_2+f_3P_3+\cdots)+I \tag{3-3}$$

式中　$C$——拟建项目静态投资额；

$E$——拟建项目根据当时当地价格计算的设备费；

$P_1$、$P_2$、$P_3\cdots$——已建项目中建筑安装费及其他工程费等与设备购置费的比例；

$f_1$、$f_2$、$f_3\cdots$——由于时间因素引起的定额、价格、费用标准等变化的综合调整系数；

$I$——拟建项目的其他费用。

2）主体专业系数法。以拟建项目中投资比重较大，并与生产能力直接相关的工艺设备投资为基数，根据已建同类项目的有关统计资料，计算出拟建项目各专业工程（总图、土建、采暖、给水排水、管道、电气、自控等）与工艺设备投资的百分比，据此求出拟建项

目各专业投资，然后加总，即为项目总投资，其计算公式为

$$C=E(1+f_1P_1'+f_2P_2'+f_3P_3'+\cdots)+I \tag{3-4}$$

式中 $P_1'$、$P_2'$、$P_3'$……——已建项目中各专业工程费用与设备投资的比例；

其他符号同前。

3）**朗格系数法**。这种方法是**以设备费为基数**，乘以适当系数来推算项目的建设费用。这种方法在国内不常见，是世界银行项目投资估算常采用的方法。该方法的基本原理是将总成本费用中的直接成本和间接成本分别计算，再合为项目建设的总成本费用，其计算公式为

$$C=E(1+\sum K_i)K_c \tag{3-5}$$

式中 $C$——总建设费用；

$E$——主要设备费；

$K_i$——管线、仪表、建筑等项费用的估算系数；

$K_c$——管理费、合同费、应急费等项费用的估算系数。

总建设费用与设备费用之比为朗格系数 $K_L$。即

$$K_L=(1+\sum K_i)K_c \tag{3-6}$$

朗格系数包含的内容见表 3-2。

**表 3-2 朗格系数包含的内容**

| 项目 | | 固体流程 | 固流流程 | 流体流程 |
|---|---|---|---|---|
| 朗格系数 $K_L$ | | 3.1 | 3.63 | 4.74 |
| 内容 | (a) 包括基础、设备、绝热、刷油及设备安装费 | $E$×1.43 | | |
| | (b) 包括上述在内和配管工程费 | (a)×1.1 | (a)×1.25 | (a)×1.6 |
| | (c) 装置费 | (b)×1.5 | | |
| | (d) 包括上述在内和间接费，即总费用 ($C$) | (c)×1.31 | (c)×1.35 | (c)×1.38 |

**【例 3-4】** 在北非某地建设一座年产 30 万套汽车轮胎的工厂，已知该工厂的设备到达工地的费用为 2198 万美元。试估算该工厂的静态投资。

**解：** 轮胎工厂的生产流程基本上属于固体流程，因此在采用朗格系数法时，全部数据应采用固体流程的数据。现计算如下：

1）设备到达现场的费用：2198 万美元。

2）根据表 3-2 计算费用（a）：

$$(a)=E\times1.43=2198\text{ 万美元}\times1.43=3143.14\text{ 万美元}$$

则设备基础、绝热、刷油及安装费用为

$$(3143.14-2198)\text{ 万美元}=945.14\text{ 万美元}$$

3）计算费用（b）：

$$(b)=E\times1.43\times1.1=2198\text{ 万美元}\times1.43\times1.1=3457.45\text{ 万美元}$$

则其中配管（管道工程）费用为

$$(3457.45-3143.14)\text{ 万美元}=314.31\text{ 万美元}$$

4）计算费用（c），即装置直接费：

$$(c)=E\times1.43\times1.1\times1.5=2198\text{ 万美元}\times1.43\times1.1\times1.5=5186.18\text{ 万美元}$$

则电气、仪表、建筑等工程费用为

$$(5186.18-3457.45)\text{万美元}=1728.73\text{万美元}$$

5）计算投资 $C$：

$$C=E\times1.43\times1.1\times1.5\times1.31=6793.90\text{万美元}$$

则间接费用为

$$(6793.90-5186.18)\text{万美元}=1607.72\text{万美元}$$

由此估算出该工厂的总投资为 6793.90 万美元，其中间接费用为 1607.72 万美元。

应用朗格系数法进行工程项目或装置估价的精度仍不是很高，其原因如下：①装置规模大小发生变化的影响；②不同地区自然地理条件的影响；③不同地区经济地理条件的影响；④不同地区气候条件的影响；⑤主要设备材质发生变化时，设备费用变化较大而安装费变化不大所产生的影响。

尽管如此，由于朗格系数法是以设备费为基础，而设备费用在一项工程中所占的比重对于石油、石化、化工工程而言为 45%～55%，几乎占一半左右，同时一项工程中每台设备所含有的管道、电气、自控仪表、绝热、刷油、建筑等，都有一定的规律，所以，只要对不同类型工程的朗格系数掌握准确，估算精度仍可较高。朗格系数估算误差为 10%～15%。

（4）比例估算法　根据统计资料，先求出已有同类企业主要设备投资占全厂建设投资的比例，然后再估算出拟建项目的主要设备投资，即可按比例求出拟建项目的建设投资。本方法主要应用于设计深度不足、拟建项目与类似项目的主要设备购置费比重较大，行业内相关系数等基础资料完备的情况。其表达式为

$$I=\sum_{i=1}^{n}\frac{1}{K}Q_iP_i \tag{3-7}$$

式中　$I$——拟建项目的静态投资；

$K$——已建项目主要设备投资占拟建项目投资的比例；

$n$——设备种类数；

$Q_i$——第 $i$ 种设备的数量；

$P_i$——第 $i$ 种设备的单价（到厂价格）。

（5）指标估算法　这种方法是把拟建项目以单位工程或单项工程为单位，按建设内容纵向划分为各个主要生产系统、辅助生产系统、公用工程、服务性工程、生活福利设施，以及各项其他工程费用；同时，按费用性质横向划分为建筑工程、安装工程、设备购置等，再根据各种具体的投资估算指标，进行各单位工程或单项工程的投资估算，在此基础上汇集编制成拟建建设项目的各个单项工程费用和单项工程的投资估算。最后，按相关规定估算工程建设其他费用、预备费、建设期利息等，形成拟建建设项目总投资。

1）建筑工程费用估算。建筑工程费用是指为建造永久性建筑物和构筑物所需要的费用，一般采用单位建筑工程投资估算法、单位实物工程量投资估算法、概算指标投资估算法等进行估算。①单位建筑工程投资估算法，以单位建筑工程量投资乘以建筑工程总量计算，一般工业与民用建筑以单位建筑面积（$m^2$）的投资，工业窑炉砌筑以单位容积（$m^3$）的投资，水库以水坝单位长度（m）的投资，铁路路基以单位长度（km）的投资，矿山掘进以单位长度（m）的投资，乘以相应的建筑工程量计算建筑工程费。②单位实物工程量投资估

算法，以单位实物工程量投资乘以实物工程总量计算。土石方工程按每立方米投资，矿井巷道衬砌工程按每延长米投资，路面铺设工程按每平方米投资，乘以相应的实物工程总量计算建筑工程费。③概算指标投资估算法，对于没有上述估算指标且建筑工程费占总投资比例较大的项目，可采用概算指标估算法。采用此种方法，应占有较为详细的工程资料、建筑材料价格和工程费用指标，投入的时间和工作量大。

2）设备及工器具购置费估算。设备购置费根据项目主要设备表及价格、费用资料编制，工器具购置费按设备费的一定比例计取。对于价值高的设备应按单台（套）估算购置费，价值较小的设备可按类估算，国内设备和进口设备应分别估算。

3）安装工程费估算。安装工程费通常按行业或专门机构发布的安装工程定额、取费标准和指标估算投资。具体可按安装费率、每吨设备安装费或单位安装实物工程量的费用估算，即

安装工程费=设备原价×安装费率（%）

安装工程费=设备吨位×每吨安装费

安装工程费=安装工程实物量×安装费用指标

4）工程建设其他费用估算。应结合拟建项目的具体情况，有合同或协议明确的费用按合同或协议列入。合同或协议中没有明确的费用，根据国家和行业部门、工程所在地地方政府的有关工程建设其他费用定额和计算办法估算。

5）基本预备费估算。基本预备费的估算一般是以建设项目的工程费用和工程建设其他费用之和为基础，乘以基本预备费率。基本预备费率的大小，应根据建设项目的设计阶段和具体的设计深度，以及在估算中所采用的各项估算指标与设计内容的贴近度、项目所属行业主管部门的具体规定确定。

使用指标估算法，应注意以下事项：

1）使用指标估算法应根据不同地区、年代进行调整。因地区、年代不同，设备与材料的价格均有差异，调整方法可以以主要材料消耗量或“工程量”为计算依据；也可以按不同工程项目的“万元工料消耗定额”而定不同的系数。在有关部门颁布有定额或材料价差系数（物价指数）时，可以据其调整。

2）使用指标估算法进行投资估算绝不能生搬硬套，必须对工艺流程、定额、价格及费用标准进行分析，经过实事求是的调整与换算后，才能提高其精确度。

（6）混合法　这种方法是根据主体专业设计的阶段和深度，投资估算编制者所掌握的国家、地区、行业或部门相关投资估算基础资料和数据（包括造价咨询机构自身统计和积累的可靠的相关造价基础资料），对一个拟建建设项目采用生产能力指数法与比例估算法混合或系数估算法与比例估算法混合进行估算相关投资额的方法。

#### 2. 建设投资动态部分的估算

建设投资动态部分主要包括价格变动可能增加的投资额、建设期利息两部分内容。如果是涉外项目，还应该计算汇率的影响。动态部分的估算应以基准年静态投资的资金使用计划为基础来计算，而不是以编制的年静态投资为基础计算。这里主要介绍汇率变化对涉外项目的影响。

汇率是两种不同货币之间的兑换比率，或者说是以一种货币表示的另一种货币的价格。汇率的变化意味着一种货币相对于另一种货币的升值或贬值。在我国，人民币与外币之间的

汇率采取以人民币表示外币价格的形式给出，如 1 美元等于 6. 78 元人民币。由于涉外项目的投资中包含人民币以外的币种，需要按照相应的汇率把外币投资额换算为人民币投资额，因此汇率变化会对涉外项目的投资额产生影响。

（1）外币对人民币升值 项目从国外市场购买设备材料所支付的外币金额不变，但换算成人民币的金额增加；从国外借款，本息所支付的外币金额不变，但换算成人民币的金额增加。

（2）外币对人民币贬值 项目从国外市场购买设备材料所支付的外币金额不变，但换算成人民币的金额减少；从国外借款，本息所支付的外币金额不变，但换算成人民币的金额减少。

估计汇率变化对建设项目投资的影响，是通过预测汇率在项目建设期内的变动程度，以估算年份的投资额为基数，计算求得。

**3. 建设投资估算表编制**

建设投资是项目费用的重要组成，是项目财务分析的基础数据。根据项目前期研究各阶段对投资估算精度的要求、行业特点和相关规定，可选用相应的投资估算方法。在估算出建设投资后需编制建设投资估算表，为后期的融资决策提供依据。建设投资可按概算法或形成资产法分类。

（1）按概算法分类 建设投资由工程费用、工程建设其他费用和预备费三部分组成。其中工程费用又由建筑工程费、设备购置费、安装工程费构成；工程建设其他费用内容较多，且随行业和项目的不同而有所区别。预备费包括基本预备费和涨价预备费。按照概算法编制的建设投资估算表见表 3-3。

**表 3-3 建设投资估算表（概算法）**

（人民币单位：万元，外币单位： ）

| 序号 | 工程或费用名称 | 建筑工程费 | 设备购置费 | 安装工程费 | 其他费用 | 合 计 | 其中：外币 | 比例（%） |
|---|---|---|---|---|---|---|---|---|
| 1 | 工程费用 | | | | | | | |
| 1. 1 | 主体工程 | | | | | | | |
| 1. 1. 1 | ××× | | | | | | | |
| | … | | | | | | | |
| 1. 2 | 辅助工程 | | | | | | | |
| 1. 2. 1 | ××× | | | | | | | |
| | … | | | | | | | |
| 1. 3 | 公用工程 | | | | | | | |
| 1. 3. 1 | ××× | | | | | | | |
| | … | | | | | | | |
| 1. 4 | 服务性工程 | | | | | | | |
| 1. 4. 1 | ××× | | | | | | | |
| | … | | | | | | | |
| 1. 5 | 厂外工程 | | | | | | | |

（续）

| 序号 | 工程或费用名称 | 建筑工程费 | 设备购置费 | 安装工程费 | 其他费用 | 合 计 | 其中：外币 | 比例（%） |
|---|---|---|---|---|---|---|---|---|
| 1.5.1 | ××× | | | | | | | |
| | … | | | | | | | |
| 1.6 | ××× | | | | | | | |
| 2 | 工程建设其他费用 | | | | | | | |
| 2.1 | ××× | | | | | | | |
| | … | | | | | | | |
| 3 | 预备费 | | | | | | | |
| 3.1 | 基本预备费 | | | | | | | |
| 3.2 | 价差预备费 | | | | | | | |
| 4 | 建设投资合计 | | | | | | | |
| | 比例（%） | | | | | | | |

（2）按形成资产法分类　建设投资由形成固定资产的费用、形成无形资产的费用、形成其他资产的费用和预备费四部分组成。固定资产费用指项目投产时将直接形成固定资产的建设投资，包括工程费用和工程建设其他费用中按规定将形成固定资产的费用，后者被称为固定资产其他费用，主要包括建设管理费、可行性研究费、研究试验费、勘察设计费、环境影响评价费、场地准备及临时设施费、引进技术和引进设备其他费、工程保险费、联合试运转费、特殊设备安全监督检验费和市政公用设施建设及绿化费等。无形资产费用是指将直接形成无形资产的建设投资，主要是专利权、非专利技术、商标权、商誉等。其他资产费用是指建设投资中除形成固定资产和无形资产以外的部分，如生产准备及开办费等。

对于土地使用权的特殊处理，按照有关规定，在尚未开发或建造自用项目前，土地使用权作为无形资产核算，房地产开发企业开发商品房时，将其账面价值转入开发成本；企业建造自用项目时将其账面价值转入在建工程成本。因此，为了与以后的折旧和摊销计算相协调，在建设投资估算表中通常可将土地使用权直接列入固定资产其他费用中。按形成资产法编制的建设投资估算表见表3-4。

表3-4　建设投资估算表（形成资产法）

（人民币单位：万元，外币单位：　）

| 序号 | 工程或费用名称 | 建筑工程费 | 设备购置费 | 安装工程费 | 其他费用 | 合 计 | 其中：外币 | 比例（%） |
|---|---|---|---|---|---|---|---|---|
| 1 | 固定资产费用 | | | | | | | |
| 1.1 | 工程费用 | | | | | | | |
| 1.1.1 | ××× | | | | | | | |
| 1.1.2 | ××× | | | | | | | |
| 1.1.3 | ××× | | | | | | | |
| | … | | | | | | | |

（续）

| 序号 | 工程或费用名称 | 建筑工程费 | 设备购置费 | 安装工程费 | 其他费用 | 合　计 | 其中：外币 | 比例（%） |
|---|---|---|---|---|---|---|---|---|
| 1.2 | 固定资产其他费用 | | | | | | | |
| | ××× | | | | | | | |
| | … | | | | | | | |
| 2 | 无形资产费用 | | | | | | | |
| 2.1 | ××× | | | | | | | |
| | … | | | | | | | |
| 3 | 其他资产费用 | | | | | | | |
| 3.1 | ××× | | | | | | | |
| | … | | | | | | | |
| 4 | 预备费 | | | | | | | |
| 4.1 | 基本预备费 | | | | | | | |
| 4.2 | 价差预备费 | | | | | | | |
| 5 | 建设投资合计 | | | | | | | |
| | 比例（%） | | | | | | | |

#### 4. 建设期利息估算

在建设投资分年计划的基础上可设定初步融资方案，对采用债务融资的项目应估算建设期利息。建设期利息是指筹措债务资金时在建设期内发生并按规定允许在投产后计入固定资产原值的利息，即资本化利息。

建设期利息包括银行借款和其他债务资金的利息，以及其他融资费用。其他融资费用是指某些债务融资中发生的手续费、承诺费、管理费、信贷保险费等融资费用，一般情况下应将其单独计算并计入建设期利息；在项目前期研究的初期阶段，也可做粗略估算并计入建设投资；对于不涉及国外贷款的项目，在可行性研究阶段，也可做粗略估算并计入建设投资。

估算建设期利息，需要根据项目进度计划，提出建设投资分年计划，列出各年投资额，并明确其中的外汇和人民币需求量。为了简化计算，通常假定借款均在每年的年中支用，借款当年按半年计息，其余各年份按全年计息。

在估算建设期利息时需编制建设期利息估算表，见表3-5。

表3-5　建设期利息估算表　　（人民币单位：万元）

| 序　号 | 项　　目 | 合计 | 建　设　期 | | | | | |
|---|---|---|---|---|---|---|---|---|
| | | | 1 | 2 | 3 | 4 | … | $n$ |
| 1 | 借款 | | | | | | | |
| 1.1 | 建设期利息 | | | | | | | |
| 1.1.1 | 期初借款余额 | | | | | | | |
| 1.1.2 | 当期借款 | | | | | | | |

（续）

| 序　号 | 项　　目 | 合计 | 建　设　期 | | | | | |
|---|---|---|---|---|---|---|---|---|
| | | | 1 | 2 | 3 | 4 | … | $n$ |
| 1.1.3 | 当期应计利息 | | | | | | | |
| 1.1.4 | 期末借款余额 | | | | | | | |
| 1.2 | 其他融资费用 | | | | | | | |
| 1.3 | 小计(1.1+1.2) | | | | | | | |
| 2 | 债券 | | | | | | | |
| 2.1 | 建设期利息 | | | | | | | |
| 2.1.1 | 期初债务余额 | | | | | | | |
| 2.1.2 | 当期债务余额 | | | | | | | |
| 2.1.3 | 当期应计利息 | | | | | | | |
| 2.1.4 | 期末债务余额 | | | | | | | |
| 2.2 | 其他融资费用 | | | | | | | |
| 2.3 | 小计(2.1+2.2) | | | | | | | |
| 3 | 合计(1.3+2.3) | | | | | | | |
| 3.1 | 建设期利息合计(1.1+2.1) | | | | | | | |
| 3.2 | 其他融资费用合计(1.2+2.2) | | | | | | | |

### 5. 流动资金估算方法

流动资金是指生产经营性项目投产后，为进行正常生产运营，用于购买原材料、燃料，支付工资及其他经营费用等所需的周转资金。流动资金估算一般采用分项详细估算法，个别情况或者小型项目可采用扩大指标法估算法。

（1）分项详细估算法　流动资金的显著特点是在生产过程中不断周转，其周转额的大小与生产规模及周转速度直接相关，分项详细估算法是根据周转额与周转速度之间的关系，对构成流动资金的各项流动资产和流动负债分别进行估算。在可行性研究中，为简化计算，仅对存货、现金、应收账款和应付账款四项内容进行估算，计算公式为

流动资金=流动资产−流动负债

流动资产=应收账款+预付账款+存货+现金

流动负债=应付账款+预收账款

流动资金本年增加额=本年流动资金−上年流动资金

估算的具体步骤是首先计算各类流动资产和流动负债的年周转次数，然后再分项估算占用资金额。

1）周转次数计算。周转次数是指流动资金的各个构成项目在一年内完成多少个生产过程。周转次数可用一年天数（通常按360天计算）除以流动资金的最低周转天数计算，则各项流动资金年平均占用额度为流动资金的年周转额度除以流动资金的年周转次数，即

周转次数=360÷流动资金最低周转天数

各类流动资产和流动负债的最低周转天数，可参照同类企业的平均周转天数并结合项目特点确定。

2）应收账款估算。应收账款是指企业对外赊销商品、提供劳务尚未收回的资金。计算公式为

应收账款=年经营成本÷应收账款周转次数

3）预付账款估算。预付账款是指企业为购买材料、半成品或服务所预先支付的款项，计算公式为

预付账款=外购商品或服务年费用金额÷预付账款周转次数

4）存货估算。存货是企业为销售或者生产耗用而储备的各种物资，主要有原材料、辅助材料、燃料、低值易耗品、维修备件、包装物、在产品、自制半成品和产成品等，为简化计算，仅考虑外购原材料、外购燃料、在产品和产成品，并分项进行计算。计算公式为

存货=外购原材料+外购燃料+在产品+产成品

外购原材料=年外购原材料费用÷按种类分项周转次数

外购燃料=年外购燃料费用÷按种类分项周转次数

其他材料=年其他材料费用÷其他材料周转次数

$$在产品=\frac{年外购原材料、燃料动力费用+年工资及福利费+年修理费+年其他制造费}{在产品周转次数}$$

产成品=(年经营成本-年其他营业费用)÷产成品周转次数

5）现金需要量估算。项目流动资金中的现金是指货币资金，即企业生产运营活动中停留于货币形态的那部分资金，包括企业库存现金和银行存款。计算公式为

现金需要量=(年工资及福利费+年其他费用)÷现金周转次数

年其他费用=制造费用+管理费用+营业费用-(以上三项费用中所含的工资及福利费、折旧费、摊销费、修理费)

6）流动负债估算。流动负债是指在一年或者超过一年的一个营业周期内，需要偿还的各种债务，在可行性研究中，流动负债的估算只考虑应付账款和预收账款，计算公式为

应付账款=外购原材料、燃料动力费及其他材料年费用÷应付账款周转次数

预收账款=预收的营业收入年金额÷预收账款周转次数

（2）扩大指标估算法　扩大指标估算法是根据现有同类企业的实际资料，求得各种流动资金率指标，也可依据行业或部门给定的参考值或经验确定比率，将各类流动资金率乘以相对应的费用基数来估算流动资金。一般常用的基数有销售收入、经营成本、总成本费用和固定资产投资等。究竟采用何种基数依行为习惯而定。扩大指标估算法简便易行，但准确度不高，适用于项目建议书阶段的估算。扩大指标估算法计算流动资金的公式为

年流动资金额=年费用基数×各类流动资金率

（3）估算流动资金应注意的问题　进行流动资金估算时要注意以下三个问题：

1）在采用分项详细估算法时，应根据项目实际情况分别确定现金、应收账款、存货和应付账款的最低周转天数，并考虑一定的保险系数。因为最低周转天数减少，将增加周转次数，从而减少流动资金需用量，因此，必须切合实际地选用最低周转天数。对于存货中的外购原材料和燃料，要分品种和来源，考虑运输方式和运输距离，以及占用流动资金的比重大小等因素确定。

2）在不同生产负荷下的流动资金，应按不同生产负荷所需的各项费用金额，分别按照上述计算公式进行估算，而不能直接按照100%的生产负荷下的流动资金乘以生产负荷百分

比求得。

3）流动资金属于长期性（永久性）流动资产，流动资金的筹措可通过长期负债和资本金（一般要求占30%）的方式解决。流动资金一般要求在投产前一年开始筹措，为简化计算，可规定在投产的第一年开始按生产负荷安排流动资金需用量。其借款部分按全年计算利息，流动资金利息应计入生产期间的财务费用，项目计算期末收回全部流动资金（不含利息）。

（4）流动资金估算表的编制　根据流动资金各项估算的结果，编制流动资金估算表，见表3-6。

表3-6　流动资金估算表　（人民币单位：万元）

| 序号 | 项　目 | 最低周转天数 | 周转次数 | 建　设　期 | | | | | |
|---|---|---|---|---|---|---|---|---|---|
| | | | | 1 | 2 | 3 | 4 | … | $n$ |
| 1 | 流动资金 | | | | | | | | |
| 1.1 | 应收账款 | | | | | | | | |
| 1.2 | 存货 | | | | | | | | |
| 1.2.1 | 原材料 | | | | | | | | |
| 1.2.2 | ××× | | | | | | | | |
| | … | | | | | | | | |
| 1.2.3 | 燃料 | | | | | | | | |
| | … | | | | | | | | |
| 1.2.4 | 在产品 | | | | | | | | |
| 1.2.5 | 产成品 | | | | | | | | |
| 1.3 | 现金 | | | | | | | | |
| 1.4 | 预付账款 | | | | | | | | |
| 2 | 流动负债 | | | | | | | | |
| 2.1 | 应付账款 | | | | | | | | |
| 2.2 | 预收账款 | | | | | | | | |
| 3 | 流动资金（1-2） | | | | | | | | |
| 4 | 流动资金当期增加额 | | | | | | | | |

### 6. 项目总投资与分年投资计划

（1）项目总投资及其构成　按上述投资估算内容和估算方法估算各类投资并进行汇总，编制项目总投资估算汇总表，见表3-7。

表3-7　项目总投资估算汇总表

（人民币单位：万元，外币单位：　）

| 序　号 | 费用名称 | 投资额 | | 估算说明 |
|---|---|---|---|---|
| | | 合　计 | 其中：外汇 | |
| 1 | 建设投资 | | | |
| 1.1 | 建设投资静态部分 | | | |
| 1.1.1 | 建筑工程费 | | | |

（续）

| 序　号 | 费用名称 | 投资额 | | 估算说明 |
|---|---|---|---|---|
| | | 合　计 | 其中：外汇 | |
| 1.1.2 | 设备购置费 | | | |
| 1.1.3 | 安装工程费 | | | |
| 1.1.4 | 工程建设其他费用 | | | |
| 1.1.5 | 基本预备费 | | | |
| 1.2 | 建设投资动态部分 | | | |
| 1.2.1 | 价差预备费 | | | |
| 2 | 建设期利息 | | | |
| 3 | 流动资金 | | | |
| | 项目总投资（1+2+3） | | | |

（2）分年投资计划　估算出项目总投资后，应根据项目计划进度的安排，编制分年投资计划表，见表 3-8。表 3-8 中的分年建设投资可以作为安排融资计划、估算建设期利息的基础。

表 3-8　分年投资计划表

（人民币单位：万元，外币单位：　）

| 序　号 | 项　目 | 人民币 | | | 外　币 | | |
|---|---|---|---|---|---|---|---|
| | | 第 1 年 | 第 2 年 | … | 第 1 年 | 第 2 年 | … |
| | 分年计划（%） | | | | | | |
| 1 | 建设投资 | | | | | | |
| 2 | 建设期利息 | | | | | | |
| 3 | 流动资金 | | | | | | |
| 4 | 项目投入总资金（1+2+3） | | | | | | |

## 复习思考题

一、单选题

1. 作为设计任务书下达的投资限额是（　　）。

A. 投资估算　　B. 设计概算　　C. 工程费用估算　　D. 工程费用概算

2. 按照生产能力指数法（生产能力指数=0.6，调整系数=1），若将设计中的化工生产系统的生产能力提高 3 倍，投资额大约增加（　　）。

A. 200%　　B. 300%　　C. 230%　　D. 130%

3. 某项目主要设备费为 3000 万元，管线、仪表、建筑物等费用的估算系数为 0.7，管理费、合同费、应急费等项费用的估算系数为 1.2，用朗格系数法计算总建设费用为（　　）万元。

A. 5100　　B. 5520　　C. 6120　　D. 5700

4. 投资决策过程是一个由浅入深、不断深化的过程，依次分为若干工作阶段，各个阶段的投资估算精确度不同，投资机会及项目建议书阶段，投资估算的误差率在（　　）左右；详细可行性研究阶段是最终决策阶段，投资估算的误差率在（　　）以内。

A. ±30%、±20%　　B. ±20%、±30%　　C. ±30%、±10%　　D. ±20%、±10%

5. （　　）是项目规模确定中需考虑的首要因素。

A. 市场因素　　B. 技术因素　　C. 环境因素　　D. 人才因素

6. 下列有关财务指标的计算公式，正确的是（　　）。

A. 资产负债率=资产总额/负债总额

B. 流动比率=流动资产总额/资产总额

C. 速动比率=速动资产总额/流动负债总额

D. 项目资本金净利润率=息税前利润/项目资本金

7. 我国建设项目的（　　）阶段的投资估算，是项目投资决策的重要依据，也是研究、分析、计算项目投资经济效果的重要条件。

A. 项目建议书　　B. 项目规划

C. 初步可行性研究　　D. 可行性研究

8. 下列经营成本计算正确的是（　　）。

A. 经营成本=总成本费用-折旧费-利息支出

B. 经营成本=总成本费用-摊销费-利息支出

C. 经营成本=总成本费用-折旧费-摊销费-利润支出

D. 经营成本=总成本费用-折旧费-摊销费-利息支出

9. 用插值法计算财务内部收益率，已知 $i_1=20\%$，$FNPV_1=336$，$i_2=25\%$，$FNPV_2=-917$，则该项目的财务内部收益率 FIRR=（　　）。

A. 46.8%　　B. 21.3%　　C. 21.8%　　D. 26.3%

10. 建设项目可行性研究报告可作为（　　）的依据。

A. 调整合同价　　B. 编制标底和投标报价

C. 工程结算　　D. 项目后评价

11. 财务评价的实质是对基础数据进行加工，使其系统化、表格化、以最终计算(　　)来反映项目的本质情况。

A. 效益指标　　B. 费用指标　　C. 价值指标　　D. 评价指标

二、多选题

1. 系数估算法的种类很多，我国常用的方法有（　　）。

A. 设备系数法　　B. 主体专业系数法

C. 朗格系数法　　D. 综合调整系数法

E. 生产能力系数法

2. 下列财务评价指标中，属于项目投资现金流量表的动态指标有（　　）。

A. 项目投资财务内部收益率　　B. 项目投资财务净现值

C. 项目投资动态投资回收期　　D. 项目投资静态投资回收期

E. 项目资本金财务内部收益率

3. 选择建设地点要求（　　）。

A. 节约土地、少占耕地

B. 减少拆迁移民

C. 靠近交通运输条件和水电供应条件好的地方

D. 尽量减少对环境的污染

E. 尽量选择在工程地质、水文地质条件较好的地段

4. 判断项目偿债能力的参数主要包括（　　）。

A. 总投资收益率　　B. 资产负债率

C. 偿债备付率　　D. 流动比率

E. 速动比率

5. 生产技术方案指产品生产所采用的工艺流程和生产方法，技术方案选择的基本原则有（　　）。

A. 先进适用　　B. 安全可靠

C. 经济合理　　D. 公平自愿

E. 客观公正

6. 经营成本的构成有（　　）。

A. 外购原材料费　　B. 外购燃料及动力费

C. 工资及福利费　　D. 修理费

E. 其他费用

7. 财务评价的作用包括（　　）。

A. 评价项目的生命期　　B. 评价项目的盈利能力

C. 评价项目的偿债能力　　D. 评价项目的承受风险能力

E. 评价项目的技术要求

8. 流动资产不包括（　　）。

A. 现金　　B. 应收账款

C. 存货　　D. 应付账款

E. 预收账款

9. 固定资产修理费属于项目生产运营支出，下列关于固定资产修理费的说法中，正确的有（　　）。

A. 修理费可以预提　　B. 修理费可以摊销

C. 修理费可以直接在成本中列支　　D. 生产运营各年修理费率必须一致

E. 修理费应计入总成本费用中的其他费用

10. 可行性研究阶段投资估算的方法中，单位建筑工程投资估算法有（　　）。

A. 单位长度价格法　　B. 单位实物工程量投资估算法

C. 单位面积价格法　　D. 单位容积价格法

E. 单位功能价格法

三、简答题

1. 项目决策阶段影响工程造价的因素主要有哪些?

2. 简述可行性研究的基本内容。

3. 简述我国对投资项目的管理方式。

4. 投资估算包括哪些内容?

5. 简述静态投资部分估算的编制方法、计算方法和适用条件。

6. 简述流动资金估算的一般方法。

7. 我国建设项目的投资估算可分为哪几个阶段?

8. 财务评价的程序是什么?

四、计算题

1. 1982 年在某地兴建一座 30 万吨合成氨的化肥厂，总投资为 28000 万元，假如 2004 年在该地兴建 45 万吨合成氨的化肥厂，合成氨的生产能力指数为 0.81，则所需的投资额是多少?（假定从 1982 年至 2004 年每年平均工程造价指数为 1.10）

2. 某项目建设期为 2 年，第一年贷款 3000 万元，第二年贷款 2000 万元，贷款年内均衡发放，年利率

为 8%，建设期内只计息不付息。计算该项目建设期利息？

3. 某建设项目建筑安装工程费为 6000 万元，设备购置费为 1000 万元，工程建设其他费用为 2000 万元，建设期利息为 500 万元。若基本预备费费率为 5%，则该建设项目的基本预备费为多少万元？

4. 某建设项目总投资 1000 万元，建设期 3 年，各年投资比例为 30%、40%、30%。从第 4 年开始项目有收益，各年净收益为 300 万元，项目生命期为 10 年，第 10 年末回收固定资产余值及流动资金 100 万元，基准折现率为 10%，试计算该项目的财务净现值。

五、案例分析题

1. 某方案净现金流量如表 3-9 所示。当基准收益率 $i=12\%$时，试用内部收益率指标判断方案是否可行。

表 3-9 现金流量表 /万元

| 年 份 | 0 | 1 | 2 | 3 | 4 |
|---|---|---|---|---|---|
| 净现金流量 | -200 | 40 | 60 | 40 | 80 |

2. 某拟建项目生产规模为年产某产品 500 万吨。生产规模为年产 400 万吨，同类产品的投资额为 4000 万元，设备投资的综合调整系数为 1.09，生产能力指数为 0.8。该项目年销售收入估算为 14000 万元，存货资金占用估算为 4800 万元，全部职工人数为 1000 人，每人每年工资及福利费估算为 96000 元，年其他费用估算为 3600 万元，年外购原材料、燃料及动力费为 15000 万元。各项资金的周转天数：应收账款为 30 天，现金为 15 天，应付账款为 30 天。

(1) 估算该拟建项目的投资额。

(2) 估算流动资金额及铺底流动资金。

# 第 4 章 建设项目设计阶段工程造价的计价与控制

**本章学习重点与难点**：通过本章的学习，读者可以了解设计阶段工程造价确定与控制的内容，能够独立开展设计概算的编制。要求读者在学习中了解设计阶段工程造价管理的意义和管理程序；熟悉设计阶段工程造价管理的措施和方法；了解设计方案评价的内容与方法、工程设计方案优化的方法与途径、限额设计与标准化设计的方法；掌握价值工程优化设计方案的原理与方法；掌握设计概算的概念、作用、编制依据和内容；掌握设计概算的编制方法。

## 4.1 概述

### 4.1.1 工程设计、设计阶段及设计程序

**1. 工程设计的含义**

工程设计是指在工程开工之前，设计者根据已经批准的设计任务书，为具体实现拟建项目技术、经济要求，拟定建筑、安装及设备制造等所需的规划、图样、数据等技术文件的工作。设计是建设项目由计划变为现实具有决定意义的工作阶段。设计文件是建筑安装施工的依据。拟建工程在建筑过程中能否保证进度、保证质量和节约投资，在很大程度上取决于设计质量的优劣。工程建成后，能否获得满意的经济效果，除了项目决策之外，设计工作起着决定性的作用。设计工作的重要原则之一是保证设计的整体性，为此设计工作必须按一定的程序分阶段进行。

**2. 工程设计阶段划分**

（1）工业项目设计　根据国家有关文件的规定：一般工业项目设计可按初步设计和施工图设计两个阶段进行，称为“两阶段设计”；对于技术上复杂、在设计时有一定难度的工程，根据项目主管部门的意见和要求，可按初步设计、技术设计和施工图设计三个阶段进行，称之为“三阶段设计”。小型工程建设项目，技术上较简单的，经项目主管部门同意可以简化为施工图设计一阶段进行。

对于有些涉及面较广的大型建筑项目，如大型矿区、油田、大型联合企业的工程，除按上述规定分阶段进行设计外，还应进行总体规划设计和总体设计。总体设计是对一个大型项目中的每个单项工程根据生产运行上的内在联系，在相互配合、衔接等方面进行统一规划、部署和安排，使整个工程在布置上紧凑、流程上顺畅、技术上先进可靠、生产上方便、经济上

合理。但是总体设计本身并不代表一个单独的设计阶段。

1）设计准备。设计者在动手设计之前，首先要了解并掌握各种有关的外部条件和客观情况，包括地形、气候、地质、自然环境等自然条件；城市规划对建筑物的要求；交通、水、电、气、通信等基础设施状况；业主对工程的要求，特别是工程应具备的各项使用功能要求；工程经济估算的依据和所能提供的资金、材料、施工技术和装备等以及可能影响工程的其他客观因素。

2）总体设计。在第一阶段搜集资料的基础上，设计者对工程主要内容（包括功能与形式）的安排有个大概的设想，然后要考虑工程与周围环境之间的关系。在这一阶段，设计者可以同使用者和规划部门充分交换意见，最后使自己的设计符合规划的要求和取得规划部门的同意，与周围环境有机融为一体。对于不太复杂的工程，这一阶段可以省略，把有关工作并入初步设计阶段。

3）初步设计。这是设计过程中的一个关键性阶段，也是整个设计构思基本形成的阶段。通过初步设计可以进一步明确拟建工程在指定地点和规定期限内进行建设的技术可行性和经济合理性；并规定主要技术方案、工程总造价和主要技术经济指标，以利于在项目建设和使用过程中最有效地利用人力、物力和财力。工业项目初步设计包括总平面设计、工艺设计和建筑设计三部分。在初步设计阶段应编制设计总概算。

4）技术设计。技术设计是初步设计的具体化，也是各种技术问题的定案阶段。技术设计所应研究和决定的问题，与初步设计大致相同，但需要根据更详细的勘察资料和技术经济计算加以补充修正。技术设计的详细程度应能满足确定设计方案中重大技术问题和有关实验、设备选型等方面的要求。应能保证根据技术设计进行施工图设计和提出设备订货明细表。技术设计的着眼点，除体现初步设计的整体意图外，还要考虑施工的方便易行。如果对初步设计中所确定的方案有所更改，应对更改部分编制修正概算书。对于不太复杂的工程，技术设计阶段可以省略，把这个阶段的一部分工作纳入初步设计，另一部分留下待施工图设计阶段进行。

5）施工图设计。这一阶段主要是通过图样，把设计者的意图和全部设计结果表达出来，作为施工的依据。它是设计工作和施工工作的桥梁，具体包括建设项目各分部工程的详图和零部件、结构件明细表，以及验收标准、方法等。施工图设计的深度应能满足设备、材料的选择与确定、非标准设备的设计与加工制作、施工图预算的编制、建筑工程施工和安装的要求。

6）设计交底和配合施工。施工图发出后，设计单位应派人与建设、施工或其他有关单位共同会审施工图，进行技术交底，介绍设计意图和技术要求，修改不符合实际和有错误的图样，参加试运转和竣工验收，解决试运转过程中的各种技术问题，并检验设计的正确性和完善程度。

（2）民用项目设计　民用建筑工程一般应分为方案设计、初步设计和施工图设计三个阶段；对于技术要求简单的民用建筑工程，经有关主管部门同意，并且合同中有不做初步设计的约定，可在方案设计审批后直接进入施工图设计。

1）方案设计。方案设计的内容包括：①设计说明书；②总平面图以及建筑设计图样；③设计委托或设计合同中规定的透视图、鸟瞰图、模型等。方案设计文件应满足编制初步设计文件的需要。

2）初步设计。初步设计内容与工业项目设计大致相同，包括各专业设计文件、专业设计图样和工程概算，同时，初步设计文件应包括主要设备或材料表。初步设计文件，应满足编制施工图设计文件的需要。对于技术要求简单的民用建筑工程，该阶段可以省略。

3）施工图设计。该阶段应形成所有专业的设计图样（含图样目录、说明和必要的设备、材料表），并按要求编制工程预算书。对于方案设计后直接进入施工图设计的项目，施工图设计文件还应包括工程概算书。施工图设计文件，应满足设备材料采购、非标准设备制作和施工的需要。

## 4.1.2　工程设计的基本原则

工程设计是科学技术应用于工程建设的纽带，也是体现工程建设价值的一面镜子。一项工程技术项目对资源利用是否经济合理，技术、工艺、流程是否科学，在很大程度上取决于设计的水平和质量。工程设计不仅直接影响建设项目的经济效果，也要贯彻“适用、经济，在可能的条件下注意美观”的方针，工业建筑设计中要求贯彻“坚固适用、技术先进、经济合理”的方针。具体而言，在设计中应坚持以下原则：

1）严格执行国家现行的设计规范和国家批准的建设标准。

2）尽量采用标准化设计，积极推广应用“可靠性设计方法”“结构优化设计方法”等现代设计方法。

3）注意因地制宜，就地取材，节省建设资金。在切实满足建筑物功能要求的同时，千方百计地节约投资，节约各种资源，缩短建设工期。

4）积极采用技术上更加先进、经济上更加合理的新结构、新材料。

## 4.1.3　设计阶段工程造价计价与控制的重要意义

### 1. 使造价构成更合理，提高资金利用效率

在设计阶段进行工程造价的计价与控制可以使造价构成更合理，提高资金利用效率。设计阶段工程造价的计价形式是编制设计概预算，通过设计概预算可以了解工程造价的构成，分析资金分配的合理性，并可以利用价值工程理论分析项目各个组成部分功能与成本的匹配程度，调整项目功能与成本使其更趋于合理。

### 2. 提高投资控制效率

在设计阶段进行工程造价的计价与控制可以提高投资控制效率。编制设计概算并进行分析，可以了解工程各组成部分的投资比例。对于投资比例比较大的部分应作为投资控制的重点，这样可以提高投资控制效率。

### 3. 控制工作更主动

在设计阶段控制工程造价会使控制工作更主动。长期以来，人们把控制理解为目标值与实际值的比较，以及当实际值偏离目标值时分析产生差异的原因，确定下一步对策。这对于批量性生产的制造业而言，是一种有效的管理方法。但是对于建筑业而言，由于建筑产品具有单件性的特点，这种管理方法只能发现差异，不能预防差异的发生；而且差异一旦发生，损失往往很大，因此是一种被动的控制方法。而如果在设计阶段控制工程造价，可以先按一定的标准，开列新建建筑物每一部分或分项的估算造价，对照造价计划中所列的指标进行审核，预先发现差异，主动采取一些控制方法消除差异，使设计更经济。

4. 便于技术与经济相结合

在设计阶段控制工程造价便于技术与经济相结合。由于体制和传统习惯的原因，我国的工程设计工作往往是由建筑师等专业技术人员来完成的。他们在设计过程中往往更关注工程的使用功能，力求采用比较先进的技术方法实现项目所需功能，而对经济因素考虑较少。如果在设计阶段吸收造价工程师参与全过程设计，使设计从一开始就建立在健全的经济基础之上，在做出重要决定时就能充分认识其经济后果。另外，投资限额一旦确定以后，设计只能在确定的限额内进行，有利于建筑师发挥个人创造力，选择一种最经济的方式实现技术目标，从而确保设计方案能较好地体现技术与经济的结合。

5. 控制效果显著

在设计阶段控制工程造价效果最显著。工程造价控制贯穿于项目建设全过程，而设计阶段的过程造价控制是整个工程造价控制的重要阶段。图4-1所示反映了建设过程各个阶段影响工程项目投资的一般规律。

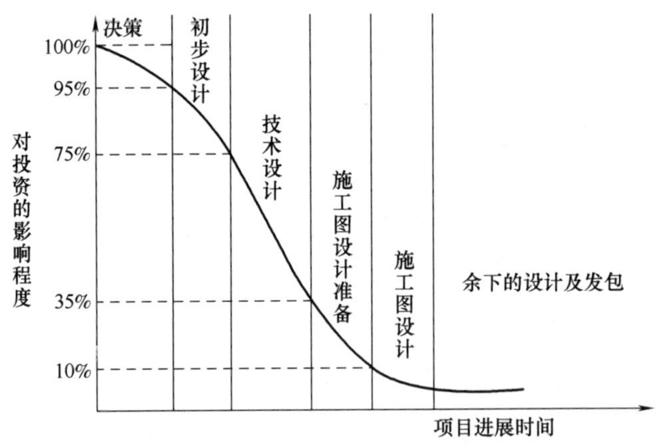


图4-1 建设过程各个阶段对投资的影响

从图4-1中可以看出，初步设计阶段对投资的影响约为20%，技术设计阶段对投资的影响约为40%，施工图设计准备阶段对投资的影响约为25%。很显然，控制工程造价的关键是在设计阶段。在设计一开始就将控制投资的思想植根于设计人员的头脑中，可保证选择恰当的设计标准和合理的功能水平。

## 4.2 设计方案的评价和比较

### 4.2.1 设计方案评价原则

建筑工程设计方案评价就是对设计方案进行技术与经济的分析、计算、比较和评价，从而选择技术上先进、结构上坚固耐用、功能上适用、造型上美观、环境上自然协调和经济合理的最优设计方案，为决策提供科学的依据。

为了提高工程建设投资效果，从选择建设场地和总平面布置开始，直到建筑节点的设计，都应进行多方案比选，从中选取技术先进、经济合理的最佳设计方案。设计方案优选应遵循以下原则。

**1. 设计方案必须要处理好经济合理性与技术先进性之间的关系**

技术先进性与经济合理性有时是一对矛盾，设计者应妥善处理好两者的关系，一般情况下，要在满足使用者要求的前提下，尽可能降低工程造价。或在资金限制范围内，尽可能提高项目功能水平。

**2. 设计方案必须兼顾建设与使用，考虑项目全生命周期费用**

造价水平的变化，会影响项目将来的使用成本。如果单纯降低造价，建造质量得不到保障，就会导致使用过程中维修费用很高，甚至有可能发生重大事故，给社会财产和人民安全带来严重损害。一般情况下，项目技术水平与工程造价及使用成本之间的关系如图 4-2 所示。在设计过程中应兼顾建设过程与使用过程，力求项目生命周期费用最低。

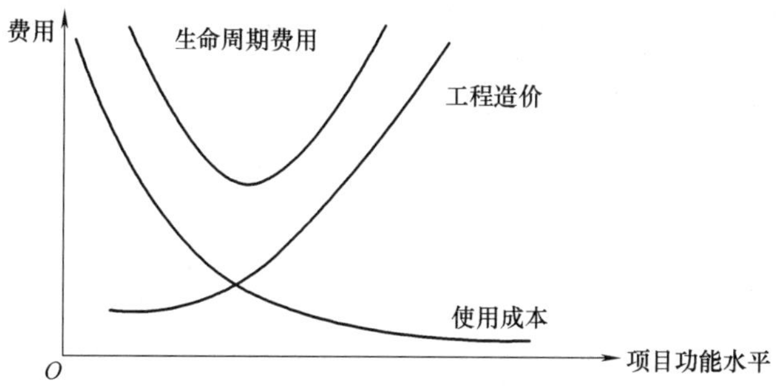


图 4-2　工程造价、使用成本与项目功能水平之间的关系

**3. 设计必须兼顾近期与远期的要求**

一项工程建成后，往往会在很长的时间内发挥作用。如果仅按照目前的要求设计工程，将来可能会出现由于项目功能水平无法满足需要而重新建造的情况。但是如果按照未来的需要设计工程，又会出现由于功能水平过高而资源闲置浪费的现象。所以设计者要兼顾近期与远期的要求，选择合适的功能水平。同时也要根据远景发展需要，适当留有发展余地。

由于工程项目的使用领域不同，功能水平的要求也不同。因此，对其设计评价所考虑的因素也不一样。下面分别介绍工业建设项目设计评价与民用建筑设计评价。

### 4.2.2　工业项目设计评价

工业项目设计是由总平面设计、工艺设计及建筑设计三部分组成，它们之间是相互关联和制约的。各部分设计方案侧重点不同，评价内容也略有差异，因此分别对各部分设计方案进行技术经济分析与评价，是保证总设计方案经济合理的前提。

**1. 总平面设计评价**

**总平面设计**是指总图运输设计和总平面布置，主要包括的内容有：厂址方案、占地面积和土地利用情况；总图运输、主要建筑物和构筑物及公用设施的配置；外部运输、水、电、气及其他外部协作条件等。

（1）总平面设计中影响工程造价的因素　总平面设计是在按照批准的设计任务书选定厂址后进行的，它是对厂区内的建筑物、构筑物、露天堆场、运输线路、管线、绿化及美化设施等做全面合理的配置，以便使整个项目形成布置紧凑、流程顺畅、经济合理、方便使用的格局。总平面设计是工业项目设计的一个重要组成部分，它的经济合理性将对整个工业设计方案的合理性有极大的影响。在总平面设计中影响工程造价的因素有：

1）占地面积。占地面积的大小一方面会影响征地费用的高低，另一方面也会影响管线布置成本及项目建成运营的运输成本。

2）功能分区。合理的功能既可以使建筑物的各项功能充分发挥，又可以使总平面布置紧凑、安全，避免深挖深填，减少土石方量和节约用地，降低工程造价。同时，合理的功能分区还可以使生产工艺流程顺畅，运输方便，降低项目建成后的运营成本。

3）运输方式的选择。不同的运输方式运输效率及成本不同。有轨运输运量大，运输安全，但需要一次性投入大量资金；无轨运输无须一次性大规模投资，但是运量小，运输安全性较差。从降低工程造价的角度来看，应尽可能选择无轨运输，可以减少占地，节约投资。但是运输方式的选择不能仅仅考虑工程造价，还应考虑项目运营的需要，如果运输量较大，则有轨运输往往比无轨运输成本低。

（2）总平面设计的基本要求　针对以上总平面设计中影响造价的因素，总平面设计应满足以下基本要求：

1）总平面设计要注意节约用地，不占或少占农田。要合理确定拟建项目的生产规模，妥善处理建设项目长远规划与近期建设的关系，近期建设项目的布置应集中紧凑，并适当留有发展余地。在符合防火、卫生和安生距离并满足使用功能的条件下，应尽量减小建筑物、生产区之间的距离，尽量考虑多层厂房或联合厂房等合并建筑，尽可能设计外形规整的建筑，以增加场地的有效使用面积。

2）总平面设计必须满足生产工艺过程的要求。生产总工艺流程走向是企业生产的主动脉，因此生产工艺过程也是工业项目总平面设计中一个最根本的设计依据。总平面设计首先应进行功能分区，根据生产性质、工艺流程、生产管理的要求，将一个项目内所包含的各类车间和设备，按照生产上、卫生上和使用上的特征分组合并于一个特定区域内，使各区功能明确、运输管理方便、生产协调、互不干扰；同时又可节约用地，缩短设备管线和运输线路长度。然后，在每个生产区内，依据生产使用要求布置建筑物和构筑物，保证生产过程的连续性，主要生产作业无交叉、无逆流现象，使生产线最短、最直接。

3）总平面设计要合理组织厂内外运输，选择方便经济的运输设施和合理的运输线路。运输设计应根据生产工艺和各功能区的要求以及建设地点的具体自然条件，合理布置运输线路。力求运距短、无交叉、无反复运输现象，并尽可能避免人流与物流交叉，厂区内道路布置应满足人流、物流和消防的要求，使建筑物、构筑物之间的联系最便捷。在运输工具的选择上，尽可能不选择有轨运输，以减少占地，节约投资。

4）总平面布置应适应建设地点的气候、地形、工程水文地质等自然条件。总平面布置应该按照地形、地质条件，因地制宜地进行，为生产和运输创造有利条件。力求减少土方工程量，避免深开深挖，填方与挖土应尽可能平衡。建筑物布置应避开滑坡、断层、危岩等不良地段，以及采空区、软土层区等，力求以最少的建筑费用获得良好的生产条件。

5）总平面设计必须符合城市规划的要求。工业建筑总平面布置的空间处理，应在满足生产功能的前提下，力求使厂区建筑物、构筑物组合设计整齐、简洁、美观，并与同一工业区内相邻厂房在造型、色彩等方面相互协调。在城镇的厂房与城镇建设规划统一协调，使厂区建筑成为城镇总体建设面貌的一个良好组成部分。

(3) 工业项目总平面设计的评价指标　包括面积指标、比率指标、工程量指标、功能指标和经济指标。

1) 有关面积的指标。包括厂区占地面积、建筑物和构筑物占地面积、永久性堆场占地面积、建筑占地面积（建筑物和构筑物占地面积+永久性堆场占地面积）、厂区道路占地面积、工程管网占地面积、绿化面积。

2) 比率指标，包括建筑系数和反映土地利用率和绿化率的指标。

建筑系数（建筑密度），是指厂区内（一般指厂区围墙内）建筑物、构筑物和各种露天仓库及堆场、操作场地等的占地面积与整个厂区建设用地面积之比。它是反映总平面设计用地是否经济合理的指标，建筑系数大，表明布置紧凑，节约用地，又可缩短管线距离，降低工程造价。建筑系数可用下式计算：

$$\text{建筑系数}=\frac{\text{建筑占地面积}}{\text{厂区占地面积}}$$

土地利用系数，是指厂区内建筑物、构筑物、露天仓库及堆场、操作场地、铁路、道路、广场、排水设施及地上地下管线等所占面积与整个厂区建设用地面积之比，它综合反映总平面布置的经济合理性和土地利用效率。土地利用系数可用下式计算：

$$\text{土地利用系数}=\frac{\text{建筑面积+厂区道路占地面积+工程管网占地面积}}{\text{厂区占地面积}}$$

绿化系数，是指厂区内绿化面积与厂区占地面积之比。它综合反映了厂区的环境质量水平。

3) 工程量指标。包括场地平整土石方量、地上及地下管线工程量、防洪设施工程量等。这些指标综合反映了总平面设计中功能分区的合理性及设计方案对地势地形的适应性。

4) 功能指标。包括生产流程短捷、流畅、连续程度；场内运输便捷程度；安全生产满足程度等。

5) 经济指标。包括每吨货物运输费用、经营费用等。

(4) 总平面设计评价方法　总平面设计方案的评价方法很多，有价值工程理论、模糊数学理论、层次分析理论等不同的方法，操作比较复杂。常用的方法是多指标对比法。

**2. 工艺设计评价**

工艺设计部分要确定企业的技术水平。主要包括建设规模、标准和产品方案；工艺流程和主要设备的选型；主要原材料、燃料供应；“三废”治理及环保措施，此外还包括生产组织及生产过程中的劳动定员情况等。

(1) 工艺设计过程中影响工程造价的因素　工艺设计是工程设计的核心，是根据工业企业生产的特点、生产性质和功能来确定的。工艺设计一般包括生产设备的选择、工艺流程设计、工艺定额的制定和生产方法的确定。工艺设计标准高低，不仅直接影响工程建设投资的大小和建设进度，而且还决定着未来企业的产品质量、数量和经营费用。在工艺设计过程中影响工程造价的因素主要包括：

1) 选择合适的生产方法。生产方法是否合适首先表现在是否先进适用。落后的生产方法不但会影响产品生产质量，而且在生产过程中也会造成生产维持费用较高，同时还需要追加投资改进生产方法；但是非常先进的生产方法往往需要较高的技术获取费，如果不能与企业的生产要求及生产环境相配套，将会带来不必要的浪费。

生产方法的合理性还表现在是否符合所采用的原料路线。不同的工艺路线往往要求不同的原料路线。选择生产方法时，要考虑工艺路线对原料规格、型号、品质的要求，原料供应是否稳定可靠。

所选择的生产方法应该符合清洁生产的要求。近年来，随着人们环保意识的增强，国家也加大了环境保护执法监督力度，如果所选生产方法不符合清洁生产要求，项目主管部门往往要求投资者追加环保设施，带来工程造价的提高。

2）合理布置工艺流程。工艺流程设计是工艺设计的核心。合理的工艺流程应既能保证主要工序生产的稳定性，又能根据市场需要的变化，在产品生产的品种规格上保持一定的灵活性。工艺流程设计与厂内运输、工程管线布置联系密切。工艺流程的合理布置首先在于保证主要生产工艺流程无交叉和逆行现象，并使生产线路尽可能短。从而减少占地，减少技术管线的工程量，降低造价；工艺流程是否合理主要表现在运输路线的组织是否合理。

3）合理的设备造型。在工业建筑中，设备及安装工程投资占有很大的比例，设备的造型不仅影响着工程造价，而且对生产方法及产品质量也有着决定作用。

（2）工艺技术选择的原则　针对工艺设计过程中影响工程造价的因素，工艺技术选择应遵循以下原则：

1）先进性。项目应尽可能采用先进技术和高新技术。衡量技术先进性的指标有产品质量性能、产品使用寿命、单位产品物耗能耗、劳动生产率、装备现代化水平等。

2）适用性。项目所采用的工艺技术应该与国内的资源条件、经济发展水平和管理水平相适应。具体体现在：①采用的工艺路线要与可能得到的原材料、燃料、主要辅助材料或半成品相适应；②采用的技术与可能得到的设备要适应，包括国内和国外设备、主机和辅机；③采用的技术、设备与当地劳动力素质和管理水平相适应；④采用的技术与环境保护要求相适应，应尽可能采用环保型生产技术。

3）可靠性。项目所采用的技术和设备质量应该可靠，并且经过生产实践检验，证明是成熟的技术。在引进国外先进技术时，要特别注意技术的可靠性、成熟性和相关条件的配合。

4）安全性。项目所采用的技术在正常使用过程中应能保证生产安全运行。

5）经济合理性。在注重所采用的技术设备先进适用、安全可靠的同时，应着重分析所采用的技术是否经济合理，是否有利于降低投资和产品成本，提高综合经济效益。技术的采用不应为追求先进而先进，要综合考虑技术系统的整体效益，对于影响产品性能质量的关键部分，工艺过程必须严格要求。关键工艺部分，如果专业设备和控制系统国内不能保证供应，则成套引进先进技术和关键设备就是必要的。

（3）设备选型与设计　在工艺设计中确定了生产工艺流程后，就要根据工厂生产规模和工艺过程的要求，选择设备型号和数量，并对一些标准和非标准设备进行设计。设备和工艺的选择是相互依存、紧密相连的。设备选择的重点因设计形式的不同而不同，应该选择能满足生产工艺要求、达到生产能力的最适用的设备。

1）对主要设备方案选择时应满足以下基本要求：①主要设备方案应与拟选项的建设规模和生产工艺相适应，满足投产后生产（或使用）的要求；②主要设备之间、主要设备与辅助设备之间的能力相互配套；③设备质量合格、性能成熟，以保证生产的稳定和产品质量；④设备选择应在保证质量性能的前提下，力求经济合理；⑤选用设备时，应符合国家有关部门颁布的相关技术标准要求。

2）设备选型时应考虑的主要因素。设备选型的依据是企业对生产产品的工艺要求。设备选型重点要考虑设备的使用性能、经济性、可靠性和可维修性等。设备的使用性能包括设备要满足产品生产工艺的技术要求，设备的生产率，与其他系统的配套性，灵活性及其对环境的污染情况等；选择设备时，既要使设备的购置费用不高，又要使设备的维修费较为节省。任何设备都要消耗能量，但应使能源消耗较少，并能节省劳动力。设备要有一定的自然寿命，即耐用性；设备维修的难易程度用维修性表示。一般说来，设计合理，结构比较简单，零部件组装合理，维修时零部件易拆易装，检查容易，零件的通用性、标准性及互换性好，维修性就好；设备的可靠性是指机器设备的精度、准确度的保持性，机器零件的耐用性、执行功能的可靠程度，操作是否安全等。

3）设备选型方案评价。合理地选择设备，可以使有限的投资发挥最大的技术经济效益，设备选型应该遵循生产上适用、技术上先进、经济上合理的原则，考虑生产率、工艺性、可靠性、维修性、经济性、安全性、环境保护性等因素进行设备选型。设备选择方案评价的方法有工程经济相关理论、全生命周期成本评价法（LCC）、量本利分析法等。

（4）工艺技术方案的评价　对工艺技术方案进行比选的内容主要有技术的先进程度、可靠程度，技术对产品质量性能的保证程度，技术对原料的适应程度，工艺流程的合理性，技术获得的难易程度，对环境的影响程度，技术转让费或专利费等技术经济指标。对工艺技术方案进行比选的方法很多，主要有多指标评价法和投资效益评价法。

### 3. 建筑设计评价

建筑设计部分，要在考虑施工过程的合理组织和施工条件的基础上，重点考虑工程的平面、立体设计和结构方案及工艺要求等因素。

（1）建筑设计阶段影响工程造价的因素　这些因素包括平面形状、流通空间、层高、层数、柱网布置、建筑物的体积与面积、建筑结构等。

1）平面形状。一般地说，建筑物平面形状越简单，其单位面积造价就越低，当一座建筑物的平面又长又窄，或外形做得复杂而不规则时，其周长与建筑面积的比率必将增加，伴随而来的是较高的单位造价。因为不规则的建筑物将导致室外工程、排水工程、砌体工程及屋面工程等复杂化，从而增加工程费用。平面形状的选择除考虑造价因素外，还应注意美观、采光和使用要求方面的影响。

2）流通空间。建筑物平面布置的主要目标之一是，在满足建筑物使用要求的前提下，将流通空间减到最小。这样可以相应地降低造价。但是造价不是检验设计是否合理的唯一标准，其他如美观和功能质量的要求也是非常重要的。

3）层高。在建筑面积不变的情况下，建筑层高增加引起各项费用的增加，如墙与隔墙及有关粉刷、装饰费用的提高；供暖空间体积增加，导致热源及管道增加；卫生设备、上下水管道长度增加；楼梯间造价和电梯设备费用的增加；施工垂直运输量增加；如果由于层高增加而导致建筑物总高度增加很多，则还可能需要增加结构和基础造价。

据有关资料分析，单层厂房层高每增加1m，单位面积造价增加1.8%~3.6%，年度采暖费用增加约3%；多层厂房的层高每增加0.6m，单位面积造价提高8.3%左右。由此可见，随着层高的增加，单位建筑面积造价也在不断增加。

单层厂房的高度主要取决于车间内的运输方式。选择正确的车间内部运输方式，对于降低厂房高度，降低造价具有实际意义。在可能的条件下，特别是当起质量较小时，应考虑采用悬挂式运输设备来代替桥式起重机；多层厂房的层高应综合考虑生产工艺、采光、通风及建筑经济的因素进行选择。多层厂房的建筑层高还取决于能否容纳车间内的最大生产设备和满足运输的要求。

4）建筑物层数。毫无疑问，建筑工程总造价是随着建筑物的层数增加而提高的。但是当建筑层数增加时，单位建筑面积所分摊的土地费用及外部流通空间费用将有所降低，从而使建筑物单位面积造价发生变化。建筑物层数对造价的影响，因建筑类型、型式和结构不同而不同。如果增加一个楼层不影响建筑物的结构型式，单位建筑面积的造价可能会降低，但是当建筑物超过一定层数时，结构型式就要改变，单位造价通常会增加。建筑物越高，电梯及楼梯的造价将有提高趋势，建筑物的维修费用也将增加，但是采暖费用有可能下降。

工业厂房层数的选择就应该重点考虑生产工艺的要求。对于需要跨度大和层数高，拥有大型生产设备和起重设备，生产时有较大振动及大量热和气散发的重型工业，采用单层厂房是经济合理的；而对于工艺过程紧凑，设备和产品质量不大，并要求恒温条件的各种轻型车间，可采用多层厂房，以充分利用土地，节约基础工程量，缩短交通线路、工程管线和围墙的长度，降低单方造价同时还可以减小传热面，节约热能。

确定多层厂房的经济层数主要有两个因素，一是厂房展开面积的大小，展开面积越大，层数越可提高；二是厂房宽度和长度，宽度和长度越大，则经济层数越能增高，造价也随之相应降低。

5）柱网布置。柱网布置是确定柱子的行距（跨度）和间距（每行柱子中相邻两个柱子间的距离）的依据。柱网布置是否合理，对工程造价和厂房面积的利用效率都有较大的影响。由于科学技术的飞跃发展，生产设备和生产工艺都在不断地变化，为适应这种变化，厂房柱距和跨度应当适当扩大，以保证厂房有更大的灵活性，避免生产设备和工艺的改变受到柱网布置的限制。

柱网的选择与厂房中有无起重机、起重机的类型及吨位、屋顶的承重结构以及厂房的高度等因素有关。对于单跨厂房，当柱间距不变时，跨度越大单位面积造价越低。因为除屋架，其他结构架分摊在单位面积上的平均造价随跨度的增大而减小；对于多跨厂房，当跨度不变时，中跨数目越多越经济。这是因为柱子和基础分摊在单位面积上的造价减少。

6）建筑物的体积与面积。通常情况下，随着建筑物体积和面积的增加，工程总造价会提高，因此应尽量减小建筑物的体积与总面积。为此，对于工业建筑，在不影响生产能力的条件下，厂房、设备布置力求紧凑合理；要采用先进工艺和高效能的设备，节省厂房面积；要采用大跨度、大柱距的大厂房平面设计形式，提高平面利用系数。

7）建筑结构。建筑结构是指建筑工程中由基础、板、柱、墙、梁、屋架等构件所组成的起骨架作用的、能承受直接和间接“作用”的体系。建筑结构按所用材料可分为砌体结构、钢筋混凝土结构、钢结构和木结构等。

建筑材料和建筑结构选择得是否合理，不仅直接影响工程质量、使用寿命、耐火抗震性能，而且对施工费用、工程造价有很大的影响。尤其是建筑材料，一般占直接工程费的70%。降低材料费用，不仅可以降低直接工程费，而且也会导致措施项目费和间接费的降低，采用各种先进的结构型式和轻质高强度建筑材料，能减轻建筑物自重，简化基础工程，减少建筑材料和构配件的费用及运费，并能提高劳动生产率和缩短建设工期，经济效果十分明显。

（2）建筑设计的要求　针对上述在建筑设计中影响工程造价的因素，在建筑设计中应遵循以下原则：

1）在建筑平面布置和立面形式选择上，应该满足生产工艺要求。在进行建筑设计时，应该熟悉生产工艺资料，掌握生产工艺特性及其对建筑的影响。根据生产工艺资料确定车间的高度、跨度及面积，根据不同的生产工艺过程决定车间平面组合方式。

2）根据设备种类、规格、数量、质量和振动情况，以及设备的外形及基础尺寸，决定建筑物的大小、布置和基础类型，以及建筑结构的选择。

3）根据生产组织管理、生产工艺技术、生产状况提出劳动卫生和建筑结构的要求。

因此，建筑设计必须采用各种切合实际的先进技术，从建筑形式、材料和结构的选择，结构布置和环境保护等方面采取措施以满足生产工艺对建筑设计的要求。

（3）设计评价指标　设计评价指标包括厂房空间平面设计方案评价指标与工业厂房建筑结构体系方案评价指标。

1）厂房空间平面设计方案评价的技术经济指标包括：①单位面积造价。建筑物平面形状、层数、层高、柱网布置、建筑结构及建筑材料等因素都会影响单位面积造价。因此单位面积造价是一个综合性很强的指标。②建筑物周长与建筑面积比。主要使用单位建筑面积所占的外墙长度指标 $K_{周}$，$K_{周}$ 越低，设计越经济，$K_{周}$ 按圆形、正方形、矩形、T 形、L 形的次序依次增大。该指标主要用于评价建筑物平面形状是否合理，指标越低，平面形状越合理。③厂房展开面积，主要用于确定多层厂房的经济层数，展开面积越大，经济层数越可提高。④厂房有效面积与建筑面积比。该指标主要用于评价柱网布置是否合理，合理的柱网布置可以提高厂房有效使用面积。⑤工程全生命周期成本。工程全生命周期成本包括工程造价及工程建成后的使用成本，这是一个评价建筑物功能水平是否全面的综合性指标。一般来讲，功能水平低，工程造价低，但是使用成本高；功能水平高，工程造价高，但是使用成本低。工程全生命周期成本最低时，功能水平最合理。

2）工业厂房建筑结构体系方案评价指标包括建筑工期、劳动消耗、材料消耗、混凝土折算厚度、建筑物自重及建筑造价等。

（4）工业建筑设计评价方法　工业建筑设计评价的主要方法有多指标评价法、投资效益评价法和价值系数法。

### 4.2.3　民用建筑设计评价

民用建筑项目设计是根据建筑物的使用功能要求，确定建筑标准、结构型式、建筑物空间与平面布置以及建筑群体的配置等。民用建筑设计包括住宅设计、公共建筑设计以及住宅小区设计。住宅建筑是民用建筑中最大量、最主要的建筑形式。因此，本书主要介绍住宅建筑设计方案评价。

#### 1. 住宅小区建设规划

我国城市居民点的总体规划一般分为居住区、小区和住宅组三级布置，即由几个住宅组组成小区，又由几个小区组成居住区。住宅小区是人们日常生活相对完整、独立的居住单元，是城市建设的组成部分，所以小区建设规划时，要根据小区的基本功能和要求，确定各构成部分的合理层次与关系，据此安排住宅建筑、公共建筑、管网、道路及绿地的布局，确定合理人口与建筑密度、房屋间距和建筑层数，布置公共设施项目、规模及服务半径，以及水、电、热、煤气的供应等，并划分包括土地开发在内的上述各部分的投资比例。小区规划设计的核心问题是提高土地利用率。

（1）住宅小区规划中影响工程造价的主要因素　这些因素包括占地面积与建筑群体的布置形式。

1）占地面积。居住小区的占地面积不仅直接决定征地费的高低，而且影响着小区内道路、工程管线长度和公共设备的多少，而这些费用约占小区建设投资的 1/5。因而，用地面积指标在很大程度上影响小区建设的总造价。

2）建筑群体的布置形式。建筑群体的布置形式对用地的影响不容忽视，通过采取高低搭配、点条结合、前后错列以及局部东西向布置、斜向布置或拐角单元等手法节省用地。在保证小区居住功能的前提下，适当集中公共设施，合理布置道路，充分利用小区内的边角用地，有利于提高密度，降低小区的总造价。

（2）住宅小区规划设计中节约用地的主要措施　主要措施包括以下五个方面：

1）压缩建筑的间距。住宅建筑的间距主要有日照间距、防火间距和使用间距，取最大间距作为设计依据，北京地区住宅建筑的间距从 1.8 倍压缩到 1.6 倍，对于四单元六层住宅间的用地可节约 $230m^2$ 左右，每建 $10\times10^3m^2$ 的住宅小区可少占地 $0.7\times10^4m^2$ 左右。

2）提高住宅层数或高低搭配。提高住宅层数和采用多层、高层搭配都是节约用地、增加建筑面积的有效措施。据国外计算资料，建筑层数由五层增加到九层，可使小区总居住面积密度提高 35%，但是高层住宅造价较高，居住不方便，因此确定住宅的合理层数对节约用地有很大的影响。

3）适当增加房屋长度。房屋长度的增加可以取消山墙的间隔，提高建筑密度。

4）提高公共建筑的层数。公共建筑分散建设占地多，如能将有关的公共设施集中建在一栋楼内，不仅方便群众，而且还节约用地。有的公共设施还可放在住宅底层或半地下室。

5）合理布置道路。

（3）居住小区设计方案评价指标　居住小区设计方案评价指标见以下公式：

$$\text{建筑毛密度}=\frac{\text{居住和公共建筑基底面积}}{\text{居住小区占地总面积}}\times100\%$$

$$\text{居住建筑净密度}=\frac{\text{居住建筑基底面积}}{\text{居住建筑占地总面积}}\times100\%$$

$$\text{居住面积密度}=\frac{\text{居住面积}}{\text{居住建筑占地面积}}\quad(m^2/10^4m^2)$$

$$\text{居住建筑面积密度}=\frac{\text{居住建筑面积}}{\text{居住建筑占地面积}}\quad(m^2/10^4m^2)$$

$$\text{人口毛密度}=\frac{\text{居住人数}}{\text{居住小区占地总面积}}\quad(\text{人}/10^4m^2)$$

$$\text{人口净密度}=\frac{\text{居住人数}}{\text{居住建筑占地面积}}\quad(\text{人}/10^4m^2)$$

$$\text{绿化比率}=\frac{\text{居住小区绿化面积}}{\text{居住小区占地总面积}}\times100\%$$

其中需要注意区别的是居住建筑净密度和居住面积密度。

1）居住建筑净密度是衡量用地经济性和保证居住区必要卫生条件的主要技术经济指标。其数值的大小与建筑层数、房屋间距、层高、房屋排列方式等因素有关，适当提高建筑密度，可节省用地，但应保证日照、通风、防火、交通安全的基本需要。

2）居住面积密度是反映建筑布置、平面设计与用地之间关系的重要指标。影响居住面积密度的主要因素是房屋的层数，增加层数其数值就增大，有利于节约土地和管线费用。

2. 民用住宅建筑设计评价

(1) 民用住宅建筑设计影响工程造价的因素　这些因素包括建筑物平面形状和周长系数、层高和净高、层数、单元组成、建筑结构等。

1）建筑物平面形状和周长系数。与工业项目建筑设计类似，虽然圆形建筑 $K_{周}$ 最小，但由于施工复杂，施工费用较矩形建筑增加 20%~30%，故其墙体工程量的减少不能使建筑工程造价降低，而且使用面积有效利用率不高和用户使用不便，因此，一般都建造矩形和正方形，既有利于施工，又能降低造价和使用方便。在矩形住宅建筑中，又以长∶宽 = 2∶1 为佳。一般住宅单元以 3~4 个住宅单元，房屋长度 60~80m 较为经济。

在满足住宅功能和质量前提下，适当加大住宅宽度。这是由于宽度加大，墙体面积系数相应减小，有利于降低造价。

2）住宅的层高和净高。住宅的层高和净高，直接影响工程造价。根据不同性质的工程综合测算，住宅层高每降低 10cm，可降低造价 1.2%~1.5%。层高降低还可提高住宅区的建筑密度，节约征地费、拆迁费及市政设施费。但是，层高设计中还需考虑采光与通风问题，层高过低不利于采光及通风，因此，民用住宅的层高一般在 2.5~2.8m 之间。

3）住宅的层数与工程造价的关系。民用建筑按层数划分为低层住宅（1~3 层）、多层住宅（4~6 层）、中层住宅（7~9 层）和高层住宅（10 层以上）。在民用建筑中，多层住宅具有降低造价和使用费用以及节约用地的优点。表 4-1 分析了砖混结构的多层住宅单方造价与层数之间的关系。

表 4-1　砖混结构多层住宅层数与造价的关系

| 住宅层数 | 一 | 二 | 三 | 四 | 五 | 六 |
|---|---|---|---|---|---|---|
| 单方造价系数 | 138.05 | 116.95 | 108.38 | 103.51 | 101.68 | 100 |
| 边际造价系数 | | -21.1 | -8.57 | -4.87 | -1.83 | -1.68 |

由上表可知，随着住宅层数的增加，单方造价系数在逐渐降低，即层数越多越经济，但是边际造价系数也在逐渐减小，说明随着层数的增加，单方造价系数下降幅度减缓，当住宅超过 7 层时，就要增加电梯费用，需要较多的交通面积（过道、走廊要加宽）和补充设备（供水设备和供电设备等）。特别是高层住宅，要经受较强的风力荷载，需要提高结构强度，改变结构型式，使工程造价大幅度上升。因此，中小城市以建造多层住宅较为经济，大城市可沿主要街道建设一部分高层住宅，以合理利用空间，美化市容。对于地皮特别昂贵的地区，为了降低土地费用，中、高层住宅是比较经济的选择。

4）住宅单元组成、户型和住户面积。据统计，三居室住宅的设计比两居室的设计降低

1.5%左右的工程造价，四居室的设计又比三居室的设计降低3.5%的工程造价。

衡量单元组成、户型设计的指标是结构面积系数（住宅结构面积与建筑面积之比），这个系数越小则设计方案越经济。因为结构面积小，有效面积就增加。结构面积系数除了与房屋结构有关外，还与房屋外形及其长度和宽度有关，同时也与房间平均面积大小和户型组成有关。房屋平均面积越大，内墙、隔墙在建筑面积中所占比重就越小。

5）住宅建筑结构的选择。随着我国工业化水平的提高，住宅工业化建筑体系的结构型式多种多样，考虑工程造价时应根据实际情况，因地制宜、就地取材，采用适合本地区的经济合理的结构型式。

（2）民用住宅建筑设计的基本要求　民用建筑设计要坚持“适用、经济、美观”的原则，即平面布置合理、长度和宽度比例适当；合理确定户型和住户面积；合理确定层数与层高；合理选择结构方案。

（3）民用建筑设计的评价指标　包括以下五类评价指标：

1）平面指标用来衡量平面布置的紧凑性、合理性。公式如下：

$$\text{平面系数 } K=\frac{\text{居住面积}}{\text{建筑面积}}\times 100\%$$

$$\text{平面系数 } K_1=\frac{\text{居住面积}}{\text{有效面积}}\times 100\%$$

$$\text{平面系数 } K_2=\frac{\text{辅助面积}}{\text{有效面积}}\times 100\%$$

$$\text{平面系数 } K_3=\frac{\text{结构面积}}{\text{建筑面积}}\times 100\%$$

式中，有效面积是指建筑平面中可供使用的面积，使用面积=有效面积-交通面积；结构面积是指建筑平面中结构所占的面积；有效面积+结构面积=建筑面积。对于民用建筑，应尽量减小结构面积比例，增加有效面积。

2）建筑周长指标。这个指标是墙长与建筑面积之比。居住建筑进深加大，则单元周长缩小，可节约用地，减小墙体积，降低造价。

$$\text{单元周长指标}=\frac{\text{单元周长}}{\text{单元建筑面积}}\ (\mathrm{m/m^2})$$

$$\text{建筑周长指标}=\frac{\text{建筑周长}}{\text{建筑占地面积}}\ (\mathrm{m/m^2})$$

3）建筑体积指标。该指标是建筑体积与建筑面积之比，是衡量层高的指标。

$$\text{建筑体积指标}=\frac{\text{建筑体积}}{\text{建筑面积}}\ (\mathrm{m^3/m^2})$$

4）面积定额指标。用于控制设计面积。

$$\text{户均建筑面积}=\frac{\text{建筑总面积}}{\text{总户数}}$$

$$\text{户均使用面积}=\frac{\text{使用总面积}}{\text{总户数}}$$

$$\text{户均面宽指标}=\frac{\text{建筑物总长度}}{\text{总户数}}$$

5）户型比。指不同居室数的户数占总户数的比例，是评价户型结构是否合理的指标。

### 4.2.4　设计方案技术经济评价方法

**1. 设计方案技术经济评价注意事项**

对设计方案进行技术经济分析评价时需注意以下几点：

（1）工期的比较　工程施工工期的长短涉及管理水平、投入劳动力的多少和施工机械的配备情况，故应在相似的施工资源条件下进行工期比较，并应考虑施工的季节性。由于工期缩短而工程提前竣工交付使用所带来的经济效益，应纳入分析评价范围。

（2）采用新技术的分析　设计方案采用某项新技术，往往在项目的早期经济效益较差，因为生产率的提高和生产成本的降低需要有一段时间来掌握和熟悉新技术后方可实现。故此进行设计方案技术经济分析评价时应预测其预期的经济效果，不能仅由于当前的经济效益指标较差而限制新技术的采用和发展。

（3）产品功能的可比性　对产品功能的分析评价，是技术经济评价内容中不能缺少而又常常被忽视的一个指标。必须明确评比对象在相同功能条件下才有可比性。当参与对比的设计方案功能项目和水平不同时，应对之进行可比性换算，使之满足以下几个方面的可比条件：①需要可比；②费用消耗可比；③价格可比；④时间可比。

**2. 多指标评价法**

通过对反映建筑产品功能和耗费特点的若干技术经济指标的计算、分析、比较，评价设计方案的经济效果。多指标评价法又可分为多指标对比法和多指标综合评分法。

（1）多指标对比法　这是目前采用比较多的一种方法。其基本特点是使用一组适用的指标体系，将对比方案的指标值列出，然后一一进行对比分析，根据指标值的高低分析判断方案优劣。

利用这种方法首先需要将指标体系中的各个指标，按其在评价中的重要性，分为主要指标和辅助指标。主要指标是能够比较充分地反映工程的技术经济特点的指标，是确定工程项目经济效果的主要依据。辅助指标在技术经济分析中处于次要地位，是主要指标的补充。当主要指标不足以说明方案的技术经济效果优劣时，辅助指标就成为进一步进行技术经济分析的依据。

这种方法的优点是指标全面，分析确切，可通过各种技术经济指标定性或定量地直接反映方案技术经济性能的主要方面。其缺点是容易出现不同指标的评价结果相悖的情况，这样就使分析工作复杂化。有时，也会因方案的可比性而产生客观标准不统一的现象。因此，在进行综合分析时，要特别注意检查对比方案在使用功能和工程质量方面的差异，并分析这些差异对各指标的影响，避免导致错误的结论。

通过综合分析，最后应给出如下结论：

1）分析对象的主要技术经济特点及适用条件。

2）现阶段实际达到的经济效果水平。

3）找出提高经济效果的潜力和途径以及相应采取的主要技术措施。

4）预期经济效果。

---

**【例 4-1】**　以内浇外砌建筑体系为对比标准，用多指标对比法评价内外墙全现浇建筑体

系。评价结果见表 4-2。

表 4-2 多指标对比法评价内外墙全现浇建筑体系

| 项目名称 | | | 单位 | 对比标准 | 评价对象 | 比较 | 备注 |
|---|---|---|---|---|---|---|---|
| 建筑特征 | 设计型号 | | — | 内浇外砌 | 全现浇大模板建筑 | — | |
| | 建筑面积 | | $m^2$ | 8500 | 8500 | 0 | |
| | 有效面积 | | $m^2$ | 7140 | 7215 | +75 | |
| | 层数 | | 层 | 6 | 6 | — | |
| | 外墙厚度 | | cm | 36 | 30 | -6 | 浮石混凝土外墙 |
| | 外墙装修 | | — | 勾缝，一层水刷石 | 干粘石，一层水刷石 | — | |
| 技术经济指标 | ±0 以下土建造价 | | 元/$m^2$ 建筑面积 | 80 | 90 | +10 | |
| | ±0 以上土建造价 | | 元/$m^2$ 有效面积 | 95.2 | 106 | +10.8 | |
| | 主要材料消耗量 | 水泥 | kg/$m^2$ | 130 | 150 | +20 | |
| | | 钢材 | kg/$m^2$ | 9.17 | 20 | +10.83 | |
| | 施工周期 | | 天 | 220 | 210 | -10 | |
| | ±0 以上用工 | | 工日/$m^2$ | 2.78 | 2.23 | -0.55 | |
| | 建筑自重 | | kg/$m^2$ | 1294 | 1070 | -244 | |
| | 房屋服务年限 | | 年 | 100 | 100 | — | |

由两类建筑体系的建筑特征对比分析可知，它们具有可比性，然后比较其技术经济特征，可以看出，与内浇外砌建筑体系比较，全现浇建筑体系的优点是有效面积大、用工省、自重轻、施工周期短；其缺点是造价高、主要材料消耗量多等。

（2）多指标综合评分法 这种方法首先对需要进行分析评价的设计方案设定若干个评价指标，并按其重要程度确定各指标的权重，然后确定评分标准，并就各设计方案对各指标的满足程度打分，最后计算各方案的加权得分，以加权得分高者为最优设计方案。其计算公式为

$$S = \sum_{i=1}^{n} w_i S_i \tag{4-1}$$

式中 $S$——设计方案总得分；

$S_i$——某方案在评价指标 $i$ 上的得分；

$w_i$——评价指标 $i$ 的权重；

$n$——评价指标数。

这种方法非常类似于价值工程中的加权评分法，区别就在于：价值工程的加权评分法中不将成本作为一个评价指标，而将其单独拿出来计算成本系数；多指标综合评分法则不将成本单独删除，如果需要，成本也是一个评价指标。

【例 4-2】 某建设方案有三个设计方案，根据该项目的特点拟对设计方案的设计技术应

用工程造价、建设工期、施工技术方案、三材用量等进行比较分析，各指标的权重及三个方案的得分情况见表 4-3。试对三个设计方案进行评价。

表 4-3　各指标权重及方案得分

| 指　标 | 设计技术应用 | 工程造价 | 建设工期 | 施工技术方案 | 三材用量 |
|---|---|---|---|---|---|
| 权重 | 0. 3 | 0. 25 | 0. 1 | 0. 2 | 0. 15 |

解：根据各方案的具体情况，组织专家进行评价，结果见表 4-4。

表 4-4　评价结果

| 指标<br>方案 | 设计技术应用 | 工程造价 | 建设工期 | 施工技术方案 | 三材用量 |
|---|---|---|---|---|---|
| A | 9 | 8 | 9 | 9 | 8 |
| B | 8 | 9 | 7 | 8 | 7 |
| C | 9 | 9 | 8 | 9 | 8 |

方案 A：$S_1=9\times0.3+8\times0.25+9\times0.1+9\times0.2+8\times0.15=8.6$

方案 B：$S_2=8\times0.3+9\times0.25+7\times0.1+8\times0.2+7\times0.15=8.0$

方案 C：$S_3=9\times0.3+9\times0.25+8\times0.1+9\times0.2+8\times0.15=8.75$

显然，$S_2<S_1<S_3$，所以方案 C 得分最高，故方案 C 为最优。

【例 4-3】　某建筑工程有四个设计方案，选定评价指标为实用性、平面布置、经济性、美观性四项，各指标的权重及各方案的得分为 10 分制，试选择最优设计方案，计算结果见表 4-5。

表 4-5　多指标综合评分法计算

| 评价指标 | 权　重 | 方案 A | | 方案 B | | 方案 C | | 方案 D | |
|---|---|---|---|---|---|---|---|---|---|
| | | 得　分 | 加权得分 | 得　分 | 加权得分 | 得　分 | 加权得分 | 得　分 | 加权得分 |
| 实用性 | 0. 4 | 9 | 3. 6 | 8 | 3. 2 | 7 | 2. 8 | 6 | 2. 4 |
| 平面布置 | 0. 2 | 8 | 1. 6 | 7 | 1. 4 | 8 | 1. 6 | 9 | 1. 8 |
| 经济性 | 0. 3 | 9 | 2. 7 | 7 | 2. 1 | 9 | 2. 7 | 8 | 2. 4 |
| 美观性 | 0. 1 | 7 | 0. 7 | 9 | 0. 9 | 8 | 0. 8 | 9 | 0. 9 |
| 合计 | | — | 8. 6 | — | 7. 6 | — | 7. 9 | — | 7. 5 |

由表 4-5 可知：方案 A 的加权得分最高，因此方案 A 最优。

这种方法的优点在于避免了多指标对比法指标间可能发生相互矛盾的现象，评价结果是唯一的，但是在确定权重及评分过程中存在主观臆断成分。同时，由于分值是相对的，因而不能直接判断各方案的各项功能实际水平。

### 3. 静态投资效益评价法

（1）投资回收期法　设计方案的比选项往往是比选各方案的功能水平及成本。功能水平先进的设计方案一般需要的投资较多，方案实施过程中的效益一般也比较好。用方案实施过程中的效益回收投资，即投资回收期反映初始投资补偿速度，衡量设计方案优劣也是非常必要的。投资回收期越短的设计方案越好。

不同设计方案的比选实际上是互斥方案的比选，首先要考虑到方案可比性问题。当相互比较的各设计方案能满足相同的需要时，就只需要比较它们的投资和经营成本的大小，用差额投资回收期比较。差额投资回收期是指在不考虑时间价值的情况下，用投资大的方案比投资小的方案所节约的经济成本，回收差额投资所需要的时间。其计算公式为

$$\Delta P_t=\frac{K_2-K_1}{C_1-C_2} \tag{4-2}$$

式中　$K_2$——方案 2 的投资额；

$K_1$——方案 1 的投资额，且 $K_2>K_1$；

$C_2$——方案 2 的年经营成本；

$C_1$——方案 1 的年经营成本，且 $C_1>C_2$；

$\Delta P_t$——差额投资回收期。

当 $\Delta P_t \leqslant P_c$（基准投资回收期）时，投资大的方案优；反之，投资小的方案优。

如果两个比较方案的年业务量不同，则需将投资和经营成本转化为单位业务量的投资和成本，然后再计算差额投资回收期，进行方案比选。此时差额投资回收期的计算公式为

$$\Delta P_t=\frac{\dfrac{K_2}{Q_2}-\dfrac{K_1}{Q_1}}{\dfrac{C_1}{Q_1}-\dfrac{C_2}{Q_2}}$$

式中　$Q_2$、$Q_1$——各自设计方案的年业务量。

【例 4-4】　某新建企业有两个设计方案，方案甲总投资 2000 万元，年经营成本 500 万元，年产量为 1200 件，方案乙总投资 1200 万元，年经营成本 420 万元，年产量为 900 件，基准投资回收期 $P_c=6$ 年，试选出最优设计方案。

解：首先计算各方案单位产量的费用：

$$K_{甲}/Q_{甲}=2000\text{ 万元}/1200\text{ 件}=1.67\text{ 万元/件}$$
$$K_{乙}/Q_{乙}=1200\text{ 万元}/900\text{ 件}=1.33\text{ 万元/件}$$
$$C_{甲}/Q_{甲}=500\text{ 万元}/1200\text{ 件}=0.42\text{ 万元/件}$$
$$C_{乙}/Q_{乙}=420\text{ 万元}/900\text{ 件}=0.47\text{ 万元/件}$$
$$\Delta P_t=\frac{1.67-1.33}{0.47-0.42}\text{年}=6.8\text{ 年}$$

$\Delta P_t>6$ 年，所以应选择单位产量投资额较小的方案乙较优。

（2）计算费用法　房屋建筑物和构筑物的全寿命是指从勘察、设计、施工、建成后使用直至报废拆除所经历的时间。全寿命费用应包括初始建设费、使用维护费和拆除费。评价设计方案的优劣应考虑工程的全寿命费用。但是初始投资和使用维护费是两类不同性质的费用，两者不能直接相加，计算费用法用一种合乎逻辑的方法将一次性投资与经常性的经营成

本统一为一种性质的费用。可直接用来评价设计方案的优劣。

1）总计算费用法。总计算费用最小的方案最优。总计算费用（TC）公式为

$$TC = K + P_c C \tag{4-3}$$

式中　$K$——项目总投资；

$C$——年经营成本；

$P_c$——基准投资回收期。

2）年计算费用法。年计算费用（AC）越小的方案越优。年计算费用的计算公式为

$$AC = C + R_c K \tag{4-4}$$

式中　$R_c$——基准投资效果系数。

其余符号含义同前。

实际上计算费用法是由投资回收期法变形后得到的。

【例 4-5】　某新建企业有两个设计方案，方案甲总投资 1500 万元，年经营成本 400 万元，年产量为 1000 件；方案乙总投资 1000 万元，年经营成本 360 万元，年产量 800 件，当行业的标准投资效果系数小于多少时方案甲优选？(2004 年造价师考试试题)

解：差额投资回收期 = (1500/1000−1000/800)÷(360/800−400/1000)年 = 5 年

则差额投资效果系数为：1/5 = 20%

即当行业标准投资效果系数小于 20%时方案甲优选。

【例 4-6】　某企业为扩大生产规模，有三个设计方案：方案一是改建现有工厂，一次性投资 2500 万元，年经营成本 750 万元；方案二是建新厂，一次性投资 3550 万元，年经营成本 650 万元；方案三是扩建现有工厂，一次性投资 4350 万元，年经营成本 650 万元。三个方案的生命周期相同，所在行业的标准投资效果系数为 10%，用计算费用选择最优方案。

解：由公式 $AC = C + R_c K$ 计算可知：

$$AC_1 = (750 + 0.1 \times 2500)\text{万元} = 1000\text{万元}$$

$$AC_2 = (650 + 0.1 \times 3550)\text{万元} = 1005\text{万元}$$

$$AC_3 = (650 + 0.1 \times 4350)\text{万元} = 1085\text{万元}$$

因为 $AC_1$ 最小，故方案一最优。

静态经济评价指标简单直观，易于接受，但是它没有考虑时间价值以及各方案生命周期差异。

**4. 动态投资效益评价**

动态经济评价指标是考虑时间价值的指标，对于生命周期相同的设计方案，可以采用净现值法、净年值法、差额内部收益率法等。命期不同的设计方案比选，可以采用净年值法。这些内容本书不作详细论述。

## 4.3　设计方案优化

上节从工程设计组成的角度分别介绍了工程设计优化的具体措施。但是工程设计的整体

性原则要求：不仅要追求工程设计各个部分的优化，而且要注意各个部分的协调配套。因此，还必须从整体上优化设计方案。

## 4.3.1 通过优化设计进行造价控制

### 1. 把握不同设计内容的造价控制重点

（1）建筑方案设计 在满足建设项目主题鲜明、形象美观，充分展示设计师设计理念的前提下，要充分考虑功能完善、简洁耐用、运行可靠、经济合理等房屋使用和经济要求。在建筑设计阶段重点是把握好平面布置、柱网、长宽比的合理性；合理确定建筑物的层数和层高，按功能要求确定不同的建筑层高；按销售要求，合理分布户型，确定内墙分割，减少隔墙和装饰面；尽可能地避免建筑形式的异型化和色彩、材料的特殊化。

（2）结构工程设计 应在建筑方案设计的基础上，在满足结构安全的前提下，充分优化结构设计，必要时应委托专业的设计公司进行结构设计和结构的优化设计，降低建筑物的自身荷载，减少主要材料的消耗。通过工程概算及其主要技术经济指标分析结构设计的优化程度。

（3）设备选型 在满足建筑环境和使用功能的前提下，以经济实用、运行可靠、维护管理方便为原则进行主要设备选型。通过主要技术经济指标对设备选型进行限额控制，通过设备询价对主要设备提出可靠的价格信息，详细制定大型设备选型、招标、采购控制办法，尽可能采用性价比较优的设备。在建筑设备造价控制方面重点是控制好通风空调、电气设备、电梯设备、水处理设备、建筑智能设备等。

（4）装饰工程 装饰工程以满足销售目标、形象要求和主题宣传为前提进行设计。外墙装饰工程应尽可能采用成熟可靠、经济实用、形象美观的设计方案，并进行必要的深化设计。如采用幕墙方案时，一方面严格控制幕墙的深化设计，节省结构和装饰材料，避免设计与材料规格脱节而导致的饰面材料消耗系数增大；另一方面严格控制饰面材料的档次和标准。室内精装修工程应以销售对象需求为前提，做到简洁、美观，重点是做好公共部位的装饰工程，并保证适当的建设标准和档次要求，并根据部位的形象要求适当区分不同档次；门窗工程做到与整体风格协调一致，按部位要求区分不同的材料选用档次。对于可以预留目标客户的室内装饰工程（包括照明和弱电工程）尽量由客户进行装饰设计和投资，降低开发费用，防止投资沉没。

（5）特殊专业工程 对于特殊的火灾自动报警及消防联动系统、综合布线系统、有线电视及卫星电视系统、车辆管理系统、无线网络覆盖系统等专业工程宜进行深化设计，以满足销售为前提，对于建筑智能和网络工程等尽可能地预留接口由目标客户自行投资建设。该类工程在造价控制上尽可能地采用限额设计。

（6）室外附属工程 与主体工程配套的室外道路工程、园林绿化工程、雨污水工程等在保证道路应用、绿化指标的前提下，尽可能减小高标准道路面积，使道路工程、停车场与绿化工程相结合，在营造园林小景、绿化、美化的同时，充分考虑形象与维护、保养费用。

### 2. 优化设计的步骤

（1）优化设计的提出 优化设计应贯穿整个建设项目的全过程，优化设计带来的直接效益包括造价的降低、质量的提高、工期的缩短以及安全隐患的降低等。建设项目的参与各方，均有义务提出工程优化设计建议，建设项目的业主和造价咨询单位、招标代理机构等在各类施工合同、咨询服务合同的拟订过程中，要明确提出并实施优化设计的激励措施，调动提出和实施优化设计的积极性。

（2）优化设计的审查和实施　因为优化设计的目的不仅仅是以单一的降低工程造价为目的，在实施过程中必须进行全面的、综合的技术经济分析。造价咨询一方面针对单项工程、单位工程、部分分部分项工程中的某项技术经济指标过高的情况，应及时反馈到业主和设计、监理单位，提出优化设计的建议，协助建设单位、设计单位进行设计方案的优化；另一方面，对建设项目参与各方提出的优化设计建议，应充分运用价值工程的理论，以降低工程建设投资，提高工程质量为主要目的，进行全面的技术经济分析，提出是否实施的建议。

优化设计程序如图 4-3 所示。

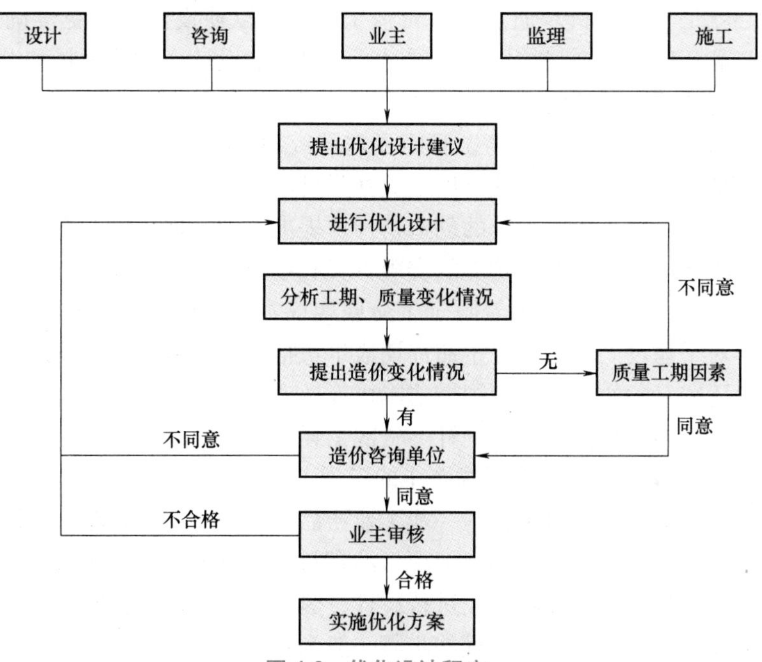


图 4-3　优化设计程序

## 4.3.2　通过设计招标和设计方案竞选优化设计方案

建设单位首先就拟建工程的设计任务通过报刊、信息网络或其他媒介发布公告，吸引设计单位参加设计招标或设计方案竞选，以获得众多的设计方案；然后组织专家评定小组，由专家评定小组采用科学的方法，按照经济、适用、美观的原则，以及技术先进、功能全面、结构合理、安全适用、满足建设节能及环境等要求，综合评定各设计方案优劣，从中选择最优的设计方案，或将各方案的可取之处重新组合，提出最佳方案。

专家评价法，能集思广益，吸收众多设计方案的优点，使设计更完美。通过设计招标和设计方案竞选优化设计方案，有利于控制建设工程造价，使投资概算控制在投资者限定的投资范围内。

## 4.3.3　运用价值工程优化设计方案

### 1. 在设计阶段实施价值工程的意义

在设计阶段，实施价值工程意义重大，尤其是建筑工程。一方面，在设计过程中涉及多部门多专业工种，就一项简单的民用住宅工程设计来说，就要涉及建筑、结构、电气、给水排水、供暖、燃气等专业工种。在工程设计过程中，每个专业都各自独立进行设计，势必会产生各个专业工种设计的相互协调问题。通过实施价值工程，不仅可以保证各专业工种的设计符合各种规范和用户的要求，而且可以解决各专业工种设计的协调问题，得到整体合理和优良的方案。另一方面，建筑产品具有单件性的特点，工程设计往往也是一次性的，设计过程中可以借鉴的经验教训不一而足，而利用价值工程可以发挥集体智慧，群策群力，得到最佳设计方案。建筑工程在设计阶段实施价值工程的意义有：

（1）使建筑产品的功能更合理 工程设计实质上就是对建筑产品的功能进行设计，而价值工程的核心就是功能分析。通过实施价值工程，可以使设计人员更准确地了解用户所需，以及建筑产品各项功能之间的比重，同时还可以考虑设计、建筑材料和设备制造、施工技术专家的建议，从而使设计更加合理。

（2）有效地控制工程造价 价值工程需要对研究对象的功能与成本之间的关系进行系统分析。设计人员参与价值工程，就可以避免在设计工程中只重视功能而忽视成本的倾向，在明确功能的前提下，发挥设计人员的创造精神，提出各种实现功能的方案，从中选取最合理的方案。这样既保证了用户所需功能的实现，又有效地控制工程造价。

（3）节约社会资源 价值工程着眼于生命周期成本，即研究对象在其生命周期内所发生的全部费用。对于建设工程而言，生命周期成本包括工程造价、工程使用成本。实施价值工程的目的是以研究对象的最低生命周期成本可靠地实现使用者所需功能，使工程造价、使用成本及建筑产品功能合理匹配，节约社会资源消耗。

**2. 价值工程在新建项目设计方案优选中的应用**

在新建项目设计中应用价值工程与一般工业产品中应用价值工程略有不同，因为建设项目具有单件性和一次性的特点。利用其他项目的资料选择价值工程研究对象，效果较差。而设计主要是对项目的功能及其实现手段进行设计，因此，整个设计方案就可以作为价值工程的研究对象。在设计阶段实施价值工程的步骤一般为：

（1）功能分析 建筑功能是指建筑产品满足社会需要的各种性能的总和。不同的建筑产品有不同的使用功能，它们通过一系列建筑因素体现出来，反映建筑物的使用要求。建筑产品的功能一般分为社会性功能、适用性功能、技术性功能、物理性功能和美学功能五类。功能分析首先应明确项目各类功能具体有哪些，哪些是主要功能，并对功能进行定义和整理，绘制功能系统图。

（2）功能评价 功能评价主要是比较各项功能的重要程度，用0~1评分法、0~4评分法、环比评分法等方法，计算各项功能的功能评价系数，作为该功能的重要度权数。

（3）方案创新 根据功能分析的结果，提出各种实现功能的方案。

（4）方案评价 对第（3）步方案创新提出的各种方案对各项功能的满足程度打分，然后以功能评价系数作为权数计算各方案的功能评价得分。最后再计算各方案的价值系数，以价值系数最大者为最优。

---

**【例4-7】** 某厂有三层砖混结构住宅14幢。随着企业的不断发展，职工人数逐年增加，职工住房条件日趋紧张。为改善职工居住条件，该厂决定在原有住宅区内新建住宅。

（1）新建住宅功能分析 为了使住宅扩建工程达到投资少、效益高的目的，价值工程小组工作人员认真分析了住宅扩建工程的功能，认为增加住房户数（$F_1$）、改善居住条件（$F_2$）、增加使用面积（$F_3$）、利用原有土地（$F_4$）、保护原有林木（$F_5$）等五项功能为主要功能。

（2）功能评价　经价值工程小组集体讨论，认为增加住房户数是最重要的功能，其次改善居住条件与增加使用面积有同等重要的功能，再次是利用原有土地与保护原有林木有同等重要的功能。即 $F_1>F_2=F_3>F_4=F_5$，利用0~4评分法，各项功能的评价系数见表4-6。

**表4-6　0~4评分法**

| 功　能 | $F_1$ | $F_2$ | $F_3$ | $F_4$ | $F_5$ | 得　分 | 功能评价系数 |
|---|---|---|---|---|---|---|---|
| $F_1$ | × | 3 | 3 | 4 | 4 | 14 | 0.35 |
| $F_2$ | 1 | × | 2 | 3 | 3 | 9 | 0.225 |
| $F_3$ | 1 | 2 | × | 3 | 3 | 9 | 0.225 |
| $F_4$ | 0 | 1 | 1 | × | 2 | 4 | 0.1 |
| $F_5$ | 0 | 1 | 1 | 2 | × | 4 | 0.1 |
| 合计 | | | | | | 40 | 1.0 |

（3）方案创新　在对该住宅功能评价的基础上，为确定住宅扩建工程设计方案，价值工程人员走访了住宅原设计施工负责人，调查了解住宅的居住情况和建筑物自然状况，认真审核住宅楼的原设计图样和施工记录，最后认定原住宅地基条件较好，地下水位深且地耐力大；原建筑虽经多年使用，但各承重构件尤其原基础十分牢固，具有承受更大荷载的潜力。价值工程人员经过严密计算分析和征求各方面的意见，提出两个不同的设计方案：

方案甲：在对原住宅楼实施大修理的基础上加层。工程内容包括：屋顶地面翻修，内墙粉刷、外墙抹灰，增加厨房、厕所（333m$^2$），改造给水排水工程，增建两层住房（605m$^2$）工程需投资50万元，工期4个月，施工期间住户需要全部迁出。工程完工后，可增加住户18户，原有绿化林木50%被破坏。

方案乙：拆除旧住宅，建设新住宅。工程内容包括：拆除原有住宅两栋，可新建一栋，新建住宅每栋60套，每套80m$^2$，工程需投资100万元，工期8个月，施工期间住户需全部迁出。工程完工后，可增加住户18户，原有绿化林木全部被破坏。

（4）方案评价　利用加权评分法对甲乙两个方案进行综合评价，评价结果见表4-7和表4-8。

**表4-7　各方案的功能评价**

| 项目功能 | 重要度权数 | 方案甲 | | 方案乙 | |
|---|---|---|---|---|---|
| | | 功能得分 | 加权得分 | 功能得分 | 加权得分 |
| $F_1$ | 0.35 | 10 | 3.5 | 10 | 3.5 |
| $F_2$ | 0.225 | 7 | 1.575 | 10 | 2.25 |
| $F_3$ | 0.225 | 9 | 2.025 | 9 | 2.025 |
| $F_4$ | 0.1 | 10 | 1 | 6 | 0.6 |
| $F_5$ | 0.1 | 5 | 0.5 | 1 | 0.1 |
| 方案加权得分和 | | 8.6 | | 8.475 | |
| 方案功能评价系数 | | 0.5037 | | 0.4963 | |

表 4-8 各方案价值系数计算

| 方案名称 | 功能评价系数 | 成本费用/万元 | 成本指数 | 价值系数 |
|---|---|---|---|---|
| 修理加层 | 0.5037 | 50 | 0.333 | 1.513 |
| 拆旧建新 | 0.4963 | 100 | 0.667 | 0.744 |
| 合计 | 1.000 | 150 | 1.000 | |

经计算可知，修理加层方案价值系数较大，据此选定方案甲为最优方案。

### 3. 价值工程在设计阶段工程造价控制中的应用

价值工程在设计阶段工程造价控制中应用的程序是：

（1）对象选择　在设计阶段应用价值工程控制工程造价，应以对控制造价影响较大的项目作为价值工程的项目工程的研究对象。因此，可以应用 ABC 分析法，将设计方案的成本分解并分成 A、B、C 三类，A 类成本比重大，品种数量少，作为实施价值工程的重点。

（2）功能分析　分析研究对象具有哪些功能，各项功能之间的关系如何。

（3）功能评价　评价各项功能，确定功能评价系数，并计算实现各项功能的现实成本是多少，从而计算各项功能的价值系数。价值系数小于 1 的，应该在功能水平不变的条件下降低成本，或在成本不变的条件下，提高功能水平；价值系数大于 1 的，如果是重要的功能，应该提高成本，保证重要功能的实现。如果该项功能不重要，可以不做改变。

（4）分配目标成本　根据限额设计的要求，确定研究对象的目标成本，并以功能评价系数为基础，将目标成本分摊到各项功能上，与各项功能的现实成本进行对比，确定成本改进期望值。成本改进期望值大的，应首先重点改进。

（5）方案创新及评价　根据价值分析结果及目标成本分配结果的要求，提出各种方案，并用加权评分法选出最优方案，使设计方案更加合理。

【例 4-8】 某房地产开发公司拟用大模板工艺建造一批高层住宅。设计方案完成后，造价超标。须运用价值工程分析和降低工程造价。

（1）对象选择　分析其造价构成，发现结构造价占土建工程的 70%，而外墙造价又占结构造价的 1/3，外墙体积在结构混凝土总量中只占 1/4。从造价构成上看，外墙是降低造价的主要矛盾，应作为实施价值工程的重点。

（2）功能分析　通过调研和功能分析，了解到外墙的功能主要是抵抗水平力（$F_1$）、挡风防雨（$F_2$）、隔热防寒（$F_3$）。

（3）功能评价　目前该设计方案中，使用的是长 330cm、高 290cm、厚 28cm，重约 4t 的配钢筋陶粒混凝土墙板，造价 345 元，其中抵抗水平力功能的成本占 60%，挡风防雨功能的成本占 16%，隔热防寒功能的成本占 24%。这三项功能的重要程度比为 $F_1$∶$F_2$∶$F_3$ = 6∶1∶3，各项功能的价值系数计算结果见表4-9、表 4-10。

表 4-9　功能评价系数计算结果

| 功　能 | 重要程度比 | 得　分 | 功能评价系数 |
|---|---|---|---|
| $F_1$ | $F_1:F_2=6:1$ | 2 | 0.6 |
| $F_2$ | $F_2:F_3=1:3$ | 1/3 | 0.1 |
| $F_3$ | | 1 | 0.3 |
| 合计 | | 10/3 | 1.00 |

表 4-10　各项功能价值系数计算结果

| 功　能 | 功能评价系数 | 成本指数 | 价值系数 |
|---|---|---|---|
| $F_1$ | 0.6 | 0.6 | 1.0 |
| $F_2$ | 0.1 | 0.16 | 0.625 |
| $F_3$ | 0.3 | 0.24 | 1.25 |

由上表计算结果可知，抵抗水平力功能与成本匹配较好；挡风防雨功能不太重要，但是成本比重偏高，应降低成本；隔热防寒功能比较重要，但是成本比重偏低，应适当增加成本。假设相同面积的墙板，根据限额设计的要求，目标成本是 320 元，则各项功能的成本改进期望值计算结果见表 4-11。

表 4-11　目标成本的分配及成本改进期望值的计算

| 功能 | 功能评价系数（1） | 成本指数（2） | 目前成本 (3)=345×(2) | 目标成本 (4)=320×(1) | 成本改进期望值 (5)=(3)-(4) |
|---|---|---|---|---|---|
| $F_1$ | 0.6 | 0.6 | 207 | 192 | 15 |
| $F_2$ | 0.1 | 0.16 | 55.2 | 32 | 23.2 |
| $F_3$ | 0.3 | 0.24 | 82.8 | 96 | -13.2 |

由以上计算结果可知，应首先降低 $F_2$ 的成本，其次是 $F_1$，最后适当增加 $F_3$ 的成本。

## 4.3.4　推广标准化，优化设计方案

**标准化设计**又称定型设计、通用设计，是工程建设标准化的组成部分。各类工程建设的构件、配件、零部件、通用的建筑物、构筑物、公用设施等，只要有条件的，都应该实施标准化设计。设计标准规范是重要的技术规范，是进行工程建设、勘察设计施工及验收的重要依据。设计标准规范按其实施范围划分，可以分为全国统一的设计规范及标准设计、行业范围内统一的设计规范及标准设计、省市自治区范围内统一的设计规范及标准设计、企业范围内统一的设计规范及标准设计。随着工程建设和科学技术的发展，设计规范和标准设计必须经常补充，及时修订，不断更新。

广泛采用标准化设计，是改进设计质量，加快实现建筑工业化的客观要求。因为标准化设计来源于工程建设实际经验和科技成果，是将大量成熟的、行之有效的实际经验和科技成果，按照统一简化、协调选优的原则，提炼上升为设计规范和标准设计，所以设计质量都比一般工程设计质量要高。另外，由于标准化设计采用的都是标准构配件，建筑构配件和工具式模板的制作过程可以从工地转移到专门的工厂中批量生产，使施工现场变成“装配车间”

和机械化浇注场所，把现场的工程量压缩到最小。

广泛采用标准化设计，可以提高劳动生产率，加快工程建设进度。设计过程中，采用标准构件，可以节省设计力量，加快设计图样的提供速度，大大缩短设计时间，一般可以加快设计速度1~2倍，从而使施工准备工作和订制预制构件等生产准备工作提前，缩短整个建设周期。另外，由于生产工艺定型，生产均衡，统一配料，劳动效率提高，因而使标准配件的生产成本大幅度降低。

广泛采用标准化设计，可以节约建筑材料，降低工程造价。由于标准构配件的生产是在工厂内批量生产，便于预制厂统一安排，合理配置资源，发挥规模经济的作用，节约建筑材料。

标准设计是经过多次反复实践加以检验和补充完善的，所以能较好地贯彻国家技术经济政策，密切结合自然条件和技术发展水平，合理利用能源资源，充分考虑施工生产、使用维修的要求，既经济又优质。

### 4.3.5　限额设计

#### 1. 限额设计的概念

设计阶段的投资控制，就是编制满足设计任务书要求、造价受控于投资决策的设计文件，限额设计就是根据这一要求提出来的。所谓限额设计就是按照设计任务书批准的投资估算额进行初步设计，按照初步设计概算造价限额进行施工图设计，按施工图预算造价对施工图设计的各个专业设计文件做出决策。所以限额设计实际上是建设项目投资控制系统中的一个重要环节，或称为一项关键措施。在整个设计过程中，设计人员与经济管理人员密切配合，做到技术与经济的统一。设计人员在设计时考虑经济支出，做出方案比较，有利于强化设计人员的工程造价意识，优化设计；经济管理人员及时进行造价计算，为设计人员提供信息，使设计小组内部形成有机整体，克服相互脱节现象，改变了设计过程不算账、设计完成见分晓的现象，达到动态控制投资的目的。

#### 2. 限额设计的目标

(1) 限额设计目标的确定　限额设计目标是在初步设计开始前，根据批准的可行性研究报告及其投资估算确定的。限额设计指标由项目经理或总设计师提出，经主管院长审批下达，其总额一般只下达直接工程费的90%，以便项目经理或总设计师和室主任留有一定的调节指标，限额指标用完后，必须经批准才能调整。专业之间或专业内部节约的单项费用，未经批准，不能相互调用。

虽然限额设计是设计阶段控制造价的有效方法，但工程设计是一个从概念到实施的不断认识的过程，控制限额的提出也难免会产生偏差或错误，因此限额设计应以合理的限额为目标。如果限额设计的目标值缺乏合理性，一方面目标值过低会造成这个目标值被突破，限额设计无法实施；另一方面目标值过高会造成投资浪费现象。限额设计目标值的提出绝不是建设单位和领导机关或权力部门随意提出限额，而是对整个建设项目进行投资分解后，对各个单项工程、单位工程、分部分项工程的各个技术经济指标提出科学、合理、可行的控制额度。在设计过程中一方面要严格按照限额控制目标，选择合理的设计标准进行设计；另一方面要不断分析限额的合理性，若设计限额确定不合理，必须重新进行投资分解，修改或调整限额设计目标值。

（2）采用优化设计，确保限额目标的实现　优化设计是以系统工程理论为基础，应用现代数学方法对工程设计方案、设备选型、参数匹配、效益分析等方面进行最优化的设计方法。它是控制投资的重要措施，在进行优化设计时，必须根据问题的性质，选择不同的优化方法。一般来说，对于一些确定性问题，如投资、资源消耗、时间等有关条件已确定的，可采用线性规划、动态规划等理论和方法进行优化；对于一些非确定性问题，可以采用排队论、对策论等方法进行优化；对于涉及流量的问题，可以采用图与网络理论进行优化。

优化设计通常是通过数学模型进行的。一般工作步骤是：首先，分析设计对象的综合数据，设立设计目标；其次，根据设计对象的数据特征选择合适的优化方法，并建立模型；最后，用计算机对问题求解，并分析计算结果的可行性，对模型进行调整，直到得到满意结果为止。

优化设计不仅可选择最佳设计方案，提高设计质量，而且能有效控制投资。

### 3. 限额设计的全过程

限额设计的全过程实际上就是建设项目投资目标管理的过程，即目标分解与计划、目标实施、目标实施检查、信息反馈的控制循环过程。这个过程可用图 4-4 来表示。

（1）投资分配　投资分配是实际限额设计的有效途径和主要方法。设计任务书获批准后，设计单位在设计之前应在设计任务书的总框架内将投资先分解到各专业，然后再分配到各单项工程和单位工程，作为进行初步设计的造价控制目标，这种分配往往不是只凭设计任务书就能办到，而是要进行方案设计，在此基础上做出决策。

（2）限额初步设计　初步设计应严格按分配的造价控制目标进行设计。在初步设计开始之前，项目总设计师应将设计任务书规定的设计原则、建设方针和投资限额向设计人员交底，将投资限额分专业下达到设计人员，发动设计人员认真研究实现投资限额的可能性，切实进行多方案比选，对各个技术经济方案的关键设备、工艺流程、总图方案、总图建筑和各项费用指标进行比较和分析，从中选出既能达到工程要求，又不超过投资限额的方案，作为初步设计方案。如果发现重大设计方案或某项费用指标超出任务书的投资限额，应及时反映，并提出解决问题的办法。不

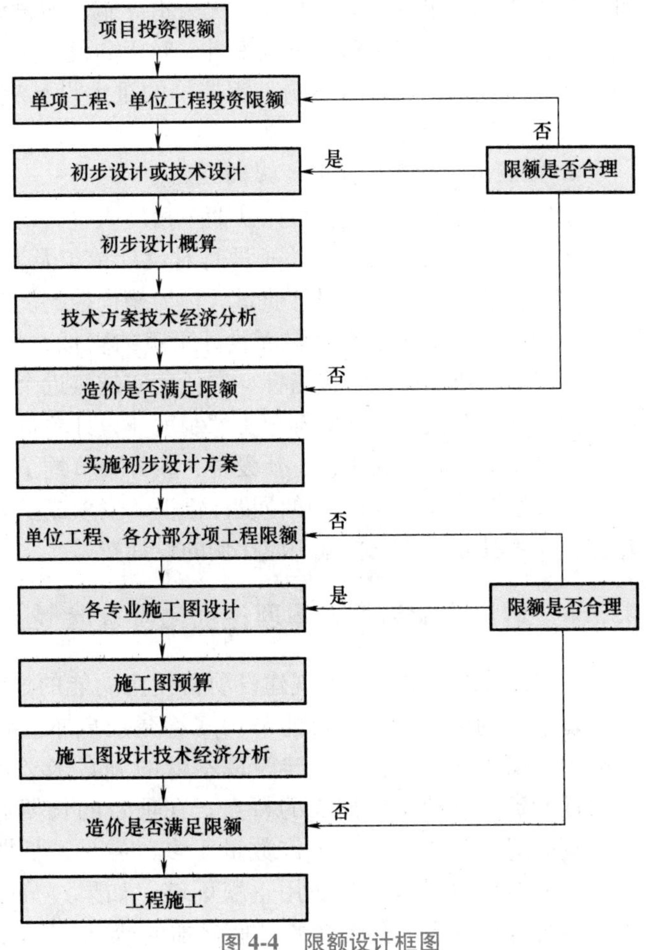

图 4-4　限额设计框图

能等到设计概算编出后才发觉投资超限额，再被迫压低造价，减项目、减设备，这样不但影响设计进度，而且造成设计上的不合理，给施工图设计超投资埋下隐患。

（3）施工图设计的造价控制　已批准的初步设计及初步设计概算是施工图设计的依据，在施工图设计中，无论是建设项目总造价，还是单项工程造价，均不应该超过初步设计概算造价。设计单位按照造价控制目标确定施工图设计的构造，选用材料和设备。

进行施工图设计应把握两个标准：一个是质量标准，一个是造价标准。并应做到两者协调一致，相互制约，防止只顾质量而放松经济要求的倾向。当然也不能因为经济上的限制而消极地降低质量。因此，必须在造价限额的前提下优化设计。在设计过程中，要对设计结果进行技术经济分析，看是否有利于造价目标的实现。每个单位工程施工图设计完成后，要做出施工图预算，判别是否满足单位工程造价限额要求，如果不满足，应修改施工图设计，直到满足限额要求。只有施工图预算造价满足施工图设计造价限额时，施工图才能归档。

（4）设计变更　在初步设计阶段，由于外部条件的制约和人们主观认识的局限，往往会造成施工图设计阶段，甚至施工过程中的局部修改和变更。这是使设计、建设更趋完善的正常现象，但是由此却会引起已经确认的概算价值的变化。这种变化在一定范围内是允许的，但必须经过核算和调整。如果施工图设计变化涉及建设规模、产品方案、工艺流程或设计方案的重大变更，使原初步设计失去指导施工图设计的意义时，必须重新编制或修改初步设计文件，并重新报原审查单位审批。对于非发生不可的设计变更，应尽量提前，以减少变更对工程造成的损失。对影响工程造价的重大设计变更，更要采取先算账后变更的办法解决，以使工程造价得到有效控制。

**4. 限额设计的横向控制、纵向控制**

限额设计控制工程造价可以从两个角度入手，一种是按照限额设计过程从前往后依次进行控制，称为**纵向控制**；另外一种是对设计单位及其内部各专业、科室及设计人员进行考核，实施奖惩，进而保证设计质量，称为**横向控制**。横向控制首先必须明确各设计单位以及设计单位内部各专业科室对限额设计所负的责任，将工程投资按专业进行分配，并分段考核，下段指标不得突破上段指标，责任落实越接近个人，效果就越明显，并赋予责任者履行责任的权利；其次，要建立健全奖惩制度。设计单位在保证工程安全和不降低工程功能的前提下，采用新材料、新工艺、新设备、新方案节约了投资的，应根据节约投资额的大小，对设计单位给予奖励；因设计单位设计错误，漏项或扩大规模和提高标准而导致工程静态投资超支，要视其超支比例扣减相应比例的设计费。

### 4.3.6 运用生命周期成本理论优化设备选型

工程设计是规划如何实现建设项目使用功能的过程，对设计方案的评价一般也是在保证功能水平的前提下，尽可能节约工程建设成本。限额设计就是在设计阶段节约建设成本的主要措施之一。然而，建设成本低的方案未必是功能水平优的方案。建设项目具有一次性投资大，使用周期长的特点。在项目的长期运营过程中，每年支出的项目维持费与大额的建设投资相比，也许数量不多，但是，长期的积累也会产生巨额的支出。传统的设计方案评价对这部分费用重视不够。如果过分强调节约投资，往往会造成项目功能水平不合理而导致项目维持费迅速增加的情况。因此，设计方案评价应该从生命周期成本的角度进行评价。

**1. 在设计阶段应用生命周期成本理论的意义**

众所周知，建设项目的使用功能在决策和设计阶段就已基本确定，项目的生命周期成本也已基本确定，因此，决策和设计阶段就成为生命周期成本控制潜力最大的阶段，在决策和设计阶段进行生命周期成本评价有着极其重要的意义。

（1）生命周期成本评价能够真正实现技术与经济的有机结合　设计阶段控制成本的一个重要原则是技术与经济的有机结合。传统的成本控制方法是设计人员从技术角度进行方案设计，然后由经济人员计算相关费用，再从费用角度调整设计方案。或者先制定限额目标，设计人员在设计限额内进行方案设计。这种方法是技术和经济相互割裂的两个过程。而生命周期成本评价将生命周期作为一个设计参数，与其他功能设计参数一同考虑进行方案设计，真正实现了技术与经济的有机结合。

（2）生命周期为确定项目合理的功能水平提供了依据　不同类型的建设项目，其功能水平有不同的指标来衡量。人们当然希望项目的功能水平越来越好，但是，较高的功能水平往往需要高额的建设成本，而节约建设成本又会导致项目功能水平降低，这是一种两难的选择。尤其是公共投资项目，由于市场的不完善性，无法通过市场确定其合理的功能水平，导致很多公共投资项目超标准建设。而生命周期成本评价为设计阶段确定项目的合理功能水平提供了依据，即费用效率尽可能大，并且生命周期成本尽可能小的功能水平是比较合理的功能水平。

（3）生命周期成本评价有助于增强项目的抗风险能力　生命周期成本评价在设计阶段既对未来的资源需求进行预测，并根据预测结果合理确定项目功能水平及设备选择，并且鉴别潜在的问题，使项目对未来的适应性增强，有助于提高项目的经济效益。

（4）周期成本评价可以使设备选择更科学　在建设项目的运行过程中，还需要对项目的功能不断地进行更新，以适应技术进步和外界经济环境的变化。项目运营过程中功能的更新主要是通过设备更新来实现的。因此，在建设项目的设计阶段就综合考虑技术进步、项目寿命及设备投资等因素，可以使设备选择更科学。

**2. 生命周期成本理论在设计阶段设备选型的应用**

生命周期成本评价是一种技术与经济有机结合的方案评价方法，它要考虑项目的功能水平与现实功能的生命周期费用之间的关系。这种方法在设备选型中应用较为广泛，对于设备的功能水平的评价一般可用生产效率、使用寿命、技术寿命、能耗水平、可靠性、操作性、环保性和安全性等指标。在设备选型中应用生命周期成本评价方法的步骤是：

1）提出各项备选方案，并确定系统效率评价指标。

2）明确费用构成项目，并预测各项费用水平。

3）计算各方案的经济寿命，作为分析的计算期。

4）计算各方案在经济寿命期内的生命周期成本。

5）计算各方案可以实现的系统效率水平，然后与生命周期成本相除计算费用效率，费用效率较大的方案较优。

【例 4-9】　某集装箱码头需要购置一套装卸设备，有三个方案可供选择：设备 A 投资 1800 万元、设备 B 投资 1000 万元、设备 C 投资 600 万元。设备的年维持费包括能耗费、维修费和养护费。各设备的年维持费和工作量见表 4-12，不考虑时间价值因素，进行方案比选。

表 4-12　装卸设备方案有关数据

| 年　份 | 年维持费/万元 | | | 年工作量/万吨 | | |
|---|---|---|---|---|---|---|
| | A | B | C | A | B | C |
| 1 | 180 | 100 | 80 | 29 | 20 | 8 |
| 2 | 200 | 120 | 100 | 29 | 20 | 8 |
| 3 | 220 | 140 | 120 | 38 | 25 | 7 |
| 4 | 240 | 160 | 140 | 32 | 28 | 12 |
| 5 | 260 | 180 | 160 | 33 | 30 | 13 |
| 6 | 300 | 200 | 180 | 52 | 40 | 9 |
| 7 | 340 | 240 | 220 | 45 | 48 | 10 |
| 8 | 380 | 280 | 240 | 48 | 45 | 11 |
| 9 | 420 | 320 | 280 | 50 | 53 | 8 |
| 10 | 480 | 380 | 340 | 52 | 55 | 9 |
| 11 | 540 | 440 | 400 | 54 | 50 | 14 |
| 12 | 600 | 500 | 460 | 55 | 46 | 10 |

**解**：首先计算各方案的经济寿命，根据公式

$$\mathrm{AC}_i = \frac{K_i}{n} + \frac{1}{n}\sum_{i=1}^{n} C_{it}$$

式中　$\mathrm{AC}_i$——方案 A 的年折算费用；

$\frac{1}{n}\sum_{i=1}^{n} C_{it}$—— 设备使用 $n$ 年的平均使用成本；

$K_i$——方案 $i$ 的初始投资；

$C_{it}$——方案 $i$ 第 $t$ 年的维持费；

$n$——设备使用年限。

计算各方案的年折算费用，年折算费用最小时即为经济寿命。计算过程见表 4-13。

表 4-13　三个方案的经济寿命计算过程

| 年　份 | 年维持费/万元 | | | 年均使用成本/万元 | | | 年折算费/万元 | | |
|---|---|---|---|---|---|---|---|---|---|
| | A | B | C | A | B | C | A | B | C |
| 1 | 180 | 100 | 80 | 180 | 100 | 80 | 1980 | 1100 | 680 |
| 2 | 200 | 120 | 100 | 190 | 110 | 90 | 1090 | 610 | 390 |
| 3 | 220 | 140 | 120 | 200 | 120 | 100 | 800 | 453. 33 | 300 |
| 4 | 240 | 160 | 140 | 210 | 130 | 110 | 660 | 380 | 260 |
| 5 | 260 | 180 | 160 | 220 | 140 | 120 | 580 | 340 | 240 |
| 6 | 300 | 200 | 180 | 233. 33 | 150 | 130 | 533. 33 | 316. 67 | 230 |
| 7 | 340 | 240 | 220 | 248. 57 | 162. 86 | 142. 86 | 505. 71 | 305. 71 | 228. 57 |
| 8 | 380 | 280 | 240 | 265 | 177. 5 | 155 | 490 | 302. 5 | 230 |
| 9 | 420 | 320 | 280 | 282. 22 | 193. 33 | 168. 89 | 482. 22 | 304. 44 | 235. 56 |

（续）

| 年份 | 年维持费/万元 | | | 年均使用成本/万元 | | | 年折算费/万元 | | |
|---|---|---|---|---|---|---|---|---|---|
| | A | B | C | A | B | C | A | B | C |
| 10 | 480 | 380 | 340 | 302 | 212 | 186 | 482 | 312 | 246 |
| 11 | 540 | 440 | 400 | 323. 64 | 232. 73 | 205. 45 | 487. 27 | 323. 64 | 260 |
| 12 | 600 | 500 | 460 | 346. 67 | 255 | 226. 67 | 496. 67 | 338. 33 | 276. 67 |

由表 4-13 可知，设备 A 的经济寿命为 10 年，设备 B 的经济寿命为 8 年，设备 C 的经济寿命为 7 年。则各方案的生命周期成本为

A：482×10 万元 = 4820 万元

B：302. 5×8 万元 = 2420 万元

C：228. 57×7 万元 = 1600 万元

在经济寿命范围内各方案的总工作量为：A408 万吨，B256 万吨，C67 万吨，则各方案的费用效率（CE）计算见表 4-14。

表 4-14　各方案的费用效率计算过程

| 方案 | A | B | C |
|---|---|---|---|
| 寿命周期/年 | 10 | 8 | 7 |
| 寿命周期成本/万元 | 4820 | 2420 | 1600 |
| 工作量/万吨 | 408 | 256 | 67 |
| 费用效率（CE） | 0. 085 | 0. 106 | 0. 042 |

方案 B 的费用效率最高，因此选购设备 B。

## 4.4 设计概算的编制

### 4. 4. 1　设计概算的基本概念

#### 1. 设计概算的含义

建设项目设计概算是初步设计文件的重要组成部分，是在建设项目设计阶段，在投资估算的控制下由设计单位根据设计要求和设计文件，采用一定的方法计算和确定建设项目从筹建至竣工交付使用所需全部费用的文件。其特点是编制工作较为简单，在精度上没有施工图预算准确。采用两阶段设计的建设项目，初步设计阶段必须编制设计概算；采用三阶段设计的，扩大初步设计阶段必须编制修正概算。

**设计概算批准后，一般不得调整**。由于某些原因需要调整概算时，应由建设单位调查分析变更原因，报主管部门审批同意后，由原设计单位核实编制调整概算，并按有关审批程序报批。一个工程只允许调整一次概算。

允许调整概算的原因包括：

1）超出原设计范围的重大变更。

2）超出基本预备费规定范围不可抗拒的重大自然灾害引起的工程变动和费用增加。

3）超出工程造价调整预备费的国家重大政策性的调整。

**2. 设计概算的作用**

（1）设计概算是编制建设项目投资计划、确定和控制建设项目投资的依据　国家规定，编制年度固定资产投资计划，确定计划投资总额及其构成数额，要以批准的初步设计概算为依据。没有批准的初步设计文件及概算的建设工程不能列入年度固定资产投资计划。设计概算一经批准，将作为控制建设项目投资的最高限额。竣工结算不能突破施工图预算，施工图预算不能突破设计概算。如果由于设计变更等原因建设费用超过概算，必须重新审查批准。

（2）设计概算是签订建设工程合同和贷款合同的依据　在国家颁布的合同法中明确规定，建设工程合同价款是以设计概预算为依据，且总承包合同不得超过设计总概算的投资额。银行贷款或各单项工程的拨款累计总额不能超过设计概算，如果项目投资计划所列支投资额与贷款突破设计概算，必须查明原因，之后由建设单位报请上级主管部门调整或追加设计概算总投资，凡未批准之前，银行对其超支部分拒不拨款。

（3）设计概算是控制施工图设计和施工图预算的依据　设计单位必须按照批准的初步设计和总概算进行施工图设计，施工图预算不得突破设计概算，如确实需突破总概算时，应按规定程序报批。

（4）设计概算是衡量设计方案技术经济合理性和选择最佳设计方案的依据　设计部门在初步设计阶段要选择最佳设计方案，设计概算是从经济角度衡量设计方案经济合理性的重要依据。因此，设计概算是衡量设计方案技术经济合理性和选择最佳设计方案的依据。

（5）设计概算是考核建设项目投资效果的依据　通过设计概算与竣工决算对比，可以分析和考核投资效果的好坏，同时还可以验证设计概算的准确性，有利于加强设计概算管理和建设项目的造价管理工作。

**3. 设计概算的内容**

设计概算可分**单位工程概算**、**单项工程综合概算**和**建设项目总概算**三级。各级之间概算的相互关系如图4-5所示。

（1）单位工程概算　单位工程是指具有单独设计文件、能够独立组织施工的工程，是单项工程的组成部分，单位工程概算是确定各单位工程建设费用的文件，是编制单项工程综合概算的依据，是单项工程综合概算的组成部分。单位工程概算按其工程性质分为建筑工程概算和设备及安装工程概算两大类。建筑工程概算包括土建工程概算，给水排水、采暖工程概算，通风、空调工程概算，电气照明工程概算，弱电工程概算，特殊构筑物工程概算等；设备及安装工程概算包括机械设备及安装工程概算，电气设备及安装工程概算，热力设备及安装工程概算，工具、器具及生产家具购置费概算等。

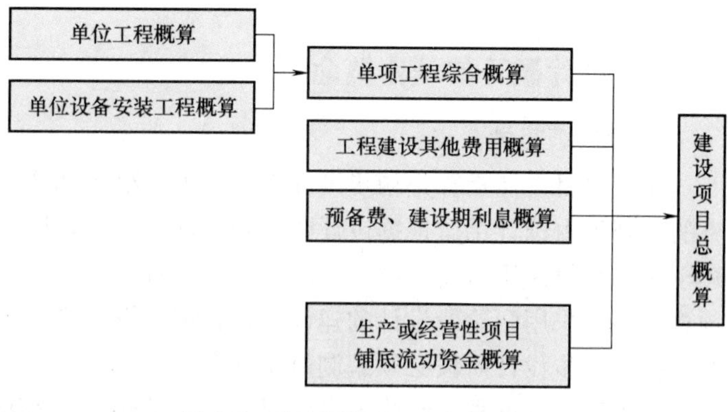


图4-5　设计概算的三级概算关系

（2）单项工程综合概算　单项工程又称工程项目，是指在一个建设项目中，具有独立的设计文件，建成后可以独立发挥生产能力或工程效益的项目，是建设项目的组成部分。如生产车间、办公楼、食堂、图书馆、学生宿舍、住宅楼、一个配水厂等。单项工程是一个复杂的综合体，是具有独立存在意义的一个完整工程，如输水工程、净水厂工程、配水工程等。单项工程综合概算是确定一个单项工程所需建设费用的文件，它是由单项工程中的各单位工程概算汇总编制而成的，是建设项目总概算的组成部分。单项工程综合概算的组成内容如图 4-6 所示。

（3）建设项目总概算　建设项目总概算是确定整个建设项目从筹建到竣工验收所需全部费用的文件，是由各单项工程综合概算、工程建设其他费用概算、预备费、建设期贷款利息和投资方向调节税概算汇总编制而成的，如图 4-7 所示。

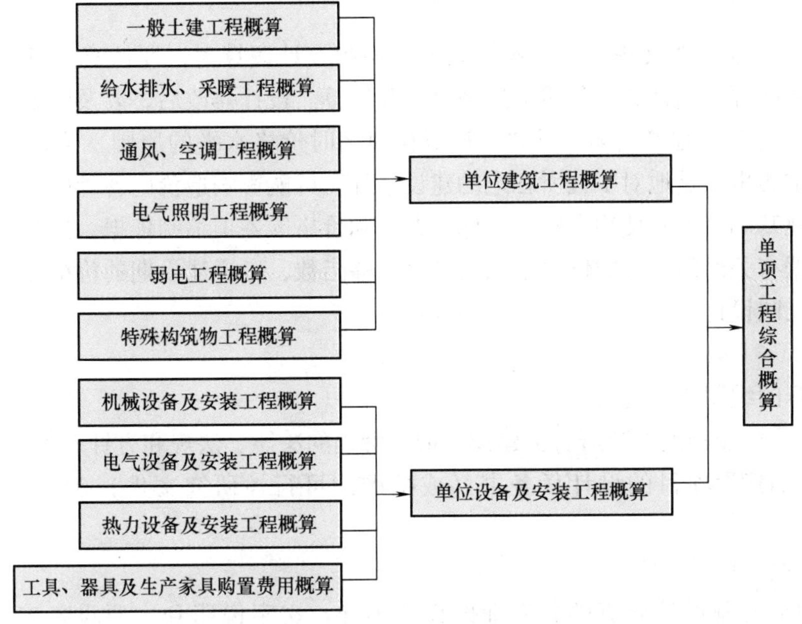


图 4-6　单项工程综合概算的组成内容

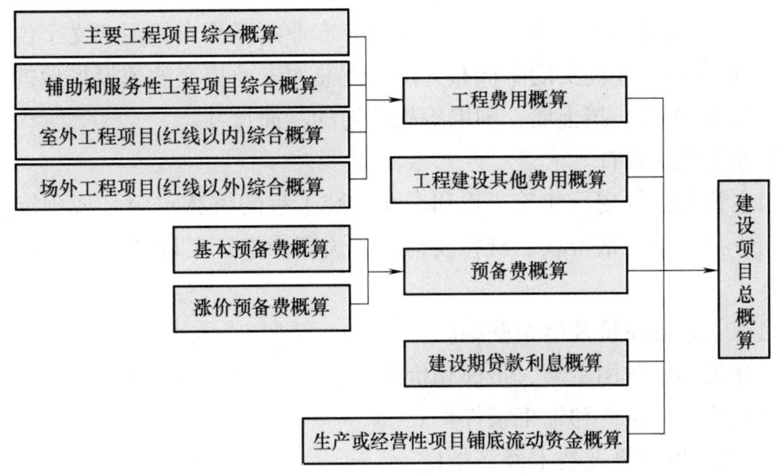


图 4-7　建设项目总概算的组成内容

若干个单位工程概算汇总后成为单项工程综合概算，若干个单项工程综合概算和其他工程费用、预备费、建设期利息等概算文件汇总成为建设项目总概算。单项工程综合概算和建设项目总概算仅是一种归纳、汇总性文件，因此，最基本的计算文件是单位工程概算书。建设项目若为一个独立单项工程，则建设项目总概算书与单项工程综合概算书可合并编制。

## 4.4.2 设计概算的编制原则和依据

### 1. 设计概算的编制原则

（1）严格执行国家的建设方针和经济政策的原则 设计概算是一项重要的技术经济工作，要严格按照党和国家的方针、政策办事，坚决执行勤俭节约的方针，严格执行规定的设计标准。

（2）完整、准确地反映设计内容的原则 编制设计概算时，要认真了解设计意图，根据设计文件、图样准确计算工程量，避免重算和漏算。设计修改后，要及时修正概算。

（3）结合拟建工程的实际，反映工程所在地当时价格水平的原则 为提高设计概算的准确性，要求实事求是地对工程所在地的建设条件，可能影响造价的各种因素进行认真的调查研究。在此基础上正确使用定额、指标、费率和价格等各项编制依据，按照现行工程造价的构成，根据有关部门发布的价格信息及价格调整指数，考虑建设期的价格变化因素，使概算尽可能地反映设计内容、施工条件和实际价格。

### 2. 设计概算的编制依据

设计概算的编制依据包括：

1）国家、行业和地方政府有关建设和造价管理的法律、法规和方针政策。

2）批准的建设项目的设计任务书（或批准的可行性研究文件）和主管部门的有关规定。

3）初步设计项目一览表。

4）能满足编制设计概算的各专业的设计图样、文字说明和主要设备表，其中包括：①土建工程中建筑专业提交的建筑平、立、剖面图和初步设计文字说明（应说明或注明装修标准、门窗尺寸）；结构专业提交的结构平面布置图、构件截面尺寸、特殊构件配筋率；②给水排水、电气、采暖通风、空气调节、动力等专业的平面布置图或文字说明和主要设备表；③室外工程有关各专业提交的平面布置图；④总图专业提交的建设场地的地形图、场地设计标高及道路、排水沟、挡土墙、围墙等构筑物的断面尺寸。

5）正常的施工组织设计。

6）当地和主管部门的现行建筑工程和专业安装工程的概算定额（或预算定额、综合预算定额，本节下同）、单位估价表、材料及构配件预算价格、工程费用定额和有关费用规定的文件等资料。

7）现行的有关设备原价及运杂费率。

8）现行的有关其他费用定额、指标和价格。

9）建设场地的自然条件和施工条件。

10）类似工程的概预算及技术经济指标。

11）建设单位提供的有关工程造价的其他资料。

## 4.4.3　设计概算的编制方法

建设项目设计概算的编制，一般首先编制单位工程的设计概算，然后再逐级汇总，形成单项工程综合概算及建设项目总概算。下面分别介绍单位工程概算、单项工程综合概算和建设项目总概算的编制。

### 1. 单位工程概算的编制方法

（1）单位工程概算的内容　单位工程概算书是计算一个独立建筑物或构筑物（即单项工程）中每个专业工程所需工程费用的文件，分为以下两类：建筑工程概算书和设备及安装工程概算书。单位工程概算文件应包括：建筑（安装）工程直接工程费计算表，建筑（安装）工程工人、材料、机械台班价差表，建筑（安装）工程费用构成表。

（2）单位建筑工程概算的编制方法　建筑工程概算的编制方法有：概算定额法、概算指标法、类似工程预算法等。

1）概算定额法。概算定额法又叫扩大单价法或扩大结构定额法，是采用概算定额编制建筑工程概算的方法。根据初步设计图样资料和概算定额的项目划分计算出工程量，然后套用概算定额单价（基价），计算汇总后，再计取有关费用，便可得出单位工程概算造价。

概算定额法要求初步设计达到一定深度，建筑结构比较明确，能按照初步设计的平面、立面、剖面图样计算出楼地面、墙身、门窗和屋面等分部工程（或扩大结构件）项目的工程量时，才可采用。

概算定额法编制设计概算的步骤：①列出单位工程中分项工程或扩大分项工程的项目名称，并计算其工程量；②确定各分部分项工程项目的概算定额单价；③计算分部分项工程的直接工程费，合计得到单位工程直接工程费总和；④按照有关规定标准计算措施项目费，合计得到单位工程直接费；⑤按照一定的取费标准计算间接费和利税；⑥计算单位工程概算造价；⑦计算单位建筑工程经济技术指标。

【例 4-10】　某市拟建一座 7750m$^2$ 的宿舍楼，请按给出的扩大单价和工程量（表 4-15）编制出该宿舍楼土建工程设计概算造价和平方米造价。按有关规定标准计算得到措施项目费为 450000 元，各项费率分别为：规费和企业管理费的综合费率为 5%，利润率为 7%，综合税率为 3.413%(以直接费为计算基础)。

表 4-15　某宿舍楼土建工程量和扩大单价

| 分部工程名称 | 单　位 | 工　程　量 | 扩大单价/元 |
|---|---|---|---|
| 基础工程 | 10m$^3$ | 150 | 2500 |
| 混凝土及钢筋混凝土 | 10m$^3$ | 200 | 7000 |
| 砌筑工程 | 10m$^3$ | 250 | 3500 |
| 地面工程 | 100m$^2$ | 50 | 1000 |
| 楼面工程 | 100m$^2$ | 90 | 1800 |
| 卷材屋面 | 100m$^2$ | 50 | 3900 |
| 门窗工程 | 100m$^2$ | 40 | 5400 |
| 脚手架 | 100m$^2$ | 200 | 650 |

解：根据已知条件和表4-15中数据及扩大单价，求得该宿舍楼土建工程造价，见表4-16。

表4-16 某宿舍楼土建工程概算造价计算

| 序号 | 分部工程名称 | 单位 | 工程量 | 单价/元 | 合价/元 |
|---|---|---|---|---|---|
| 1 | 基础工程 | $10m^3$ | 150 | 2500 | 375000 |
| 2 | 混凝土及钢筋混凝土 | $10m^3$ | 200 | 7000 | 1400000 |
| 3 | 砌筑工程 | $10m^3$ | 250 | 3500 | 875000 |
| 4 | 地面工程 | $100m^2$ | 50 | 1000 | 50000 |
| 5 | 楼面工程 | $100m^2$ | 90 | 1800 | 162000 |
| 6 | 卷材屋面 | $100m^2$ | 50 | 3900 | 195000 |
| 7 | 门窗工程 | $100m^2$ | 40 | 5400 | 216000 |
| 8 | 脚手架 | $100m^2$ | 200 | 650 | 130000 |
| A | 分部分项工程费小计 | 以上8项之和 | | | 3403000 |
| B | 措施项目费 | | | | 450000 |
| C | 以上两项小计 | A+B | | | 3853000 |
| D | 规费和企业管理费 | C×5% | | | 192650 |
| E | 利润 | (C+D)×7% | | | 283195.5 |
| F | 税金 | (C+D+E)×3.413% | | | 147743.5 |
| 概算造价 | | C+D+E+F | | | 4476589 |
| 平方米造价 | | 4476589/7750 | | | 577.62 |

2）概算指标法。**概算指标法**是采用直接工程费指标，用拟建的厂房、住宅的建筑面积（或体积）乘以技术条件相同工程的概算指标，得出直接工程费，然后按规定计算出措施项目费、规费、企业管理费、利润和税金等，编制出单位工程概算的方法。

概算指标法的适用范围是当初步设计深度不够，不能准确地计算出工程量，但工程设计技术比较成熟而又有类似工程概算指标可以利用时，可采用此法。

由于拟建工程（设计对象）往往与类似工程的概算指标的技术条件不尽相同，而且概算指标编制年份的设备、材料、人工等价格与拟建工程当时当地的价格也不会一样。因此，必须对其进行调整。其调整方法是：设计对象的结构特征与概算指标有局部差异时按以下公式调整：

$$\text{结构变化修正概算指标}(\text{元}/m^2)=J+Q_1P_1-Q_2P_2 \tag{4-5}$$

式中 $J$——原概算指标；

$Q_1$——换入新结构的数量；

$Q_2$——换出旧结构的数量；

$P_1$——换入新结构的单价；

$P_2$——换出旧结构的单价。

或

结构变化修正概算指标的人工、材料、机械消耗量 = 原概算指标的人工、材料、机械消耗量+换入结构件工程量×相应定额人工、材料、机械消耗量-换出结构件工程量×相应定额人工、材料、机械消耗量

以上两种方法，前者是直接修正结构件指标单价，后者是修正结构件指标工料机械数量。

设备、人工、材料、机械台班费用按以下公式调整：

设备、人工、材料、机械修正概算费用 = 原概算指标的设备、人工、材料、机械费用+Σ（换入设备、人工、材料、机械数量×拟建地区相应单价）-Σ（换出设备、人工、材料、机械数量×原概算指标设备、人工、材料、机械单价）

【例 4-11】 某新建住宅土建单位工程概算的直接工程费为 800 万元，措施项目费按直接工程费的 8%计算，间接费费率为 15%，利润率为 7%，税率为 3.4%，则该住宅的土建单位工程概算造价是多少？（2008 年造价师考试试题）

**解：** 土建单位工程概算造价 = 800×(1+8%)×(1+15%)×(1+7%)×(1+3.4%)万元

= 1099.3 万元

【例 4-12】 某市一栋普通办公楼为钢筋混凝土结构 $3000m^2$，建筑工程的工、料、机三项费用为 394 元/$m^2$，条形基础造价为 52 元/$m^2$，其中毛石基础为 39 元/$m^2$；现拟建一栋办公楼 $4000m^2$，采用框架结构，毛石基础 40 元/$m^2$，其他结构相同。求该拟建新办公室建筑工程的工、料、机费用。

**解：** 调整后的概算指标 = (394-52+40)元/$m^2$ = 382 元/$m^2$

拟建新办公楼建筑工程直接工程费 = 382 元/$m^2$×$4000m^2$ = 1528000 元

然后按上述概算定额法同样计算程序和方法，计算出措施项目费、规费、企业管理费、利润和税金，便可求出新建办公楼的建筑工程造价。

3）类似工程预算法。类似工程预算法是利用技术条件与设计对象类似的已完工程或在建工程的工程造价资料来编制拟建工程设计概算的方法。

类似工程预算法适用于拟建工程初步设计与已完工程或在建工程的设计类似而又没有可用的概算指标时采用，但必须对建筑结构差异和价差进行调整。通常有两种方法：①类似工程造价资料有具体的人工、材料、机械台班的用量时，可按类似工程预算造价资料中的主要材料用量、工日数量、机械台班用量乘以拟建工程所在地的主要材料预算价格、人工单价、机械台班单价，再乘以当地的综合费率，即可得出所需的造价指标；②类似工程造价资料只有人工、材料、机械台班和措施项目费、规费和企业管理费时可按下面公式调整

$$D = AK \tag{4-6}$$

$$K=a\%K_1+b\%K_2+c\%K_3+d\%K_4+e\%K_5$$

式中 $D$——拟建工程单方概算造价；

$A$——类似工程单方预算造价；

$K$——综合调整系数；

$a\%$、$b\%$、$c\%$、$d\%$、$e\%$——类似工程预算的人工费、材料费、机械台班费、措施项目费、规费和企业管理费占预算造价的比重，如：$a\%$=类似工程人工费（或工资标准）/类似工程预算造价×100%，$b\%$、$c\%$、$d\%$、$e\%$类同；

$K_1$、$K_2$、$K_3$、$K_4$、$K_5$——拟建工程地区与类似工程预算造价在人工费、材料费、机械台班费、措施项目费、规费和企业管理费之间的差异系数，如：$K_1$=拟建工程概算的人工费（或工资标准）/类似工程预算人工费（或地区工资标准），$K_2$、$K_3$、$K_4$、$K_5$ 类同。

（3）设备及安装单位工程概算的编制方法　设备及安装工程概算包括设备购置费概算和设备安装工程费概算两大部分。

1）设备购置费概算。设备购置费是根据初步设计的设备清单计算出设备原价，并汇总求出设备总原价，然后按有关规定的设备运杂费率乘以设备总原价，两项相加即为设备购置费概算。

2）设备安装工程费概算的编制方法。设备安装工程费概算的编制方法是根据初步设计深度和要求明确的程度来确定的。其主要编制方法有：①预算单价法；②扩大单价法；③设备价值百分比法；④综合吨位指标法。

① 预算单价法：当初步设计较深，有详细的设备清单时，可直接按安装工程预算定额单价编制安装工程概算，概算编制程序基本同于安装工程施工图预算。该法具有计算比较具体、精确性较高的优点。

② 扩大单价法：当初步设计深度不够，设备清单不完备，只有主体设备或仅有成套设备质量时，可采用主体设备、成套设备的综合扩大安装单价来编制概算。

③ 设备价值百分比法，又叫安装设备百分比法。当初步设计深度不够，只有设备出厂价而无详细规格、质量时，安装费可按占设备费的百分比计算。其百分比值（即安装费率）由主管部门制定或由设计单位根据已完类似工程确定。该法常用于价格波动不大的定型产品和通用设备产品，数学表达式为

$$设备安装费=设备原价\times安装费率（\%）$$

④ 综合吨位指标法：当初步设计提供的设备清单有规格和设备质量时，可采用综合吨位指标编制概算，综合吨位指标由主管部门或由设计院根据已完类似工程资料确定。该法常用于设备价格波动较大的非标准设备和引进设备的安装工程概算，数学表达式为

$$设备安装费=设备吨重\times每吨设备安装费指标（元/t）$$

**2. 单项工程综合概算的编制方法**

（1）单项工程综合概算的含义　单项工程综合概算是确定单项工程建设费用的综合性文件，是由单项工程的各专业的单位工程概算汇总而成的，是建设项目总概算的组成部分。

（2）单项工程综合概算的内容　单项工程综合概算文件一般包括编制说明（不编制总概算时列入）、综合概算表（含其所附的单位工程概算表和建筑材料表）两大部分。当建设

项目只有一个单项工程时，此时综合概算文件（实为总概算）除包括上述两大部分外，还应包括工程建设其他费用、建设期贷款利息、预备费的概算。

1）编制说明。编制说明应列在综合概算表的前面，其内容为：①工程概况。简述建设项目性质、特点、生产规模、建设周期、建设地点等主要情况。引进项目要说明引进内容以及与国内配套工程等主要情况。②编制依据。包括国家和有关部门的规定、设计文件。现行概算定额或概算指标、设备材料的预算价格和费用指标等。③编制方法。说明设计概算是采用概算定额法，还是采用概算指标法，或其他方法。④其他必要的说明。

2）综合概算表。综合概算表是根据单项工程所辖范围内的各单位工程概算等基础资料，按照国家或部委所规定统一表格进行编制。

工业建设项目综合概算表由建筑工程和设备及安装工程两大部分组成；民用工程项目综合概算表仅建筑工程一项。

综合概算一般应包括建筑工程费用，安装工程费用，设备购置费及工器具及生产家具购置费所组成。当不编制总概算时，还应包括工程建设其他费用、建设期贷款利息、预备费等费用项目。

单项工程综合概算表的结构型式与总概算表是相同的，见表 4-17。

表 4-17　单项工程综合概算表

建设项目名称：　　　　　单项工程名称：　　　　　单位：万元　　　共　页　第　页

| 序号 | 概算编号 | 工程项目和费用名称 | 概算价值 | | | | | | | 其中：引进部分 | |
|---|---|---|---|---|---|---|---|---|---|---|---|
| | | | 设计规模和主要工程量 | 建筑工程 | 安装工程 | 设备购置 | 工器具及生产家具购置 | 其他 | 总价 | 美元 | 折合人民币 |
| 1 | 2 | 3 | 4 | 5 | 6 | 7 | 8 | 9 | 10 | 11 | 12 |
| | | | | | | | | | | | |
| | | | | | | | | | | | |
| | | | | | | | | | | | |
| | | | | | | | | | | | |

编制人：　　　　　　　　　　　　　　　　审定人：

### 3. 建设项目总概算的编制方法

（1）总概算的含义　建设项目总概算是设计文件的重要组成部分，是确定整个建设项目从筹建到竣工交付使用所预计花费的全部费用的文件。它是由各单项工程综合概算、工程建设其他费用、建设期贷款利息、预备费、经营性项目的铺底资金概算组成，按照主管部门规定的统一表格进行编制而成的。

（2）总概算的内容　设计总概算文件一般应包括：编制说明、总概算表、各单项工程综合概算书、工程建设其他费用概算表、主要建筑安装材料汇总表。独立装订成册的总概算文件宜加封面、签署（扉页）和目录。现将有关主要问题说明如下：

1）编制说明。编制说明的内容与单项工程综合概算文件相同。

2）总概算表。

3）工程建设其他费用概算表。工程建设其他费用概算按国家或地区或部委所规定的项目和标准确定，并按同一格式编制。

4）主要建筑安装材料汇总表。针对每一个单项工程列出钢筋、水泥、木材等主要建筑材料的消耗量。

## 4.5 施工图预算的编制

### 4.5.1 施工图预算的基本概念

#### 1. 施工图预算的含义

施工图预算是施工图设计预算的简称，又叫设计预算。它是由设计单位在施工图设计完成后，根据已批准的施工图设计图样、现行预算定额、费用定额以及地区设备、材料、人工、施工机械台班等价格，在施工方案或施工组织设计已大致确定的前提下，按照规定的计算程序计算工、料、机费，措施项目费，并计取规费、企业管理费、利润、税金等费用，确定单位工程造价的技术经济文件。

#### 2. 施工图预算的作用

施工图预算作为建设工程建设程序中一个重要的技术经济文件，在工程建设实施过程中具有十分重要的作用，可以归纳为以下几个方面：

（1）对投资方的作用　施工图预算是控制造价及资金合理使用的依据，投资方按施工图预算造价筹集建设资金，并控制资金的合理使用；施工图预算是确定招标控制价的依据，这是由于招标控制价通常是在施工图预算的基础上考虑工程的特殊施工措施、工程质量要求、目标工期、招标工程范围以及自然条件等因素进行编制的；施工图预算也是投资方拨付工程款及办理工程结算的依据。

（2）对施工企业的作用　施工企业投标报价时需要根据施工图预算，结合企业的投标策略确定报价；施工图预算是施工企业安排调配施工力量，组织材料供应的依据；施工图预算也是施工企业控制工程成本的依据，根据施工图预算确定的中标价格是施工企业收取工程款的依据。企业只有合理利用各项资源，采取先进技术和管理方法，将成本控制在施工图预算价格以内，才能获得良好的经济效益。

（3）对其他方面的作用　对于工程咨询单位来说，可以客观、准确地为委托方做出施工图预算，以强化投资方对工程造价的控制，有利于节省投资，提高建设项目的投资效益；对于工程造价管理部门来说，施工图预算是监督、检查执行定额标准，合理确定工程造价，测算造价指数的依据。

#### 3. 施工图预算的内容

施工图预算有单位工程预算、单项工程预算和项目总预算。单位工程预算是根据施工图设计文件、现行预算定额、单位估价表、费用定额以及人工、材料、设备、机械台班等预算价格资料，编制单位工程的施工图预算；然后汇总所有各单位工程施工图预算，成为单项施工图预算；再汇总所有单项施工图预算，便是一个建设项目建筑安装工程的总预算。

单位工程预算包括建筑工程预算和设备安装工程预算。建筑工程预算按其工程性质分为一般土建工程预算、卫生工程预算（包括室内外排水工程、采暖通风工程、煤气工程等）、电气照明工程预算、弱电工程预算、特殊构筑物如炉窑等工程预算和工业管道工程预算等。

设备安装工程预算可分为机械设备安装工程预算、电气设备安装工程预算和热力设备安装工程预算等。

### 4.5.2　施工图预算的编制依据与编制程序

**1. 施工图预算的编制依据**

1）国家有关工程建设和造价管理的法律、法规和方针政策。

2）施工图设计项目一览表、各专业施工图设计的图样和文字说明、工程地质勘查资料。

3）主管部门颁布的现行建筑工程和安装工程预算定额、材料与构配件预算价格、工程费费用定额和有关费用规定等文件。

4）现行的有关设备原价及运杂费率。

5）现行的其他费用定额、指标和价格。

6）建设场地中的自然条件和施工条件。

**2. 施工图预算的编制程序**（预算单价法）

（1）编制前的准备工作　施工图预算是确定施工预算造价的文件，编制施工图预算的过程是具体确定建筑安装工程预算造价的过程。编制工程预算，不仅要严格遵守国家计价政策、法规，严格按图样计量，而且还要考虑施工现场条件因素，是一项复杂而细致的工作，是一项政策性和技术性都很强的工作。因此，必须事前做好充分准备，方能编制出高水平的施工图预算。准备工作主要包括两大方面：一是组织准备，二是资料的收集和现场情况的调查。

（2）熟悉图样和预算定额以及单位估价表　图样是编制施工图预算的基本依据，必须充分地熟悉图样，方能编制好预算。熟悉图样不但要弄清图样的内容，而且要对图样进行审核：图样相关尺寸是否有误，设备与材料表上的规格、数量是否与图样相符，详图、说明、尺寸和其他符号是否正确等。若发现错误应及时更正。

另外，要全面熟悉图样，包括采用的平面图、立面图、剖面图、详图、标准图以及设计更改通知（或类似文件），这些都是图样的组成部分，不可遗漏。通过对图样的熟悉，要了解工程的性质、系统的组成、设备和材料的规格型号和品种，以及有无新材料、新工艺的采用。

预算定额是编制施工图预算的计价标准，对其适用范围、工程量计算规则及定额系数要充分了解，做到心中有数，这样才能使预算编制准确、迅速。

（3）了解施工组织设计和施工现场情况　编制施工图预算前，应了解施工组织设计中影响工程造价的有关内容。例如，各分部分项工程的施工方法，土方工程中余土外运使用的工具、运输距离，施工平面图对建筑材料、构件等堆放点到施工操作地点的距离安排等，以便能正确计算工程量和正确套用或确定某些分项工程的基价。

（4）划分工程项目和计算工程量　划分的工程项目必须和定额规定的项目一致，这样才能正确地套用定额。不能重复列项计算，也不能漏项少算。计算并整理工程量时必须按定额规定的工程量计算规则进行计算，该扣除的部分要扣除，不该扣除的部分不能扣除。当按照工程项目将工程量全部计算完以后，要对工程项目和工程量进行整理，即合并同类项和按序排列，为套定额、计算其他费用和进行工料分析打下基础。

（5）套单价（计算定额基价）　套单价，即将定额子项中的基价填于预算表单价栏内，并将单价乘以工程量得出合价，将结果填入合价栏。

（6）工料分析　即按分项工程项目，依据定额或单位估价表，计算人工和各种材料的实物耗量，并将主要材料汇总成表。工料分析的方法是：首先从定额项目表中分别将各分项工程消耗的每项材料和人工的定额消耗量查出；再分别乘以该工程项目的工程量，得到分项工程工料消耗量，最后将各分项工程工料消耗量加以汇总，得出单位工程人工、材料的消耗数量。

（7）计算主材费　因为许多定额项目基价为不完全价格，即未包括主材费用在内，计算所在地定额基价费（基价合计）之后，还应计算出主材费，以便计算工程造价。

（8）按费用定额取费　即按有关规定计取措施项目费，以及按当地费用定额的取费规定计取间接费、利润、税金等。

（9）计算工程造价　将直接费、间接费、利润和税金相加，即为工程预算造价。

施工图预算编制程序如图 4-8 所示。

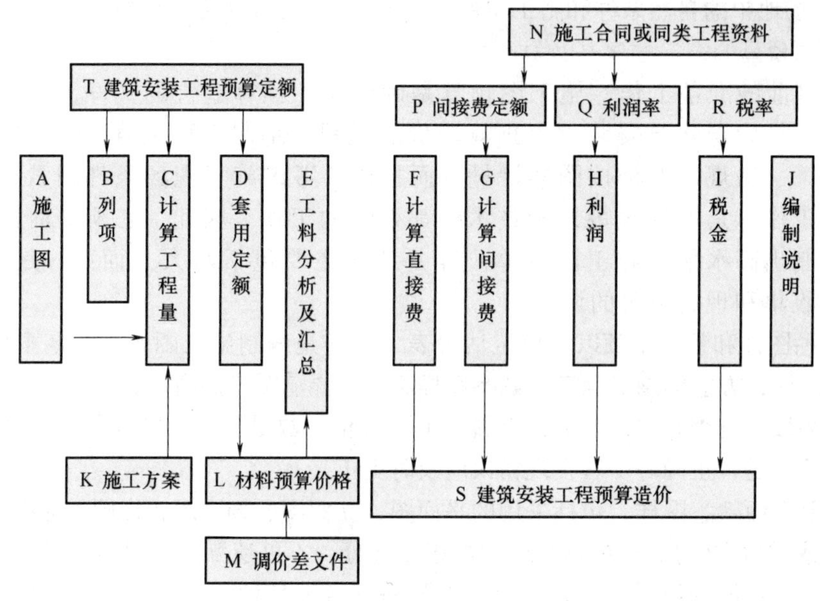


图 4-8　施工图预算编制程序示意图

注：A~J 是施工图预算编制的主要程序。

施工图预算编制依据的代号有：A、T、K、L、M、N、P、Q、R

施工图预算编制内容的代号有：B、C、D、E、F、G、H、I、S、J

## 4.5.3　施工图预算编制方法

施工图预算的编制可以采用工料单价法和综合单价法。工料单价法是传统的定额计价模式下的施工图预算编制方法，而综合单价法是适应市场经济条件的工程量清单计价模式下的施工图预算编制方法。

### 1. 工料单价法

工料单价法是指分部分项工程的单价为工、料、机费单价，以分部分项工程量乘以对应分部分项工程单价后的合计为单位工、料、机费，汇总后另加措施项目费、规费、企业管理费、利润、税金生成施工图预算造价。

按照分部分项工程单价产生的方法不同，工料单价法又可以分为预算单价法和实物法两种。

（1）预算单价法　预算单价法是指采用地区统一单位估价表中的各分项工程工料预算单价（即基价）乘以相应的各分项工程的工程量，求和后得到单位工程的工、料、机费，措施项目费、规费、企业管理费、利润和税金可根据统一规定的费率乘以相应的计费基数得到，将上述费用汇总后得到该单位工程的施工图预算造价。

（2）实物法　用实物法编制单位工程施工图预算，是根据施工图计算的各分项工程量分别乘以地区定额中人工、材料、施工机械台班的定额消耗量，分类汇总得出该单位工程所需的全部人工、材料、施工机械台班消耗数量，然后再乘以当时当地人工工日单价、各种材料单价、施工机械台班单价，求出相应的人工费、材料费、机械使用费，再加上措施项目费。规费、企业管理费、利润及税金等费用计取方法与预算单价法相同。

实物法的优点是能比较及时地将反映各种材料、人工、机械的当时当地市场单价计入预算价格，不需调价，反映当时当地的工程价格水平。

**2. 综合单价法**

所谓综合单价，即分项工程单价综合了工、料、机费及以外的多项费用，按照单价综合的内容不同，综合单价法可分为全费用综合单价和清单综合单价。

（1）全费用综合单价　即单价中综合了分项工程人工费、材料费、机械费、企业管理费、利润、规费以及有关文件规定的调价、税金和一定范围的风险等全部费用。以各分项工程量乘以全费用单价的合价汇总后，再加上措施项目的完全价格，就生成了单位工程施工图造价。公式如下：

建筑安装工程预算造价 =（∑分项工程量×分项工程全费用单价）+措施项目完全价格

（2）清单综合单价　即单价中综合了人工费、材料费、施工机械使用费、企业管理费、利润，并考虑了一定范围的风险费用，但并未包括措施项目费、规费和税金，因此它是一种不完全单价。以各分部分项工程量乘以该综合单价的合价汇总后，再加上措施项目费、规费和税金后，就是单位工程的造价。公式如下：

建筑安装工程预算造价 = ∑分项工程量×分项工程不完全单价+
措施项目不完全价格+规费+税金

## 复习思考题

**一、单选题**

1. 下列原因中，不能据以调整设计概算的是（　　）。

A. 超出原设计范围的重大变更

B. 超出承包人预期的货币贬值和汇率变化

C. 超出基本预备费规定范围的不可抗拒重大自然灾害引起的工程变动和费用增加

D. 超出预备费的国家重大政策性调整

2. 下列建筑设计影响工程造价的选项中，属于影响工业建筑但一般不影响民用建筑的因素是（　　）。

A. 建筑物平面形状　　B. 项目利益相关者
C. 柱网布置　　D. 风险因素

3. 限额设计目标是在初步设计开始前，根据批准的（　　）确定的。
A. 项目建议书及其投资估算
B. 可行性研究报告及其投资估算
C. 设计任务书及其设计概算
D. 初步设计文件及其投资概算

4. 当初步设计达到一定深度，建筑结构比较明确时，编制单位工程概算可以采用（　　）。
A. 单位工程指标法　　B. 概算指标法
C. 概算定额法　　D. 类似工程概算法

5. 拟建砖混结构住宅工程，其外墙采用贴釉面砖，每平方米建筑面积消耗量为0.9m²，釉面砖全费用单价为50元/m²。类似工程概算指标为58050元/100m²，外墙采用水泥砂浆抹面，每平方米建筑面积消耗量为0.92m²，水泥砂浆抹面全费用单价为9.5元/m²，则该砖混结构工程修正概算指标为（　　）元/m²。
A. 571.22　　B. 616.72　　C. 625.00　　D. 633.28

6. 概算造价是指在初步设计阶段，预先测算和确定的工程造价，它主要受（　　）控制。
A. 投资估算　　B. 合同价
C. 修正概算造价　　D. 预算造价

7. 建筑材料的选择是否合理，对施工费用、工程造价有很大影响。建筑材料一般占直接费的（　　）左右
A. 10%　　B. 50%　　C. 70%　　D. 90%

8. 当设计深度不够，只有设备出厂价而无详细规格、重量时，安装费可按（　　）计算。
A. 设备购置费概算法　　B. 预算单价法
C. 设备价值百分比法　　D. 综合吨位指标法

二、多选题

1. 建筑设计阶段影响工程造价的主要因素包括（　　）。
A. 平面形状　　B. 流通空间
C. 空间组合　　D. 建筑物的体积和面积
E. 建筑结构

2. 实物法和单价法编制施工图预算的区别在于（　　）。
A. 根据施工图分别计算出分项工程量
B. 工程量计算后，套用相应预算人工、材料、机械台班定额用量
C. 求出各分项工程人工、材料、机械台班消耗数量并汇总单位工程所需各类人工工日、材料和机械台班的消耗量
D. 用当时当地的各类人工、材料和机械台班的实际单价分别乘以相应的人工、材料和机械台班的消耗量，并汇总便得出单位工程的人工费、材料费和机械使用费
E. 按规定计取其他各项费用，汇总得出单位工程施工图预算造价

3. 下列说法正确的是（　　）。
A. 在设计阶段控制工程造价效果最显著
B. 投资限额一旦确定，设计只能在确定的限额内进行
C. 方案设计阶段一般是根据方案图和说明书，做出详尽的工程造价估算书，这时的估算书与可行性研究报告中的投资估算误差不得超出30%
D. 在初步设计时，应编制设计总概算
E. 对于大中型工业厂房一般选用砌体结构

4. 单位工程概算按其工作性质可分为单位建设工程概算和单位设备及安装工程概算两类，下列不属于单位设备及安装工程概算的是（　　）。

A. 通风、空调工程概算　　B. 工具、器具及生产家具购置费概算

C. 电气、照明工程概算　　D. 弱电工程概算

E. 采暖工程概算

5. 设备安装工程费概算的编制方法应根据初步设计深度和所要求的明确程度而采用，主要编制方法有（　　）。

A. 预算单价法　　B. 扩大单价法

C. 综合单价法　　D. 综合吨位指标法

E. 设备价值百分比法

6. 工艺设计要以市场研究为基础，要考虑技术发展的最新动态，选择（　　）的方案。

A. 先进　　B. 适用　　C. 经济

D. 便捷　　E. 快捷

7. 工业项目设计评价有（　　）组成。

A. 效益评价　　B. 区域设计评价

C. 建筑设计评价　　D. 工艺设计评价

E. 总平面设计评价

8. 多指标对比法的特征有（　　）。

A. 考虑对某一功能的单一评价

B. 指标体系的各个指标可以分为主要指标和辅助指标

C. 可以直接定性或者定量反映方案技术经济性能的主要方面

D. 便于综合定量分析

E. 可避免因方案可比性产生客观标准不统一的现象

## 三、简答题

1. 简述设计阶段工程造价管理的重要意义。
2. 简述工业建筑设计评价的内容。
3. 简述居住小区设计方案的评价指标有哪些。
4. 简述民用建筑设计的评价指标有哪些。
5. 简述设计方案经济评价的方法及各种方法之间的异同。
6. 简述利用价值工程进行设计方案优化的原理。
7. 简述限额设计的原理与实施过程。
8. 简述设计概算的基本概念。
9. 简述设计概算的内容及各级概算的组成内容。
10. 简述单位建筑工程概算的编制方法。
11. 简述设备及安装工程概算的编制方法。
12. 总平面设计中影响工程造价的主要因素。
13. 设计方案的评价原则。
14. 设计概算的编制依据。
15. 什么是施工图预算？
16. 施工图预算编制依据。

## 四、案例分析题

1. 某新建项目的建筑面积为6500$m^2$。为计算其概算造价，选取一与新建项目类似的工程，该工程的造价指标如下：

（1）土建单方造价为690元/$m^2$，占单项工程造价的78%。

（2）人工费、材料费、机械费、措施费、间接费及其他费用占该工程造价的比例分别为12%、63%、5.5%、8.5%和11%。

新建工程与该类似工程相比，砖墙砌筑的工程量有所不同，新建项目每100$m^2$，建筑面积砖墙砌筑工程量为12.3$m^3$，类似工程每100$m^2$建筑面积砖墙砌筑工程量为9.7$m^3$。类似工程砌砖的综合单价为117.8元/$m^3$。

经测算，新建工程与类似工程相比，人工费、材料费、机械费、措施费、间接费及其他费用的修正系数分别为1.97、1.1、1.9、1.13和1.02。

问题：试根据给定的条件确定上述新建工程的概算造价。

2. 某建设方案有三个设计方案，根据该项目的特点拟对设计方案的设计技术应用工程造价建设工期、施工技术方案、三材用量等进行比较分析，各指标的权重及三个方案的得分情况见表4-18，试对三个设计方案进行评价。

表4-18 各指标权重

| 指　标 | 设计技术应用 | 工程造价 | 建设工期 | 施工技术方案 | 三材用量 |
| --- | --- | --- | --- | --- | --- |
| 权重 | 0.3 | 0.25 | 0.1 | 0.2 | 0.15 |

根据各方案的具体情况，组织专家进行评价，各方案得分见表4-19。

表4-19 各方案得分

| 方案 | 设计技术应用 | 工程造价 | 建设工期 | 施工技术方案 | 三材用量 |
| --- | --- | --- | --- | --- | --- |
| A | 9 | 8 | 9 | 9 | 8 |
| B | 8 | 9 | 7 | 8 | 7 |
| C | 9 | 9 | 8 | 9 | 8 |

# 第5章 建设项目招标投标阶段的工程计价与控制

本章学习重点与难点：通过本章的学习，读者可以了解招标投标阶段工程造价确定与控制的内容，初步掌握施工招标投标的完整程序与合同价款的确定方法。要求读者在学习中了解工程招标投标对工程造价的影响，熟悉招标投标阶段工程造价管理的内容与程序；掌握招标文件及其招标控制价的编制，掌握投标报价的编制与常用报价策略；熟悉开标、评标、定标的基本程序与要求，熟悉建设工程施工合同价的确定原则与方法，掌握我国现行常用施工合同格式与格式的选择。

招标投标是一种商品交易行为，是市场经济发展的要求，是一种竞争性采购方式。2000年1月1日《中华人民共和国招标投标法》（中华人民共和国主席令［1999］21号）颁布实施，这意味着把竞争机制引入建设工程管理体制，打破了部门垄断和地区分割，在相对平等的条件下进行发包承包，择优选择工程承包单位和设备材料供应单位，以促使这些单位改善经营管理，提高应变能力和竞争能力，合理地确定合同价格，降低工程造价。

建设项目招标与投标是建设项目准备阶段关键、核心的工作，建设过程中相关建筑产品和服务通过招标投标方式实现资源的优化配置，形成了建设行业的建筑市场管理体制，为行业的整体素质和生产力水平的提高提供了动力。在这一过程中，建筑和服务产品交易价格（合同价格）是参建各方关注的焦点。对建设单位而言，建筑产品和服务交易价格决定货币支出，加强成本控制，减少支出是其目的，其具体工作内容为招标控制价格的编制、评标办法的制定、合同谈判和合同价款确定等；对承包单位而言，建筑产品和服务交易价格决定货币收入；对一个具体工程而言，合理提高货币收入是其目的，其具体工作内容为投标报价、投标策略分析与选择、投标文件编制；对建设单位和承包单位而言，建筑产品和服务的交易价格应该是经过市场选择后的均衡价格——合同价格。因此，招标投标阶段的工程计价与控制具有重要的意义和作用，参建各方都高度关注。

## 5.1 招标投标概述

### 5.1.1 建设工程招标投标的概念与方式

#### 1. 招标投标的概念

所谓“建设工程的招标”就是指招标人（或招标单位）在发包工程项目前，依据法定程序，以公开招标或邀请招标方式，鼓励潜在的投标人依据招标文件参与竞争，通过评定，从中择优选定中标人的一种经济活动。

所谓“建设工程的投标”就是具有合法资格和能力的投标人（或投标单位）在同意招标人拟定的招标文件的前提下，在指定期限内填写标书，提出报价，并等候开标，决定能否中标的经济活动。这种方式是投标人之间的直接竞争，而不通过中间人，在规定的期限内以比较合适的条件达到招标人要达到的目的。招标单位又叫发包单位，中标单位又叫承包单位。

招标投标实质上是一种市场竞争行为。建设工程招标投标是以工程设计或施工，或以工程所需的物资、设备、建筑材料等为对象，在招标人和若干个投标人之间进行的。它是商品经济发展到一定阶段的产物。在市场经济条件下，它是一种最普遍、最常见的择优方式。招标人通过招标活动来选择条件优越者，使其力争用最优的技术、最佳的质量、最低的价格和最短的周期完成工程项目任务。投标人也通过这种方式选择项目和招标人，以使自己获得更丰厚的利润。

### 2. 建设项目招标的范围

《中华人民共和国招标投标法》指出，凡在中华人民共和国境内进行下列工程建设项目，包括项目的勘察、设计、施工、监理以及与工程建设有关的重要设备、材料等的采购，必须进行招标：

1）大型基础设施、公用事业等关系社会公共利益、公众安全的项目。

2）全部或者部分使用国有资金投资或国家融资的项目。

3）使用国际组织或者外国政府贷款、援助资金的项目。

《中华人民共和国招标投标法》第六十六条规定涉及国家安全、国家秘密、抢险救灾或者属于利用扶贫资金实行以工代赈、需要使用农民工等特殊情况，不适宜进行招标的项目，可以不进行招标。除此以外，《中华人民共和国招标投标法实施条例》（国务院令［2011］第 613 号）第九条规定，有下列情形之一的，可以不进行招标：

1）需要采用不可替代的专利或者专有技术。

2）采购人依法能够自行建设、生产或者提供。

3）已通过招标方式选定的特许经营项目投资人依法能够自行建设、生产或者提供。

4）需要向原中标人采购工程、货物或者服务，否则将影响施工或者功能配套要求。

5）国家规定的其他特殊情形。

### 3. 建设工程招标的种类

（1）建设工程项目**总承包招标**　又称建设项目全过程招标，在国外称之为“交钥匙”承包方式。它是指从项目建议书开始，包括可行性研究报告、勘察设计、设备材料询价与采购、工程施工、生产设备、投料试车，直到竣工投产、交付使用全面实行招标。工程总承包企业根据建设单位提出的工程使用要求，对项目建议书、可行性研究、勘察设计、设备询价与采购、材料订货、工程施工、职工培训、试生产、竣工投产等实行全面投标报价。

（2）建设工程勘察招标　建设工程勘察招标是指招标人就拟建工程的勘察任务发布公告，以法定方式吸引勘察单位竞争，经招标人审查获得投标资格的勘察单位按照招标文件的要求，在规定的时间内向招标人填报标书，招标人从中选择条件优越者完成勘察任务。

（3）建设工程设计招标　建设工程设计招标是指招标人就拟建工程的设计任务发布公告，以法定方式吸引设计单位参加竞争，经招标人审查获得投标资格的设计单位按照招标文件的要求，在规定的时间内向招标人填报标书，招标人从中择优确定中标单位来完成工程设计任务。设计招标主要是设计方案招标，工业项目可进行可行性研究方案招标。

（4）建设工程施工招标　建设工程施工招标是指招标人就拟建的工程发布公告，以法定方式吸引施工企业参加竞争，招标人从中选择条件优越者完成工程建设任务的法律行为。施工招标是建设项目招标中最有代表性的一种，下文的招标如不加确指，均指施工招标。

（5）建设工程监理招标　建设工程监理招标是指招标人为了委托监理任务的完成发布公告，以法定方式吸引监理单位参加竞争，招标人从中选择条件优越者的法律行为。

（6）建设工程材料设备招标　建设工程材料设备招标是指招标人就拟购买的材料设备发布公告，以法定方式吸引建设工程材料设备供应商参加竞争，招标人从中选择条件优越者。

#### 4. 建设工程招标的方式

建设工程招标方式按照竞争程度进行分类，可分为公开招标和邀请招标，这是《中华人民共和国招标投标法》规定的一种主要分类；从招标的范围进行分类，可分为国际招标和国内招标；从招标的组织形式进行分类，可分为招标人自行招标和招标人委托招标机构代理招标。下面介绍按照竞争程度进行分类的公开招标和邀请招标。

（1）公开招标　又称无限竞争性招标，是指由招标人在报刊、广播、电视、电子网络等公共传媒上公布招标公告，吸引众多投标人参加投标竞争，招标人从中择优选择中标单位的招标方式，是一种无限制的竞争方式。在选择公开招标方式上，应该注意其优缺点，以便于工程造价的有效控制。公开招标的项目，应当发布招标公告，编制招标文件。

公开招标的优点是：第一，由于投标人范围广，竞争激烈，招标人有较大的选择范围，一般情况下，招标人可以获得质优价廉的标的；第二，在国际竞争性招标中，可以引进先进的设备、技术和工程技术及管理经验；第三，可以保证所有合格的投标人都有参加投标的机会，有助于打破垄断，实行平等竞争。

公开招标也存在一些缺陷：第一，公开招标耗时长；第二，公开招标耗费大，所需准备的文件较多，投入的人力、物力大，招标文件要明确规范各种技术规格、评标标准以及买卖双方的义务等内容。

（2）邀请招标　也称有限竞争性招标或选择性招标，是指招标人以投标邀请书的方式邀请特定的法人或者其他组织投标。招标人采用邀请招标方式的，应当向三个以上具备承担招标项目的能力、资信良好的特定的法人或者其他组织发出投标邀请书。虽然招标组织工作比公开招标简单一些，但采用这种形式的前提是对投标人充分了解，由于邀请招标限制了充分的竞争，因此，在我国建设市场中应尽量采用公开招标。

邀请招标的特点是：招标不使用公开的公告形式；只有接受邀请的单位才是合格投标人；投标人的数量有限。

邀请招标与公开招标相比，邀请招标具有如下优缺点：第一，缩短了招标有效期，由于不用在媒体上刊登公告，招标文件只送几家，减少了工作量；第二，节约了招标费用，例如，刊登公告的费用，招标文件的制作费用，减少了投入的人力等；第三，提高了投标人的中标机会；第四，由于接受邀请的单位才是合格的投标人，所以有可能排除了许多更有竞争实力的单位；第五，中标价格可能高于公开招标的价格。

国有资金占控股或者主导地位的依法必须进行招标的项目，应当公开招标；但有下列情形之一的，可以邀请招标：①技术复杂、有特殊要求或者受自然环境限制，只有少量潜在投标人可供选择；②采用公开招标方式的费用占项目合同金额的比例过大。

### 5.1.2 招标投标阶段影响工程造价的因素

**1. 工程招标投标对工程造价的影响**

建设工程招标投标制是我国建筑市场走向规范化、完善化的重要举措之一。建设工程招标投标制的推行，使计划经济条件下建设任务的发包从以计划分配为主转变到以投标竞争为主，使我国承发包方式发生了质的变化。推行建设工程招标投标制，对降低工程造价，进而使工程造价得到合理的控制具有非常重要的影响。

1）推行招标投标制基本形成了市场定价的价格机制，使工程价格更加趋于合理。在建设市场推行招标投标制最直接、最集中的表现，就是在价格上的激烈竞争。通过竞争和合理选择确定出工程价格，使其趋于合理或下降，这将有利于节约投资、提高投资效益。这对建设单位在项目准备阶段的建设成本控制起到重要作用，也成为建设单位工程成本控制的重要手段。

2）推行招标投标制能够不断降低社会平均劳动消耗水平，使工程价格得到有效控制。在建筑市场中，不同投标者的个别成本是有差异的。通过推行招标制总是那些个别成本最低或接近最低，生产力水平较高的投标者获胜，这样便实现了生产力资源的较优配置，也对不同投标者实行了优胜劣汰。面对激烈竞争的压力，为了自身的生存与发展，每个投标者都必须切实在降低自己个别劳动消耗水平上下功夫，这样将逐步而全面地降低社会平均劳动消耗水平，提高行业生产力水平，使工程价格更为合理。

3）推行招标投标制便于供求双方更好地相互选择，使工程价格更加符合价值基础，进而更好地控制工程造价。采用招标投标方式为供求双方在较大范围内进行相互选择创造了条件，为需求者（如建设单位）与供给者（如勘察设计单位、承包商、供应商）在最佳点上结合提供了可能。需求者对供给者选择的基本出发点是"择优选择"，即选择那些报价较低、工期较短、质量较高、具有良好业绩和管理水平的供给者，使工程价格更加符合价值本身，这样也为合理控制工程造价奠定了基础。因此，完善有利于造价控制的招标投标机制，选择有效的方法确定合理交易价格，并为施工阶段的造价控制确定有利依据是该阶段工程造价控制的重要内容和目的。

4）推行招标投标制有利于规范价格行为，使公开、公平、公正的原则得以贯彻。我国招标投标活动有特定的机构进行管理，有严格的程序来遵循，有高素质的专家提供支持。工程技术人员的群体评估与决策，能够避免盲目过度的竞争和徇私舞弊现象的发生，对建筑领域中的腐败现象起到强有力的遏制作用，使价格形成过程变得透明而规范。

5）推行招标投标制能够减少交易费用，节省人力、物力、财力，进而使工程造价成本有所降低。我国目前从招标、投标、开标、评标直至定标，均有一些法律、规范规定，并已进入制度化操作。在招标投标中，若干投标人在同一时间、地点报价竞争，在专家支持系统的评估下，以群体决策方式确定中标者，必然减少交易过程的费用，这本身就意味着招标人收益的增加，对工程造价必然产生积极的影响。

**2. 招标投标阶段影响工程造价的因素**

在招标投标阶段影响工程造价的因素是多方面的，识别、分析和评估该阶段工程造价影响因素，对合理选择造价控制方法和策略有重要作用，这为有效控制工程造价提供重要依据。招标投标阶段影响工程造价的因素，主要包括建筑市场的供需状况、建设单位（招标人）的价值取向、招标项目的特点、投标人的策略等。

（1）建筑市场的供需状况　建筑市场的供需状况是影响工程造价的重要因素之一，对工程造价的影响也是客观存在的。影响程度的大小取决于市场竞争的状况，当市场处于完全竞争时，其对工程造价的影响非常敏感。建筑市场的任何微小的变化均会反映在工程造价的变化上，当建筑市场处于不完全竞争时，其影响程度相对减小。固定资产投资增长影响建筑市场的供需状况，也必然影响建筑市场的竞争程度，在一定程度上通过工程造价高低反映出来。

（2）建设单位的价值取向　建设单位的价值取向反映在对招标工程的质量、进度、造价、安全和技术等方面。质量好、进度快、造价低是建设单位所期望的，但这并不理性，也不符合客观实际。质量、进度和造价等目标在一定意义上相互矛盾，任何商品的生产质量都有其质量标准，建筑产品也不例外，如果建设单位的质量目标超过国家标准，显然需要承包商投入更大的人力、物力、财力和时间，消耗增加，价格自然会提高。在某些情况下可能建设单位以最短建筑周期为目标，力图尽快组织生产占领市场，这样，由于承包商施工资源不合理配置导致生产效率低下、成本增加，为保证适当的利润水平而提高投标报价。因此，质量好、进度快都在一定程度上影响工程造价，在招标投标中，必须结合实际情况做出合理选择。

（3）招标工程项目的特点　招标工程项目的特点与工程造价也有密切的关系，主要包括招标项目的技术含量、建设地点、建筑规模大小等。招标项目的技术含量是指完成项目所需要的技术支撑。当采用新的结构、施工工艺和施工方法时，存在一定技术风险和不确定性，要考虑一定风险因素，工程造价可能会提高。技术复杂，可能存在技术垄断，容易形成垄断价格。建设地点的环境既影响投标人的吸引力也影响建设成本，同时，增加了设备材料的进场、临时设置的费用。建设规模的大小不同，各项费用的摊销也不同。大的规模可以带来成本的降低，这时，投标人会根据规模的大小实行不同的报价策略。

（4）投标人的策略　投标人作为建筑产品的生产者，其对建筑产品的定价与其投标的策略有密切关系。在报价过程中除要考虑自身实力和市场条件外，还要考虑企业的经营策略和竞争程度。如果急于进入市场时，往往会报低价；竞争激烈又急于中标时也会报低价。

### 5.1.3　招标投标阶段工程造价控制的主要内容

#### 1. 发包人选择合理的招标方式和承包模式

《中华人民共和国招标投标法》允许的招标方式有邀请招标和公开招标。邀请招标适用于国家投资的特殊项目和非国有经济投资的项目；公开招标适用于国家投资或国家投资占多数的项目，是最能够体现公开、公正、公平原则的招标方式。选择合理的招标方式是合理确定合同价款的基础，对工程价格有重要影响。

常见的承包模式包括总分包模式、平行承包模式、联合承包模式和合作承包模式。不同的承包模式适用于不同类型的工程项目，不同承包模式有不同的项目管理特点，对工程造价的影响也是不一样的。

总分包模式的总承包价格是前期确定，建设单位承担较少风险；对总承包单位而言，时间长、任务重，不确定性因素多，因此，风险大，获得利润的潜力也比较大。

平行承包模式的总价合同不易在短期确定，从而影响工程造价控制过程。工程招标任务量大，需控制多项合同价格，时间长、影响因素多，从而增加了工程造价的控制难度。但对大型复杂工程，如果分别招标，由于可参与竞争的投标人增多，业主可以获得有竞争性的商业报价，但协调难度增大、管理难度增加。

联合承包对承包人而言，合同结构简单，有利于工程造价控制。对联合体而言，可以集中各个成员在资金、技术和管理等方面的优势，增强了竞争力和抗风险的能力。合作承包模式与联合承包模式相比，建设单位的风险大，合作各方信任度不够。

**2. 发包人合理编制招标文件，确定招标控制价**

工程计量方法和投标报价方法的不同，将产生不同的合同价格，因而在招标前，应选择有利于降低工程造价和便于合同管理的工程计量方法和报价方法。评标方案对工程造价控制有比较大的影响，评标方案的产生、分析、评价和选择会对选择什么样的承包人有重要影响，是强调承包人的技术水平和管理能力，还是强调承包单位的工程报价，都会影响承包人的报价策略和决策。工程量清单是投标报价的依据，为投标人确定了工程造价计价的工程数量基准，招标人应该实事求是地保证其准确性和完整性，以减少因工程量计算错误和缺项带来的投资风险。**招标控制价**是指“招标人根据国家或省级、行业建设主管部门颁发的有关计价依据和办法，以及拟定的招标文件和招标工程量清单，结合工程具体情况编制的招标工程的最高投标限价”，作为国有投资的项目必须编制，防止投标人串标提价等不良行为，其对工程投资控制有十分重要的意义和作用。各个造价控制方案和策略确定后，可以按照相关要求编制招标文件。

**3. 规范开标、评标和定标**

合理、有效、规范地开展开标、评标和定标活动，有效监督招标过程，防止不良招标投标行为的产生，有助于保证工程造价的合理性，是招投标阶段工程造价控制的另一个重要内容。发包人应当按照相关规定确定中标单位，并对相关的进度、质量和价款等内容进行质询和谈判，明确相关事项，以确保承包人和发包人等各方的利益不受损害。

**4. 承包人合理编制投标报价文件**

拟投标招标工程的承包商通过资格审查后，根据获取的招标文件，编制投标文件并对其做出实质性响应。在核实工程量清单的基础上依据企业定额进行工程计价，然后在广泛了解潜在竞争者、工程项目和自身情况的基础上，运用投标技巧和正确的投标策略来合理确定投标报价，以增加中标概率。该工作内容对承包单位确定有竞争力的价格，又能够中标至关重要。

**5. 做好合同谈判和合同价款确定工作**

中标后，承包人参加质询，进行合同谈判。合同内容与条件将对工程实施阶段的各项行为产生实质性的影响，并在很大程度上影响承包人的收入和发包人的支出，各方都非常关注和重视。合同的内容和条件的确定主要在不同的合同格式中体现。合同形式在招标文件中确定，并在投标函中做出响应，目前的**建筑工程合同格式**一般采用三种：① 国际咨询工程师联合会 FIDIC 合同条件订立的合同；②按照《建设工程施工合同（示范文本）》格式订立的合同；③由建设单位和施工单位协商订立的合同。不同的合同格式适用于不同类型的工程，正确选择合适的合同类型，合理、有效地确定有关工程价款是保证合同顺利执行和造价有效控制的基础。如：工程计量、价款结算方式、价款调整、索赔条件和风险分担条件等，为施工阶段的工程造价控制确立依据和原则，具有十分重要的意义和作用，因此，应重视该部分工作内容，做好合同谈判和确定合同价款工作。

# 5.2 施工招标投标与合同价款的确定

## 5.2.1 施工招标概述

### 1. 施工招标的概念

在建设项目各种招标活动中，施工招标最具有代表性。它是指招标人就拟建的工程发布通告，用法定方式吸引施工企业投标竞争，进而通过法定程序从中选择技术能力强、管理水平高、信誉可靠且报价合理的承建单位来完成工程建设任务，并以签订合同的方式约束双方在施工过程中的行为的法律行为。施工招标的特点之一是发包工作内容明确具体、各投标人编制的投标书在评标中易于横向比较。虽然投标人是按招标文件的工程量表中既定的工作内容和工程量编制标书、制定报价，但投标实际上是各施工单位完成该项目任务的技术、经济、管理等综合能力的竞争。

### 2. 施工招标的一般程序

施工招标是一项非常规范的管理活动，以公开招标为例，一般应遵循以下流程：

（1）招标活动的准备工作　建设项目施工招标前，招标人应当办理有关的审批手续，确定招标方式以及划分标段。

1）依法必须招标的工程建设项目，应当具备的基本条件有：①招标人已经依法成立；②初步设计及概算应当履行审批手续的，已经批准；③招标范围、招标方式和招标组织形式等应当履行核准手续的，已经核准；④有相应资金或资金来源已经落实；⑤有招标所需的设计图样及技术资料。

2）一般情况下，一个项目应当作为一个整体进行招标。但是，对于大型项目，作为一个整体进行招标将大大降低招标的竞争性，因为符合招标条件的潜在投标人数量太少，这样就应当将招标项目划分为若干个标段分别进行招标。但也不能将标段划分得太小，太小的标段将失去对实力雄厚的潜在投标人的吸引力。一般可以将一个项目分解为单位工程及特殊专业工程分别招标，但不允许将单位工程肢解为分部、分项工程进行招标。

（2）资格预审公告或招标公告的编制与发布　**招标公告**是指采用公开招标方式的招标人（包括招标代理机构）向所有潜在的投标人发出的一种广泛的通告。招标公告的目的是使所有潜在的投标人都具有公平的投标竞争的机会。若在公开招标过程中采用**资格预审**程序，可用资格预审公告代替招标公告，资格预审后不再单独发布招标公告。

资格预审公告应当包括以下内容：

1）招标条件。明确拟招标项目已符合前述的招标条件。

2）项目概况与招标范围。说明本次招标项目的建设地点、规模、计划工期、招标范围、标段划分等。

3）申请人的资格要求。包括对于申请资质、业绩、人员、设备、资金等各方面的要求，以及是否接受联合体资格预审申请的要求。

4）资格预审的方法。明确采用合格制或有限数量制。

5）资格预审文件的获取。指获取资格预审文件的地点、时间和费用。

6）资格预审申请文件的递交。说明递交资格预审申请文件的截止时间。

7）发布公告的媒介。

8）联系方式。

（3）资格审查 招标人可以根据招标项目本身的特点和需要，要求潜在投标人或者投标人提供满足其资格要求的文件，对潜在投标人或者投标人进行**资格审查**。资格审查可以分为资格预审和资格后审。资格预审是指在投标前对潜在投标人进行的资质条件、业绩、信誉、技术、资金等多方面情况进行资格审查，而资格后审是指在开标后对投标人进行的资格审查。采取资格预审的，招标人应当在资格预审文件中载明资格预审的条件、标准和方法；采取资格后审的，招标人应当在招标文件中载明对投标人资格要求的条件、标准和方法。除招标文件另有规定外，进行资格预审的，一般不再进行资格后审。

（4）编制和发售招标文件 **招标文件**应当包括招标项目的技术要求，对投标人资格审查的标准、投标报价要求和评标标准等所有实质性要求和条件以及拟签合同的主要条款。建设项目施工招标文件是由招标人（或其委托的咨询机构）编制，由招标人发布的，它既是投标单位编制投标文件的依据，也是招标人与中标人签订工程承包合同的基础，招标文件中提出的各项要求，对整个招标工作乃至承包发包双方都有约束力。

招标文件是工程招标工作的纲领性文件，同时又是投标人编制投标书的依据，以及承包人、发包人签订合同的主要内容。按照我国招标投标法的规定，招标文件应当包括招标项目的技术要求，对投标人资格审查的标准、投标报价要求和评标标准等实质性要求和条件以及签订合同的主要条款。体现出发包人对工程项目的投资控制、进度控制、质量控制的总体目标要求和工程项目特点。各个不同行业和地方通常根据相关各种规定制定标准格式的招标文件，以满足各种招标投标需要。招标文件一般包括以下内容：投标人须知、评标办法、合同条款及格式、工程量清单（招标控制价）、图样、技术标准和要求、投标文件格式、规定的其他材料等。

招标文件一般发售给通过资格预审、获得投标资格的投标人。投标人在收到招标文件后，应认真核对，核对无误后应以书面形式予以确认；投标人若发现招标文件缺页或附件不全，应及时向招标人提出，以便补齐。如有疑问，应在规定的时间前以书面形式要求招标人对招标文件予以澄清。若招标人对已发出的招标文件进行必要修改，应当在投标截止时间15天前以书面形式修改招标文件，并通知所有已购买招标文件的投标人。

（5）踏勘现场与召开投标预备会 招标人根据招标项目的具体情况，可以组织投标人踏勘项目现场，向其介绍工程场地和相关环境的有关情况。**招标人不得单独或者分别组织任何一个投标人进行现场踏勘**。

投标人在领取招标文件、图样和有关技术资料及踏勘现场后提出的疑问，招标人可通过投标预备会进行解答，并以书面形式同时送达所有获得招标文件的投标人。召开投标预备会的目的在于澄清招标文件中的疑问，解答投标人对招标文件和勘察现场中所提出的疑问。

（6）建设项目施工投标 投标人应当按照招标文件的要求编制投标文件，并在招标文件规定的提交投标文件的截止时间前，将投标文件密封送达投标地点。招标人收到投标文件后，应当向投标人出具标明签收人和签收时间的凭证，在开标前任何单位和个人不得开封投标文件。

（7）开标、评标、定标、签订合同 在建设项目施工招投标中，开标、评标和定标是招标程序中极为重要的环节。只有做出客观、公正的评标、定标，才能最终选择最合适的承包人，从而顺利进入建设项目施工的实施阶段。选定中标单位后，应在规定的时限内与其完成合同的签订工作。

### 5.2.2　招标文件及招标控制价的编制

**1. 招标控制价的概念**

工程招标控制价（又称拦标价、预算控制价或最高报价）是招标人根据国家或省级、行业管理部门颁发的有关计价依据和办法，以及拟定的招标文件和招标工程量清单，结合工程具体情况编制的招标工程的最高投标限价。

只有单价合理、反映工程价值，才能为工程造价控制创造良好基础。按照建设工程工程量清单计价规范的规定，国有资金投资的工程建设项目应实行工程量清单招标，并应编制招标控制价，作为招标人能够接受的最高交易价格。招标控制价超过批准的概算时，招标人应将其报原概算审批部门审核，投标人的投标报价高于招标控制价的，其投标应予以拒绝。招标控制价应由具有编制能力的招标人或受其委托，具有相应资质的工程造价咨询人编制。要注意的是，应由招标人负责编制招标控制价，当招标人不具有编制招标控制价的能力时，可以委托具有工程造价咨询资质的工程造价咨询企业编制。工程造价咨询人不得同时接受招标人和投标人对同一工程的招标控制价和投标报价的编制。

招标控制价应在发布招标文件时公布，不应上浮或下调，同时，招标人应将招标控制价及有关资料报送工程所在地或有该工程管辖权的行业管理部门工程造价管理机构备查。招标控制价的作用决定了招标控制价不同于标底，无须保密。为体现招标的公平、公正，防止招标人有意抬高或压低工程造价，招标人应在招标文件中如实公布招标控制价，不得对所编制的招标控制价进行调整。招标人在招标文件中公布招标控制价时，应公布招标控制价各组成部分的详细内容，不得只公布招标控制价总价。

投标人具有对招标人不按规范规定编制招标控制价的行为进行投诉的权利，招投标监督机构和工程造价管理机构担负并履行对未按规定编制招标控制价的行为进行监督处理的责任。

**2. 招标控制价的编制**

（1）招标控制价的编制原则　招标控制价是控制投资，确定招标工程造价的重要手段，在计算时要求科学合理、计算准确。招标控制价应当参考建设行政主管部门制定的工程造价计价办法和计价依据以及其他有关规定，根据市场价格信息，由招标单位或委托有相应资质的招标代理机构和工程造价咨询单位以及监理单位等中介组织进行编制。

在招标控制价（或者标底）的编制过程中，应该遵循以下原则：

1）根据国家公布的统一工程项目编码、统一工程项目名称、统一项目特征、统一计量单位、统一计算规则而编制工程量清单以及施工图、招标文件，并参照国家、行业或地方批准发布的定额和国家、行业、地方规定的技术标准规范，以及各要素市场价格确定的工程量编制招标控制价。

2）招标控制价作为建设单位控制工程价格的一种手段，应力求与市场的实际变化吻合，要有利于竞争和保证工程质量。

3）招标控制价应由分部分项工程费、措施项目费、其他项目费、规费、税金等组成，一般应控制在批准的总概算（或修正概算）及投资包干的限额内。

4）招标控制价应考虑人工、材料、设备、机械台班等价格变化因素，还应包括不可预见费（特殊情况）、预算包干费、措施项目费、现场因素费用、保险以及采用固定价格的工程的风险金等。工程要求优良的还应增加相应的费用。

5）招标控制价的范围限制应合理。

（2）招标控制价的编制依据 主要包括以下内容：

1）GB 50500—2013《建设工程工程量清单计价规范》。

2）国家或省级、行业建设主管部门颁发的计价定额和计价办法。

3）建设工程设计文件和相关资料。

4）拟定的招标文件及招标工程量清单。

5）与建设项目相关的标准、规范、技术资料。

6）施工现场情况、工程特点及常规施工方案。

7）工程造价管理机构发布的工程造价信息，当工程造价信息没有发布时，参照市场价。

8）其他相关资料。

（3）招标控制价的编制方法与内容 我国目前建设工程施工招标标底，主要采用定额计价和工程量清单计价来编制。详见本书第 4 章内容。招标控制价由分部分项工程费、措施项目费、其他项目费、规费和税金组成。其中，分部分项工程和措施项目中的单价项目费采用综合单价法，总价措施费采用费率法。

综合单价是“完成一个规定清单项目所需的人工费、材料和工程设备费、施工机具使用费和企业管理费、利润以及一定范围内的风险费用”。可见，综合单价应考虑一定范围内的风险因素，即综合单价应包括招标文件中要求投标人承担的内容及其范围（幅度）产生的风险费用。

在工程施工阶段，发承包双方面临许多风险，按风险共担的原则，对风险进行合理分摊。根据我国工程建设特点，投标人应完全承担的风险是技术风险和管理风险，如管理费和利润；应有限度承担的是市场风险，如材料价格、施工机具使用费；应由招标人完全承担的是法律、法规、规章和政策变化的风险。

1）材料与施工机具使用费风险。包括材料的物价波动风险，材料的损耗费风险等。施工机具使用费风险主要体现在能源方面。能源价格的市场化导致机械使用费经常随之发生波动。除此以外，机械设备的价格上涨也是施工机具使用费风险的主要因素。

2）管理费风险。企业管理费的风险主要来自现场管理费用的波动，包括施工企业整体水平、施工企业项目经理的管理能力和水平、工程项目的规模等因素。

3）利润风险。利润作为竞争项目，其确定主要取决于投标人自身现阶段的经营状况和企业发展的战略情况，以及投标人承接项目的情况，项目的复杂程度、项目的环境等。

（4）招标控制价的编制程序 根据《建设工程招标控制价编审规程》（中价协［2011］013 号）的规定，招标控制价编制的基本程序包括：编制前准备、收集编制资料、编制招标控制价、整理招标控制价文件相关资料、编制招标控制价成果文件。

1）编制准备阶段。编制准备阶段的主要工作包括：①收集与本项目招标控制价相关的编制依据；②熟悉招标文件、相关合同、会议纪要、施工图和施工方案相关资料；③了解应采用的计价标准、费用指标、材料价格等情况；④了解本项目招标控制价的编制要求和范围；⑤对本项目招标控制价的编制依据进行分类、归纳和整理；⑥成立编制小组，就招标控制价编制的内容进行技术交底，做好编制前期的准备工作。

2）文件编制阶段。该阶段的主要工作包括：①按招标文件、相关计价规则进行分部分项工程工程量清单项目计价，并汇总分部分项工程费；②按招标文件、相关计价规则进行措施项目计价，并汇总措施项目费；③按招标文件、相关计价规则进行其他项目计价，并汇总其他项目费；④进行规费项目、税金项目清单计价；⑤对工程造价进行汇总，初步确定招标控制价。

3）成果文件出具阶段。该阶段的主要工作包括：①审核人对编制人编制的初步成果文件进行审核；②审定人对审核后的初步成果文件进行审定；③编制人、审核人、审定人分别在相应成果文件上署名，并应签署造价工程师或造价员执业或从业印章；④成果文件经编制、审核和审定后，工程造价咨询企业的法定代表人或其授权人在成果文件上签字或盖章；⑤工程造价咨询企业需在正式的成果文件上签署本企业的执业印章。

（5）招标控制价的投诉与处理

1）招标控制价的投诉。投标人经复核认为招标人公布的招标控制价未按照规范的规定进行编制的，应当在招标控制价公布后 5 天内向招投标监督机构和工程造价管理机构投诉。投诉人投诉时，应当提交由单位盖章和法定代表人或其委托人签名或盖章的书面投诉书。投诉书包括下列内容：①投诉人与被投诉人的名称、地址及有效联系方式；②投诉的招标工程名称、具体事项及理由；③投诉依据及有关证明材料；④相关的请求及主张。

投诉人不得进行虚假、恶意投诉，阻碍招投标活动的正常进行。

2）招标控制价投诉的处理。工程造价管理机构在接到投诉书后应在 2 个工作日内进行审查，对有下列情况之一的，不予受理：①投诉人不是所投诉招标工程招标文件的收受人；②投诉书提交的时间不符合规定；③投诉书不符合规定；④投诉事项已进入行政复议或行政诉讼程序的。工程造价管理机构应在不迟于结束审查的次日将是否受理投诉的决定书面通知投诉人、被投诉人以及负责该工程招投标监督的招投标管理机构。

工程造价管理机构受理投诉后，应立即对招标控制价进行复查，组织投诉人、被投诉人或其委托的招标控制价编制人等单位人员对投诉问题逐一核对。有关当事人应当予以配合，并应保证所提供资料的真实性。工程造价管理机构应当在受理投诉的 10 天内完成复查，特殊情况下可适当延长，并作出书面结论通知投诉人、被投诉人以及负责该工程招投标监督的招投标管理机构。

当招标控制价复查结论与原公布的招标控制价误差大于±3%时，应当责成招标人改正。招标人根据招标控制价复查结论需要重新公布招标控制价的，其最终公布的时间至招标文件要求提交投标文件截止时间不足 15 天的，应相应延长投标文件的截止时间。

（6）编制招标控制价需考虑的其他因素　编制一个合理、可靠的招标控制价还必须考虑以下因素：

1）招标控制价必须适应招标方的质量要求，优质优价，对高于国家施工及验收规范的质量因素有所反映。招标控制价中对工程质量的反映，应按国家相关的施工及验收规范的要求作为合格的建筑产品，按国家规范来检查验收。但招标方往往还要提出要达到高于国家施工及验收规范的质量要求，为此，施工单位要付出比合格水平更多的费用。

2）招标控制价必须适应目标工期的要求，对提前工期因素有所反映。应将目标工期对照工期定额，按提前天数给出必要的赶工费和奖励，并列入招标控制价。

3）招标控制价必须适应建筑材料采购渠道和市场价格的变化，考虑材料差价因素，并将差价列入。

4）招标控制价必须合理考虑招标工程的自然地理条件和招标工程范围等因素。将地下工程及“三通一平”等招标工程范围内的费用正确地计入。由于自然条件导致的施工不利因素也应考虑计入。

5）招标控制价应根据招标文件或合同条件的规定；按规定的工程发承包模式，确定相应的计价方式，考虑相应的风险费用。

### 5.2.3 投标文件及工程投标报价的编制

投标人根据招标文件及有关计算工程造价的计价依据，计算出投标报价，并在此基础上研究投标策略，提出有竞争力的投标报价，这对投标单位投标的成败和将来实际工程的盈亏起着决定性的作用。

#### 1. 投标文件的编制

投标文件必须对招标文件的实质性的要求和条件做出实质性的响应，任何对招标文件的实质性的偏离都视为废标。因此，投标文件应完全按照招标文件的各项要求编制，主要包括以下内容：

1）投标书。

2）投标书附录。

3）投标保证金或投标银行保函。

4）法定代表人身份证明书。

5）授权委托书。

6）具有标价的工程量清单与报价表。

7）辅助资料表。

8）资格审查表。

9）对招标文件中的合同协议条款内容的确认与响应。

10）按照招标文件规定提交的其他资料。

#### 2. 投标报价的编制

投标报价的编制主要是投标人对招标工程所要发生的各种费用的计算，在进行投标报价时，有必要根据招标文件进行工程量复核或计算。作为投标计算的必要条件，应预先确定施工方案和施工进度，此外，投标还必须与采用的合同形式相协调。报价是投标的关键性工作，报价是否合理直接关系到投标的成败。

（1）投标报价的编制原则　编制投标报价通常有五个原则：

1）根据招标文件中设定的发承包双方责任划分，作为考虑投标报价项目费用如何计算的基础，承发包双方的责任划分不同，会导致合同风险不同的分摊，从而导致投标人选择不同的报价；根据工程承发包模式考虑投标报价的费用内容和计算深度。

2）投标报价前须经技术经济比较，分析拟投标项目特点，确定投标工程的施工方案、技术措施，并作为投标报价的依据，并且投标人的投标报价不得低于工程成本。所谓工程成本是指承包人为实施合同工程并达到质量标准，在确保安全施工的前提下，必须消耗或使用的人工、材料、工程设备、施工机械台班及其管理等方面发生的费用和按规定缴纳的规费和税金。

3）应以施工方案、技术措施等作为投标报价计算的基本条件；以反映企业技术和管理水平的企业定额作为计算人工、材料和机械台班消耗量的基本依据。

4）充分利用现场考察、调研成果，市场价格信息及行情资料编制基础标价，确定调价方法。

5）报价计算方法要科学严谨、简明适用。

（2）投标报价的编制依据　包括以下几类：

1）GB 50500—2013《建设工程工程量清单计价规范》。

2）国家或省级、行业建设主管部门颁发的计价办法。

3）企业定额，国家或省级、行业建设主管部门颁发的计价定额。

4）招标文件、工程量清单及其补充通知、答疑纪要。

5）建设工程设计文件及相关资料。

6）施工现场情况、工程特点及拟定的投标施工组织设计或施工方案。

7）与建设项目相关的标准、规范等技术资料。

8）市场价格信息或工程造价管理机构发布的工程造价信息。

9）其他的相关资料。

（3）投标报价的编制方法　工程量清单计价模式下进行投标报价时采用的是综合单价法。一般招标人或其委托的具有资质的中介机构，将拟建招标工程全部项目和内容按相关的计算规则计算出工程量，列在清单上作为招标文件的组成部分，供投标人逐项填报单价，计算出总价，作为投标报价，然后通过评标竞争，最终确定合同价。工程量清单报价由招标人给出工程量清单，投标人填报单价，单价应完全依据企业技术、管理水平等企业实力而定，以满足市场竞争的需要。

采取工程量清单综合单价计算投标报价时，投标人填入工程量清单中的单价是综合单价，应包括人工费、材料费、机械费、管理费、利润及风险金等全部费用，将工程量与该单价相乘，再计取规费与税金，汇总后即得出投标总报价。

1）分部分项工程和措施项目中的单价项目，应根据招标文件和招标工程量清单项目中的特征描述确定综合单价。**清单项目的特征描述是确定综合单价的最重要依据之一。当出现招标工程量清单特征描述与设计图不符时，投标人应以招标工程量清单的项目特征描述为准，确定投标报价的综合单价。**当施工中施工图或设计变更与招标工程量清单项目特征描述不一致时，发承包双方应按实际施工的项目特征依据合同约定重新确定综合单价。

对于招标工程量清单中提供了暂估单价的材料、工程设备，按暂估的单价计入综合单价。

对于招标文件中要求投标人承担的风险内容和范围，投标人应考虑到综合单价中。在施工过程中，当出现的风险内容及其范围（幅度）在招标文件规定的范围内时，合同价款不作调整。

2）措施项目中的总价项目金额应根据招标文件及投标时拟定的施工组织设计或施工方案，采用综合单价方式报价（包括除规费、税金外的全部费用）自主确定。其中安全文明施工费应按照国家或省级、行业建设主管部门的规定计算，不得作为竞争性费用。

由于各投标人拥有的施工装备、技术水平和采用的施工方法有所差异，招标人提出的措施项目清单是根据一般情况确定的，没有考虑不同投标人的“个性”，投标人投标时应根据自身编制的投标施工组织设计（或施工方案）确定措施项目。

3）其他项目应按下列规定报价：①**暂列金额**应按招标工程量清单中列出的金额填写；②材料、工程设备暂估价应按招标工程量清单中列出的单价计入综合单价；③**专业工程暂估价**应按招标工程量清单中列出的金额填写；④**计日工**应按招标工程量清单中列出的项目和数量，自主确定综合单价并计算计日工金额；⑤**总承包服务费**应根据招标工程量清单中列出的内容和提出的要求自主确定。

4）规费和税金应按照国家或省级、行业建设主管部门的规定计算，不得作为竞争性费用。

5）招标工程量清单与计价表中列明的所有需要填写单价和合价的项目，投标人均应填写且只允许有一个报价。未填写单价和合价的项目，视为此项费用已包含在已标价工程量清单中其他项目的单价和合价之中。当竣工结算时，此项目不得重新组价予以调整。

6）投标总价应当与组成已标价工程量清单的分部分项工程费、措施项目费、其他项目费和规费、税金的合计金额相一致。即投标人在进行工程量清单招标的投标报价时，不能进行投标总价优惠（或降价、让利），投标人对投标报价的任何优惠均应反映在相应清单项目的综合单价中。

（4）投标报价的编制程序　投标报价的编制程序如图 5-1 所示，其过程一般包括以下内容：

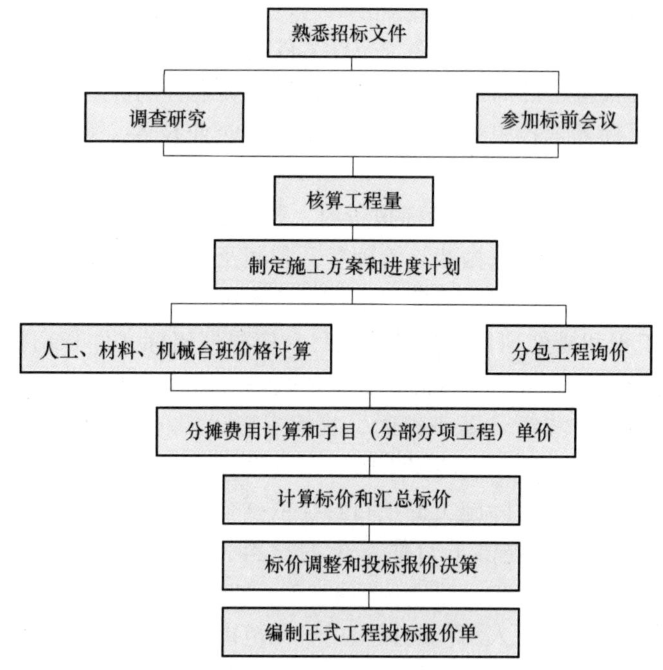


图 5-1　工程投标报价编制程序

1）复核或计算工程量。工程招标文件中若提供工程量清单，投标价格计算之前，要对工程量进行复核。若招标文件中没有提供工程量清单，则必须根据工程图计算全部工程量。若招标文件对工程量的计算方法有规定，应该按照规定的计算方法进行计算。

2）确定单价，计算合价。计算单价时，应按照规定将构成分部分项工程的所有费用项目都归入其中，并按照招标文件中工程量表的格式填写报价，即按照分部分项工程量内容填写单价和合价。一般来说，投标人应建立自己的标准价格数据库，并据此计算工程的投标价格。在应用单价数据库对某一具体工程进行投标报价时，需要对选用的单价进行审核评价与调整，使之符合拟投标工程的实际情况。

3）确定分包工程费用。来自分包人的工程分包费用是投标价格的一个重要组成部分，有时总包人投标价格中的相当部分来自分包工程。因此，在编制投标价格时需要一个适当的价格来衡量分包人的价格，需要确定分包工程的范围，对分包人的能力进行评估。

4）确定利润。利润指的是投标人的预期利润，确定利润取值的目标是考虑可以获得最大的可能利润，又要保证投标价格具有一定的竞争性。投标报价时投标人应该根据市场竞争情况确定该工程的利润率。

5）确定风险费。风险费对投标人来说是一个未知数，风险的发生会影响实际利润水平。在投标时应该根据该工程规模、技术复杂程度、工程所在地的实际情况，由有经验的专业人员对可能的风险因素进行逐项的分析后确定一个比较合理的费用比率。

6）确定投标价格。将所有的分部分项工程的合价汇总、取费后以计算出工程的总价。由于计算出来的价格可能重复也可能漏算，甚至某些费用的预估有偏差等，因而还必须对计算出来的工程总价进行调整。调整总价应用多种方法从多角度对工程进行盈亏分析与预测，找出计算中的问题，以及分析可以通过采取哪些措施降低成本、增加盈利，确定最后的投标报价。

**3. 工程投标报价影响因素**

在投标报价过程中应该对投标报价因素进行调查研究，并对影响因素进行分析和评价，为投标报价决策提供依据。调查研究主要是对投标和中标后履行合同有影响的各种客观因素、业主和监理工程师的资信以及工程项目的具体情况等进行深入细致地了解和分析。具体包括以下内容。

（1）政治和法律方面　投标人首先应当了解在招标投标活动中以及在合同履行过程中有可能涉及的法律，也应当了解与项目有关的政治形势、国家政策等，即国家对该项目采取的是鼓励政策还是限制政策。

（2）自然条件　包括工程所在地的地理位置和地形、地貌；气象状况，包括气温、湿度、主导风向、年降水量等，洪水、台风及其他自然灾害状况等。

（3）市场状况　投标人调查市场情况是一项非常艰巨的工作，其内容也非常多，主要包括：建筑材料、施工机械设备、燃料、动力、水和生活用品的供应情况、价格水平、物价指数以及今后的变化趋势和预测；劳务市场情况，如工人技术水平、工资水平、有关劳动保护和福利待遇的规定等；金融市场情况，如银行贷款的难易程度以及银行贷款利率等。

对材料设备的市场情况尤其需要详细了解，包括原材料和设备的来源方式，购买的成本，来源国或厂家供货情况；材料、设备购买时的运输、税收、保险等方面的规定、手续、费用；施工设备的租赁、维修费用。

（4）工程项目方面的情况　包括工作性质、规模、发包范围；工程的技术规程和对材料性能及工人技术水平的要求；总工期及分批竣工交付使用的要求；施工场地的地形、地质、地下水位、交通运输、给水排水、供电、通信条件的情况；工程项目资金来源；对购买器材和雇佣工人有无限制条件；工程价款的支付方式、外汇所占比例；监理工程师的资历、职业道德和工作作风等。

（5）招标人情况 包括招标人的资信情况、履约态度、支付能力，在其他项目上有无拖欠工程款的情况，对实施的工程需求的迫切程度等。

（6）投标人自身情况 投标人对自己内部情况、资料也应当进行归纳管理。这类资料主要用于招标人要求的资格审查。

（7）竞争对手资料 掌握竞争对手的情况，是投标策略中的一个重要环节，也是投标人参加投标能否获胜的重要因素。投标人在制定投标策略时必须考虑到竞争对手的情况。

**4. 投标报价的策略**

投标报价策略是指投标人在投标竞争中的系统工作部署及其参与投标竞争的方式和手段。投标报价策略的实质是在保证质量与工期的条件下，寻求一个好的报价的技巧问题。承包商为了中标并获得期望的效益，投标程序全过程几乎都要研究投标报价技巧问题，并选择有效的报价策略。常用的投标报价策略有以下几种。

（1）根据招标项目的不同特点采用不同报价 投标报价时，既要考虑自身的优势和劣势，也要分析招标项目的特点。按照工程项目的不同特点、类别、施工条件等来选择报价技巧。

1）遇到如下情况报价可高一些：施工条件差的工程；专业要求高的技术密集型工程，而本公司在这方面有专长，声望也较高；总价低的小工程以及自己不愿做，又不方便不投标的工程；特殊的工程，如港口码头、地下开挖工程等；工期要求急的工程；投标对手少的工程；支付条件不理想的工程。

2）遇到如下情况报价可低一些：施工条件好的工程，工作简单、工程量大而一般公司都可以做的工程；本公司目前急于打入某一市场、某一地区，或在该地区面临工程结束，机械设备等无工地转移时；本公司在附近有工程，而本项目又可利用该工程的设备、劳务，或有条件短期内突击完成的工程；投标对手多，竞争激烈的工程；非急需工程；支付条件好的工程。

（2）不平衡报价 不平衡报价是指在总价基本确定的前提下，调整项目和各个子项的报价，使其能够既不影响总报价，又在中标后可以获取较好的经济效益。通常采用的不平衡报价有下列几种情况：

1）对能早日结算收回进度款的项目（如前期措施项目、土石方工程、基础工程等），可以适当提高报价，以利于资金周转；对后期项目（如装饰工程、设备安装等）可适当降低报价。

2）经过工程量复核，估计今后工程量可能增加的项目，单价可适当提高，这样在最终结算时可更多盈利；而将来工程量可能减少的项目，其单价可适当降低，工程结算时损失不大。上述两点要统筹考虑，具体分析后再定。

3）设计图不明确、估计修改后工程量要增加的，可以提高单价，而工程说明不清楚的，则可以降低单价，在工程实施阶段通过索赔再寻求提高单价的机会。

4）对于工程量计算有错误的早期工程，如果不可能完成工程量表中的数量，则不能盲目抬高单价，需要具体分析后再确定。

5）招标人要求采用包干报价的项目，宜报高价；对于暂定项目，其实施的可能性大的项目，价格可高些；估计该工程不一定实施的项目则可定低价。

6）有时招标文件要求投标人对工程量大的项目报“综合单价分析表”，投标时可将单价分析表中的人工费及机械设备费报得较高，而材料费报得较低。这主要是为了在今后补充项目报价时，可以参考选用“综合单价分析表”中较高的人工费和机械费，而材料则往往采用市场价，因而可获得较高的收益。

采用不平衡报价法，要注意单价调整时，不能太高也不能太低，一般来说，单价调整幅度不宜超过规定值，只有对投标单位具有特别优势的某些分项，才可适当增大调整幅度。

（3）多方案报价法 对于一些招标文件，若发现工程范围不很明确，条款不清楚或技术规范要求过于苛刻，则要在充分估计投标风险的基础上，准备“两个报价”，即是按原招标文件报一个价，然后再提出倘若合同做某些修改，报价可降低多少个百分点，以此吸引对方修改合同条件。但必须先按招标文件报一个价，而不能只报备选方案的价格，否则可能会被当作“废标”处理。

（4）增加建议方案报价 有时招标文件中规定，可以提一个建议方案，可以修改原设计方案，提出投标者方案。投标者这时应抓住机会，组织一些有经验的设计工程师和施工工程师对原招标文件的设计和施工方案仔细研究，提出更为合理的方案以吸引发包人，促成自己的方案中标。这种新建议方案可以降低总造价，或使工期缩短，或使工程运用更为合理，但要注意对原招标方案一定也要报价。建议方案不要写得太具体，要保留方案的技术关键，防止发包人将此方案交给其他承包商。但建议方案一定要比较成熟且有良好的可操作性，防止中标后因此而可能给自己带来比较大的风险。

（5）无利润报价 缺乏竞争优势的承包商，在不得已的情况下，可在报价计算表中根本不考虑利润去夺标。这种办法一般是在以下情况下采用：

1）有可能在夺标后，将大部分工程分包给索价较低的分包商。

2）对于分期建设的项目，先以低价获得首期工程，为以后赢得二期工程创造条件，以获得后期利润。

3）在较长时期内，承包商没有在建工程项目，如果再不夺标，就难以维持生存。因此，虽本工程无利可图，只要能有一定的管理费维持公司的日常运转，就可设法渡过暂时的困难，以图将来东山再起。

结合工程实际情况，还可以在诸如计日工单价的报价、暂定金额的报价、可供选择的项目的报价、分包商报价等方面制定相应的策略，以获得中标。

## 5.2.4 开标、评标、定标

**1. 开标**

为了避免投标中的舞弊行为，开标应当在招标文件确定的提交投标文件截止时间的同一时间公开进行，特殊情况下可以征得建设行政主管部门同意后，暂缓或者推迟开标时间。开标由招标人主持，并邀请所有投标人的法定代表人或其委托代理人准时参加，通常不应以投标人不参加开标为由将其投标作废标处理。对于逾期送达的或者未送达指定地点的、未按招标文件要求密封的投标文件，招标人不予受理。

**2. 评标**

工程评标是招标程序中极为重要的环节。评标应由招标人依法组建的评标委员会负责。

其评标的目的是根据招标文件确定的标准和方法，对每一个投标人的表述进行评审和比较，以正确选择最优投标价的投标人。工程评标应遵循竞争优选、公正、公平、科学合理，质量好、信誉高、价格合理、工期适当、施工方案先进可行，反不正当竞争以及规范性与灵活性相结合的原则。评标一般分为初步评审和详细评审两个阶段，主要采用的评标方法包括经评审的最低中标价法和综合评价法。

（1）初步评审 初步评审即投标文件的响应性审查，分析招标文件是否实质上响应招标文件的所有条款、条件，无显著的差异或保留，主要包括以下四个方面：

1）形式评审。包括投标人名称与营业执照、资质证书、安全生产许可证一致；投标函上有法人或其委托代理人签字或加盖单位章；投标文件格式符合要求等。

2）资格评审。公开招标时核对是否为资格预审的投标人，邀请招标在此阶段应对投标人提交的资格材料进行审查。

3）响应性评审。投标文件应实质上响应招标文件的所有条款、条件和规定，无显著差异和保留。

4）施工组织设计和项目管理机构评审。包括施工方案与技术措施、质量、安全、环境保护管理体系与措施、工程进度计划与措施等，符合有关标准。

为了有助于投标文件的审查、评价和比较，明确、清楚地理解和表明相关条款，必要时评标委员会可以书面方式要求投标人对投标文件中某些含义不明确的内容进行澄清。但评标委员会不得向投标人提出带有暗示性或诱导性的问题，或向其明确投标文件中的遗漏和错误。同时，评标委员会不接受投标人主动提出的澄清。澄清的问题需经投标单位的法定代表人或授权代理人签字，作为招标文件的有效组成部分；但澄清的问题不允许更改投标价格和投标书中的实质性内容。

没有经过初步评审的投标书不得进入下一阶段。

（2）详细评审 经初步评审合格的投标文件，评标委员会应当根据招标文件确定的评标标准和方法，对其技术部分和商务部分作进一步评审。

1）技术性评审。包括方案可行性评审和关键工序评审，劳务、材料、机械设备、质量控制措施评估以及对施工现场周围环境污染的保护措施等评估。具体内容有以下几点：①施工方案的可行性。包括施工工艺与方法、施工机械的性能和数量选择、施工场地及临时设施的安排，施工顺序及相互衔接。②施工进度计划的可靠性。评审施工进度计划能否满足建设单位对工程竣工时间的要求，进度计划是否科学、严谨并切实可行，并审查保证施工进度计划的措施。③工程材料和机械设备供应的技术性能符合设计、施工要求。评估投标书中关于主要材料和设备的样本、型号、规格和制造厂家等，判断其技术性能是否可靠和达到设计和施工要求。分析组织结构模式，评价管理和技术人员的能力。④施工质量的保证措施。评审质量控制和管理的措施，包括质量管理制度的严密性、质量管理人员的配备、质量检验仪器的配备等。⑤对施工安全管理措施进行评估。审查其措施的完整性、有效性和保障性。⑥对技术建议和替代方案做出评审。评审这些建议和替代方案对工程质量和技术性能的影响，评估其可行性和技术经济的价值，考虑是否全部或部分采纳。⑦对施工现场的周围环境污染的保护措施进行评估。审查其措施的有效性和持续性。

2）商务性评审。审查报价数据计算的正确性，分析报价构成的合理性。具体内容有以下几点：①投标报价数据计算的正确性。包括报价的范围和内容是否有遗漏和修改，报价中每一单项价格计算是否正确，汇总计算是否存在错误。②报价构成的合理性。通过分析投标报价中有关措施项目费用、管理费用、主体工程和各个专业工程项目价格的比例关系，各单项工程合价以及其他项目费用，可以判断投标报价是否合理；对计日工报价，只填单价的机械台班费和人工费，进行合理性分析；分析投标书中所附的各阶段的资金需求计划是否与施工进度计划相一致，对付款要求是否合理；采用调值公式法调价时取用的基价和调值系数及调价幅度估算是否合理等。③对建议方案的商务评审。分析投标人提出的财务、付款等建议方案，评估接受这些建议方案可能产生好处及风险。

### 3. 评标方法

评标方法的分析与选择，反映了招标人选择投标人的价值取向，在很大程度上决定了选择出的招标人对招标工程的适应性。评标方法的选择应该体现出公正、公平、公开，体现出针对性、有效性等，具体方法如下。

（1）经过评审的最低投标价法　这种方法是以评审价格作为衡量标准，按照经评审的投标价由低到高的顺序推荐中标候选人，但投标报价低于其成本的除外。评标价并非投标价，它是将详细评审标准规定的量化因素及量化标准进行价格折算，然后再计算其评标价。由于很多因素不能折算成价格，如施工组织结构、管理体系、人员素质等，因此这种方法的采用必须建立在严格的资格预审基础上。只要承包人通过了资格预审，就被认为具备了可靠的承包商条件，投标竞争只是一个价格的比较。评标价的其他构成要素还包括工期的提前时间、标书中的优惠、技术建议带来的经济效益等，这些条件都可以折算成价格作为评标价的折减因素。对其他可以折算为价格的因素，按照对招标人有利和不利的原则，按规定折减后，在投标报价中扣减和增加。

这种评审方法主要体现价格的竞争，通常适用于具有通用技术、性能标准或者招标人对其技术、性能没有特殊要求的招标项目。

（2）综合评分法　这种方法是指对满足招标文件实质性要求的投标文件，按照规定的评分标准进行打分，并按得分由高到低顺序推荐中标候选人。具体来说，是将评审内容分类后分别赋予不同权重，评标委员会依据评分标准打分，最后计算的累计分值反映投标人的综合水平，以得分最高的投标书为最优。这种方法由于需要评分涉及面较宽，每一项都要经过评委打分，可以全面地衡量投标人实际承建招标工程的综合能力，大型复杂工程及其他不宜采用经评审的最低投标价法的招标工程，一般应当采用综合评分法进行评审。

综合评分法的评标分值构成分为四个方面：施工组织设计、项目管理机构、投标报价以及其他评分因素。各方面所占比例和具体分值由招标人自行确定，并在招标文件中明确载明。在评标过程中，可以对投标文件按下式计算投标报价偏差率

$$\text{偏差率}=\frac{\text{投标人报价}-\text{评标基准价}}{\text{评标基准价}}\times 100\%$$

评标基准价的计算方法应在投标人须知前附表中予以明确。

### 4. 定标

经过评标后，招标人就可以依据评标委员会推荐的中标候选人（一般限定在 1~3 人，并标明排列顺序）确定中标人。中标人的投标应当符合下列条件之一：

1）能够最大限度满足招标文件中规定的各项综合评价标准。

2）能够满足招标文件实质性要求，并且经评审的投标价格最低，但投标价格低于成本

的除外。

中标人确定后，招标人应向中标人发出中标通知书，并同时将中标结果通知所有未中标的投标人。中标通知书对招标人和投标人具有法律效力。中标通知书发出后，招标人改变中标结果的，或者中标人放弃中标项目的，应当依法承担法律责任。招标人和中标人应当自中标通知书发出之日起 30 日内，按照招标文件和中标人的投标书订立书面合同。招标人和中标人不得再行订立背离合同实质性内容的其他协议。招标文件要求中标人提交履约保证金的，中标人应当提交。依法必须招标的项目，招标人应当自确定中标人之日起 15 日内，向有关行政监督部门提交招标投标情况的书面报告。

中标人不得向他人转让中标项目，也不得将中标项目肢解后分别向他人转让。中标人按照合同约定或者经招标人同意，可以将中标项目的部分非主体、非关键性工程分包给他人完成。分包单位应当具备相应的资格条件，并不得再次分包。中标人应当就分包项目向招标人负责，分包人就分包项目承担连带责任。

### 5.2.5　建设工程施工合同价的确定

招标阶段工程造价控制主要体现在三个方面：获得竞争性的投标报价、有效评价合理报价、签订合同预先控制造价变更。确定合同价和签订严密的工程合同，使合同价得以稳妥实现是招标阶段重要的工作内容。

**1. 施工合同类型**

根据《中华人民共和国民法典》《建设工程施工合同（示范文本）》以及《建设工程施工发包与承包计价管理办法》的规定，建设工程施工合同按计价方式的不同，可分为三种类型：总价合同、单价合同、成本加酬金合同。招标单位在招标前，就应根据施工难度、设计深度、建设要求等因素确定合同形式，不同的合同形式采用不同的合同单价。

（1）总价合同　指发承包双方约定以施工图及其预算和有关条件进行合同价款计算、调整和确认的建设工程施工合同。即以施工图、规范为基础，在工程任务内容明确、发包人的要求条件清楚、计价依据和要求确定的条件下，发承包双方依据承包人编制的施工图预算商谈并确定合同价款。当合同约定工程施工内容和有关条件（即风险范围）不发生变化时，发包人付给承包人的工程价款总额就不会发生变化。当工程施工内容和有关条件发生变化时，发承包双方根据变化情况和合同约定调整工程价款，但对工程量变化引起的合同价款调整应遵循以下原则：

1）当合同价款是依据承包人根据施工图自行计算的工程量确定时，除工程变更造成的工程量变化外，合同约定的工程量是承包人完成的最终工程量，发承包双方不能以工程量变化作为合同价款调整的依据。

2）当合同价款是依据发包人提供的工程量清单确定时，发承包双方应依据承包人最终实际完成的工程量（包括工程变更，工程量清单错、漏）调整确定工程合同价款。

这种合同类型能够使发包人在评标时易于确定报价最低的承包人、易于进行支付计算。但这类合同仅适用于工程量不大且能精确计算、工期较短、技术不太复杂、风险不大的项目，并要求发包人准备详细、全面的设计图和各项说明。

（2）单价合同　指发承包双方约定以工程量清单及其综合单价进行合同价款计算、调整和确认的建设工程施工合同。实行工程量清单计价的工程，一般应采用单价合同方式，即合同中的工程量清单项目综合单价在合同约定的条件内固定不变，超过合同约定条件时，依据合同约定进行调整；工程量清单项目及工程量依据承包人实际完成且应予计量的工程量确定。

这类合同的适用范围比较宽，其风险可以得到合理的分摊，并且能鼓励承包人通过提高工效等手段从成本节约中提高利润。

（3）成本加酬金合同　发承包双方约定以施工工程成本再加合同约定酬金进行合同价款计算、调整和确认的建设工程施工合同。这种合同下，承包人不承担任何价格变化和工程量变化的风险，不利于发包人对工程造价的控制。通常在如下情况下，选择成本加酬金合同：

1）工程特别复杂，工程技术、结构方案不能预先确定，或者尽管可以确定工程技术和结构方案，但不可能进行竞争性的招标活动并以总价合同或单价合同的形式确定承包人。

2）时间特别紧迫，来不及进行详细的计划和商谈，如抢险、救灾工程。

成本加酬金合同有多种形式，主要有成本加固定费用合同、成本加固定比例费用合同、成本加资金合同等。

**2. 施工合同价格类型的选择**

不同的合同价格类型对应不同的施工合同类型。一般来说，选择施工合同类型时建设单位具有一定的主动权，但也应该考虑施工单位的承受能力，考虑工程项目风险状况，分析影响合同类型选择的因素，以选择双方都认可的合同类型。影响合同类型选择的因素主要有以下几个方面：

（1）工程规模与工期　如果工程项目的规模小，工期较短，这类合同风险较小，发包人愿意选择总价合同。若工程项目规模大、工期长、不可见因素多，则不宜采用总价合同。

（2）工程复杂程度与施工难度　如果工程的复杂程度高，则意味着对承包商技术水平要求高，工程项目风险大，施工难度大。因此，承包人对合同的选择有较大的主动权，总价合同被选择的可能性小。

（3）工程设计深度　若工程设计详细，工程量明确，则三类合同都可以采用；若设计深度可以划分分部分项工程，但不能准确计算工程量，应优先选用单价合同。

（4）项目准备时间的长短　对各方的准备工作，对于不同的合同类型分别需要不同的准备时间和准备费用。总价合同需要的准备时间和准备费用最低，成本加酬金合同需要的准备时间和准备费用最高。可以根据工程项目对准备工作的要求来选择不同类型合同形式。

（5）工程项目的竞争情况　如果参与投标的承包商较多，则发包商拥有较多的主动权，可以按照总价合同、单价合同、成本加酬金合同的顺序选择；否则，应尽量选择承包商愿意采用的合同类型。

（6）项目的外部环境因素　项目的外部环境在很大程度上决定了项目的风险程度，若风险高，采用总价合同的可能性不大。外部环境因素包括：工程所在地的政治局势是否稳定、经济局势因素、劳动力素质、交通、周围自然环境等因素。如果项目的外部环境恶劣则意味着项目的成本高、风险大、不可预测的因素多，承包商很难接受总价合同方式，而较适合采用成本加酬金方式。

选择合同类型时，不能单纯考虑某一方的利益，而应考虑到承包商的承受能力，应当综合考虑工程项目的各种因素，应当考虑有利于成本控制和风险控制的合同形式，确定双方能够互利共赢的合同形式。

一般而言，实行工程量清单计价的工程，应采用单价合同。即合同约定的工程价款中包含的工程量清单项目综合单价在约定条件内是固定的，不予调整，工程量允许调整。工程量清单项目综合单价在约定的条件外，允许调整。调整方式、方法应在合同中约定。单价合同在进行工程计量时，若发现招标工程量清单中出现缺项、工程量偏差，或因工程变更引起工程量的增减，应按承包人在履行合同义务中完成的工程量计算。

建设规模较小，技术难度较低，工期较短，且施工图设计已审查批准的建设工程可采用总价合同。采用总价合同，除工程变更外，其工程量不予调整。采用经审定批准的施工图样及其预算方式发包形成的总价合同，由于承包人自行对施工图样进行计量，因此，除按照工程变更规定引起的工程量增减外，总价合同各项目的工程量是承包人用于结算的最终工程量。这是与单价合同的本质区别。

紧急抢险、救灾以及施工技术特别复杂的建设工程可采用成本加酬金合同。

### 5.2.6 施工合同格式的选择

合同是招投标双方对招标成果的确认，是招标后、开工之前双方签订的工程施工、付款和结算的凭证。合同的形式应在招标文件中确定，投标人应在招标文件中做出响应。施工合同的格式在一定程度上决定了合同条件适用程度和合同条件设置的完整性，也为工程施工和合同管理提供了有效管理的前提条件。目前，在工程建设中比较典型的施工合同格式一般采用以下几种方式：

**1. 建设工程施工合同示范文本**

我国于2017年修订并颁布了《建设工程施工合同（示范文本）》（GF—2017—0201），适用于房屋建筑工程、土木工程、线路管道和设备安装工程、装修工程等建设工程的施工承发包活动。合同当事人可结合建设工程具体情况，根据《建设工程施工合同（示范文本）》订立合同，并按照法律法规规定和合同约定承担相应的法律责任及合同权利义务。《建设工程施工合同（示范文本）》是公开招标的中小项目采用最多的一种合同格式。该合同由3部分组成：合同协议书、通用条款、专用条款。

国内建筑施工企业对该合同内容和条件较为熟悉，广泛采用。同时该合同内容完善，比较符合我国国情，因而在国内项目中广泛采用。

（1）合同协议书　《建设工程施工合同（示范文本）》合同协议书共计13条，主要包括：工程概况、合同工期、质量标准、签约合同价和合同价格形式、项目经理、合同文件构成、承诺以及合同生效条件等重要内容，集中约定了合同当事人基本的合同权利义务。

（2）通用合同条款　通用合同条款是合同当事人根据《中华人民共和国建筑法》《中华人民共和国合同法》等法律法规的规定，就工程建设的实施及相关事项，对合同当事人的权利义务做出的原则性约定。

通用合同条款共计20条，具体条款分别为：一般约定、发包人、承包人、监理人、工程质量、安全文明施工与环境保护、工期和进度、材料与设备、试验与检验、变更、价格调整、合同价格、计量与支付、验收和工程试车、竣工结算、缺陷责任与保修、违约、不可抗力、保险、索赔和争议解决。前述条款安排既考虑了现行法律法规对工程建设的有关要求，也考虑了建设工程施工管理的特殊需要。

（3）专用合同条款　专用合同条款是对通用合同条款原则性约定的细化、完善、补充、修改或另行约定的条款。合同当事人可以根据不同建设工程的特点及具体情况，通过双方的谈判、协商对相应的专用合同条款进行修改补充。在使用专用合同条款时，应注意以下事项：

1）专用合同条款的编号应与相应的通用合同条款的编号一致。

2）合同当事人可以通过对专用合同条款的修改，满足具体建设工程的特殊要求，避免直接修改通用合同条款。

3）在专用合同条款中有横道线的地方，合同当事人可针对相应的通用合同条款进行细化、完善、补充、修改或另行约定；如无细化、完善、补充、修改或另行约定，则填写“无”或画“/”。

**2. 标准施工招标文件**

为了规范施工招标文件编制活动，提高招标文件编制质量，促进招标投标活动的公开、公平和公正，我国于 2008 年实施了《中华人民共和国标准施工招标文件》（简称《标准施工招标文件》），并于 2012 年进行了修订。2012 年版《中华人民共和国简明标准施工招标文件》（简称《简明标准施工招标文件》）主要适用于工期不超过 12 个月、技术相对简单且设计和施工不是由同一承包人承担的小型项目施工招标。有关行业主管部门可以根据《简明标准施工招标文件》并结合本行业施工招标特点和管理需要，编制行业标准施工招标文件。行业标准施工招标文件重点对“专用合同条款”“工程量清单”“图纸”“技术标准和要求”做出具体规定。

《简明标准施工招标文件》的第一章是招标公告（适用于公开招标）、投标邀请书（适用于邀请招标）。招标人按照第一格式发布招标公告或发出投标邀请书后，将实际发布的招标公告或实际发出的投标邀请书编入出售的招标文件中，作为投标邀请。

《简明标准施工招标文件》的第二章是投标人须知，第三章是评标办法，分别规定经评审的最低投标价法和综合评估法两种评标方法，供招标人根据招标项目具体特点和实际需要选择适用。招标人选择适用综合评估法的，各评审因素的评审标准、分值和权重等由招标人自主确定。

《简明标准施工招标文件》的第四章是合同条款及格式，第五章是工程量清单，第六章是图纸，第七章是技术标准和要求，第八章是投标文件格式。“技术标准和要求”由招标人根据招标项目具体特点和实际需要编制，其中的各项技术标准应符合国家强制性标准，不得要求或标明某一特定的专利、商标、名称、设计、原产地或生产供应者，不得含有倾向或者排斥潜在投标人的其他内容。

**3. 水利水电土建工程施工合同条件**

为加强水利水电建设市场的管理，确保水利水电工程的建设管理在公平、公正的基础上健康有序进行，我国于 2000 年颁布修改后的 GF—2000—0208《水利水电土建工程施工合同条件》。

凡列入国家或地方建设计划的大中型水利水电工程，应使用《水利水电土建工程施工合同条件》，小型水利水电工程可参照使用。

**4. FIDIC 施工合同条件**

国际通用的规范合同文本称为 FIDIC 合同，是由国际咨询工程师联合会（Federation Internationale Des Ingenieurs Conseils，FIDIC）专业委员会编制。世界银行、亚洲开发银行、非洲开发银行等国际金融组织的贷款项目和一些国家的国际工程项目常常采用 FIDIC 合同条件。该合同条件内容完善、国际上应用广泛。采用这种合同格式，可以有效控制施工过程中的造价控制行为，可以有效减少工程结算过程中的纠纷，但因其使用条件较严格，突出工程师的作用，在国内应用比较少。

## 复习思考题

### 一、单选题

1. 一个工程项目总报价基本确定后，通过调整内部各个子项的报价，以期既不提高总报价、不影响中标，又能在结束时得到更理想的经济效益的报价技巧称为（　　）。

A. 多方案报价法　　B. 不平衡报价法
C. 突然降价法　　D. 增加建议方案法

2. 在合同实施过程中可以按照约定，随资源价格等因素的变化而调整的价格称为（　　）。

A. 市场价　　B. 成本加酬金合同价
C. 固定合同价　　D. 可调合同价

3.《建设工程施工合同》规定，发包人供应的材料设备与约定不符时，由（　　）承担所有差价。

A. 承包人　　B. 发包人
C. 承包人与发包人共同　　D. 承包人与发包人协商

4. 开标应当在招标文件确定的提交投标文件截止时间的（　　）进行。

A. 同一时间公开　　B. 单独确定时间公开
C. 同一时间秘密　　D. 一定时间内公开

5.《中华人民共和国招标投标法》关于开标程序的叙述，下列说法正确的有（　　）。

A. 招标人只通知一部分投标人参加开标
B. 开标地点应当为招标与投标人商定的地点
C. 开标由招标人主持，邀请所有投标人参加
D. 招标管理机构作为招标活动的发起者和组织者，应当负责开标的举行

6. 以国有资金投资为主的招投标工程，建设单位拟单独发包专业性较强的分部分项工程时应该（　　）。

A. 作为独立费列入主体工程工程量清单中
B. 建设单位与专业工程承包人单独签订施工合同
C. 作为招标人预留金列入主体工程招标文件清单中
D. 建设单位与主体结构承包商签订分包合同

7. 工程施工招标可根据工程施工范围的大小及专业不同分为全部工程招标、专业工程招标以及（　　）。

A. 工程监理招标　　B. 单项工程招标
C. 勘察设计招标　　D. 材料设备招标

8. 评标委员会完成评标后，应当向招标人提出书面评标报告，并抄送（　　）。

A. 招标人　　B. 投标人
C. 有关行政监督部门　　D. 有关备案部门

9. 在招标文件中应该明确投标保证金数额，若投标总价为 200 万元，则投标保证金一般情况下为

(　　)万元。

A. 2.56　　B. 4

C. 8　　D. 6

10. 中标人确定后，招标人应当向中标人发出中标通知书，同时通知未中标人，并与中标人在（　　）天之内签订合同。

A. 5　　B. 10

C. 15　　D. 30

二、多选题

1. 招标活动的基本原则有（　　）。

A. 公开原则　　B. 公平原则

C. 公正原则　　D. 平等原则

E. 诚实信用原则

2. 建设项目招标的方式有（　　）。

A. 公开招标　　B. 普通招标

C. 邀请招标　　D. 择优招标

E. 特定招标

3. 根据《建筑工程施工发包与承包计价管理办法》的规定，工程合同价可以采取的三种方式是(　　)。

A. 固定合同价　　B. 可调合同价

C. 综合价　　D. 市场价

E. 成本加酬金合同价

4. 下列有关评标说法正确的有（　　）。

A. 评标应由招标人依法组建的评标委员会负责

B. 评标委员会成员为3人以上的单数

C. 若有9人组成评标委员会，则技术、经济等方面的专家至少有6人

D. 评标委员会可以向招标人推荐中标候选人或者根据招标人的授权直接确定中标人

E. 政府机构可以随意干预评标委员会成员选择

5. 一般来说，投标担保的方式有（　　）。

A. 抵押　　B. 质押

C. 投标保证金　　D. 投标保函

E. 留置

6. 有关公开招标叙述错误的有（　　）。

A. 公开招标投标的承包商多、范围广、竞争激烈，业主有较大的选择余地

B. 公开招标组织工作容易，工作量小

C. 公开招标需要向特定的承包商发出邀请书

D. 公开招标有利于降低工程造价，提高工程质量和缩短工期

E. 公开招标主要用于政府投资项目或投资额度大、工艺、结构复杂的较大型工程建设项目

7. 常见的承包模式包括（　　）。

A. 完全分包模式　　B. 总分包模式

C. 平行承包模式　　D. 联合体承包模式

E. 合作承包模式

8. 建设工程施工招标文件中的投标须知主要包括的内容有（　　）。

A. 招标范围及基本要求情况　　B. 质量要求

C. 工期的确定及顺延要求　　D. 标底的编制方法和要求

E. 材料设备的采购与供应

9. 投标人不予受理的投标有（　）。

A. 逾期送达的　　B. 未按规定格式填写的

C. 未送达指定地点的　　D. 提前送达指定地点的

E. 未按招标要求密封的

10. 投标文件有（　）情形之一的，由评标委员会初审后按废标处理。

A. 未按规定格式填写，内容不全或关键字模糊、无法辨认的

B. 无单位盖章但有法定代表人或法定代表人授权的代理人签字或盖章的

C. 未按招标文件的要求提交投标保证金的

D. 投标人名称或组织结构与资格预审时不一致的

E. 联合体投标附有联合体各方共同投标协议的

## 三、简答题

1. 施工招标项目的必备条件有哪些？
2. 通常情况下，废标的条件有哪些？
3. 通常情况下，招标人和投标人串通投标的行为有哪些表现形式？
4. 资格预审公告的内容有哪些？
5. 什么是招标控制价？它的意义是什么？
6. 分析工程招标投标影响工程造价的原理。
7. 简述招标投标阶段工程造价管理的主要内容。
8. 简述投标报价的编制依据与编制方法。
9. 投标报价时常用的策略有哪些？
10. 简述评价的程序和常用方法。
11. 按照计价方式的不同，施工合同有哪几种类型？如何选择适当的合同类型？

## 四、案例分析

### 1. 案例一

某重点工程项目计划于2019年12月28日开工，由于工程复杂，技术难度高，一般施工队伍难以胜任，业主自行决定采取邀请招标方式。于2019年9月8日向通过资格预审的A、B、C、D、E五家施工承包企业发出了投标邀请书。该五家企业均接受了邀请，并于规定时间9月20—22日购买了招标文件。招标文件中规定，10月18日下午16时是招标文件规定的投标截止时间，11月10日发出中标通知书。在投标截止时间之前，A、B、D、E四家企业提交了投标文件，但C企业于10月18日下午17时才送达，原因是中途堵车；10月21日下午由当地招投标监督管理办公室主持进行了公开开标。

评标委员会成员共有7人组成，其中当地招投标监督管理办公室1人，公证处1人，招标人1人，技术经济方面专家4人。评标时发现E企业投标文件虽无法定代表人签字和委托人授权书，但投标文件均已有项目经理签字并加盖了公章。评标委员会于10月28日提出了评标报告，B、A企业分别综合得分第一、第二名，由于B企业投标报价高于A企业，11月10日招标人向A企业发出了中标通知书，并于12月12日签订了书面合同。

（1）企业自行决定采取邀请招标方式的做法是否妥当？说明理由。

（2）C企业和E企业投标文件是否有效？说明理由。

（3）请指出开标工作的不妥之处，说明理由。

（4）请指出评标委员会成员组成的不妥之处，说明理由。

### 2. 案例二

背景：某市政协的综合办公楼进行施工招标，要求投标企业为房屋建筑施工总承包一级及以上资质。

资格预审公告后，有 15 家单位报名参加。

（1）资格预审时，有招标人代表提出不能使用民营企业，应选择国有大中型企业。

（2）资格预审文件中规定资格审查采用合格制，评审过程中招标人发现合格的投标申请人达到 12 家之多，因此要求对他们进行综合评价和比较，并采用投票方式优选 7 家作为最终的资格预审合格投标人。

（3）现场踏勘时，有 2 家单位因故未能参加，招标人按该 2 家单位放弃投标考虑。

（4）到投标截止时间有 1 家投标人因路上堵车迟到了 5min（已事先电话告知招标人），招标人拒绝接收其投标文件。

（5）开标仪式上，有 1 家投标人未派代表出席，但其投标文件提前寄到了招标人处，招标人因该投标人代表未在场为由，没有开启其投标文件。

（6）发出中标通知书之前，招标人书面要求中标人做出了 2%的让利。

问题：

（1）工程施工招标资格审查方法有哪两种？合格制的资格审查办法的优缺点是什么？

（2）上述程序中，有哪些不妥之处？试说明理由。

3. 案例三

某办公楼施工招标文件的合同条款中规定：预付款数额为合同价的 30%，开工后 3d 内支付，上部结构工程完成一半时一次性全额扣回，工程款按季度支付。

某承包商对该项目投标，经造价工程师估算，总价为 9000 万元，总工期为 24 个月，其中：基础工程估价为 1200 万元，工期为 6 个月；上部结构工程估价为 4800 万元，工期为 12 个月；装饰和安装工程估价为 3000 万元，工期为 6 个月。

该承包商为了既不影响中标，又能在中标后取得较好的收益，决定采用不平衡报价法对造价工程师的原估价做适当调整，基础工程调整为 1300 万元，结构工程调整为 5000 万元，装饰和安装工程调整为 2700 万元。

另外，该承包商还考虑到，该工程虽然有预付款，但平时工程款按季度支付不利于资金周转，决定除按上述调整后的数额报价外，还建议业主将支付条件改为：预付款为合同价的 5%，工程款按月支付，其余条款不变。

问题：

（1）该承包商所运用的不平衡报价法是否恰当？为什么？

（2）除了不平衡报价法，该承包商还运用了哪种报价技巧？运用是否得当？

6

第 6 章

# 建设项目施工阶段工程造价的计价与控制

**本章学习重点与难点：** 通过本章的学习，读者可以了解施工阶段工程造价确定与控制的内容，初步掌握工程变更与合同价款调整方法，工程索赔、工程价款结算及投资偏差分析的基本方法。要求读者在学习中掌握施工阶段工程造价控制的内容；熟悉我国现行《建设工程施工合同（示范文本）》条件下的工程变更与合同价款调整的相关规定；熟悉我国现行工程量清单计价规范中对合同价款调整的相关规定；掌握工程索赔的基本方法与规定，掌握工程价款结算的基本方法与投资偏差分析的基本方法；了解我国施工企业常用的施工项目成本控制方法。

## 6.1 概述

施工阶段是生产建筑产品，实现建设工程价值的阶段，**在实践中，往往把施工阶段作为工程造价控制的重要阶段和主要阶段**。在招标投标阶段为建筑产品确定了工程价格，但在施工阶段该价格不是固定不变的，由于受到各种因素的影响，工程造价必然发生变化，为有效控制工程造价，在施工阶段工程造价控制的主要任务是通过工程变更费用控制、工程费用索赔、工程价款结算、挖掘节约工程造价的潜力来实现实际发生费用不超过计划投资。

虽然施工阶段对工程造价的影响仅为 10%~15%，但这并不表明施工阶段对工程造价的控制无能为力，相反，施工阶段工程造价的控制更有现实意义。施工阶段工程造价的控制是实现总体控制目标的最后阶段，它的控制效果决定了总体的控制效果；施工阶段工程造价控制进入了实际操作阶段，影响因素更多，情况更加复杂，许多不确定性因素纷纷呈现出来，其控制的难度加大。

在施工阶段，建设单位、施工单位、监理单位、设备材料供应商等，由于各处于不同的利益主体，他们之间相互交叉、相互影响、相互制约，必然对工程造价有比较大的影响。因而，施工阶段的工程造价控制是从不同利益主体出发进行计划协调的工作，应该体现全过程、全要素和全方位的造价控制理念。

### 6.1.1 施工阶段造价控制目标

施工阶段中不同的主体造价控制目标各不相同，最期望的目标是质量好、工期短、造价低。但实际上不可能实现三个目标同时最优，三者之间是相互影响和相互制约的，如果是高质量、短工期就必然付出高投资的代价。因此，在施工阶段工程造价的合理目标是在满足合理质量标准和保证计划工期的前提下尽可能降低工程造价。各个不同的建设主体应该在分析工程项目的影响因素情况后，确定、分解工程项目的控制目标，并编制资金使用计划。

在施工阶段对工程造价的影响因素多，关系复杂，控制难度大，不同利益主体之间的造价控制目标之间相互制约和影响。业主控制造价的目标是合理的质量、工期情况下的造价尽可能的低，使投资得到有效控制，其工程造价控制在某种意义上便是减少投资支出，但其支出也便是承包商的收入。承包商造价控制的目标是一方面尽最大可能减少材料、人工、机械及其他成本开支；另一方面通过工程签证、设计变更、索赔和有效的合同管理等手段去增加工程收入，获得最大利润。他们之间的目标在一定意义上是相互矛盾的，但同时也是统一的，只有各方发挥各自造价控制职能，提高工程造价管理和项目管理水平，才能够最大限度为各方获利。

### 6.1.2　施工阶段工程造价的影响因素

工程建设是一个开放的系统，与外界保持密切深入的联系。社会的、经济的、自然的等因素会不断地作用于工程建设这个系统。其表现之一在于对工程造价的全面影响。施工阶段影响工程造价的外在和内在因素主要包括三个方面。

**1. 社会经济因素**

社会经济因素是不可控制的因素，但对工程造价的影响却是直接的。社会经济因素是工程造价控制的重要内容。

（1）宏观经济政策　在施工阶段，国家宏观的财政政策、税收政策、利率、汇率、费率的调整和变化直接影响着工程造价。在通常情况下，财政和税收政策的变化和调整，在签订施工合同时，均不在承包人应承担的风险范围内，即一旦发生政策的变化应对工程造价进行调整。利率的调整将会直接影响建设期内贷款利息的支出，从而影响工程造价，对承包商而言，可能影响到流动资金获取、贷款利息的变化和成本的变动。对于有利用外汇的建设项目，汇率的变化也会直接影响工程造价。建筑工程费率的变化也影响工程造价的变动。这些因素往往成为合同价格调整、风险识别与分担计算的直接依据。

（2）物价因素　在施工阶段前，关于物价上涨的影响通常都要进行预测与估算，而在施工实施阶段则成为一个现实的问题，也是合同双方利益的焦点。物价因素对工程造价的影响是非常敏感的，尤其是建设周期长的工程，物价因素对建设单位的影响主要表现在可调合同中，一般对物价上涨的影响明确了具体的调价办法。对固定价合同，虽然在形式上在施工阶段对物价上涨的波动不予调整，即不影响工程造价，但是物价上涨的风险费用已包含在合同价之中，而且对施工单位的成本的影响是非常大的。

**2. 人为因素**

人的认知是有限的，因此人的行为也会出现偏差。例如在施工阶段，对事情的主观判断失误、错误的指令、不合理的变更、认知的局限性，管理的不当行为等可能导致工程造价的增加。人为因素对工程造价的影响包括：业主的行为因素、承包商的行为因素、工程师的行为因素和设计方的行为因素。

（1）业主行为的影响　主要包括：①业主原因造成的工期延误、暂停施工；②业主要求的赶工；③业主要求的不合理变更引起的费用增加；④业主合理分包造成的费用增加；⑤工程延误支付，承包人要求的利息索赔费用；⑥业主的错误指令等其他行为导致的费用增加或引起的索赔。

（2）承包商行为的影响 主要包括：①施工方案不合理和施工组织不力导致工效降低；②由于承包人原因引起的赶工措施项目费用；③由于承包人违约导致的分包商和业主的索赔；④由于承包人的工作失误导致的损失费用；⑤由于成本管理的不善造成成本增加。

承包商行为的影响通常不会造成工程交易价格的增加，但会使承包商的建筑成本增加，减少了承包利润，甚至因此有亏损的风险。因而施工成本的控制也应该是施工阶段的造价管理的重要内容。

（3）工程师行为的影响 主要包括：①工程师的错误指令导致的承包商赔偿；②工程师未按照规定的时间到场进行工程计量，可能导致的损失；③工程师其他行为导致的工程造价增加，如虚假、不规范的签证等。

（4）设计方行为的影响 主要包括：①不合理的设计变更导致的工程造价增加；②设计失误导致的损失；③设计的行为失误造成的损失。如提供图样不及时导致的承包人的损失而引起的索赔。

3. 自然因素

建设工程项目由于规模大、不可移动性、建设周期长导致了受自然因素影响比较大。自然因素分为两类，第一类是不可抗力的自然灾害，如洪水、台风、地震、滑坡、泥石流等。在施工阶段遇到不可抗力的自然灾害对工程造价的影响将是巨大的，这类风险的规避一般采用工程保险转嫁风险。但是保险费用也是工程造价的组成部分，客观上增加了工程造价。第二类是自然条件，如地质、地貌、气象、气温等。不利的工程地质条件和水文地质条件的变化是施工中常常遇到的问题，其往往导致设计的变更和施工难度的增加，而设计变更和施工方案的改变会引起工程造价的增加。为应对自然条件的恶劣影响，需要采取措施改变施工条件，也会在一定程度上增加工程造价。

## 6.1.3 施工阶段工程造价控制的主要内容

施工阶段工程造价控制的工作表现为复杂、全面、具体、协调难度大的特点，其造价控制的主要内容包括组织、技术、经济、合同等多个方面。

1. 组织工作内容

1）不同建设主体的造价管理组织机构、职责体系建立、健全。

2）编制本工程施工过程中工程造价控制的工作计划和详细工作流程图。

3）建立造价控制绩效考核制度，建立项目部造价控制激励约束机制，加强考核。

2. 技术工作内容

1）对设计变更进行技术经济比较，严格控制设计变更。

2）寻找通过设计挖掘节约造价的可能性。

3）优化施工组织设计，从施工方案、进度安排等施工组织管理的角度寻求成本节约的可能性。

3. 经济工作内容

1）编制资金使用计划，分解、确定工程造价控制目标。

2）对工程造价控制目标进行分析，确定造价控制重点，并制定防范对策。

3）按照相关规定进行工程量计量，复核工程付款账单，签发进度款。

4）在施工过程中进行工程造价跟踪控制，定期进行造价实际支出值与计划目标值的比较，发现偏差，分析产生偏差的原因，采取纠偏措施。

5）协商确定变更工程的单价，确定工程变更的价款。

6）审核竣工结算。

4. 合同工作内容

1）做好工程施工记录，保存各种文件、图样，收集各种资料，为正确处理可能发生的索赔提供依据。

2）严格遵从相关规定程序，积极处理工程索赔事项。

3）参与合同修改、变更、补充工作，着重考虑它对工程造价的影响。

## 6.2 工程变更与合同价款调整

### 6.2.1 工程变更概述

1. 工程变更的概念

由于工程建设周期长、涉及的经济关系和法律关系复杂、受自然条件和客观因素的影响大，导致项目的实际情况与项目招标投标时的情况相比会发生一些变化。所谓工程变更是指合同工程实施过程中由发包人提出或由承包人提出经发包人批准的合同工程任何一项工作的增减、取消或施工工艺、顺序、时间的改变，设计图的修改，施工条件的改变，招标工程量清单的错、漏从而引起合同条件的改变或工程量的增减变化。

建设工程合同是以合同签订时静态的发承包范围、设计标准、施工条件为前提的，由于工程建设的不确定性，这种静态前提往往会被各种变更所打破。在合同工程实施过程中，工程变更可分为设计图发生修改，招标工程量清单存在错、漏，对施工工艺、顺序和时间的改变，为完成合同工程所需要追加的额外工作等。考虑到设计变更在工程变更中的重要性，往往将工程变更分为设计变更和其他变更两大类。

工程变更可以分为主动变更和被动变更。主动变更是指为了改善项目功能、加快建设速度、调高工程质量、降低工程造价而提出的变更。被动变更是指为了纠正人为失误和自然条件的影响而不得不进行设计工期等的变更。

工程变更常发生于工程项目实施过程中，处理不好常会引起纠纷，损害业主或承包人的利益，对项目的目标控制不利。首先，工程变更容易引起投资失控。工程变更引起工程量的变化、承包人的索赔，可能使最终投资超过原来的预计投资。其次，工程变更容易引起停工、返工现象，会延迟项目的完工时间，对项目进度不利。最后，频繁的变更还会增加工程师的组织协调工作量，对项目实施的质量控制和合同管理都是不利的。

2. 工程变更产生的原因

由于建设工程施工阶段条件复杂，影响的因素较多，以及一些主观和客观方面原因，工程变更是难以避免的，其产生的主要原因包括：

1）发包方的原因造成的工程变更。如发包方要求对设计的修改、工期的缩短以及合同以外的“新增工程”。

2）工程师的原因造成的工程变更。工程师可以根据工程的需要对施工工期、施工顺序等提出工程变更。

3）设计方的原因造成的设计变更。由于设计深度不够、质量粗糙等导致不能按图施工，不得不进行的设计变更。

4）自然原因造成的工程变更。如不利的地质条件变化、特殊异常的天气条件以及不可抗力的自然灾害发生导致的设计变更、工期延误和灾后的修复工程等。

5）承包人原因造成的工程变更。一般情况下，承包人不得对原工程设计进行变更，但施工中承包人提出的合理化建议，经工程师和业主同意后，可以对原工程设计或施工组织设计进行变更。

工程变更控制是施工阶段工程造价管理的重要内容之一，是指实现建设项目的目标而对工程变更进行的分析、评价以保证工程变更的合理性。一般情况下，由于工程变更都会带来合同价的调整，而合同价的调整又是双方利益的焦点。合理地处理好工程变更可以减少不必要的纠纷，保证合同的顺利实施，也有利于保护承、发包双方的利益。由此可见，工程变更控制的意义在于能够有效控制不合理变更和工程造价，保证建设项目目标的实现，保护承、发包双方的利益。

### 6.2.2 《建设工程施工合同（示范文本）》（GF—2017—0201）的工程变更

**1. 工程变更的范围与变更权**

（1）工程变更的范围和内容　履行合同中发生以下情形之一的，经发包人同意，监理人可按合同约定的变更程序向承包人发出变更指标：

1）增加或减少合同中任何工作，或追加额外的工作。

2）取消合同中任何工作，但转由他人实施的工作除外。

3）改变合同中任何工作的质量标准或其他特性。

4）改变工程的基线、标高、位置和尺寸。

5）改变工程的时间安排或实施顺序。

（2）工程变更权　发包人和监理人均可以提出变更。由于工程变更会带来工程造价和工期的变化，为了有效控制工程造价，无论任何一方提出工程变更，变更指示均通过监理人发出，监理人发出变更指示前应征得发包人同意。承包人收到经发包人签认的变更指示后，方可实施变更。未经许可，承包人不得擅自对工程的任何部分进行变更。涉及设计变更的，应由设计人提供变更后的图样和说明。如变更超过原设计标准或批准的建设规模时，发包人应及时办理规划、设计变更等审批手续。

当工程变更发生时，要求工程师及时处理并确认变更的合理性，其确认工程变更的一般步骤是：①提出工程变更，②分析提出的工程变更对项目目标的影响，③分析有关的合同条款、会议、通信记录，④向业主提交变更评估报告（确定处理变更所需要的费用、时间范围和质量要求），⑤确认工程变更。

**2. 工程变更程序**

（1）发包人提出变更　发包人提出变更的，应通过监理人向承包人发出变更指示，变更指示应说明计划变更的工程范围和变更的内容。

（2）监理人提出变更建议　监理人提出变更建议的，需要向发包人以书面形式提出变更计划，说明计划变更工程范围和变更的内容、理由，以及实施该变更对合同价格和工期的影响。发包人同意变更的，由监理人向承包人发出变更指示。发包人不同意变更的，监理人无权擅自发出变更指示。

(3) 变更执行　承包人收到监理人下达的变更指示后，认为不能执行，应立即提出不能执行该变更指示的理由。承包人认为可以执行变更的，应当书面说明实施该变更指示对合同价格和工期的影响，且双方约定确定工程变更估价。

2012 版《简明标准施工招标文件》规定，承包人应在收到变更指示 14 天内，向监理人提交变更报价书。监理人应审查，并在收到承包人变更报价书后 14 天内，与发包人和承包人共同商定此估价。在未达成协议的情况下，监理人应确定该估价。

**3. 工程变更估价**

(1) 工程变更估价程序　承包人应在收到变更指示后 14 天内，向监理人提交变更估价申请。报价内容应根据变更估价原则，详细开列变更工作的价格组成及其依据，并附必要的施工方法说明和有关图样。变更工作影响工期的，承包人应提出调整工期的具体细节。监理人应在收到承包人提交的变更估价申请后 7 天内审查完毕并报送发包人，监理人对变更估价申请有异议，通知承包人修改后重新提交。发包人应在承包人提交变更估价申请后 14 天内审批完毕。发包人逾期未完成审批或未提出异议的，视为认可承包人提交的变更估价申请。

因变更引起的价格调整应计入最近一期的进度款中支付。

(2) 工程变更估价的确定原则　《建设工程施工合同（示范文本）》(GF—2017—0201) 约定了工程变更估价的确定原则，其内容如下：

1) 已标价工程量清单或预算书有相同项目的，按照相同项目单价认定。

2) 已标价工程量清单或预算书中无相同项目，但有类似项目的，参照类似项目的单价认定。

3) 变更导致实际完成的变更工程量与已标价工程量清单或预算书中列明的该项目工程量的变化幅度超过 15%的，或已标价工程量清单或预算书中无相同项目及类似项目单价的，按照合理的成本与利润构成的原则，由合同当事人按照商定或确定的方式确定变更工作的单价。

合同当事人进行商定或确定时，总监理工程师应当会同合同当事人尽量通过协商达成一致，不能达成一致的，由总监理工程师按照合同约定审慎做出公正的确定。总监理工程师应将确定以书面形式通知发包人和承包人，并附详细依据。合同当事人对总监理工程师的确定没有异议的，按照总监理工程师的确定执行。任何一方合同当事人有异议，按照"争议解决"约定处理。争议解决前，合同当事人暂按总监理工程师的确定执行；争议解决后，争议解决的结果与总监理工程师的确定不一致的，按照争议解决的结果执行，由此造成的损失由责任人承担。

**4. 承包人的合理化建议**

承包人提出合理化建议的，应向监理人提交合理化建议说明，说明建议的内容和理由，以及实施该建议对合同价格和工期的影响。除专用合同条款另有约定外，监理人应在收到承包人提交的合理化建议后 7 天内审查完毕并报送发包人，发现其中存在技术上的缺陷，应通知承包人修改。发包人应在收到监理人报送的合理化建议后 7 天内审批完毕。合理化建议经发包人批准的，监理人应及时发出变更指示，由此引起的合同价格调整按照变更估价约定执行。发包人不同意变更的，监理人应书面通知承包人。

合理化建议降低了合同价格或者提高了工程经济效益的，发包人可对承包人给予奖励，奖励的方法和金额在专用合同条款中约定。

**5. 工程变更引起的工期调整**

因变更引起工期变化的，合同当事人均可要求调整合同工期，由合同当事人按照“商定或确定”的方式，并参考工程所在地的工期定额标准确定增减工期天数。

**6. 暂列金额与计日工**

暂列金额应按照发包人的要求使用，发包人的要求应通过监理人发出。尽管暂列金额列入合同价格，但并不属于承包人所有，也不必然发生。只有按照合同约定实际发生后，才成为承包人的应得金额，纳入合同结算款中。

需要采用计日工方式的，经发包人同意后，由监理人通知承包人以计日工计价方式实施相应的工作，其价款按列入已标价工程量清单或预算书中的计日工计价项目及其单价进行计算。已标价工程量清单或预算书中无相应的计日工单价的，按照合理的成本与利润构成的原则，由合同当事人按照商定确定变更工作的单价。

采用计日工计价的任何一项工作，承包人应在该项工作实施过程中，每天提交以下报表和有关凭证报送监理人审查：①工作名称、内容和数量；②投入该工作的所有人员的姓名、专业、工种、级别和耗用工时；③投入该工作的材料类别和数量；④投入该工作的施工设备型号、台数和耗用台时；⑤其他有关资料和凭证。

计日工由承包人汇总后，列入最近一期进度付款申请单，由监理人审查并经发包人批准后列入进度付款。

**7. 暂估价**

在工程招标阶段已经确定的材料、工程设备或专业工程项目，但无法在当时确定准确价格，而可能影响招标效果的，可由发包人在工程量清单中给定一个暂估价。暂估价专业分包工程、服务、材料和工程设备的明细由合同当事人在专用合同条款中约定。

（1）依法必须招标的暂估价项目　对于依法必须招标的暂估价项目，采取以下第 1 种方式确定。合同当事人也可以在专用合同条款中选择其他招标方式。

第 1 种方式：对于依法必须招标的暂估价项目，由承包人招标，对该暂估价项目的确认和批准按照以下约定执行：

1）承包人应当根据施工进度计划，在招标工作启动前 14 天将招标方案通过监理人报送发包人审查，发包人应当在收到承包人报送的招标方案后 7 天内批准或提出修改意见。承包人应当按照经过发包人批准的招标方案开展招标工作。

2）承包人应当根据施工进度计划，提前 14 天将招标文件通过监理人报送发包人审批，发包人应当在收到承包人报送的相关文件后 7 天内完成审批或提出修改意见；发包人有权确定招标控制价并按照法律规定参加评标。

3）承包人与供应商、分包人在签订暂估价合同前，应当提前 7 天将确定的中标候选供应商或中标候选分包人的资料报送发包人，发包人应在收到资料后 3 天内与承包人共同确定中标人；承包人应当在签订合同后 7 天内，将暂估价合同副本报送发包人留存。

第 2 种方式：对于依法必须招标的暂估价项目，由发包人和承包人共同招标确定暂估价供应商或分包人的，承包人应按照施工进度计划，在招标工作启动前 14 天通知发包人，并提交暂估价招标方案和工作分工。发包人应在收到后 7 天内确认。确定中标人后，由发包人、承包人与中标人共同签订暂估价合同。

（2）不属于依法必须招标的暂估价项目　对于不属于依法必须招标的暂估价项目，采取以下第 1 种方式确定。

第 1 种方式：对于不属于依法必须招标的暂估价项目，按以下约定确认和批准：

1）承包人应根据施工进度计划，在签订暂估价项目的采购合同、分包合同前 28 天向监理人提出书面申请。监理人应当在收到申请后 3 天内报送发包人，发包人应当在收到申请后 14 天内给予批准或提出修改意见，发包人逾期未予批准或提出修改意见的，视为该书面申请已获得同意。

2）发包人认为承包人确定的供应商、分包人无法满足工程质量或合同要求的，发包人可以要求承包人重新确定暂估价项目的供应商、分包人。

3）承包人应当在签订暂估价合同后 7 天内，将暂估价合同副本报送发包人留存。

第 2 种方式：承包人按照"依法必须招标的暂估价项目"约定的第 1 种方式确定暂估价项目。

第 3 种方式：承包人直接实施的暂估价项目。

承包人具备实施暂估价项目的资格和条件的，经发包人和承包人协商一致后，可由承包人自行实施暂估价项目，合同当事人可以在专用合同条款约定具体事项。

### 6.2.3　FIDIC《施工合同条件》下的工程变更

#### 1. 工程变更

（1）工程变更的范围与内容　根据 FIDIC（国际咨询工程师联合会）《施工合同条件》（1999 年第 1 版）的约定，在颁发工程接受证书前的任何时候，工程师可以通过发布指示或要求承包人以提交建议书的方式，提出变更。承包人应遵守执行每项变更，除非承包人立即向工程师发出通知，说明承包人难以取得变更所需的货物。工程师接到此类通知后，应取消、确认或改变原指示。

工程师可以根据施工进展的实际情况，在认为必要时就以下几个方面发布工程变更指令：①对合同中包括任何工作内容的工程量的改变；为了便于合同管理，当事人双方应在专用条款内约定工程量变化较大可以调整单价的百分比，具体范围视工程具体情况而定。②任何工作内容的工作质量或其他特性的变更。③工程任何部分标高、位置或任何尺寸的改变。④删减合同约定的工作内容；删减的工作应是不再需要的工程，不允许用变更指令的方式将承包范围内的工作变更给其他承包商实施。⑤改变原来的施工顺序和时间的安排。除非接到工程师指示或批准了变更，承包人不得对工程做任何改变或修改。

新增的工程应按单独的合同对待。这种变更指令应是增加与合同工作范围性质一致的新增工作内容，而且不应以变更指令的形式要求承包人使用超过其目前正在使用或计划使用的施工设备范围去完成新增工作。除非承包人同意此项工作按变更对待，一般应将新增工程按一个单独的合同对待。

（2）工程变更程序　颁发工程接收证书前的任何时间，工程师可以通过发布变更指令或以要求承包商递交建议书的任何一种方式提出变更。

1）指令变更。工程师在业主授权范围内根据施工现场的实际情况，在确属需要时有权发布变更指令。指令的内容应包括详细的变更内容、变更工程量、变更项目的施工技术要求和有关部门文件图样，以及处理变更的原则。

2）要求承包商递交建议书后再确定的变更。其程序如下所述：①工程师将计划变更事项通知承包商，并要求承包商递交实施变更的建议书。②承包商应尽快予以答复。一种情况可能是通知工程师由于受到某些非自身的原因的限制而无法执行此项变更；另一种情况是承包商依据工程师的指令递交实施此项变更的说明，内容包括：将要实施的工作说明以及实施的进度计划，承包商依据合同规定对进度计划和竣工时间做出任何必要的建议，提出工期顺延要求；承包商对变更估价的建议，提出变更费用的要求。③工程师做出是否变更的决定，尽快通知承包商说明批准与否或提出意见。

工程师收到此类建议书后，应尽快给予批准、不批准，或提出意见的回复。在等待答复期间，承包人不应延误任何工作。应由工程师向承包人发出执行每项变更并附有做好各项费用记录的任何要求的指示，承包人应确定收到该指示。

2. 工程变更估价

（1）工程变更估价确定的原则　当工程变更发生时，在确定变更工程价款的过程中，变更工程的价格和费率，往往是双方协商时的焦点。按照FIDIC《施工合同条件》（1999年第1版）相关条款规定确定工程变更价款，其应采用的费率或价格以及应采用的方法，主要有三种：

1）变更工作在工程量表中有同种工作内容的单价，应以该费率计算变更工程费用。实施变更工作未引起工程施工组织和施工方法发生实质性变动，不应调整该项单价。

2）工程量表中虽然列有同类工作的单价或价格，但对具体变更工作而言已不适用，则在原单价和价格的基础上制定合理的新单价或价格。

3）变更工作的内容在工程量表中没有同类工作的费率和价格，应按照合同单价水平相一致的原则，确定新的费率和价格。任何一方不能以工程量表没有此项价格为借口，将变更工作的单价定得过高或过低。

（2）可以调整合同单价的原则　某项工作的工程量发生比较大的变化后，应该对该项工作的单价进行调整。具体调整条件为：此项工作实际测量的工程量比工程量表或其他报表规定的工程量的变动大于10%；工程量的变更与对该项工作规定具体费率的乘积超过了接受合同额的0.01%；由于此工程量的变更直接造成该项工作每单位工程量的费用的变动超过1%；此项工作不是合同规定的“固定费率项目”。

（3）删减原定工作后对承包商的补偿　工程师发布删减工作的变更指示后承包商不在实施部分工作，合同价格中包括的直接费部分没有受到损害，但摊销在该部分的间接费用、税金和利润则实际不能合理回收。因此，承包商可以就其损失向工程师发出通知，并提供具体的证明资料，经工程师与合同双方协商后确定的一笔补偿金额即可加入到合同中。

### 6.2.4 合同价款调整

1. 合同价款调整概述

（1）合同价款调整的概念　合同价是发承包双方在工程合同中约定的工程造价。然而，承包人按合同约定完成了全部承包工作后，发包人应付给承包人的合同总金额往往不等于签约合同价。原因在于施工过程中出现了合同约定的价款调整事项，发承包双方对此进行了提出和确认。

所谓合同价款调整，是指在合同价款调整因素出现后，发承包双方根据合同约定，对合同价款进行变动的提出、计算和确认。

（2）计价风险的分担原则　风险是一种客观存在的、可能会带来损失的、不确定的状态，具有客观性、损失性、不确定性的特点，并且风险始终是与损失相联系的。工程建设具有单件性和建设周期长的特点，在工程施工过程中影响工程施工及工程造价的风险因素很多，因此，计价风险会直接影响合同价款与合同价款调整。

承包方无法预测、控制所有的风险，基于市场交易的公平性要求和工程施工中发承包双方权、责的对等性要求，发承包双方应合理分摊风险。因此，《建设工程工程量清单计价规范》中明确规定：建设工程发承包，必须在招标文件、合同中明确计价中的风险内容及其范围，不得采用无限风险、所有风险或类似语句规定计价中的风险内容及范围。

计价风险分担的实质是发承包双方对导致项目未来损失的责任的界定与划分。根据我国工程建设特点，投标人应完全承担的风险是技术风险和管理风险，如管理费和利润；应有限度承担的是市场风险，如材料价格、施工机具使用费；应由招标人完全承担的是法律、法规、规章和政策变化的风险。

1）**发包人完全承担的计价风险**。应由发包人完全承担的风险包括：

① 国家法律、法规、规章和政策发生变化。此类变化主要体现在规费、税金的计价。

② 省级或行业建设主管部门发布的人工费调整，但承包人对人工费或人工单价的报价高于发布的除外。根据我国目前工程建设的实际情况，各地建设主管部门均根据当地的有关规定发布人工成本信息或人工费调整，对此关系职工切身利益的人工费不应纳入风险，不应由承包人承担。

③ 由政府定价或政府指导价管理的原材料等价格进行的调整。目前，我国仍有一些原材料价格实行政府定价或政府指导价，如水、电、燃油等。对此类原材料价格，按照以下规定进行合同价款调整：在合同约定的交付期限内价格调整时，按照交付的价格计价。逾期交付的，遇价格上涨时，按照原价格执行；价格下降时，按照新价格执行。逾期提取标的物或者逾期付款的，遇价格上涨时，按照新价格执行；价格下降时，按照原价格执行。

2）**发承包双方共担的计价风险**。应由发承包双方共担、合理分摊的风险包括：

① 由于市场物价波动。为应对市场物价波动，发承包双方应填写“承包人提供主要材料和工程设备一览表”作为合同附件；并应在合同中约定市场物价波动的调整范围和幅度。通常，材料价格的风险宜控制在 5%以内，施工机械使用费的风险可控制在 10%以内，超过者予以调整。

② 不可抗力。当不可抗力发生，影响合同价款时，按照工程本身的损害、清理、修复由发包人承担，其他各自的损失各自承担的原则进行风险分担。

3）**承包人完全承担的计价风险**。由于承包人使用机械设备、施工技术以及组织管理水平等自身原因造成施工费用增加的，由承包人全部承担。例如，由于承包人组织施工的技术方法、管理水平低下造成的管理费用超支或利润减少的风险全部由承包人承担。

（3）合同价款调整的相关规定　合同履行过程中，引起合同价款调整的事项有很多，对合同价款调整做出相关规定的主要有《建设工程施工合同（示范文本）》（GF—2017—0201）、GB 50500—2013《建设工程工程量清单计价规范》等。

1）《建设工程施工合同（示范文本）》相关规定。该文件规定了 2 项合同价款调整的事项，分别是：市场价格波动引起的调整，法律变化引起的调整。

① 市场价格波动引起的调整。市场价格波动超过合同当事人约定的范围时，合同价格

应当调整。可以采用价格指数进行调整，也可以采用造价信息进行价格调整。

② 法律变化引起的调整。基准日期后，法律变化导致承包人在合同履行过程中所需要的费用增加时，由发包人承担由此增加的费用；减少时，应从合同价格中予以扣减。基准日期后，因法律变化造成工期延误时，工期应予以顺延。

2）《建设工程工程量清单计价规范》相关规定。该文件规定了 **15 项合同价款调整事项**，包括：法律法规变化引起的合同价款调整；工程变更引起的合同价款调整；项目特征不符引起的合同价款调整；工程量清单缺项引起的合同价款调整；工程量偏差引起的合同价款调整；计日工引起的合同价款调整；物价变化引起的合同价款调整；暂估价引起的合同价款调整；不可抗力引起的合同价款调整；提前竣工（赶工补偿）引起的合同价款调整；误期赔偿引起的合同价款调整；索赔引起的合同价款调整；现场签证引起的合同价款调整；暂列金额引起的合同价款调整；其他调整事项引起的合同价款调整。

（4）合同价款调整的分类　发承包双方按照合同约定调整合同价款的若干事项，大致包括 5 大类：①法律法规变化类。②工程变更类。工程变更类事项包括工程变更、项目特征不符、工程量清单缺项、工程量偏差、计日工。③物价变化类。物价变化类事项主要涉及物价变化和暂估价。④工程索赔类。工程索赔类事项主要涉及不可抗力、提前竣工（赶工补偿）、误期赔偿、索赔。⑤现场签证及其他类。现场签证是发承包双方在合同履约过程中，发包人现场代表与承包人现场代表就施工过程中涉及的责任事件所做的签认证明。其范围主要是对因业主方要求的合同外零星工作、非承包人责任事件以及合同工程内容因场地条件、地质水文、发包人要求不一致等进行签认证明。现场签证根据签证内容，有的可归于工程变更类，有的可归于索赔类，有的不涉及价款调整。

（5）合同价款调整的处理规定

1）承包人提出合同价款调增事项的时限要求。出现合同价款调增事项（不含工程量偏差、计日工、现场签证、索赔）后的 14 天内，承包人应向发包人提交合同价款调增报告并附上相关资料；承包人在 14 天内未提交合同价款调增报告的，应视为承包人对该事项不存在调整价款请求。工程量偏差的调整在竣工结算完成之前均可提出。计日工、现场签证、索赔的调整时限要求见下文。

2）发包人提出合同价款调减事项的时限要求。出现合同价款调减事项（不含工程量偏差、索赔）后的 14 天内，发包人应向承包人提交合同价款调减报告并附相关资料；发包人在 14 天内未提交合同价款调减报告的，应视发包人对该事项不存在调整价款请求。

3）合同价款调整的核实程序。发承包人应在收到承发包人合同价款调增（减）报告及相关资料之日起 14 天内对其核实，予以确认的应书面通知承发包人。当有疑问时，应向承发包人提出协商意见。发承包人在收到合同价款调增（减）报告之日起 14 天内未确认也未提出协商意见的，视为提交的合同价款调增（减）报告已被认可。发承包人提出协商意见的，承发包人应在收到协商意见后的 14 天内对其核实，予以确认的应书面通知发承包人。承发包人在收到协商意见后 14 天内既不确认也未提出不同意见的，视为提出的意见已被认可。

发包人与承包人对合同价款调整的不同意见不能达到一致的，只要对双方履约不产生实质影响，双方应继续履行合同义务，直到其按照合同约定的争议解决方式得到处理。

4）合同价款调整的支付。经发承包双方确认调整的合同价款，作为追加（减）合同价款，与工程进度款或结算款同期支付。

**2. 法律法规变化引起的合同价款调整**

在合同履行过程中，当国家的法律、法规、规章和政策发生变化引起工程造价增减变化时，发承包双方应当按照省级或行业建设主管部门或其授权的工程造价管理机构据此发布的规定调整合同价款。

（1）合同价款调整基准日的确定　法律法规变化属于发包人完全承担的风险，发承包双方对因法律法规变化引起价款调整的风险划分是以**基准日**为界限的。在基准日之后发生法律法规变化导致承包人在合同履行中所需工程费用发生增减时，合同价款予以调整，该风险由发包人承担。

对于实行招标的工程，以招标文件中规定的投标截止日前 28 天，对于不实行招标的工程，以合同签订前 28 天为基准日。

（2）工期延误期间法律法规变化的合同价款调整规定　由于承包人原因导致工期延误，且调整时间在合同工程原定竣工时间之后，按不利于承包人的原则调整合同价款。即合同价款调增的不予调整，合同价款调减的予以调整。

（3）法律法规变化引起合同价款调整的内容　法律法规变化导致的合同价款调整主要反映在规费和税金的计价上。人工费和实行政府指导价的原材料价格的调整主要是调价差，在下文详细讲解调整方法。

---

**案例：** 某工程的建设时间为 2010 年 6 月至 2011 年 6 月。通过招标投标，某公司中标建设。施工期间，由于承包人提供的材料供货不及时的原因，导致工期延误 5 个月。施工期间建设主管部门发文对 2011 年 7 月 1 日以后工程税金费率由 3.45%调整到 3.48%。对此税率的变化，应如何处理?

根据计价规范对法律法规变化的规定，因承包人原因导致工期延误，调整时间在合同工程原定竣工时间之后的，按不利于承包人的原则调整合同价款。本案例中工期延误 5 个月是承包人原因造成的，应做出不利于承包人的合同价款调整。因此承包人应承担原定工程竣工时间之后的税率变化风险，即该工程在 2010 年 6 月至 2011 年 6 月按照税率 3.45%计算，在 2011 年 7 月至 2011 年 11 月按照税率 3.48%计算。

---

**3. 工程变更事项引起的合同价款调整**

工程变更类事项引起的合同价款调整包括工程变更、项目特征不符、工程量清单缺项、工程量偏差、计日工。

（1）工程变更引起的合同价款调整　发生工程变更引起合同价款调整的原因主要有：分部分项项目或其工程数量发生变化；工程变更引起施工方案改变从而使措施项目发生变化；发包人提出的工程变更因非承包人原因删减了合同中的原定工作。

1）分部分项工程变更的价款调整。**因工程变更引起已标价工程量清单项目或其工程数量发生变化时，按照以下三个原则调整：**

① 原清单中有适用于变更工程项目的，采用该项目的单价；当工程变更导致该清单项目的工程数量发生变化，且工程量偏差超过 15%时，超过部分的工程量应重新调整综合单价。所谓“适用于变更工程项目”是指合同中已有项目与变更项目所采用的材料、施工工艺和方法相同，同时也不因变更工作增加关键线路上工程的施工时间。

**案例**：某工程施工过程中，由于设计变更，新增加轻质材料隔墙1200m²，已标价工程量清单中有此轻质材料隔墙项目综合单价，且新增部分工程量偏差在15%以内，就可直接采用该项目综合单价。

② 原清单中没有适用但有类似于变更工程项目的，可在合理范围内参照类似项目的单价。所谓“类似于变更工程项目”是指合同中已有项目与变更项目所采用的材料、施工工艺和方法基本相似，同时也不因变更工作增加关键线路上工程的施工时间。此时，可仅就其变更后的差异部分，参考类似的项目单价由发承包双方协商新的项目单价。

**案例**：某工程现浇混凝土梁为C25，施工过程中设计调整为C30，此时，可仅将C30混凝土价格替换C25混凝土价格，其余不变，组成新的综合单价。

③ 原清单中没有适用也没有类似于变更工程项目的，由承包人根据变更工程资料、计量规则和计价办法、工程造价管理机构发布的信息价格和承包人报价浮动率提出变更工程项目的单价，并报发包人确认后调整。承包人报价浮动率可按下列公式计算：

招标工程：

$$承包人报价浮动率\ L=(1-中标价/招标控制价)\times 100\%$$

非招标工程：

$$承包人报价浮动率\ L=(1-报价/施工图预算)\times 100\%$$

**案例**：某工程招标控制价为8413949元，中标人的投标报价为7972282元，承包人报价浮动率可以用公式求出：

$$\begin{aligned}L&=(1-中标价/招标控制价)\times 100\%\\&=(1-7972282/8413949)\times 100\%\\&=5.25\%\end{aligned}$$

该工程在施工过程中，屋面防水采用PE高分子防水卷材（1.5mm），清单项目中无类似项目，工程造价管理机构发布该卷材单价为18元/m²。该项目在确定综合单价时可以根据信息价格和承包人报价浮动率求得：若已知该项目所在地防水卷材项目的定额人工费为3.78元，除卷材外的其他材料费为0.65元，管理费和利润为1.13元，则防水卷材项目的综合单价为

$$\begin{aligned}综合单价&=(3.78+18+0.65+1.13)元\times(1-5.25\%)\\&=22.32元\end{aligned}$$

④ 原清单中没有适用也没有类似于变更工程项目的，且工程造价管理机构发布的信息价格缺价的，由承包人根据变更工程资料、计量规则、计价办法和通过市场调查等取得有合法依据的市场价格，并提出变更工程项目的单价，报发包人确认后调整。

2）措施项目变更的价款调整。工程变更引起施工方案改变并使措施项目发生变化时，承包人提出调整措施项目费的，应事先将拟实施的方案提交发包人确认，并详细说明与原方

案措施项目相比的变化情况。拟实施的方案经发承包双方确认后执行。如果承包人未事先将拟实施的方案提交给发包人确认，则视为工程变更不引起措施项目费的调整或承包人放弃调整措施项目费的权利。

措施项目按计价方式分为三类：第一类是安全文明施工费，第二类是按单价计算的措施项目，第三类是按总价（或系数）计算的措施项目。这三类措施项目发生变更时引起合同价款调整的方法如下：

① 安全文明施工费按照实际发生变化的措施项目按下列规定计算：安全文明施工费必须按国家或省级、行业、行政建设主管部门的规定计算，不得作为竞争费用。当工程所在地的地方和行业有关规定发生改变或者计费基数发生变化时，可照实调整。

② 按单价计算的措施项目变更的价款调整。按单价计算的措施项目是可计量措施项目（如混凝土模板及支架、垂直运输等），依附于某分部分项实体工程中，当工程变更导致实体工程变化时，其相对应的措施项目费也会发生改变。因此，按单价计算的措施项目，按照实际发生变化的措施项目，并依据分部分项的综合单价估价原则进行其综合单价的调整。

③ 按总价（或系数）计算的措施项目变更的价款调整。按单价（或系数）计算的措施项目是不可计量的措施项目，服务于多个分部分项工程，其措施项目消耗量不能准确分配到分部分项工程中。但此类措施项目的消耗量与施工组织设计有很强的关联性，施工组织设计中的施工方案不同，相应的措施项目也会不同。如夜间施工、已完工程及设备保护等措施项目。

按总价（或系数）计算的措施项目费用的调整按照实际发生变化的措施项目调整，但应考虑承包人的报价浮动因素，即调整金额按照实际调整金额乘以报价浮动率计算。

3）删减工作变更的价款调整。当发包人提出的工程变更因非承包人原因删减了合同中的某项原定工作或工程，致使承包人发生的费用或（和）得到的收益不能被包括在其他已支付或应支付的项目中，也未被包含在任何替代的工程或工程中时，承包人有权提出并得到合理的费用及利润补偿。这是为维护合同公平，防止发包人在签约后擅自取消合同中的工作，转由发包人或其他承包人实施而使本合同工程承包人蒙受损失。

（2）项目特征不符引起的合同价款调整　项目特征是构成分部分项项目、措施项目自身价值的本质特征。项目特征描述的准确性是确定一个清单项目综合单价不可缺少的重要依据，是履行合同义务的基础。但由于工程量清单编制人员主观因素、施工图的设计深度和质量问题、项目特征描述方法不合理等因素会出现项目特征不符的情况。

1）项目特征不符的具体表现。项目特征不符包括两种情况：一是**项目特征的描述不完整**；二是**项目特征描述错误**。

① 项目特征的描述不完整是指对于清单计价规范中规定必须描述的内容没有展开全面的描述。对其中任何一项必须描述的内容没有进行描述时都将影响综合单价的确定。

② 项目特征描述错误是指项目特征的描述与设计图样不符或是项目特征的描述与实际施工要求不符。

2）项目特征不符引起的合同价款调整规定。发包人在招标工程量清单中对项目特征的描述，应是准确和全面的，并且与实际施工要求相符合。投标人编制投标文件时，应按照招标工程量清单中的项目特征描述来确定综合单价。因此，项目特征不符属于发包人承担的责任。承包人应按照发包人提供的招标工程量清单，根据其项目特征描述的内容及有关要求实施合同工程，直到项目被改变为止，不得擅自变更。可见，尽管项目特征不符由发包人承担相应的责任，但只有当发包人确认该项变更后才能进行相应的合同价款的调整。

承包人应按照发包人提供的设计图实施合同工程，若在合同履行期间，出现设计图（含设计变更）与招标工程量清单任一项目的特征描述不符，且该变化引起该项目的工程造价增减变化的，应按照实际施工的项目特征按工程变更的规定重新确定相应的综合单价，调整合同价款。综合单价确定原则以及措施项目费调整参照前方内容。

案例：某工程采用以工程量清单为基础的单价合同，其外窗材料部分的工程量清单项目特征描述中为普通铝合金材料，但施工图的设计要求为隔热断桥铝型材。中标施工企业在投标报价时按照工程量清单的项目特征进行组价，但在施工中安装了隔热断桥铝型材外窗。在进行工程结算时，承包商要求按照其实际使用材料调整价款，计入结算总价。但发包方认为不应对材料价格进行调整。

根据《建设工程工程量清单计价规范》规定，发包人应对项目特征描述的准确性和全面性负责，并且应与实际施工要求相符合。在本例中，外窗材料的项目特征描述为普通铝合金材料，但施工图的设计要求为隔热断桥铝型材，项目特征描述不准确，发包人应为此负责；其次，承包人应按照发包人提供的招标工程量清单，根据其项目特征描述的内容及有关要求实施工程，直到其被改变为止。所谓“被改变”是指承包人应告知发包人项目特征描述不准确，并由发包人发出变更指令进行变更。在本例中，承包人直接按照图样施工，并没有向发包人提出变更申请，擅自安装了隔热断桥铝型材外窗，属于承包人擅自变更行为，承包人应为此产生的费用负责。

因此，项目特征描述的准确性与全面性是由发包人负责的，但在出现项目特征与施工图不符时，承包人不应进行擅自变更，直接按照图样施工。而应先提交变更申请，再进行变更，否则擅自变更后很可能与发包人产生纠纷。

（3）工程量清单缺项引起的合同价款调整　工程量清单缺项是指招标工程量清单没有很好地反映工程内容，与招标文件、施工图脱节。

1）工程量清单缺项的具体表现。施工图的工程内容在计价规范的附录中有相应的项目编码和项目名称，但工程量清单中并未反映出来，则认定为工程清单缺项；另一种情况，若施工图的工程内容在计价规范附录中没有反映出来，应该由工程量清单编制者进行补充的清单项目，也属于工程量清单缺项。但是若施工图表达的工程内容，虽然在计价规范附录的“项目名称”中没有反映，但在本清单项目已经列出的某个“项目特征”中有所反映，则不属于清单漏项，应当作为主体项目的附属项目，并入综合单价计价。

工程量清单缺项除了分部分项工程量清单项目缺项外，还包括措施项目的缺项。

2）工程量清单缺项引起的合同价款调整规定。计价规范对工程量清单缺项引起合同价款调整的规定有 3 条，分别是：

① 合同履行期间，由于招标工程量清单中缺项，新增分部分项工程清单项目的，应按照实体项目工程变更估价原则规定确定综合单价，调整合同价款。招标工程量清单缺项引起新增分部分项工程项目的，属于工程变更的一种。

② 新增分部分项工程清单项目后，引起措施项目发生变化的，应按照措施项目变化的调价原则规定，在承包人提交的实施方案被发包人批准后，调整合同价款。

③ 由于招标工程量清单中措施项目缺项，承包人应将新增措施项目实施方案提交发包人批准后，按照措施项目变化的调价原则以及工程变更综合单价确定原则规定调整合同价款。

（4）工程量偏差引起的合同价款调整　工程量偏差是承包人按照合同工程的图样（含经发包人批准由承包人提供的图样）实施，按照现行国家计量规范规定的工程量计算规则计算得到的完成合同工程项目应予计量的工程量与相应的招标工程量清单项目列出的工程量之间出现的量差。

施工过程中，由于施工条件、地质水文、工程变更等变化以及招标工程量清单编制人专业水平的差异，往往会造成实际工程量与招标工程量清单出现偏差，工程量偏差过大，对综合成本的分摊带来影响。如突然增加太多，仍按原综合单价计价，对发包人不公平；如突然减少太多，仍按原综合单价计价，对承包人不公平。并且，这便于有经验的承包人进行不平衡报价。

1）工程量偏差引起合同价款调整的前提条件。合同履行期间，当应予计算的实际工程量与招标工程量清单出现偏差，且符合以下两条规定时，发承包双方应调整合同价款：①对于任一招标工程量清单项目，如果因“工程量偏差”事项和工程变更等原因导致工程量偏差超过 15%时，可进行调整。当工程量增加 15%以上时，增加部分的工程量的综合单价应予调低；当工程量减少 15%时，减少后剩余部分的工程量的综合单价应予调高。②如果工程量出现第①条规定，且该变化引起相关措施项目相应发生变化时，按系数或单一总价方式计价的，工程量增加的措施项目费调增，工程量减少的措施项目费调减。如未引起相关措施项目发生变化，则不予调整。

2）工程量偏差引起的合同价款调整方法。对于工程量偏差引起分部分项工程费调整的方法如下：

① 当 $Q_1>1.15Q_0$ 时　　$S=1.15Q_0P_0+(Q_1-1.15Q_0)P_1$

② 当 $Q_1<0.85Q_0$ 时　　$S=Q_1P_1$

式中　$S$——调整后的某一分部分项工程费结算价；

$Q_1$——最终完成的工程量；

$Q_0$——招标工程量清单中列出的工程量；

$P_1$——按照最终完成工程量重新调整后的综合单价；

$P_0$——承包人在工程量清单中填报的综合单价。

采用上述两式的关键是确定新的综合单价，即 $P_1$。确定 $P_1$ 的方法，一是发承包双方协商确定，二是与招标控制价相联系。当工程量偏差项目出现承包人在工程量清单中填报的综合单价与发包人招标控制价相应清单项目的综合单价偏差超过 15%时，工程量偏差项目综合单价的调整可参考以下公式：

③ 当 $P_0<P_2(1-L)\times(1-15\%)$ 时，该类项目的综合单价 $P_1$ 按照下式调整：

$$P_2(1-L)\times(1-15\%)$$

④ 当 $P_0>P_2\times(1+15\%)$ 时，该类项目的综合单价 $P_1$ 按照下式调整：

$$P_2\times(1+15\%)$$

式中　$P_0$——承包人在工程量清单中填报的综合单价；

$P_2$——发包人招标控制价相应项目的综合单价；

$L$——承包人报价浮动率。

**案例**：某工程项目招标工程量清单数量为 $1520m^3$，施工中由于设计变更调减为 $1216m^3$，减少 20%。该项目的招标控制价综合单价为 350 元，投标报价综合单价为 287 元，该工程投标报价下浮率为 6%，综合单价是否调整的计算依据如下：

$$P_2(1-L)\times(1-15\%)=350\text{ 元}\times(1-6\%)\times(1-15\%)$$
$$=279.65\text{ 元}$$

可见，投标报价 287 元>279.65 元，该项目变更后的综合单价不予调整。

由于该项目的工程量偏差大于 15%，因此可进行价款调整，调整后为

$$1216\times287\text{ 元}=348992\text{ 元}$$

**案例**：某工程项目招标工程量清单数量为 $1520m^3$，施工中由于设计变更调增为 $1824m^3$，增加 20%，该项目的招标控制价综合单价为 350 元，投标报价为 406 元，工程变更后综合单价是否调整的计算依据如下：

$$P_2\times(1+15\%)=350\text{ 元}\times(1+15\%)$$
$$=402.50\text{ 元}$$

由于 406 元>402.50 元，该项目变更后的综合单价可以调整，调整为 402.50 元。

由于该项目的工程量偏差大于 15%，因此可进行价款调整，调整后为

$$1.15\times1520\times406\text{ 元}+(1824-1.15\times1520)\times402.50\text{ 元}=740278\text{ 元}$$

（5）计日工方式实施的合同价款调整　所谓计日工是指在施工过程中，承包人完成发包人提出的工程合同范围以外的零星项目或工作，按合同中约定的单价计价的一种方式。合同以外的零星工作或项目采用计日工方式进行价款结算较为方便。如果在工程执行过程中，出现一些额外的零星工作，发包人通知承包人以计日工方式实施，承包人应予执行。发包人应及时以书面形式下达变更指令，并提供所需资料。按计日工方式实施合同外零星项目便于结算，通常是按承包人在计日工表中签报的计日工综合单价，以实际完成的工程量来计算变更工程价款。

1）计日工的计价。依据计价规范的相关规定，**计日工表的项目名称、暂定数量由招标人填写**。计日工综合单价的确定方法为：

① 编制招标控制价时，计日工单价中的人工单价和施工机械台班单价应按省级、行业建设主管部门或其授权的工程造价管理机构公布的单价计算；材料应按工程造价管理机构发布的工程造价信息中的材料单价计算，工程造价信息未发布材料单价的材料，其价格应按市场调查确定的单价计算。

**在计算计日工综合单价时，不计取企业管理费和利润，而是在人工、材料、施工机械的合价计取之后，以此为基数计算企业管理费和利润。**

② 在编制投标报价时，人工、材料、机械台班单价由投标人自主确定，按暂定数量计算合价计入投标总价中。结算时，按发承包双方确认的实际数量计算合价。

2）计日工引起的合同价款支付程序。

① 承包人提出计日工计价申请书。采用计日工计价的任何一项变更工作，在该项变更的实施过程中，承包人应按合同约定提交下列报表和有关凭证送发包人复核：ⓐ工作名称、

内容和数量；ⓑ投入该工作所有人员的姓名、工种、级别和耗用工时；ⓒ投入该工作的材料名称、类别和数量；ⓓ投入该工作的施工设备型号、台数和耗用台时；ⓔ发包人要求提交的其他资料和凭证。

② 承包人编制现场签证报告。任一计日工项目持续进行时，承包人应在该项工作实施结束后的 24 小时内向发包人提交有计日工记录汇总的现场签证报告一式三份。

③ 发包人复核现场签证报告。发包人在收到承包人提交现场签证报告后的 2 天内予以确认并将其中一份返还给承包人，作为计日工计价和支付的依据。发包人逾期未确认也未提出修改意见的，视为承包人提交的现场签证报告已被发包人认可。

④ 计日工价款计算与支付。任一计日工项目实施结束后，承包人应按照确认的计日工现场签证报告核实该类项目的工程数量，并应根据核实的工程数量和承包人已标价工程量清单中的计日工单价计算，提出应付价款；已标价工程量清单中没有该类计日工单价的，由发承包双方按工程变更的相关规定商定计日工单价。

每个支付期末，承包人应按照进度款支付的相关规定向发包人提交本期间所有计日工记录的签证汇总表，并说明本期间自己认为有权得到的计日工金额，调整合同价款，列入进度款支付。

**4. 物价变化引起的合同价款调整**

物价变化类事项引起的合同价款调整主要涉及物价变化和暂估价。

（1）物价变化引起的合同价款调整　合同履行期间，因人工、材料、工程设备、机械台班价格波动影响合同价款时，可根据合同约定，按价格指数调整法或造价信息调整法进行合同价款调整。

1）物价变化引起合同价款调整的相关规定。一般情况下，由承包人采购材料和工程设备的，应在合同中约定主要材料、工程设备价格变化的范围或幅度，如没有约定，则材料、工程设备单价变化超过 5%时，超过部分的价格应予调整。也就是说，**5%幅度以内的材料、工程设备单价变化的风险由承包人承担**。

若是发生合同工程工期延误的，应分清责任，确定合同履行期的价格调整：①因非承包人原因导致工期延误的，计划进度日期后续工程的价格，应采用计划进度日期与实际进度日期两者的较高者；②因承包人原因导致工期延误的，计划进度日期后续工程的价格，应采用计划进度日期与实际进度日期两者的较低者。可见，工期延误期间物价变化引起的合同价款调整，调整的原则是有利于无过错方。

发包人供应材料和工程设备的，应由发包人按照实际变化调整，列入合同工程的工程造价内。

2）物价变化引起合同价款调整的方法。物价变化引起合同价款调整有两种方法：分别是价格指数调整法和造价信息调整法。所谓工程造价指数是指反映一定时期的工程造价相对于某一固定时期的工程造价变化程度的比值或比率。包括按单位或单项工程划分的造价指数，按工程造价构成要素划分的人工、材料、机械等价格指数。工程造价信息是指工程造价管理机构根据调查和测算发布的建设工程人工、材料、工程设备、施工机械台班的价格信息以及各类工程的造价指数、指标。

① 采用价格指数进行价格调整。因人工、材料和设备等价格波动影响合同价格时，根据专用合同条款中约定的数据，按以下公式计算差额并调整合同价格：

$$\Delta P=P_0\left[A+\left(B_1\frac{F_{t1}}{F_{01}}+B_2\frac{F_{t2}}{F_{02}}+B_3\frac{F_{t3}}{F_{03}}+\cdots+B_n\times\frac{F_{tn}}{F_{0n}}\right)-1\right]$$

式中 $\Delta P$——需调整的价格差额；

$P_0$——约定的付款证书中承包人应得到的已完成工程量的金额。此项金额应不包括价格调整、不计质量保证金的扣留和支付、预付款的支付和扣回。约定的变更及其他金额已按现行价格计价的，也不计在内；

$A$——定值权重（即不调部分的权重）；

$B_1$、$B_2$、$B_3$、…、$B_n$——各可调因子的变值权重（即可调部分的权重），为各可调因子在签约合同价中所占的比例；

$F_{t1}$、$F_{t2}$、$F_{t3}$、…、$F_{tn}$——各可调因子的现行价格指数，指约定的付款证书相关周期最后一天的前 42 天的各可调因子的价格指数；

$F_{01}$、$F_{02}$、$F_{03}$、…、$F_{0n}$——各可调因子的基本价格指数，指基准日期的各可调因子的价格指数。

以上价格调整公式中的各可调因子、定值和变值权重，以及基本价格指数及其来源在投标函附录价格指数和权重表中约定，非招标订立的合同，由合同当事人在专用合同条款中约定。价格指数应首先采用工程造价管理机构发布的价格指数，无前述价格指数时，可采用工程造价管理机构发布的价格代替。

暂时确定调整差额。在计算调整差额时无现行价格指数的，应暂用上一次价格指数计算。并在以后的付款中再按实际价格指数调整。

权重的调整。因变更导致合同约定的权重不合理时，应由承包人和发包人协商权重后再进行调整。

因承包人原因工期延误后的价格调整。因承包人原因未按期竣工的，对合同约定的竣工日期后继续施工的工程，在使用价格调整公式时，应采用计划竣工日期与实际竣工日期的两个价格指数中较低的一个作为现行价格指数。

价格指数调整差额的方法并不适用于人工单价的调整。价格指数法主要适用于材料单价的调整，尤其是使用的材料品种较少，且每种工种使用量较大的工程。

② 采用造价信息进行价格调整。

合同履行期间，因人工、材料、工程设备和机械台班价格波动影响合同价格时，人工、机械使用费按照国家或省、自治区、直辖市建设行政管理部门、行业建设管理部门或其授权的工程造价管理机构发布的人工、机械使用费系数进行调整；需要进行价格调整的材料，其单价和采购数量应由发包人审批，发包人确认需调整的材料单价及数量，作为调整合同价格的依据。

a. 人工单价发生变化且符合省级或行业建设主管部门发布的人工费调整规定，合同当事人应按省级或行业建设主管部门或其授权的工程造价管理机构发布的人工费等文件调整合同价格，但承包人对人工费或人工单价的报价高于发布价格的除外。

b. 材料、工程设备价格变化的价款调整按照发包人提供的基准价格，按以下风险范围规定执行：

承包人在已标价工程量清单或预算书中载明材料单价低于基准价格的：除专用合同条款

另有约定外，合同履行期间材料单价涨幅以基准价格为基础超过5%时，或材料单价跌幅以在已标价工程量清单或预算书中载明材料单价为基础超过5%时，其超过部分据实调整。

承包人在已标价工程量清单或预算书中载明材料单价高于基准价格的：除专用合同条款另有约定外，合同履行期间材料单价跌幅以基准价格为基础超过5%时，材料单价涨幅以在已标价工程量清单或预算书中载明材料单价为基础超过5%时，其超过部分据实调整。

承包人在已标价工程量清单或预算书中载明材料单价等于基准价格的：除专用合同条款另有约定外，合同履行期间材料单价涨跌幅以基准价格为基础超过±5%时，其超过部分据实调整。

对钢材、木材、水泥三大材料的价格按照实际价格结算时，承包人应在采购材料前将采购数量和新的材料单价报发包人核对，发包人确认用于工程时，发包人应确认采购材料的数量和单价。发包人在收到承包人报送的确认资料后5天内不予答复的视为认可，作为调整合同价格的依据。未经发包人事先核对，承包人自行采购材料的，发包人有权不予调整合同价格。发包人同意的，可以调整合同价格。

基准价格是指由发包人在招标文件或专用合同条款中给定的材料、工程设备的价格，该价格原则上应当按照省级或行业建设主管部门或其授权的工程造价管理机构发布的信息价编制。

案例：某工程合同中约定承包人承担5%的某钢材价格风险。其预算用量为150t，承包人投标报价为2850元/t，同时期行业部门发布的钢材价格单价为2800元/t。结算时该钢材价格跌至2600元/t，则该钢材的结算价款为

$$2850元/t+(2600-2660)元/t=2790元/t$$

其中，2660元/t为承包人承受风险的临界值：

$$即\ 2800元/t\times(1-5\%)=2660元/t$$

c. 施工机械台班单价或施工机械使用费发生变化超过省级或行业建设主管部门或其授权的工程造价管理机构规定的范围时，按规定调整合同价格。

（2）暂估价引起的合同价款调整　暂估价是指招标人在工程量清单中提供的用于支付必然发生但暂时不能确定价格的材料、工程设备的单价以及专业工程的金额。暂估价又分为材料暂估价、工程设备暂估价和专业工程暂估价。

在工程招标阶段已经确认的材料、工程设备或专业工程项目，由于标准不明确，无法在当时确定准确价格，为了不影响招标效果，由发包人在招标工程量清单中给定一个暂估价。确定暂估价实际价格依据以下原则：

1）材料、工程设备属于依法必须招标的，由发承包双方以招标的方式选择供应商，确定价格，并应以此为依据取代暂估价，调整合同价款。

2）材料和工程设备不属于依法必须招标的，由承包人按照合同约定采购，经发包人确认单价后取代暂估价，调整合同价款。

应注意的是，**暂估材料或工程设备的单价确定后，在综合单价中只应取代原暂估单价，不应再在综合单价中涉及企业管理费或利润等其他费用的变动。**

案例：某工程招标，将现浇混凝土构件钢筋作为暂估价，为4000元/t，工程实施后，

根据市场价格变动，将各规格现浇钢筋加权平均认定为4295元/t，此时，应在综合单价中以4295元/t取代4000元/t。

3）专业工程不属于依法必须招标的，应按照工程变更的相关规定确定专业工程价款，并以此为依据取代专业工程暂估价，调整合同价款。

4）专业工程依法必须招标的，应当由发承包双方依法组织招标选择专业分包人，接受有管辖权的建设工程招标投标管理机构的监督，还应符合下列要求：

① 承包人不参加投标的专业工程发包招标，应由承包人作为招标人，但拟定的招标文件、评标工作、评标结果应报送发包人批准。与组织招标工作有关的费用应当被认为已经包括在承包人的签约合同价中。

② 承包人参加投标的专业工程发包招标，应由发包人作为招标人，与组织招标工作有关的费用由发包人承担。同等条件下，应优先选择承包人中标。

③ 以专业工程发包中标价为依据取代专业工程暂估价，调整合同价款。

总承包招标时，专业工程设计深度往往是不够的，一般需要交由专业设计人员设计。出于提高可建造性考虑，国际上一般由专业承包人负责设计，以纳入其专业技能和专业施工经验。这类专业工程交由专业分包人完成是国际工程的良好实践，目前在我国工程建设领域也已经比较普遍。公开透明地合理确定这类暂估价的实际开支金额的最佳途径就是通过总承包人与建设项目招标人共同组织的招标。

**5. 工程索赔事项引起的合同价款调整**

工程索赔类事项引起的合同价款调整主要涉及不可抗力、提前竣工（赶工补偿）、误期赔偿、索赔。

**索赔**是在工程合同改造过程中，合同当事人一方因非己方的原因而遭受损失，按合同约定或法律法规规定应由对方承担责任，从而向对方提出补偿的要求。

工程索赔事项引起的合同价款调整在6.3节中详细阐述。

**6. 现场签证及其他事项引起的合同价款调整**

由于施工生产的特殊性，施工过程中往往会出现一些与合同工程或合同约定不一致或未约定的事项，需要发承包双方用书面形式记录下来。计价规范将其定义为现场签证，即发包人现场代表（或其授权的监理人、工程造价咨询人）与承包人现场代表就施工过程中涉及的责任事件所做的签证说明。

（1）现场签证的情形　现场签证有多种情形，可归纳为以下六种：

1）发包人的口头指令，需要承包人将其提出，由发包人转换成书面签证。

2）发包人的书面通知如涉及工程实施，需要承包人就完成此通知需要的人工、材料、机械设备等内容向发包人提出，取得发包人的签证确认。

3）合同工程招标工程量清单中已有，但施工中发现与其不符，比如土方类别、出现流水等，需承包人及时向发包人提出签证确认，以便调整合同价款。

4）由于发包人原因未按合同约定提供场地、材料、设备或停水、停电等造成承包人停工，需承包人及时向发包人提出签证确认，以便计算索赔费用。

5）合同中约定材料、设备等价格，由于市场发生变化，需承包人向发包人提出采纳数量及其单价，以便发包人核对后取得发包人的签证确认。

6）其他由于施工条件、合同条件变化需现场签证的事项等。

可见，现场签证的种类繁多，发承包双方在工程实施过程中来往信函就责任事件的证明均可成为现场签证。但并不是所有的签证均可马上算出价款，有的需要经过索赔程序，这时的签证只是索赔的依据。有的签证可能根本不涉及价款，只是某一事件的证明。

所以签证既可作为引起合同价款调整的事项，又可作为对合同价款调整事项的确认程序。一份完整的现场签证应包括时间、地点、原由、事件后果、如何处理等内容，并由发承包双方授权的现场管理人签章。

（2）现场签证的范围　根据 GB 50500—2013《建设工程工程量清单计价规范》，**现场签证范围**包括：一是完成合同以外的零星项目；二是非承包人责任事件，如停水停电停工超过规定时间范围；三是合同工程内容因现场条件、地质水文、发包人要求等不一致的情况，如基础开挖，发现有地下管道、古墓等。

当对合同以外零星项目进行签证时，签证可以与变更、索赔等调价因素一样作为一种合同价款调整事项出现；当签证以“承包人与发包人核定一致”的事项出现时，签证则不是一种合同价款调整事项，而是对变更、索赔等合同价款调整事项的确认程序，此时的签证只是双方对合同价款调整的最终确认，并以书面的签证单作为结算的依据。

（3）现场签证的程序　承包人应发包人要求完成合同以外的零星项目、非承包人责任事件等工作的，发包人应及时以书面形式向承包人发出指令，并提供所需的相关资料；承包人在收到指令后，及时向发包人提出现场签证要求。承包人在收到发包人指令后的 7 天内向发包人提交现场签证报告，发包人在收到现场签证报告后的 48 小时内对报告内容进行核实，予以确认或提出修改意见。发包人在收到承包人现场签证报告后的 48 小时内未确认也未提出修改意见的，视为承包人提交的现场签证报告已被发包人认可。

现场签证工作完成后的 7 天内，承包人应按照现场签证内容计算价款，报送发包人确认后，作为增加合同价款，与进度款同期支付。

发生现场签证事项，未经发包人签证确认，承包人便擅自施工的，除非征得发包人书面同意，否则发生的费用由承包人承担。

（4）现场签证引起的合同价款调整　现场签证费用的确定分为两部分，一是综合单价的确定，二是工程量的确定。现场签证的工程量是由监理人现场签认完成该类项目所需的人工、材料、工程设备和施工机械台班的数量；现场签证的综合单价的确认则分为两种情况：有计日工单价的现场签证费用和没有计日工单价的现场签证费用的确定。

1）对于以计日工方式计价的现场签证费用的计算，可直接套用计日工表中的综合单价。GB 50500—2013《建设工程工程量清单计价规范》中规定：任一计日工项目持续进行时，承包人应在该项工作实施结束后的 24 小时内向发包人提交有计日工记录汇总的现场签证报告一式三份。发包人在收到承包人提交现场签证报告后的 2 天内予以确认并将其中一份返还给承包人，作为计日工计价和支付的依据。任一计日工项目实施结束后，承包人应按照确认的计日工现场签证报告核实该类项目的工程数量，并应根据核实的工程数量和承包人已标价工程量清单中的计日工单价计算，提出应付价款；已标价工程量清单中没有该类计日工单价的，由发承包双方按工程变更的相关规定商定计日工单价。每个支付期末，承包人应向发包人提交本期间所有计日工记录的签证汇总表，以说明本期间自己认为有权得到的计日工金额，调整合同价款，列入进度款支付。

已有相应的计日工单价的现场签证工作，在现场签证中应列明完成该类项目所需的人工、材料、工程设备和施工机械台班的数量。

2）对于无计日工单价的现场签证费用，综合单价的确定原则如下：

① 对于无计日工单价的现场签证项目中的人工费，其单价核定通常比合同单价偏高，监理工程师可视具体工种及情况而定。

② 对于无计日工单价的现场签证项目中的材料费用，应按承包商采购此种材料的实际费用加上合同中规定的其他计费费率进行计量支付，该费用包括了材料费和运输费、装卸费、管理费、正常损耗及利润等。监理工程师可根据供货商和运货商的发票作为实际费用的支付依据。

③ 对于无计日工单价的现场签证项目中的机械设备，可参照概（预）算定额中有关机械设备的台班定额，根据工程量大小，通过计算确定。

没有相应的计日工单价的现场签证工作，应在现场签证报告中列明完成该签证工作所需的人工、材料、设备和施工机械台班的数量及单价。

（5）暂列金额引起的合同价款调整　**暂列金额**是招标人在工程量清单中暂定并包括在合同价款中的一笔款项。用于工程合同签订时尚未确定或者不可预见的所需材料、工程设备、服务的采购，施工中可能发生的工程变更、合同约定的调整因素出现时的合同价款调整以及发生的索赔、现场签证等费用。

已签约合同价中暂列金额由发包人掌握使用，只能按照发包人的指标使用。**暂列金额虽然列入合同价款，但并不属于承包人所有，也不必然发生**。只有按照合同约定实际发生后，才能成为承包人的应得金额，纳入工程合同结算价款中。

暂列金额由招标人在清单中的“暂列金额明细表”中列出，投标人应将招标人列出的暂列金额计入投标总价中。

在施工阶段，发生合同价款调整事项，包括：法律法规变化、工程变更、项目特征不符、工程量清单缺项、工程量偏差、计日工、物价变化、暂估价、不可抗力、提前竣工（赶工补偿）、误期赔偿、索赔、现场签证，发包人在将上述 13 条的调整价款支付后，暂列金额余额仍归发包人所有。

## 6.3 工程索赔

### 6.3.1 工程索赔的概念及分类

#### 1. 工程索赔的基本概念

**工程索赔**指在合同履行过程中，合同当事人一方因非己方的原因而遭受损失，按合同约定或法律法规规定应由对方承担责任，从而向对方提出补偿的要求。由于建设工程的复杂性，在建设过程中索赔是必然且经常发生的，是合同管理的重要组成部分。索赔是当事人的权利，是保护和捍卫自身正当利益的手段。索赔不但可行，而且十分必要。如果索赔运用得法，可变不利为有利，变被动为主动。因此，索赔是合同双方依据合同约定维护自身合法利益的行为，其性质属于经济补偿行为，而非惩罚。

索赔是双向的，既包括承包人向发包人的索赔，也包括发包人向承包人的索赔。但在工程实践中，发包人索赔数量较小，而且处理方便，可能通过冲账、扣拨工程款、扣保证金等实现对承包人的索赔；而承包人对发包人的索赔则比较困难一些。通常情况下，索赔是指承包人在合同实施过程中，对非自身原因造成的工程延期、费用增加而要求发包人给予补偿损失的一种权利要求。

目前，索赔已经成为承包商获取赢利的重要手段和经营策略之一。由于建筑市场竞争激烈，承包人为了取得工程，只能以低价中标，而通过工程施工过程中的索赔来提高合同价格，减少或转移工程风险，避免亏本，争取赢利。所以现代工程项目中的索赔业务越来越多，其目的是取得工期延长和费用补偿。因此，项目各方必须重视索赔问题，提高索赔管理水平。

**2. 工程索赔的分类**

从不同的角度，按不同的方法和不同的标准，以及不同的原因，工程索赔有多种分类方法，具体见表 6-1。

**表 6-1　工程索赔分类**

| 序　号 | 类　别 | 分　类 | 内　容 |
|---|---|---|---|
| 1 | 按索赔目的 | 1）工期索赔<br>2）费用索赔 | 1）要求延长合同工期<br>2）要求费用补偿、提高合同价格 |
| 2 | 按合同类型 | 1）总包合同索赔<br>2）分包合同索赔<br>3）合伙合同索赔<br>4）供应合同索赔<br>5）劳务合同索赔<br>6）其他 | 1）总承包与业主之间的索赔<br>2）总承包与分包商之间的索赔<br>3）合伙人之间的索赔<br>4）业主（或承包商）与供应商之间的索赔<br>5）劳务供应商与雇用者之间的索赔<br>6）向银行或保险公司的索赔等 |
| 3 | 按索赔起因 | 1）当事人违约<br>2）合同变更与工程师指令<br>3）工程环境变化<br>4）不可抗力因素 | 1）如业主未按照合同规定提供施工条件，下达错误指令，拖延下达指令，未按照合同支付工程款<br>2）业主指令修改设计、进度计划、施工方案，合同条款缺陷，错误、矛盾、不一致等，双方达成新的附加协议、修正案、备忘录<br>3）地质条件与合同规定不一致<br>4）物价上涨，法律变化，汇率变化；反常气候条件、洪水、地震、战争、经济封锁等 |
| 4 | 按索赔事件的性质 | 1）工期的延长或中断索赔<br>2）工程变更索赔<br>3）工程终止索赔<br>4）工程加速索赔<br>5）意外风险和不可预见因素索赔<br>6）其他 | 1）由于干扰事件的影响造成工程拖延或工程中断一段时间<br>2）干扰事件引起工程量增加、减少、增加新的工程变更施工次序<br>3）干扰事件造成被迫停工<br>4）物价上涨、政策、法律变化等 |
| 5 | 按处理方式 | 1）单项索赔<br>2）总索赔（称为一揽子索赔或综合索赔） | 1）在施工中，针对某一事件的索赔<br>2）将许多已提出但未获得解决的单项索赔集中起来，提出一份总索赔报告。在竣工前提出，双方进行最终谈判，以一个一揽子方案解决 |

（续）

| 序 号 | 类 别 | 分 类 | 内 容 |
|---|---|---|---|
| 6 | 按索赔的合同依据 | 1）合同内索赔<br>2）合同外索赔<br>3）道义索赔 | 1）索赔内容所涉及的均可在合同中找到依据<br>2）索赔内容和权利虽然难以在合同条件中找到依据，但权利可以来自普通法律<br>3）承包人对其损失寻求优惠性质的付款 |

**3. 工程索赔的特点**

（1）索赔以利益为原则　索赔是以维护索赔人利益为目的，通过工期索赔或费用索赔使自己的损失得到补偿，争取自己合理的收益。

（2）不“索”则不“赔”　对于由于干扰事件造成的损失，对方如果放弃索赔机会（如超过合同规定的索赔有效期限），或放弃索赔权利，则另一方就没有赔偿责任，对方必须承担自己的损失。因此，应该加强索赔管理，有效寻求可索赔事项。

（3）索赔没有统一标准，具有灵活性　对于特定干扰事件的索赔没有预定的、统一标准的解决方案，但索赔要成功则取决于合同的具体规定、业主的管理水平、承包人的工程管理水平及承包人的索赔业务能力等因素。因此，工程索赔管理应灵活多变，应提高索赔管理水平。

（4）成功的索赔基于国家法规、合同　索赔的成功常常不仅在于索赔事件本身，而且在于能否找到有利于自己的证据，能否找到为自己辩护的法律条文，所以合同和事实证据是索赔中两个重要的影响因素。在合同中明确和界定相关方职责、工程范围、质量要求、价款支付、风险范围等对索赔成功与否十分重要。在合同实施过程中，收集、整理、分析、判断各种索赔证据以及识别索赔事件也同样的重要。

## 6.3.2 索赔处理的依据和程序

**1. 工程索赔的处理原则**

（1）索赔必须以合同为依据　索赔是合同赋予双方的权利，索赔事项必须以合同相关条款作为索赔的依据。遇到索赔事件时，工程师必须以完全独立的身份，站在客观公正的立场上审查索赔要求的正当性。必须对合同条件、协议条款等有详细的了解，以合同为依据公平处理合同双方的利益纠纷。

（2）索赔事件的真实性和关联性　索赔事件必须是在合同实施过程中确实存在的，索赔事件必须具有关联性，即索赔事件的发生确实是他人的行为或其他影响因素造成的，因果关系明确。

（3）索赔处理必须及时　一方面索赔处理的时间限制在合同中有明确规定，超过规定的时间，索赔就不能成立；另一方面，索赔事件发生后如果不及时处理，随着时间的推移，会降低处理索赔的合理性，尤其是持续时间较短的索赔事件，一旦过时很难准确处理。因此，索赔发生后，必须依据合同的准则及时地对索赔进行处理。

（4）加强索赔的前瞻性　尽量避免索赔事件的发生，对于索赔事件，无论是发包人、承包人还是工程师都十分重视，因为索赔的处理会牵涉到各方的利益，论证、谈判工作量大，需要付出较多的时间和精力。加强索赔的前瞻性，尽量避免索赔事件的发生，对于各方都是有利的。

**2. 工程索赔的依据**

当合同一方向另一方提出索赔时，应有正当的索赔理由和有效证据，并应符合合同的相关约定，即索赔的三要素：一是正当的索赔理由，二是有效的索赔证据，三是在合同约定的时间内提出。

任何索赔事件的确立，其前提条件是必须有正当的索赔理由。对正当索赔理由的说明必须具有证据，因为进行索赔主要是靠证据说话，没有证据或证据不足，索赔是难以成功的。因此，当合同一方向另一方提出索赔时，要有正当的索赔理由，且有索赔事件发生时的有效证据，并应在合同约定的时限内提出。

（1）对索赔证据的要求　对于索赔证据要求具备如下五个性质：

1）真实性。索赔证据必须是在实施合同过程中确定存在和发生的，必须完全反映实际情况，能经得住推敲。

2）全面性。所提供的证据应能说明事件的全过程。索赔报告中涉及的索赔理由、事件过程、影响、索赔数额等都应有相应证据，不能零乱和支离破碎。

3）关联性。索赔的证据应当能够互相说明，相互具有关联性，不能互相矛盾。

4）及时性。索赔证据的取得及提出应当及时。

5）具有法律证明效力。一般要求证据必须是书面文件，有关记录、协议、纪要必须是双方签署的；工程中重大事件、特殊情况的记录、统计必须由合同约定的发包人现场代表或监理工程师签证认可。

（2）索赔证据的种类　为了获得索赔的成功，应十分注意收集具有法律效力的证据，以下书面文件可以作为工程索赔的证据（依据）。

1）招标文件、施工合同文本及附件、发包人认可的施工组织设计、工程图、技术规范等。

2）工程各项有关的设计交底记录、变更图样、变更施工指令等。

3）工程各项经发包人或合同中约定的发包人现场代表或监理工程师签认的签证。

4）工程各项往来信件、指令、信函、通知、答复等。

5）工程各项会议纪要。

6）施工计划及现场实施情况记录。

7）施工日报及工长工作日志、备忘录。

8）工程送电、送水、道路开通、封闭的日期及数量记录。

9）工程停电、停水和干扰事件影响的日期及恢复施工的日期。

10）工程预付款、进度款拨付的数额及日期记录。

11）工程图变更、交底记录的送达份数及日期记录。

12）工程有关施工部位的照片及录像等。

13）工程现场气候记录，有关天气的温度、风力、雨雪等。

14）工程验收报告及各项技术鉴定报告等。

15）工程材料采购、订货、运输、进场、验收、使用等方面的凭据。

16）国家和省级或行业建设主管部门有关影响工程造价、工期的文件、规定等。

### 3. 索赔时效

索赔时效是指合同履行过程中，索赔方在索赔事件发生后的约定期限内不行使索赔权即视为放弃索赔权利，其索赔权归于消灭的制度。索赔时效的作用主要有两点：

（1）促使索赔权利人行使权利　索赔时效是时效制度中的一种，类似于民法中的诉讼时效，即超过法定时间，权利人不主张自己的权利，则诉讼权消灭，人民法院不再对该实体权利强制进行保护。

（2）平衡发包人与承包人的利益　有的索赔事件持续时间短暂，事后难以复原（如异常的地下水位、隐蔽工程等），发包人在时过境迁后难以查找到有力证据来确认责任归属或准确评估所需金额。如果不对时效加以限制，允许承包人隐瞒索赔意图，将置发包人于不利状况。而索赔时效则平衡了发承包双方利益。一方面，索赔时效届满，即视为承包人放弃索赔权利，发包人可以此作为证据的代用，避免举证的困难；另一方面，只有促使承包人及时提出索赔要求，才能警示发包人充分履行合同义务，避免类似索赔事件的再次发生。

### 4.《建设工程工程量清单计价规范》中规定的索赔程序

发生索赔事件时，合同当事人一方向另一方提出索赔时，要有正当的索赔理由，且有索赔事件发生时的有效的证据，并按照相关程序要求进行索赔处理。

（1）承包人提出索赔的程序　GB 50500—2013《建设工程工程量清单计价规范》中规定承包人认为非承包人原因发生的事件造成了承包人的损失，按下列程序向发包人提出索赔：

1）承包人应在知道或应当知道索赔事件发生后28天内，向发包人递交索赔意向通知书，说明发生索赔事件的事由；承包人未在前述28天内发出索赔意向通知书的，丧失要求追加付款和（或）延长工期的权利。

2）承包人应在发出索赔意向通知书后28天内，向发包人正式递交索赔通知书；索赔通知书应详细说明索赔理由以及要求追加的付款金额和（或）延长的工期，并附必要的记录和证明材料。

3）索赔事件具有持续影响的，承包人应按合理时间间隔继续递交延续索赔通知书，说明持续影响的实际情况和记录，列出累计的追加付款金额和（或）工期延长天数。

4）在索赔事件影响结束后28天内，承包人应向监理人递交最终索赔通知书，说明最终要求索赔的追加付款金额和（或）延长的工期，并附必要的记录和证明材料。

索赔有单项索赔与综合索赔之分。单项索赔就是采取一事一索赔的方式，即在每一件索赔事项发生后，递交索赔通知书，编报索赔报告，要求单项解决支付，不与其他的索赔事项混在一起。单项索赔是施工索赔通常采用的方式，它避免了多项索赔的相互影响制约，所以解决起来比较容易。

有时，由于施工过程中受到非常严重的干扰，以致承包人的全部施工活动与原来的计划大不相同，合同规定的工作与变更后的工作相互混淆，承包人无法为索赔保持准确而详细的成本记录资料，无法分辨哪些费用是原定的，哪些费用是新增的，在这种条件下，无法采用单项索赔的方式，而只能采用综合索赔。综合索赔又称总索赔，俗称一揽子索赔，即将整个工程（或某项工程）中所发生的数起索赔事项综合在一起进行索赔。采取这种方式进行索赔，是在特定的情况下被迫采用的一种索赔方法。

采取综合索赔时，承包人必须提出以下证明：①承包商的投标报价是合理的；②实际发生的总成本是合理的；③承包商对成本增加没有任何责任；④不可能采用其他方法准确地计算出实际发生的损失数额。

须注意的是，采取综合索赔的方式应尽量避免，因为它涉及的争论因素太多，一般很难成功。

（2）发包人对承包人索赔的处理程序　承包人索赔应按下列程序处理：

1）发包人收到承包人的索赔通知书后，应及时查验承包人的记录和证明材料。

2）发包人应在收到索赔通知书或有关索赔的进一步证明材料后的 28 天内，将索赔处理结果答复承包人，如果发包人逾期未作出答复，视为承包人索赔要求已被发包人认可。

3）承包人接受索赔处理结果的，索赔款项作为增加合同价款，在当期进度款中进行支付；承包人不接受索赔处理结果的，按照合同约定的争议解决方式处理。

（3）发包人提出索赔的程序与处理　发包人认为由于承包人的原因造成发包人的损失，可向承包人进行索赔，这体现了发包人与承包人平等的索赔权利。

其一般程序是：发包人应在确认引起索赔的事件发生后 28 天内向承包人发出索赔通知，否则，发包人丧失要求赔付金额和（或）延长缺陷责任期的权利。

承包人应在收到索赔报告后 28 天内做出回应，将索赔处理结果答复发包人。如果承包人未在上述期限内做出答复的，则视为对发包人索赔要求的认可；承包人接受索赔处理结果的，发包人可从应支付给承包人的合同价款中扣除赔付的金额或延长缺陷责任期；发包人不接受索赔处理结果的，按合同约定的争议解决方式处理。

（4）发包人索赔的内容与方式　发包人提出要求赔偿时，可以选择以下一项或几项方式获得赔偿：①延长质量缺陷修复期限；②要求承包人支付实际发生的额外费用；③要求承包人按合同的约定支付违约金。

承包人应付给发包人的索赔金额可从拟支付给承包人的合同价款中扣除，或由承包人以其他方式支付给发包人。

（5）提出索赔的期限　发承包双方在按合同约定办理了竣工结算，承包人接收竣工付款证书后，则视为承包人已无权再提出竣工结算前所发生的任何索赔。承包人在提交的最终结清申请中，只限于提出竣工结算后的索赔，即只限于提出工程接收证书颁发后发生的索赔。提出索赔的期限至发承包双方最终结清时终止，也就是至承包人接受最终结清证书时终止。

**5. FIDIC《施工合同条件》规定的工程索赔程序**

FIDIC《施工合同条件》只对承包人的索赔做出了规定：

（1）承包人发出索赔通知　承包人察觉或者应当察觉该事件或情况后 28 天内向工程师发出。

如果承包人未能在上述 28 天期限内发出索赔通知，则竣工时间不得延长，承包人无权获得追加付款，而业主应免除有关该索赔的全部责任。

（2）承包人递交详细的索赔报告　承包人觉察或者应当觉察该事件或情况后 42 天内，向工程师递交详细的索赔报告。如果引起索赔事件或者情况具有连续影响，承包人应当按月递交中间索赔报告，说明累计索赔延误时间和金额，在索赔的事件或者情况产生影响结束后 28 天内，递交最终索赔报告。

（3）工程师的答复　工程师在收到索赔报告或对过去索赔的任何进一步证明资料后 42

天内，或在工程师可能建议访问经承包人认可的其他期限内，做出答复。工程师应当商定或者确定应给予竣工时间的延长期及承包人有权得到的追加付款。

### 6.3.3　索赔报告及工程索赔计算

#### 1. 索赔报告的内容

索赔报告的具体内容随该索赔事件的性质和特点而有所不同。一般来说，完整的索赔报告应包括以下几部分：

（1）总论　总论是对索赔事项的概括性阐述，一般包括序言、索赔事项概述、索赔要求、索赔报告编写及审核人员名单等。

（2）根据　该部分主要是说明自己具有的索赔权利，是索赔能否成立的关键。根据主要来自该工程项目的合同文件，并参考有关法律规定，书写根据时，承包人应引用合同中的具体条款，说明自己应获得的经济补偿或工期延长。一般来说，根据部分包括以下内容：索赔事件的发生情况、已递交索赔意向书的情况、索赔事件的处理过程、索赔要求的合同根据、所附的证据资料。

（3）计算　计算是以具体的计算过程，说明自己应得的经济补偿或工期延长，计算是对索赔的定量阐述。施工方必须阐明下列问题：索赔款的要求总额、各项索赔款的计算、各项开支的计算依据及证据资料。

（4）证据　包括索赔事件所涉及的一切证据资料，以及对这些证据的说明。证据是索赔报告的重要组成部分。在引用证据时，要注意证据的效力或可信程度，为此，对重要的证据资料最好附以文字证明或确认件。

索赔依据应当具备真实性、全面性、关联性、及时性以及具有法律证明效力等基本特征。索赔证据种类见前文所述。

#### 2. 索赔的内容与方式

（1）索赔的内容　承包人要求赔偿时，可以选择下列一项或几项方式获得赔偿：①延长工期；②要求发包人支付实际发生的额外费用；③要求发包人支付合理的预期利润；④要求发包人按合同的约定支付违约金。可见，承包人要求赔偿的内容可分为索赔费用和（或）索赔工期。

索赔事件发生后，在造成费用损失时，往往会造成工期的变动。当索赔事件造成的费用损失与工期相关联时，承包人应根据发生的索赔事件，在向发包人提出费用索赔要求的同时，提出工期延长的要求。发包人在批准承包人的索赔报告时，应将索赔事件造成的费用损失和工期延长联系起来，综合做出批准费用索赔和工期延长的决定。

（2）《标准施工招标文件》规定的承包人索赔内容　根据2007版《标准施工招标文件》通用合同条款的内容，可以合理补偿承包人的条款主要包括如下几条：

1）1.10.1条　在施工场地发掘的所有文物、古迹以及具有地质研究或考古价值的其他遗迹、化石、钱币或物品属于国家所有。一旦发现上述文物，承包人应采取有效合理的保护措施，防止任何人员移动或损坏上述物品，并立即报告当地文物行政部门，同时通知监理人。发包人、监理人和承包人应按文物行政部门要求采取妥善保护措施，由此导致费用增加和（或）工期延误由发包人承担。

2）4.11.2条　承包人遇到不利物质条件时，应采取适应不利物质条件的合理措施继续施工，并及时通知监理人。监理人应当及时发出指示，指示构成变更的，按变更办理。监理人没有发出指示的，承包人因采取合理措施而增加的费用和（或）工期延误，由发包人承担。

3）5.2.4条 发包人要求向承包人提前交货的，承包人不得拒绝，但发包人应承担承包人由此增加的费用。

4）5.2.6条 发包人提供的材料和工程设备的规格、数量或质量不符合合同要求，或由于发包人原因发生交货日期延误及交货地点变更等情况的，发包人应承担由此增加的费用和（或）工期延误，并向承包人支付合理利润。

5）8.3条 基准资料错误的责任。发包人应对其提供的测量基准点、基准线和水准点及其书面资料的真实性、准确性和完整性负责。发包人提供上述基准资料错误导致承包人测量放线工作的返工或造成工程损失的，发包人应当承担由此增加的费用和（或）工期延误，并向承包人支付合理利润。承包人发现发包人提供的上述基准资料存在明显错误或疏忽的，应及时通知监理人。

6）11.3条 发包人的工期延误。在履行合同过程中，由于发包人的下列原因造成工期延误的，承包人有权要求发包人延长工期和（或）增加费用，并支付合理利润：①增加合同工作内容；②改变合同中任何一项工作的质量要求或其他特性；③发包人迟延提供材料、工程设备或变更交货地点的；④因发包人原因导致的暂停施工；⑤提供图样延误；⑥未按合同约定及时支付预付款、进度款；⑦发包人造成工期延误的其他原因。

7）11.4条 异常恶劣的气候条件。由于出现专用合同条款规定的异常恶劣的气候条件导致工期延误的，承包人有权要求发包人延长工期。

8）11.6条 工期提前。发包人要求承包人提前竣工，或承包人提出提前竣工的建议能够给发包人带来效益的，应由监理人与承包人共同协商采取加快工程进度的措施和修订合同进度计划。发包人应承担承包人由此增加的费用，并向承包人支付专用合同条款约定的相应奖金。

9）12.2条 发包人暂停施工的责任。由于发包人原因引起的暂停施工造成工期延误的，承包人有权要求发包人延长工期和（或）增加费用，并支付合理利润。

10）12.4.2条 承包人无故拖延和拒绝复工的，由此增加的费用和工期延误由承包人承担；因发包人原因无法按时复工的，承包人有权要求发包人延长工期和（或）增加费用，并支付合理利润。

11）13.1.3条 因发包人原因造成工程质量达不到合同约定验收标准的，发包人应承担由于承包人返工造成的费用增加和（或）工期延误，并支付承包人合理利润。

12）13.5.3条 监理人重新检查。承包人按规定覆盖工程隐蔽部位后，监理人对质量有疑问的，可要求承包人对已覆盖的部位进行钻孔探测或揭开重新检验，承包人应遵照执行，并在检验后重新覆盖恢复原状。经检验证明工程质量符合合同要求的，由发包人承担由此增加的费用和（或）工期延误，并支付承包人合理利润；经检验证明工程质量不符合合同要求的，由此增加的费用和（或）工期延误由承包人承担。

13）18.4.2条 发包人在全部工程竣工前，使用已接收的单位工程导致承包人费用增加的，发包人应承担由此增加的费用和（或）工期延误，并支付承包人合理利润。

14）18.6.2条 由于承包人的原因导致试运行失败的，承包人应采取措施保证试运行合格，并承担相应费用。由于发包人的原因导致试运行失败的，承包人应当采取措施保证试运行合格，发包人应承担由此产生的费用，并支付承包人合理利润。

15）19.2.3条 监理人和承包人应共同查清缺陷和（或）损坏的原因。经查明属承包人原因造成的，应由承包人承担修复和查验的费用。经查验属发包人原因造成的，发包人应承担修复和查验的费用，并支付承包人合理利润。

16）21.3.1条 不可抗力造成损害的责任除专用合同条款另有约定外，不可抗力导致的人员伤亡、财产损失、费用增加和（或）工期延误等后果，由合同双方按以下原则承担：①永久工程，包括已运至施工场地的材料和工程设备的损害，以及因工程损害造成的第三者人员伤亡和财产损失由发包人承担；②承包人设备的损坏由承包人承担；③发包人和承包人各自承担其人员伤亡和其他财产损失及其相关费用；④承包人的停工损失由承包人承担，但停工期间应监理人要求照管工程和清理、修复工程的金额由发包人承担；⑤不能按期竣工的，应合理延长工期，承包人不需支付逾期竣工违约金。发包人要求赶工的，承包人应采取赶工措施，赶工费用由发包人承担。

根据以上内容，《标准施工招标文件》中规定了可以合理补偿承包人的条款，见表6-2。

表6-2 《标准施工招标文件》中规定可以合理补偿承包人的条款

| 序号 | 条款号 | 主要内容 | 可补偿内容 | | |
|---|---|---|---|---|---|
| | | | 工期 | 费用 | 利润 |
| 1 | 1.10.1 | 施工过程发现文物、古迹以及其他遗迹、化石、钱币或物品 | √ | √ | |
| 2 | 4.11.2 | 承包人遇到不利物质条件 | √ | √ | |
| 3 | 5.2.4 | 发包人要求向承包人提前交付材料和工程设备 | | √ | |
| 4 | 5.2.6 | 发包人提供的材料和工程设备不符合合同要求 | √ | √ | √ |
| 5 | 8.3 | 发包人提供基准资料错误导致承包人的返工或造成工程损失 | √ | √ | √ |
| 6 | 11.3 | 发包人的原因造成工期延误 | √ | √ | √ |
| 7 | 11.4 | 异常恶劣的气候条件 | √ | | |
| 8 | 11.6 | 发包人要求承包人提前竣工 | | √ | |
| 9 | 12.2 | 发包人原因引起的暂停施工 | √ | √ | √ |
| 10 | 12.4.2 | 发包人原因造成暂停施工后无法按时复工 | √ | √ | √ |
| 11 | 13.1.3 | 发包人原因造成工程质量达不到合同约定验收标准的 | √ | √ | √ |
| 12 | 13.5.3 | 监理人对隐蔽工程重新检查，经检验证明工程质量符合合同要求 | √ | √ | √ |
| 13 | 16.2 | 法律变化引起的价格调整 | | √ | |
| 14 | 18.4.2 | 发包人在全部工程竣工前，使用工程导致承包人费用增加 | √ | √ | √ |
| 15 | 18.6.2 | 发包人的原因导致试运行失败的 | | √ | √ |
| 16 | 19.2 | 发包人原因导致的工程缺陷和损失 | | √ | √ |
| 17 | 21.3.1 | 不可抗力 | √ | | |

根据表6-2可以发现，不同原因引起的索赔是不一样的，按照索赔权的不同可以将索赔分为以下几类：①发包人原因引起的工程延误可以索赔工期、费用、利润，除非发生这一事件不会引起工期的顺延；②客观风险（如不可抗力、异常恶劣气候）引起的索赔事件，只可以索赔工期；③发包人责任（不利物质条件）引起的索赔，可以索赔工期和费用，不可

以索赔利润；④缺陷责任期内发包人的责任导致的索赔只有费用、利润，在此期间不需要索赔工期；⑤政策引起的价格调整和发包人要求提前交付材料和设备的只能索赔费用。

FIDIC《施工合同条件》下部分可以合理补偿承包商索赔的条款见表 6-3。

表 6-3　FIDIC《施工合同条件》下部分可以合理补偿承包商索赔的条款

| 序号 | 条款号 | 主要内容 | 可补偿内容 | | |
|---|---|---|---|---|---|
| | | | 工期 | 费用 | 利润 |
| 1 | 1.9 | 延误发放图样 | √ | √ | √ |
| 2 | 2.1 | 延误移交施工现场 | √ | √ | √ |
| 3 | 4.7 | 承包商依据工程师提供的错误数据导致放线错误 | √ | √ | √ |
| 4 | 4.12 | 不可预见的外界条件 | √ | √ | |
| 5 | 4.24 | 施工中遇到文物和古迹 | √ | √ | |
| 6 | 7.4 | 非承包商原因检验导致施工的延误 | √ | √ | √ |
| 7 | 8.4（a） | 变更导致竣工时间的延长 | √ | | |
| 8 | （c） | 异常不利的气候条件 | √ | | |
| 9 | （d） | 由于传染病或其他政府行为导致工期的延误 | √ | | |
| 10 | （e） | 业主或其他承包商的干扰 | √ | | |
| 11 | 8.5 | 公共当局引起的延误 | √ | | |
| 12 | 10.2 | 业主提前占用工程 | | √ | √ |
| 13 | 10.3 | 对竣工检验的干扰 | √ | √ | √ |
| 14 | 13.7 | 后续法规引起的调整 | √ | √ | |
| 15 | 18.1 | 业主办理的保险未能从保险公司获得补偿部分 | | √ | |
| 16 | 19.4 | 不可抗力事件造成的损害 | √ | √ | |

### 3. 费用索赔的计算

如前所述，承包人要求赔偿时，除了工期索赔之外，还可以选择以下一项或几项方式获得赔偿：①要求发包人支付实际发生的额外费用；②要求发包人支付合理的预期利润；③要求发包人按合同的约定支付违约金。发包人应付给承包人的索赔金额可以作为增加合同价款，在当期进度款中进行支付。

发包人要求赔偿时，除了可以延长质量缺陷修复期限之外，还可以选择以下一项或几项方式获得赔偿：①要求承包人支付实际发生的额外费用；②要求承包人按合同的约定支付违约金。承包人应付给发包人的索赔金额可以从拟支付承包人的合同价款中扣除，或由承包人以其他方式支付发包人。

（1）索赔费用的组成　引起索赔的原因不同，索赔费用构成也不尽一致，但所有的可索赔费用项目归纳起来包含：人工费、材料和工程设备费、施工机具使用费、其他（如保函手续费、延迟付款利息）、保险费、利润、企业管理费等。

1）人工费。可索赔的人工费主要包括：增加工作内容的人工费、停工损失费和工作效率降低的损失费等，其中**增加工作内容的人工费应按照计日工费计算，停工损失费和工作效率降低的损失费按窝工费计算**，窝工费的标准双方在合同中约定。

2）施工机具使用费。可索赔的施工机具使用费主要包括：由于完成额外工作增加的机械使用费用，由于业主或工程师的原因导致机械停工的窝工费，非承包人责任导致工效降低增加的机械使用费等。可采用机械台班费、机械折旧费、设备租赁费等几种形式。当工作内容增加引起机械费的索赔时，可按照机械台班费计算。因窝工引起的机械费的索赔，当施工机械属于施工企业自有时，按照机械折旧费计算索赔费用，当施工机械是施工企业外部租赁时，索赔费用的标准按照设备租赁费计算。

3）材料和工程设备费。可索赔的材料和工程设备费主要包括：由于索赔事项导致材料和工程设备实际用量超过计划用量而增加的材料和工程设备费用；由于客观原因使材料和工程设备价格大幅度上涨；由于非承包商原因的工期延误导致的材料价格上涨和超期储存费用等。包括运输费、仓储费及合理的消耗费用。材料和工程设备费的索赔一般是按索赔的材料和工程设备用量与其单价上涨幅度的乘积计算。其中，材料和工程设备用量可根据建筑材料和工程设备的采购、订货、运输、进场、使用方面的记录、凭证和报表、每月成本计划与实际进度及成本报告得到；材料和工程设备单价上涨幅度可采用合同中规定的调价方法（价格指数或价格信息调价法）得到，其主要依据包括国家或省、自治区、直辖市的政府物价管理部门或统计部门提供的价格指数，行业建设部门授权的工程造价机构公布的材料价格。

4）保函手续费。工期延期时，保函手续费相应增加，反之，取消部分工程且发包人与承包人达成提前竣工协议，对承包人的保函金额相应折减，则计入合同价内的保函手续费也应扣减。该费用需要承包人按时提供确实证据和票据，据实索赔。

5）延迟付款利息。发包人未按约定时间进行付款的，应按银行同期贷款利率支付延迟付款利息。

6）利润。对于不同性质的索赔，取得利润索赔的成功率是不同的。在以下几种情况下承包人一般可以提出利润索赔：由于变更等引起的工程量增加、文件有缺陷或技术性错误、业主未能提供现场、施工条件变化等引起的索赔，承包人是可以列入利润的；由于业主原因终止或放弃合同，承包人除了有权获得已完成的工程款以外，还应得到原定比例的利润。索赔利润的款额计算通常是与原报价单中的利润比率保持一致。

7）管理费。此项分为现场管理费用和公司管理费用，由于计算方法有所不同，应该区别对待。主要是指工期延误期间增加的管理费。

施工索赔中以下几项费用是不允许索赔的：承包人对索赔事项的发生原因负有责任的有关费用；承包人对索赔事项未采取减轻措施，因而扩大的损失费用；承包人进行索赔工作的准备费用；索赔款在索赔处理期间的利息。

（2）索赔费用的计算方法 费用索赔的计算方法，一般有以下几种：

1）总费用法。其基本思路是，把总价合同转化为成本加酬金合同，即以承包人的额外成本为基础加上管理费和利息等附加费作为索赔值。使用总费用法计算索赔值应该符合以下几个条件：①合同实施过程中的总费用核算是准确的，工程成本核算符合认可的会计原则，成本摊销方法、分摊基础选择合理，实际成本与报价成本所包括的内容一致；②承包人的报价是合理的，反映实际情况；③费用损失的责任，或干扰事件的责任与承包人无任何关系；④合同争执的性质不适合其他计算方法计算索赔值。

【例 6-1】 某工程原合同报价如下：

总成本费用（直接费+现场管理费用） 5200000 元

| | |
|---|---|
| 总部管理费（总成本费用×8%） | 416000 元 |
| 利润、税金（总成本费用+总部管理费）×7% | 393120 元 |
| 合同价格 | 6009120 元 |

在实际施工过程中，由于完全非承包商原因造成现场实际总成本增加至 5500000 元，则费用索赔额为多少元?

**解**：按照总费用法计算索赔值为：

| | |
|---|---|
| 总成本费用增加量（5500000−5200000） | 300000 元 |
| 总部管理费（总成本费用×8%） | 24000 元 |
| 利润、税金（总成本费用+总部管理费）×7% | 22680 元 |
| 利息支付（按实际发生计算） | 3000 元 |
| 索赔值小计 | 349680 元 |

2）分项法。分项法是按照引起损失的干扰事件，以及这些事件所引起损失的费用项目，分别分析计算索赔值的方法。其主要特点为：①比总费用法复杂，处理起来困难；②反映实际情况，比较科学合理；③能为索赔报告的进一步分析、评价、审核、责任划分及索赔谈判提供方法；④应用面比较广泛，容易被人们接受。该方法费用索赔值计算的步骤通常为：分析干扰事件影响的费用项目，应与合同报价中的费用项目一致；计算各费用项目的损失值，应确定各费用项目索赔值的计算基础和计算方法；将各个费用项目的计算值列表汇总，得到总费用索赔值。

**【例 6-2】** 某工程项目合同工期为 100 天，合同价格为 350 万元（其中含现场管理费用 40 万元）。根据投标书附件的规定，起重机租赁费用 500 元/天、台班费用为 750 元/天，现场管理费率为 8%，利润率为 5%，人工费用 30 元/工日，人员窝工费 20 元/日，赶工费为 4000 元/天。在施工过程中，由于不利的施工条件，引起人工费、材料费、施工机械分别增加 1. 2 万元、3. 8 万元、2 万元；另因设计变更，新增工程款 70 万元，引起工期延误 25 天，请问承包人可提出的现场管理费索赔应是多少万元?

**解**：现场管理费索赔额由两部分组成：

1）由于不利的现场条件引起的现场管理费索赔额：

$$(1.2+3.8+2)\text{万元}\times 8\%=0.56\text{万元}$$

2）由于涉及变更引起的现场管理费索赔额：新增工程款相当于原合同 20 天的工作量，即 100 天×(70÷350)= 20 天，而新增工程款既包括直接费，也包括了现场管理费等其他取费，因此尽管因此引起工期延误 25 天，但仅应考虑 5 天工期延误引起的现场管理费，即

$$40\text{万元}\div 100\times 5=2\text{万元}$$

因此，现场管理费的索赔总额

$$(0.56+2)\text{万元}=2.56\text{万元}$$

3）因素分析法。也称连环替代法。为了保证分析结果的可比性，应将各指标按照客观存在的经济关系，分解为若干因素指标连乘积的形式，同时要注意各个因素的排列顺序，即数量指标在前、质量指标在后，实物指标在前、价值指标在后，基本指标在前、从属指标在后以及相邻的因素指标相乘有意义的原则。进行因素分析的基本过程：①分别列出各因素指

标的数值，如计划与实际数值；②基期与报告期数值；③本项目数值与先进水平数值等，以便于比较；④用除法进行相对程度比较，即计算指标；⑤用减法进行绝对差异比较。

4. 工期索赔

（1）工期索赔的处理原则 在施工过程中，由于各种因素的影响，使承包商不能在合同规定的工期内完成工程，造成工程拖期。工程拖期可以分为两种情况，即“可原谅的拖期”和“不可原谅的拖期”，可原谅的拖期是由于非承包商原因造成的工程拖期，不可原谅的拖期一般是承包人的原因造成的工程拖期。

在实际施工过程中，工期拖延很少是只由一方面造成的，往往是多种原因同时发生而形成的，这称为“共同延误”。在共同延误的情况下，首先要确定“初始延误”者，它应对工程拖期负责。如果初始延误者是发包人原因，则在发包人原因造成的延误期内，承包人既可得到工期延长，又可得到费用补偿；如果初始延误者是客观原因，则在客观因素发生影响的延误期内，承包人可以得到工期延长，但很难得到费用补偿；如果初始延误者是承包人原因，则在承包人原因造成的延误期内，承包人既不能得到工期补偿，也不能得到费用补偿。

应该注意，被延误的工作应是处于施工进度计划关键线路上的工作。只有位于关键线路上的工作内容的滞后，才会影响到竣工日期。如果该活动在非关键线路上，且受干扰后仍在非关键线路上，则这个干扰事件对工期无影响，故不能提出工期索赔。

因此，对于有额外的工程量或工程性质及等级上的变更、异常恶劣的气候条件、不可抗力、发包人的延误或阻碍、非承包人的原因或业主违约而发生的其他特殊情况等而影响施工进度，而且受影响的工序处在工程施工进度网络计划的关键线路上，承包人有权要求延长本合同工程或单项工程的工期。如果此延误工期期间发生了相关费用，承包人有权向发包人提出相关联的费用索赔。一般来说，工期延误往往会伴随着费用的索赔，因此可以将工期延误引起的合同价款调整分为工期索赔与由于工期延误引起的费用索赔。

（2）工期索赔的计算方法 对于非承包人自身原因造成的工程延期，承包人有权向发包人提出工期延长的索赔要求。若承包人的费用索赔与工期索赔要求相关联时，发包人应结合工程延期，综合做出费用赔偿和工程延期的决定。工期索赔的计算主要有网络图分析法、比例计算法、相对单位法、平均值计算法等方法。

1）网络分析法。该方法是利用进度计划的网络图，分析其关键线路。如果延误的工作为关键工作，则总延误的时间为批准顺延的工期；如果延误的工作为非关键工作，当该工作由于延误超过时差限制而成为关键工作时，可以批准延误时间与时差的差值；若该工作延误后仍为非关键工作，则不存在工期索赔问题。在对缩短工期的索赔中，如果缩短工期的工作处于非关键路线上，则该工作的工作时间缩短值一律不应计算在索赔值内；如果缩短工期的工作处于关键路线上，应索赔其对总工期的影响，不应依据该工作的工作时间的缩短值进行索赔。

2）比例计算法。在工程实施过程中，业主推迟设计资料、设计图、建设场地、行驶道路等条件的提供，会直接造成工期的推迟或中断，从而影响整个工期。通常，上述活动的推迟时间可直接作为工期的延期时间。但是，当提供的条件能满足部分施工时，应按比例法计算工期索赔值。该方法主要应用于工程量有增加时工期索赔的计算，公式为

$$工期索赔值=\frac{额外增加的工程量的价格}{原合同总价}\times 原合同总工期$$

比例计算法简单方便，但有时不尽符合实际情况，比例计算法不适用于变更施工顺序、加速施工、删减工程量等事件的索赔。

【例 6-3】 某工程合同总价为 350 万元，总工期为 12 个月，现业主指令增加附属工程合同价格为 70 万元，计算承包商应提出的工期索赔时间。

解：$$工期索赔值=\frac{额外增加的工程量的价格}{原合同总价}\times 原合同总工期$$

$$=70\times 12\ 月/350=2.4\ 月$$

所以，承包商应提出 2.4 月的工期索赔。

3）相对单位法。工程的变更必须引起劳动量的变化，这时可以用劳动量相对单位法计算工期索赔天数。

4）平均值计算法。多个影响因素同时发生时，对项目工期造成延误，可以综合考虑各个因素的影响结果，对影响结果按照平均值计算工期索赔值。

（3）工期延误引起的费用索赔　工期延误的索赔包括两个方面：一是承包人要求延长工期；二是承包人要求偿付由于非承包人原因导致工期延误而造成的损失。这两个方面的索赔报告要求分别编制，因为工期和费用索赔并不一定同时成立。如果工期拖延的责任在承包人方面，则承包人无权提出索赔。

发包人未按施工合同的规定履行自己应负的责任，除竣工日期得以顺延外，还应赔偿承包方因此发生的实际费用损失。不同原因导致的工期延误引起的费用索赔不尽相同。主要包括如下几种情况：

1）由于发包人原因造成整个工程停工，则造成全部人工和机械设备的停滞，其他分包商也受到影响，承包人还要支付现场管理费，承包人因完成的合同工作量减少而减少了管理费收入等。

2）由于发包人原因造成非关键线路工作停工，则总工期不延长。但若这种干扰造成承包人人工和设备的停工，则承包人有权对由于这种停工所造成的费用提出索赔。在干扰发生时，工程师有权指令承包人，同时承包人也有责任在可能的情况下尽量将停滞的人工和设备用于他处，以减少损失。当然发包人应对由于这种安排而产生的费用损失（如工作效率损失、设备的搬迁费用等）负责。如果工程的其他方面仍顺利进行，承包人完成的工作量没有变化，则这些干扰一般不涉及管理费的赔偿。

3）由于发包人的干扰造成工程虽未停工，但却在一种混乱的低效率状态下施工，例如发包人打乱施工次序，局部停工造成人力、设备的集中使用。由于不断出现加班或等待变更指令等状况，完成工作量较少，这样不仅工期拖延，而且也有费用损失，包括劳动力、设备低效率损失，现场管理费和总部管理费损失等。

因此，在具体工期延误引起的费用索赔时可以分析导致工期延误的原因，从而再进一步确定其可索赔的费用构成。

（4）共同延误引起索赔的归责　共同延误引起的工期延误处理关系到延误各方的切身

利益，准确地计算工期延误时间、明确各方的责任，对于维护共同延误各方正当权益有着重要的作用。共同延误可索赔的情形分为以下几种：

1）可补偿延误与不可原谅延误同时发生，对于这种情形下发生的共同延误，延误责任由承包人承担，因为即使在没有可补偿延误发生的情况下，不可原谅延误也已经造成了工程延误。

2）不可补偿延误与不可原谅延误同时发生，对于这种情况下的共同延误，延误责任由承包人承担，因为在没有不可补偿延误时，不可原谅延误也已经导致了工程延期。

3）不可补偿延误与可补偿延误同时发生，与前两种情况下的共同延误相比，延误责任由客观原因造成，则只能进行工期索赔，而不可以进行费用索赔，因为即使没有可补偿延误，不可补偿延误也已经造成了工程施工延误。

4）两项可补偿延误同时发生时，延误责任由发包人承担，但是只能进行一项可补偿延误索赔。

---

【例 6-4】 某工程项目施工采用了包工包料的固定价格合同。工程招标文件参考资料中提供的用砂地点距工地 4km。但是开工后，检查砂子质量不符合要求，承包人只得从另一距工地 20km 的供砂地点采购。而在一个关键工作面上又发生了几件事情造成临时停工：5 月 20 日到 5 月 26 日承包人的施工设备出现了从未出现过的故障；应于 5 月 24 日交给承包人的后续图样直到 6 月 10 日才交给承包人；6 月 7 日到 6 月 12 日施工现场下了该季节罕见的特大暴雨，造成了 6 月 11 日到 6 月 14 日的该地区的供电全面中断。

请分析和计算承包人可索赔的工期和费用。

**解：** 1）发包人应对自己就招标文件的解释负责并考虑相关风险，承包人应对自己的报价正确性与完备性负责，同时，材料供应的情况变化是一个有经验的承包人能够合理预见到的，所以对承包人增加用砂单价的索赔要求不予批准。

2）由于几种原因的共同延误，5 月 20 日到 5 月 26 日出现的设备故障属于承包人应承担的风险，不予考虑承包人的费用索赔要求。在承包人的延误时间内不考虑其他原因导致的延误，所以 5 月 24 日到 5 月 26 日拖交图样不予补偿。5 月 27 日到 6 月 9 日是发包人延交图样引起的延误，为发包人应承担的责任，批准承包人相应的索赔要求，故可以补偿工期 14 天，并给予相应经济补偿。在发包人拖交图样影响期间，不考虑 6 月 7 日到 6 月 9 日特大暴雨的影响，从 6 月 10 日到 6 月 12 日特大暴雨，属于客观原因导致的延误，不考虑给承包人经济补偿，但相应工期延长 3 天。供电中断是一个有经验的承包人也无法预见的情况，属于发包人风险，应给承包人相应补偿。但是 6 月 11 日到 6 月 12 日特大暴雨期间，不考虑停电造成的延误，所以从 6 月 13 日到 6 月 14 日给承包人 2 天工期延长和相应费用补偿。

3）工程师经研究认可了承包人的成本补偿标准，即每天 2 万元，但不考虑承包人利润损失，所以共批准补偿承包人顺延工期 19 天，费用补偿 16 天×2 万元/天=32 万元。

---

### 6.3.4 其他索赔类事项引起的合同价款调整

工程索赔类事项引起的合同价款调整除了前述的索赔外，还涉及不可抗力、提前竣工（赶工补偿）、误期赔偿。

1. 不可抗力

不可抗力是指承包人和发包人在订立合同时不可预见，在工程施工过程中不可避免发生并不能克服的自然灾害和社会性突发事件，如地震、海啸、瘟疫、水灾、骚乱、暴动、战争和专用合同条款约定的其他情形。

发生不可抗力的风险分担原则为：各自损失各自承担，工程损失由发包人承担。计价规范中规定：因不可抗力事件导致的人员伤亡、财产损失及其费用增加，发承包双方按下列原则分别承担并调整合同价款和工期：

1）合同工程本身的损害、因工程损害导致第三方人员伤亡和财产损失以及运至施工场地用于施工的材料和待安装的设备的损害，由发包人承担。

2）发包人、承包人人员伤亡由其所在单位负责，并承担相应费用。

3）承包人的施工机械设备损坏及停工损失，由承包人承担。

4）停工期间，承包人应发包人要求留在施工场地的必要的管理人员及保卫人员的费用由发包人承担。

5）工程所需清理、修复费用，由发包人承担。

6）不可抗力解除后复工的，若不能近期竣工，应合理延长工期。发包人要求赶工的，赶工费用由发包人承担。

2. 提前竣工（赶工补偿）

提前竣工是指因发包人的需求，承发包双方商定对合同工程的进度计划进行压缩，使得合同工程的实际工期在少于原定合同工期（日历天数）内完成。原定合同工期等于可原谅的合理顺延工期加上合同协议书上双方约定的工期之和。

（1）提前竣工引起合同价款调整的规定　《建设工程工程量清单计价规范》中对于提前竣工的相关规定主要有：

1）工程实施过程中，发包人要求合同工程提前竣工的，应征得承包人同意后与承包人商定采取加快工程进度的措施，并修订合同工程进度计划。发包人应承担承包人由此增加的提前竣工（赶工补偿）费用。

2）工程发包时，招标人应当依据相关工程的工期定额合理计算工期，压缩的工期天数不得超过定额工期的 20%，将其量化。超过者，应在招标文件中明示增加赶工费用。

3）发承包双方应在合同中约定提前竣工每日历天应补偿额度，此项费用应作为增加合同价款列入竣工结算文件中，与结算款一并支付。除合同另有约定外，提前竣工补偿的最高限额为合同价款的 5%。

（2）提前竣工（赶工补偿）费的构成　赶工费用主要包括：

1）人工费的增加。例如新增加投入人工的报酬、不经济地使用人工使生产效率降低补贴、节假日加班、夜班补贴等。

2）材料费的增加。例如增加材料的投入、不经济使用材料造成的损耗过大、材料提前交货可能增加的费用、材料运输费的增加等。

3）机械费的增加。例如增加机械设备使用时间，不经济地使用机械等。

3. 误期赔偿

所谓误期赔偿，是指承包人未按照合同工程的计划进度施工，导致实际工期超过合同工期（包括经发包人批准的延长工期），承包人应向发包人赔偿损失发生的费用。工程施工合同中规定的误期赔偿费，通常都是由发包人在招标文件中确定的。

按期完工是承包人的合同义务，若承包人发生不可原谅的工期延误导致不能按期完成工程而使发包人遭受损失，则承包人需要赔偿发包人的损失而支付的款项，即误期赔偿费。误期赔偿是发包人对承包人的一种索赔，其目的是对工程风险的合理分配，是为了保证合同目标的正常实现，保护发包人的正当利益，实现合同公平、公正、自由的原则。

《建设工程工程量清单计价规范》规定：如果承包人未按照合同约定施工，导致实际进度迟于计划进度的，承包人应加快进度，实现合同工期。合同工程发生误期，承包人应赔偿发包人由此造成的损失，并按照合同约定向发包人支付误期赔偿费。即使承包人支付误期赔偿费，也不能免除承包人按照合同约定应承担的任何责任和应履行的任何义务。发承包双方应在合同中约定误期赔偿费，明确每日历天应赔额度。误期赔偿费列入竣工结算文件中，在结算款中扣除。如果在工程竣工之前，合同工程内的某单项（位）工程已通过了竣工验收，且该单项（位）工程接收证书中表明的竣工日期并未延误，而是合同工程的其他部分产生了工期延误，则误期赔偿费应按照已颁发工程接收证书的单项（位）工程造价占合同价款的比例幅度予以扣减。

案例：某工程施工承包合同规定：工程分为三个标段施工，施工日历天数为 140 天。并约定：承包人必须按提交的各项工程进度计划的时间节点组织施工，否则，每误期一天，向开发商支付 2 万元，若存在已竣工的工程项目则误期赔偿标准可以按比例扣减。在实际施工过程中，标段 1 和标段 2 均已按期完成，标段 3 因承包人自身原因导致工程误期 5 天，标段 3 的工程价款占整个建设项目合同价款的 40%。则标段 3 导致的误期赔偿标准为：8000 元/天 = 20000 元/天 × 40%，承包人应向发包方支付的误期赔偿费为：8000 元/天 × 5 天 = 40000 元。

## 6.4 工程价款结算

### 6.4.1 工程价款结算意义和方式

#### 1. 工程价款结算的概念

《建设工程价款结算暂行办法》（财建［2004］369 号）中将建设工程价款结算定义为：所谓工程价款结算，是指对建设工程的发包承包合同价款进行约定和依据合同约定进行工程预付款、工程进度款、工程竣工价款结算的活动。并规定工程进度款结算可采取按月结算与支付、分阶段结算与支付和其他三种方式。

《建设工程工程量清单计价规范》中对工程结算的定义为：发承包双方根据合同约定，对合同工程在实施中、终止时、已完工后进行的合同价款计算、调整和确认。包括期中结算、竣工结算、终止结算。期中结算又称中间结算，包括月度、季度、年度结算和形象进度结算。终止结算是合同解除后的结算。竣工结算是指工程竣工验收合格，发承包双方依据合同约定办理的工程结算，是期中结算的汇总。竣工结算包括单位工程竣工结算、单项工程竣工结算和建设项目竣工结算。

工程价款结算是建设单位编制竣工决算的主要依据，也是落实投资的主要手段。竣工结算的完成，标志着承包人和发包人双方所承担的合同义务和经济责任的结束。

**2. 工程价款结算的主要方式**

建筑产品的规模大、生产周期长等特点，决定了其工程价款结算应采用不同的方式、方法单独结算。我国现行工程价款结算根据不同情况，主要有以下三种：

（1）按月结算与支付　即实行按月支付进度款，竣工后清算的办法。合同工期在两个年度以上的工程，在年终进行工程盘点，办理年度结算。这是我国现行建筑安装工程较常用的一种结算方法。工程进度款的支付可以采取按月结算与支付。

（2）分段结算与支付　即当年开工、当年不能竣工的工程按照工程形象进度，划分不同阶段支付工程进度款。例如，某工程分为基础完成、主体结构三层、主体结构工程、竣工验收等几个形象阶段。分段结算可以按月预支工程款，具体划分应按照相关规定在合同中明确。

（3）双方约定的其他结算方式　其他结算方式原则上预付比例不低于合同金额的 10%，不高于合同金额的 30%。

### 6.4.2　工程价款结算的主要内容

**1. 工程价款结算的依据**

根据《建设项目工程结算编审规程》中的有关规定，工程价款结算的编制依据包括：国家有关法律、法规和规章制度；国家建设行政主管部门或有关部门发布的工程造价计价标准、计价办法等有关规定；施工发承包合同、专业分包合同及补充合同，有关材料、设备采购合同；招投标文件等相关可依据的材料。

**2. 工程价款结算的内容**

按照《建设项目工程结算编审规程》中的有关规定，工程价款结算是在建设项目、单项工程、单位工程或专业工程施工已完工、结束、中止，经发包人或有关机构验收合格且点交后，按照施工发承包合同的约定，由承包人在原合同价格基础上编制调整价格并提交发包人审核确认后的过程价格。它是表达该工程最终工程造价和结算工程价款依据的经济文件。包括竣工结算、分阶段结算、专业分包结算和合同中止结算。

（1）竣工结算　建设项目完工并经验收合格后，对所完成的建设项目进行的全面的工程结算。

（2）分阶段结算　在签订的施工发承包合同中，按工程特征划分为不同阶段实施和结算。该阶段合同工作内容已完成，经发包人或有关机构中间验收合格后，由承包人在原合同分阶段的价格基础上编制调整价格并提交发包人审核签认的工程价格。它是表达该工程不同阶段造价和工程价款结算依据的工程中间结算文件。

（3）专业分包结算　在签订的施工发承包合同或由发包人直接签订的分包工程合同中，按工程专业特征分类实施分包和结算。分包合同工作内容已完成，经总包人、发包人或有关机构对专业内容验收合格后，按照合同的约定，由分包人在原合同价格基础上编制调整价格并提交总包人、发包人审核签认的工程价格，它是表达该专业分包工程造价和工程价款结算依据的工程分包结算文件。

（4）合同中止结算　工程实施过程中合同中止，对施工承发包合同中已完成且经验收合格的工程内容，经发包人、总包人或有关机构点交后，由承包人按原合同价格或合同约定的定价条款，参照有关计价规定编制合同中止价格，提交发包人或总包人审核签认的工程价格。它是表达该工程合同中止后已完成工程内容的造价和工程价款结算依据的工程经济文件。

按照《建设工程工程量清单计价规范》的相关规定，工程量清单计价模式下的合同价款的支付分为合同价款期中支付、竣工结算款的支付、最终结清款的支付与合同解除的价款支付。大致可划分为以下几个内容：

1）按工程承包合同或协议预支工程预付款。

2）按照双方确定的结算方式开列月施工作业计划和工程价款预支单，预支工程价款。

3）月末（或阶段完成）呈报已完工程月报表和工程价款结算账单，提出支付工程进度款申请，14 天内发包人应按不低于工程价款的 60%及不高于工程价款的 90%向承包人支付进度款。工程进度款的计算内容包括：以已完工程量和对应工程量清单或报价单的相应价格计算的工程款；设计变更调整的合同价款；本期应扣回的工程预付款；根据合同允许调整合同价款原因补偿给承包人的款项和应扣减的款项；经过工程师批准的承包人索赔款；其他应支付的款项等。

4）跨年度工程年终进行已完工程、未完工程盘点和年终结算。

5）单位工程竣工时，编写单位工程竣工结算书，办理单位工程竣工结算。

6）单项工程竣工时，办理单项工程竣工结算。

7）最后一个单项工程竣工结算审查确认后 15 天内，汇总编写建设项目竣工总结算，送发包人后 30 天内审查完成。

发包人根据确认的竣工结算报告向承包人支付工程竣工结算价款，保留 5%左右的质量保证金，待工程交付使用且质保期到期后清算，质保期内如有返修，发生费用应在质保金内扣除。

须注意的是，安全文明施工费与工程预付款、工程进度款、竣工结算款、工程质量保证金等一样，也属于工程价款结算的内容之一。

### 6.4.3　工程价款的结算与支付

#### 1. 工程预付款

（1）工程预付款的概念与相关规定　施工企业承包工程，一般实行包工包料，这就需要有一定数量的备料周转金。在工程承包合同条款中，规定在开工前发包人拨付给承包人一定限额的工程预付备料款，即**工程预付款**。因此，工程预付款是建设工程施工合同订立后由发包人按照合同约定，在正式开工前预先支付给承包人的工程款，又称为预付备料款。主要用于承包人为合同工程施工购置材料、购置或租赁施工设备以及组织施工人员进场。若发包人要求承包人采购价值较高的工程设备时，应向承包人支付工程设备预付款。其具体事宜由承发包双方根据建设行政主管部门的规定，结合工程款、建设工期和包工包料情况在合同中约定。

《建设工程价款结算暂行办法》中规定：预付的工程款必须在合同中事先约定，并在工程进度款中进行抵扣；没有签订合同或不具备施工条件的工程，发包人不得预付工程款，不得以预付款为名转移资金。在具备施工条件的前提下，发包人应在双方签订合同后的一个月内或不迟于约定开工日期前 7 天内预付工程款。发包人不按约定按时支付预付款，承包人可催告发包人支付；发包人在预付款期满后的 7 天内仍未支付的，承包人可在付款期满后的第 8 天起暂停施工。发包人应承担由此增加的费用和延误的工期，并向承包人支付合理利润。

工程预付款仅用于承包方支付施工开始时与本工程有关的动工费用；如承包人滥用此款，发包人有权立即收回。承包人应在签订合同或向发包人提供预付款保函（预付款保函的担保金额等于预付款金额）后向发包人提交预付支付申请。发包人在收到支付申请的 7 天内进行核实，向承包人发出预付款支付证书，并在签发支付证书后的 7 天内向承包人支付预付款。承包人的预付款保函的担保金额根据预付款扣回的数额相应递减，但在预付款全部扣回之前一直保持有效。发包人在预付款扣完后的 14 天内将预付款保函退还给承包人。

（2）工程预付款的数额　包工包料工程的预付款按照合同约定拨付，原则上预付款比例不低于合同金额（扣除暂列金额）的 10%，不高于合同金额（扣除暂列金额）的 30%。对重大工程项目，按年度计划逐年预付。预付款的总金额、分期拨付次数、每次付款金额、付款时间等应根据工程规模、工期长短等具体情况，在合同中约定。

工程预付款额度按各地区、各部门的规定不完全相同，主要是保证施工所需材料和构件的正常储备。一般是根据工程类型、施工工期、建筑安装工作量、承包方式、主要材料和构件费用占建安工作量的比例以及材料储备周期等因素经测算来确定。工期短的工程比工期长的工程要高；由施工单位自购材料的比由建设单位供应主要材料的要高；只包工不包料的工程，则可以不预付备料款。

工程预付款额度的确定有以下两种方法：

1）百分比法。百分比法是按年度工作量的一定比例确定预付备料款额度的一种方法，由各地区各部门根据各自的条件从实际出发分别制定预付备料款比例。建筑工程一般不得超过当年建筑（包括水、电、暖、卫等）工程工作量的 25%，大量采用预制构件以及工期在 6 个月以内的工程，可以适当增加；安装工程一般不得超过当年安装工作量的 10%，安装材料用量较大的工程，可以适当增加；小型工程（一般是指 30 万元以下）可以不预付备料款，直接分阶段拨付工程进度款等。

2）公式计算法。公式计算法是根据主要材料（含结构件等）占年度承包工程总价的比重、材料储备定额天数和年度施工天数等因素，通过公式计算预付备料款额度的一种方法。其计算公式如下：

$$\text{工程备料款数额}=\frac{\text{工程总价}\times\text{材料比重}(\%)}{\text{年度施工天数}}\times\text{材料储备天数}$$

式中的年度施工天数按日历天计算；材料储备天数由当地材料供应的在途天数、加工天数、整理天数、供应间隔天数、保险天数等因素决定。

（3）工程预付款的扣回　工程预付款是建设单位为了保证工程施工生产的顺利进行，而预支给承包人的一部分备料款，是发包人因承包人为准备施工而履行的协助义务，属于预支的性质。在工程施工进行到一定程度后，所需主要材料储备量和构配件的储备量逐步减少，当承包人取得相应的合同价款时，应以抵充工程价款的方式陆续扣回。

预付款应从每一个支付期应支付给承包人的工程进度款中扣回，直到扣回的金额达到合同约定的预付款金额为止。通常约定承包人完成签约合同价款的比例在 20%～30%时，开始从进度款中按一定比例扣还。抵扣方式必须在合同中约定。扣款的方法主要有两种：

1）累计工作量法。以未施工工程所需主要材料及构件的价值等于预付款数额时扣起，从每次结算工程价款中，按材料及构件比重扣抵工程价款，至竣工之前全部扣清。因此，确定**起扣点**是工程预付款的关键，公式如下

$$T=P-\frac{M}{N}$$

式中 $T$——起扣点，即工程预付款开始扣回时的累计完成工作量金额；

$M$——工程预付款数额；

$N$——主要材料及构件所占比重；

$P$——承包工程价款总额。

---

**【例 6-5】** 某工程计划完成年度建筑安装工程工作量为 700 万元，根据合同规定工程预付款额度为 20%，材料比例为 60%，8 月份累计完成建筑安装工作量 500 万元，当月完成建筑安装工作量 100 万元；9 月份当月完成建筑安装工作量为 90 万元。试计算累计工作量起扣点，以及 8、9 月终结算时应该扣回工程预付款数额。

**解：** 工程预付款数额为

$$700\ \text{万元}\times 20\% = 140\ \text{万元}$$

累计工作量表示的起扣点为

$$(700-140/60\%)\ \text{万元} = 466.7\ \text{万元}$$

8 月份应扣回工程预付款数额为

$$(500-466.7)\ \text{万元}\times 60\% = 19.98\ \text{万元}$$

9 月份应抵扣工程预付款数额为

$$90\ \text{万元}\times 60\% = 54\ \text{万元}$$

---

2）承发包双方在专用条款中约定的方法。例如，在承包人完成工程款金额累计达到合同总价的 10%后，由承包人开始向发包人还款，发包人从每次应付给承包人的金额中扣回工程预付款，发包人至少在合同规定的完工期前三个月将工程预付款的总计金额按逐次分摊的办法扣回。

在实际中，情况比较复杂，有些工程工期较短，无须分期扣回。有些工程工期较长，如跨年度施工，预付备料款可以少扣或不扣，并于次年按应预付工程款调整，多退少补。一般来说，跨年度工程，预计次年承包工程价值大于或相当于当年承包工程价值时，可以不扣回当年的预付备料款，如小于当年承包工程价值时，应按实际承包工程价值进行调整，在当年扣回部分预付备料款，并将未扣回部分转入次年，以此类推，直到竣工年度。

---

**【例 6-6】** 某工程的合同中估算工程量为 5300m$^3$，单价为 180 元/m$^3$。合同工期为 6 个月，合同中有关付款的条款如下：

1）开工前业主向承包人支付估算合同总价 20%的工程预付款。

2）工程预付款从承包人获得累计工程款超过估算合同价的 30%以后的下一个月起，至第 5 个月平均扣回。

承包人 1 月份至 6 月份，每月实际完成工程量（m$^3$）分别为：800、1000、1200、1200、

1200、500。

问题：工程预付款为多少？工程预付款从哪个月起扣？每月应扣工程预付款为多少？

解：估算合同总价

$$5300\text{m}^3 \times 180\ 元/\text{m}^3 = 95.4\ 万元$$

工程预付款

$$95.4\ 万元 \times 20\% = 19.08\ 万元$$

预付款的起扣点

$$95.4\ 万元 \times 30\% = 28.62\ 万元$$

1 月累计工程款：$800\text{m}^3 \times 180$ 元/$\text{m}^3 = 14.4$ 万元

2 月累计工程款：$1800\text{m}^3 \times 180$ 元/$\text{m}^3 = 32.4$ 万元

由于 $14.4+32.4>28.62$，因此，预付款从第 3 个月起扣，从 3 月、4 月、5 月平均扣回。

每月扣回预付款：19.08 万元÷3=6.36 万元

**2. 安全文明施工费**

（1）安全文明施工费的内容与范围　安全文明施工费与工程预付款、工程进度款、竣工结算款、工程质量保证金等一样，也属于工程价款结算的内容之一。安全文明施工费包括的内容和使用范围应当符合国家现行有关文件和计量规范的规定。由于工程建设项目因专业的不同，施工阶段的不同，对安全文明施工措施的要求也不一致。因此，工程计量规范针对不同的专业工程特点，规定了安全文明施工的内容和包含的范围，在此不再赘述。

（2）安全文明施工费的支付　发包人应在工程开工后 28 天内预付不低于当年施工进度计划的安全文明施工费总额的 60%，其余部分按照提前安排的原则进行分解，与进度款同期支付。发包人没有按时支付安全文明施工费的，承包人可催告发包人支付；发包人在付款期满后的 7 天仍未支付的，若发生安全事故，发包人应承担连带责任。

（3）安全文明施工费的使用原则　承包人对安全文明施工费应当专款专用，在财务账目中单独列项备查，不得挪作他用，否则发包人有权要求其限期改正；逾期未改正的，造成的损失和延误的工期应由承包人承担。《建设工程安全生产管理条例》规定：施工单位挪用列入建设工程概算的安全生产作业环境及安全施工措施所需费用的，责令限期改正，处挪用费用 20%以上 50%以下的罚款；造成损失的，依法承担赔偿责任。

**3. 工程进度款结算**（中间结算）

工程进度款是发包人在合同履行中，按照合同约定对付款周期内承包人完成的合同价款给予支付的款项，是合同价款期中结算支付的一种。进度款的支付周期应与合同约定的工程计量周期一致。

工程量的计量和付款周期可采用按月或按工程形象进度分段计量和结算的方式。承包单位在施工过程中，按逐月（或形象进度、或控制界面等）完成的工程数量计算各项费用，向发包单位（业主）办理工程进度款的支付（即中间结算）。由此可见，工程进度款的额度以及支付需通过对已完工程量进行计量与复核来确定并实现。2007 版《标准施工招标文件》规定：已标价工程量清单中的单价子目工程量为估算工程量，用以确定工程进度款支付额度的工程量是承包人实际完成的，并按合同约定的计量方法进行计量。

（1）工程量计量与复核　工程计量是依据合同约定的计量规则和方法对承包人实际完

成的工程数量进行确认和计算。

1）工程量的计量程序。工程计量程序包括以下两个步骤：

① 承包人提交已完工程量报表。承包人应当按照合同约定的方法和时间，向监理人提交进度款支付申请单、已完工程量报表和有关计量资料。其中，已完工程量报表中的结算工程量是承包人实际完成的工程量。

② 监理人复核已完工程量。监理人应在收到承包人提交的工程量报告后 7 天内完成对承包人提交的工程量报表的审核并报送发包人，以确定当月实际完成的工程量。监理人对工程量有异议的，有权要求承包人进行共同复核或抽样复测。承包人应协助监理人进行复核或抽样复测并按监理人要求提供补充计量资料。承包人未按监理人要求参加复核或抽样复测的，监理人审核或修正的工程量视为承包人实际完成的工程量。监理人未在收到承包人提交的工程量报表后的 7 天内完成复核的，承包人提交的工程量报告中的工程量视为承包人实际完成的工程量，据此计算工程价款。

需注意的是，对于承包人超出设计图范围或因承包人原因造成返工的工程量，发包人不予计量。

2）单价合同的工程计量与复核。在单价合同中，工程量必须以承包人完成合同工程应予计量的工程量确定。工程计量时若发现招标工程量清单中出现缺项、工程量偏差，或因工程变更引起工程量增减时，应按承包人在履行合同义务中实际完成的工程量计算。

承包人应当按照合同约定的计量周期和时间向发包人提交当期已完工程量报告。发包人在收到报告后 7 天内核实，并将核实计量结果通知承包人。发包人未在约定时间内进行核实的，承包人提交的计量报告中所列的工程量视为承包人实际完成的工程量。

发包人认为需要进行现场计量核实时，应在计量前 24 小时通知承包人，承包人应为计量提供便利条件并派人参加。当双方均同意核实结果时，双方在上述记录上签字确认。承包人收到通知后不派人参加计量，视为认可发包人的计量核实结果。发包人不按照约定时间通知承包人，致使承包人未能派人参加计量，计量核实结果无效。

当承包人认为发包人核实后的计量结果有误时，应在收到计量结果通知后的 7 天内向发包人提出书面意见，并附上其认为正确的计量结果和详细的计算资料。发包人收到书面意见后，在 7 天内对承包人的计量结果进行复核后通知承包人。承包人对复核计量结果仍有异议的，按照合同约定的争议解决办法处理。

承包人完成已标价工程量清单中每个项目的工程量并经发包人核实无误后，发承包双方应对每个项目的历次计量报表进行汇总，以核实最终结算工程量，并在汇总表上签字确认。

3）总价合同的工程计量与复核。采用工程量清单方式招标形成的总价合同，其工程量应按照上述单价合同的工程计量规定计算。

采用经审定批准的施工图及其预算方式发包形成的总价合同，除按照工程变更规定的工程量增减外，总价合同各项目的工程量应为承包人用于结算的最终工程量。由于承包人自行对施工图进行计量，因此，除按照工程变更规定的工程量增减外，总价合同各项目的工程量是承包人用于结算的最终工程量。这是与单价合同的最本质区别。

总价合同约定的项目计量应以合同工程经审定批准的施工图为依据，发承包双方应在合同中约定工程计量的形象目标或时间节点进行计量。

承包人应在合同约定的每个计量周期内对已完成的工程进行计量，并向发包人提交达到工程形象目标完成的工程量和有关计量资料的报告。发包人应在收到报告后 7 天内对承包人提交的上述资料进行复核，以确定实际完成的工程量和工程形象目标。对其有异议的，应通知承包人进行共同复核。

（2）工程进度款的计算　工程进度款在计算时，应当按照计价方法不同区分为单价项目与总价项目两种。

1）单价项目的价款计算。对于已标价工程量清单中的单价项目，按工程计量确认的工程量与综合单价计算；综合单价发生调整的，以发承包双方确认调整的综合单价计算进度款。也就是说，工程量以发承包双方确认的计量结果为依据；综合单价以已标价工程量清单中的综合单价为依据，若发承包双方确认调整了单价，以调整后的综合单价为依据。

2）总价项目的价款计算。已标价工程量清单中的总价项目和采用经审定批准的施工图及其预算方式发包形成的总价合同，承包人应按合同中约定的进度款支付分解，分别列入进度款支付申请中的安全文明施工费和本周期应支付的总价项目的金额中。具体来说，是由承包人根据施工进度计划和总价构成、费用性质、计划发生时间和相应的工程量等因素，按计量周期进行分解，形成进度款支付分解表（表 6-4），在投标时提交，非招标工程在合同洽商时提交。在施工过程中，由于进度计划的调整，发承包双方应对支付分解进行调整。

表 6-4　总价项目进度款支付分解表

| 序　号 | 项 目 名 称 | 总价金额 | 首次支付 | 二次支付 | 三次支付 | 四次支付 | 五次支付 |
|---|---|---|---|---|---|---|---|
| | 安全文明施工费 | | | | | | |
| | 夜间施工增加费 | | | | | | |
| | 二次搬运费 | | | | | | |
| | | | | | | | |
| | | | | | | | |
| | | | | | | | |
| | 社会保险费 | | | | | | |
| | 住房公积金 | | | | | | |

注：1. 本表由承包人在投标报价时根据发包人在招标文件明确的进度款支付周期与报价填写，签订合同时，发承包双方可就支付分解表协商调整后作为合同附件。
2. 单价合同使用本表，“支付”栏时间应与单价项目进度款支付周期相同。
3. 总价合同使用本表，“支付”栏时间应与约定的工程计量周期相同。

已标价工程量清单中的总价项目进度款支付分解可选择以下方法：①将各个总价项目的总金额按合同约定的计量周期平均支付；②按照各个总价项目的总金额占签约合同百分比，以及各个计量支付周期内所完成的单价项目的总金额，以百分比方式均摊支付；③按照各个总价项目组成的性质（如时间、与单价项目的关联性等）分解到形象进度计划或计量周期中，与单价项目一起支付。

采用经审定批准的施工图及其预算方式发包形成的总价合同，除由于工程变更形成的工程量增减予以调整外，其工程量不予调整。因此，总价合同的进度款支付应按照计量周期进行支付分解，以便进度款有序支付。

（3）工程进度款支付申请与支付　工程量经复核认可后，承包人应在每个付款周期末，向发包人递交进度款支付申请一式四份，详细说明此周期认为有权得到的款额，包括分包人已完工程的价款，并附相应的证明文件。进度款的支付比例按照合同约定，按期中结算价款总额计，发包人应按不低于工程价款的60%，不高于工程价款的90%向承包人支付工程进度款。

1）进度款支付申请。按照GB 50500—2013《建设工程工程量清单计价规范》规定，每期工程进度款支付申请包括下列内容：①累计已完成的合同价款；②累计已实际支付的合同价款；③本周期合计完成的合同价款（包括：本周期已完成单价项目的金额、本周期应支付的总价项目的金额、本周期已完成的计日工价款、本周期应支付的安全文明施工费、本周期应增加的金额）；④本周期合计应扣减的金额（包括：本周期应扣回的预付款、本周期应扣减的金额）；⑤本周期实际应支付的合同价款。其中，发包人提供的甲供材料金额，按照发包人签约提供的单价和数量从进度款支付中扣除，列入本周期应扣减的金额中；承包人现场签证和得到发包人确认的索赔金额列入本周期应增加的金额中。

需说明的是，计价规范未在进度款支付中要求扣减质量保证金，因为进度款支付比例最高不超过90%，实质上已包含质量保证金。《建设工程质量保证金管理暂行办法》规定：全部或者部分使用政府投资的建设项目，按工程价款结算总额5%左右的比例预留保证金。因此，在进度款支付中扣减质量保证金，增加了财务结算工作量，在竣工结算价款中预留保证金则显得非常明晰。

2）进度款审核与支付。发包人应在收到承包人的工程进度款支付申请后14天内核对完毕，否则，从第15天起承包人递交的工程进度款支付申请视为被批准。我国《建设工程施工合同（示范文本）》《建设工程价款结算暂行办法》和GB 50500—2013《建设工程工程量清单计价规范》对工程进度款支付做了详细的规定，主要包括：

① 发包人在收到承包人进度款支付申请后的14天内，根据计量结果和合同约定对申请内容予以核实，确认后向承包人出具进度款支付证书。若发承包双方对部分清单项目的计量结果出现争议，发包人应对无争议部分的工程计量结果向承包人出具进度款支付证书。

② 发包人应在签发进度款支付证书后的14天内，按照支付证书列明的金额向承包人支付进度款。

③ 发包人逾期未签发进度款支付证书，则视为承包人提交的进度款支付申请已被发包人认可，承包人可向发包人发出催告付款的通知。发包人在收到通知后的14天内，按照承包人支付申请的金额向承包人支付进度款。

④ 发包人未按规定支付进度款的，承包人可以催告发包人支付，并有权获得延迟支付的利息；发包人在付款期满后的7天内仍未支付的，承包人可在付款期满后的第8天起暂停施工。发包人应承担由此增加的费用和延误的工期，向承包人支付合理利润，并承担违约责任。

⑤发现已签发的任何支付证书有错、漏或重复的数额，发包人有权予以修正，承包人也有权提出修正申请。经发承包双方复核同意修正的，应在本次到期的进度款中支付或扣除。

**4. 质量保证金**

建设工程质量保证金是指发包人与承包人在建设工程承包合同中约定，从应付的工程款中预留，用以保证承包人在缺陷责任期内对建设工程出现的缺陷进行维修的资金。缺陷是指建设工程工程质量不符合工程建设强制性标准、设计文件，以及承包合同的约定。《标准施工招标文件》中规定：缺陷责任期自实际竣工日期起计算。缺陷责任期一般为六个月、十二个月或二十四个月，具体可由发承包双方在合同中约定。质量保证金的计算额度不包括预付款的支付、扣回以及价格调整的金额。清单计价形成合同价款时，扣留的质量保证金中应包括规费和税金。

发包人应当在招标文件中明确保证金预留、返还等内容，并与承包人在合同条款中对保证金预留与返还方式、保证金预留比例与期限、缺陷责任期的期限及计算、保证金预留与返还以及工程维修质量与费用等争议的处理程序、缺陷责任期内出现缺陷的索赔方式等内容。

（1）保证金的预留 从第一个付款周期开始，在发包人的进度付款中，按约定比例扣留质量保证金，直至扣留的质量保证金总额达到专用条款约定的金额或比例为止。全部或部分使用政府投资的建设项目，按工程价款结算总额的5%左右的比例预留保证金。社会投资项目采用预留保证金方式的，预留保证金的比例可参照执行。例如，《建设工程价款结算暂行办法》规定"发包人根据确认的竣工结算报告向承包人支付竣工结算价款，保留5%左右的质量保证金，待工程交付使用一年质保期到期后清算（合同另有约定的，从其约定），质保期内如有返修，发生费用应在质保金内扣除。"

（2）保证金的返还 缺陷责任期内，承包人认真履行合同约定的责任；约定的缺陷责任期满，承包人向发包人申请返还保证金。发包人在接到承包人返还保证金申请后，应于14日内会同承包人按照合同约定的内容进行核实。如无异议，发包人应当在核实后14日内将保证金返还给承包人，逾期支付的，从逾期之日起，按照同期银行贷款利率计付利息，并承担违约责任。发包人在接到承包人返还保证金申请后14日内不予答复，经催告后14日内仍不予答复，视同认可承包人的返还保证金申请。

缺陷责任期满时，承包人没有完成缺陷责任的，发包人有权扣留与未履行责任剩余工作所需金额相应的质量保证金金额，并有权根据约定要求延长缺陷责任期，直至完成剩余工作为止。

（3）保证金管理 缺陷责任期内，实行国库集中支付的政府投资项目，保证金的管理应按国库集中支付的有关规定执行。其他的政府投资项目，保证金可以预留在财政部门或发包方。缺陷责任期内，如发包人被撤销，保证金随交付使用资产一并移交使用单位管理，由使用单位代行发包人职责。社会投资项目采用预留保证金方式的，发承包双方可以约定将保证金交由金融机构托管；采用工程质量保证担保、工程质量保险等其他保证方式的，发包人不得再预留保证金，并按照有关规定执行。

**5. 工程竣工结算**

（1）工程竣工结算的编制 工程完工后，发承包双方必须在合同约定时间内办理工程竣工结算。所谓工程竣工结算是指工程项目完工并经竣工验收合格后，发承包双方按照施工合同的约定对所完成的工程项目进行的工程价款的计算、调整和确认。对承包人而言，工程竣工结算是按照合同规定的内容全部完成所承包的工程，经验收合格并符合合同要求后，向发包人进行的最终工程价款结算。编制规范的、准确的工程竣工结算是承包人的重要任务。工程竣工结算分为单位工程竣工结算、单项工程竣工结算和建设项目竣工总结算，由承包人或受其委托具有相应资质的工程造价咨询人编制。

一般来说，单位工程竣工结算由承包人（或受其委托具有相应资质的工程造价咨询人）编制，发包人（或受其委托具有相应资质的工程造价咨询人）审查；实行总承包的工程，由具体承包人编制，在总承包人审查的基础上，发包人审查；单项工程竣工结算或建设项目竣工总结算由总（承）包人编制，发包人可直接进行审查，也可以委托具有相应资质的工程造价咨询机构进行审查；政府投资项目，由同级财政部门审查。单项工程竣工结算或建设项目竣工总结算经发承包人签字盖章后有效。当发承包双方或一方对工程造价咨询人出具的竣工结算文件有异议时，可向工程造价管理机构投诉，申请对其进行执业质量鉴定。

竣工结算办理完毕，发包人应将竣工结算文件报送工程所在地或有该工程管辖权的行业管理部门的工程造价管理机构备案，竣工结算文件作为工程竣工验收备案、交付使用的必备文件。

1）竣工结算编制依据。依据《建设工程工程量清单计价规范》，工程竣工结算的编制依据包括：①清单计价规范；②工程合同；③发承包双方实施过程中已确认的工程量及其结算的合同价款；④发承包双方实施过程中已确认调整后追加（减）的合同价款；⑤建设工程设计文件及相关资料；⑥投标文件；⑦其他依据。

在工程量清单计价方式下，工程竣工结算的编制内容应包括工程量清单计价表所包括的各项费用内容。

2）分部分项项目和措施项目中的单价项目的竣工结算。办理竣工结算时，单价项目应遵循两个计价原则：①工程量应依据发承包双方确认的工程量计算；②综合单价应依据已标价工程量清单的单价计算；发生调整的，以发承包双方确认调整后的综合单价计算。

3）总价措施项目的竣工结算。办理竣工结算时，总价项目应遵循两个计价原则：①总价措施项目，应依据已标价工程量清单的措施项目和金额或发承包双方确认调整后的金额计算；②其中，安全文明施工费应按照国家或省级、行业建设主管部门的规定计算。施工过程中，国家或省级、行业建设主管部门对安全文明施工费进行了调整的，措施项目费中的安全文明施工费应做相应调整。

4）其他项目的竣工结算。其他项目应按下列规定计价：①计日工按发包人实际签证确认的事项计算。②暂估价按以下相应规定计算：若暂估价中的材料、工程设备是招标采购的，其单价按中标价在综合单价中调整；否则，其单价按发承包双方最终确认的单价在综合单价中调整。若暂估价中的专业工程是招标发包的，其专业工程费按中标价计算，否则，其专业工程费按发承包双方与分包人最终确认的金额计算。③总承包服务费依据已标价工程量清单的金额计算；发生调整的，以发承包双方确认调整的金额计算。④索赔事件产生的费用在办理竣工结算时应在其他项目费中反映。索赔费用依据发承包双方确认的索赔事项和金额计算。⑤现场签证发生的费用在办理竣工结算时应在其他项目费中反映。现场签证费用依据发承包双方签证资料确认的金额计算。⑥暂列金额在用于各项合同价款调整、索赔、现场签证的费用后，如有余额归发包人，若出现差额，则由发包人补足并反映在相应项目的价款中。

5）规费和税金的竣工结算。规费和税金必须按国家或省级、行业建设主管部门的规定计算。规费中的工程排污费应按工程所在地环境保护部门规定标准缴纳后按实列入。

发承包双方在合同工程实施过程中已经确认的工程计量结果和合同价款，在竣工结算办理时直接进入结算。工程合同价款按交付时间顺序可分为：工程预付款、工程进度款和工程竣工结算款，由于工程预付款已在工程进度款中扣回，因此，工程竣工结算价款等于工程进度款与工程竣工结算余款之和。可见，竣工结算与合同工程实施过程中的工程计量及其价款结算、进度款支付、合同价款调整等具有内在联系，除有争议的外，均应直接进入竣工结算，简化结算流程。

（2）竣工结算流程　《建设工程施工合同（示范文本）》和《建设工程工程量清单计价规范》中对竣工结算与复核的程序做了详细规定：

1）承包人提交竣工结算文件。合同工程完工后，承包人应在经发承包双方确认的合同工程期中价款结算的基础上汇总编制完成竣工结算文件，并在提交竣工验收申请的同时向发包人提交竣工结算文件。

承包人未在合同约定的时间内提交竣工结算文件，经发包人催告后 14 天内仍未提交或没有明确答复的，发包人有权根据已有资料编制竣工结算文件，作为办理竣工结算和支付结算款的依据，承包人应予以认可。

2）发包人核对竣工结算文件。发包人在收到承包人提交的竣工结算文件后的 28 天内核对。发包人经核实，认为承包人还应进一步补充资料和修改结算文件，应在上述时限内向承包人提出核实意见，承包人在收到核实意见后的 28 天内应按照发包人提出的合理要求补充资料，修改竣工结算文件，并再次提交给发包人复核后批准。

发包人在收到承包人再次提交的竣工结算文件后的 28 天内予以复核，将复核结果通知承包人。发包人、承包人对复核结果无异议的，应在 7 天内在竣工结算文件上签字确认，竣工结算办理完毕。发包人或承包人对复核结果认为有误的，无异议部分双方签字确认办理不完全竣工结算；有异议部分由发承包双方协商解决；协商不成的，按照合同约定的争议解决的方式处理。

发包人在收到承包人竣工结算文件后的 28 天内，不核对竣工结算或未提出核对意见的，视为承包人提交的竣工结算文件已被发包人认可，竣工结算办理完毕。

承包人在收到发包人提出的核实意见后的 28 天内，不确认也未提出异议的，视为发包人提出的核实意见已被承包人认可，竣工结算办理完毕。

3）发包人委托工程造价咨询机构核对竣工结算文件。发包人委托工程造价咨询机构核对竣工结算的，工程造价咨询人应在 28 天内核对完毕，核对结论与承包人竣工结算文件不一致的，应提交给承包人复核，承包人应在 14 天内将同意核对结论或不同意见的说明提交工程造价咨询机构。工程造价咨询机构收到承包人提出的异议后，应再次复核，复核无异议的，发承包双方应在 7 天内在竣工结算文件上签字确认，竣工结算办理完毕；复核后仍有异议的，对于无异议部分办理不完全竣工结算；有异议部分由发承包双方协商解决，协商不成的，按照合同约定的争议解决方式处理。

承包人逾期未提出书面异议，视为工程造价咨询人核对的竣工结算文件已经承包人认可。

4）竣工结算文件的签认。对发包人或发包人委托的工程造价咨询人指派的专业人员与承包人指派的专业人员经核对后无异议并签名确认的竣工结算文件，除非发承包人能提出具体、详细的不同意见，发承包人都应在竣工结算文件上签名确认。如其中一方拒不签认的，将承担以下后果：①若发包人拒不签认的，承包人可不提供竣工验收备案资料，并有权拒绝与发包人或其上级部门委托的工程造价咨询人重新核对竣工结算文件；②若承包人拒不签认的，发包人要求办理竣工验收备案的，承包人不得拒绝提供竣工验收资料，否则，由此造成的损失，承包人承担相应责任。

竣工结算文件经发承包双方签字确认后，发包人不得要求承包人与另一个或多个工程造价咨询人重复核对竣工结算，以避免当前实际存在的竣工结算一审再审、久审不结的现象。

发包人对工程质量有异议，拒绝办理工程竣工结算的，已竣工验收或已竣工未验收但实际投入使用的工程，其质量争议应按该工程保修合同执行，竣工结算应按合同约定办理；已竣工未验收且未实际投入使用的工程以及停工、停建工程的质量争议，双方应当就有争议部分竣工结算暂缓办理，并就有争议的工程部分委托有资质的检测鉴定机构进行检测，根据检测结果确定解决方案，或按工程质量监督机构的处理决定执行后办理竣工结算。也就是说，经检测，质量合格，竣工结算继续办理；经检测，质量确有问题，应经修复处理，质量验收合格后，竣工结算继续办理。无争议部分的竣工结算按合同约定办理。

（3）竣工结算款支付　竣工结算款是发包人签发的竣工结算支付证书中列明的应向承包人支付的结算款金额。竣工结算款支付流程如下：

1）承包人根据办理的竣工结算文件，向发包人提交竣工结算款支付申请。申请应包括下列内容：①竣工结算合同价款总额；②累计已实际支付的合同价款；③应预留的质量保证金；④实际应支付的竣工结算款金额。

2）发包人在收到承包人提交的竣工结算款支付申请后 7 天内予以核实，向承包人签发竣工结算支付证书。

3）发包人签发竣工结算支付证书后的 14 天内，按照竣工结算支付证书列明的金额向承包人支付结算款。

发包人在收到承包人提交的竣工结算款支付申请后 7 天内不予核实，不向承包人签发竣工结算支付证书的，视为承包人的竣工结算款支付申请已被发包人认可；发包人在收到承包人提交的竣工结算款支付申请 7 天后的 14 天内，按照承包人提交的竣工结算款支付申请列明的金额向承包人支付结算款。

发包人未按规定的程序支付竣工结算款的，承包人可催告发包人支付，并有权获得延迟支付的利息。发包人在竣工结算支付证书签发后或者在收到承包人提交的竣工结算款支付申请 7 天后的 56 天内仍未支付的，除法律另有规定外，承包人可与发包人协商将该工程折价，也可直接向人民法院申请将该工程依法拍卖。承包人应就该工程折价或拍卖的价款优先受偿。

#### 6. 最终结清

缺陷责任期终止后，承包人应按照合同约定向发包人提交最终结清支付申请。发包人对最终结清支付申请有异议的，有权要求承包人进行修正和提供补充资料。承包人修正后，应再次向发包人提交修正后的最终结清支付申请。

发包人在收到最终结清支付申请后的 14 天内予以核实，并向承包人签发最终结清支付证书。

发包人在签发最终结清支付证书后的 14 天内，按照最终结清支付证书列明的金额向承包人支付最终结清款。

发包人未在约定的时间内核实，又未提出具体意见的，视为承包人提交的最终结清支付申请已被发包人认可。

发包人未按期最终结清支付的，承包人可催告发包人支付，并有权获得延迟支付的利息。

最终结清时，承包人被预留的质量保证金不足以抵减发包人工程缺陷修复费用的，承包人应承担不足部分的补偿责任。

承包人对发包人支付的最终结清款有异议的，可按照合同约定的争议解决方式处理。

---

【例 6-7】 某建筑安装工程施工，合同总价为 920 万元，其中有 100 万元的主材费由发包方直接供应，合同工期为 9 个月。

1）合同规定：①业主应向承包人支付合同价 20%的工程预付款；②预付款应从未施工工程尚需的主要材料及构配件价值相当于预付工程款时起扣，每月以抵充工程款的方式陆续扣回，主材比重按 62.5%考虑；③业主每月从给承包人的工程进度款金额中按 5%的比例扣留工程保留金，通过竣工验收后结算给承包人；④由业主直接供应的主材款应在发生当月的工程款中扣回其费用；⑤每月付款证书签发的最低限额为 60 万元。

2）第 1 个月主要是完成土方工程的施工，由于施工条件复杂，土方工程量发生了较大变化时单价应做调整（招标文件中规定的工程量为 $3000m^3$，承包人填报的综合单价为 80 元/$m^3$），实际工程量超过或少于估计工程量 15%以上时，单价乘以系数 0.9 或 1.05。

3）经工程师签证确认：承包人在第 1 个月完成的土方工程量为 $3600m^3$；其他各月实际完成的建筑安装工作量及业主直接提供的主材价值见表 6-5。

表 6-5 建筑安装工作量与业主供应的主材价值

| 月 份 | 1 | 2 | 3 | 4 | 5 | 6 | 7 | 8 | 9 |
|---|---|---|---|---|---|---|---|---|---|
| 工程进度款/万元 | | 80 | 90 | 110 | 120 | 125 | 110 | 90 | 80 |
| 业主供应主材价值/万元 | | | | 25 | 20 | 15 | 30 | | |

问题：1）第 1 个月土方工程实际工程进度款为多少万元？

2）该工程的预付工程款是多少万元？预付工程款在第几月份开始起扣？

3）1~9 月份工程师应签证的工程款各是多少万元？应签发付款证书金额是多少？并指明该月是否签发付款证书？

4）竣工结算时，工程师应签发付款证书金额是多少万元？

**解：** 问题 1)：

1）超过 15%以内的工程进度款：

$$[3000\times(1+15\%)\times80]\text{万元}=(3450\times80)\text{万元}=27.6\text{ 万元}$$

2）超过 15%剩余部分的工程进度款：

$$(3600-3450)\times80\text{ 万元}\times0.9=1.08\text{ 万元}$$

3）土方工程进度款：

$$(27.6+1.08)\text{万元}=28.68\text{ 万元}$$

问题 2)：

1）预付工程款金额：

920 万元×20% = 184 万元

2）预付工程款起扣点：

(920−184/62.5%) 万元 = 625.6 万元

3）开始起扣工程款的时间为第 7 个月，因为至第 7 个月累计完成的工程量：

(28.68+80+90+110+120+125+110) 万元 = 663.68 万元>625.6 万元

问题 3)：

1）1 月份应签证的工程款：

28.68 万元×(1−5%) = 27.246 万元

应签发付款证书金额：

27.246 万元，但本月不签发付款证书。

2）2 月份应签证的工程款：

80 万元×(1−5%) = 76 万元

应签发付款证书金额：

(76+27.246) 万元 = 103.246 万元，本月应签发付款证书。

3）3 月份应签证的工程款：

90 万元×(1−5%) = 85.5 万元

应签发付款证书金额：

85.5 万元，本月应签发付款证书。

4）4 月份应签证的工程款：

110 万元×(1−5%) = 104.5 万元

应签发付款证书金额：

(104.5−25) 万元 = 79.5 万元，本月应签发付款证书。

5）5 月份应签证的工程款：

120 万元×(1−5%) = 114 万元

应签发付款证书金额：

(114−20) 万元 = 94 万元，本月应签发付款证书。

6）6 月份应签证的工程款：

125 万元×(1−5%) = 118.75 万元

应签发付款证书金额：

(118.75−15) 万元 = 103.75 万元，本月应签发付款证书。

7）7 月份应签证的工程款：

110 万元×(1−5%) = 104.5 万元

本月应扣预付款：

(663.68−625.6) 万元×62.5% = 23.8 万元

应签发付款证书金额：

(104.5−30−23.8) 万元 = 50.7 万元，本月不签发付款证书。

8）8 月份应签证的工程款：

90 万元×(1−5%) = 85.5 万元

本月应扣预付款：

90 万元×62.5% = 56.25 万元

应签发付款证书金额：

(85.5−56.25+50.7)万元 = 79.95 万元，上月与本月一并签发付款证书。

9）9 月份应签证的工程款：

80 万元×(1−5%) = 76 万元

本月应扣预付款：

80 万元×62.5% = 50.0 万元

应签发付款证书金额：

(76−50)万元 = 26 万元，但本月不签发付款证书。

问题 4)：

竣工结算时，工程师应签发付款证书金额：

26 万元+(28.68+805)×5% = 67.684 万元

---

【例 6-8】　某工程采用工程量清单招标方式确定中标人并与其签订工程承包合同，工期 4 个月。部分合同条款如下：

1）工程量清单中有两个混凝土分项工程 A 与 B，其工程量与综合单价分别为：A：$2300m^3$，180 元/$m^3$；B：$3200m^3$，160 元/$m^3$。当实际工程量比清单增加（或减少）10%以上时，可进行调价，调价系数为 0.9（1.08）。

2）措施项目清单中含有 5 个项目，总费用为 18 万元。其中，A 分项与 B 分项工程的模板及其支撑措施费分别为 2 万元、3 万元。结算时，该项费用按相应分项工程量变化比例调整；大型机械设备进出场及安拆费 6 万元，结算时该项费用不调整；安全文明施工费为分部分项合价及模板措施费、大型机械进出场及安拆费各项合计的 2%，结算时，该项费用随取费基数变化而调整；其余措施费用，结算时不调整。

3）其他项目清单中仅含专业工程暂估价一项，费用为 20 万元。实际施工时经核定确认的费用为 17 万元。

4）施工过程中发生计日工费用 2.6 万元。规费综合费率 3.32%，税金 3.47%。

5）材料预付款为分项工程合同价的 20%，于开工前支付，在最后两个月平均扣除。

6）措施项目费于开工前和开工后第 2 月末分两次平均支付。

7）专业工程暂估价在最后 1 个月按实结算。

8）业主按每次承包人应得工程款的 90%支付。

9）工程竣工验收通达后进行结算，并按实际总造价的 5%扣留工程质量保证金。

承包人 1 月至 4 月实际完成并经签证确认的 A 分项工程量分别为：$500m^3$、$800m^3$、$800m^3$、$600m^3$；承包人 1 月至 4 月实际完成并经签证确认的 B 分项工程量分别为：$700m^3$、$900m^3$、$800m^3$、$400m^3$。

问题：

1）该工程预计合同总价为多少？材料预付款是多少？首次支付措施项目费是多少？

2）每月分项工程量价款是多少？承包人每月应得的工程款是多少？

3）分部工程量总价款是多少？竣工结算前，承包人应得累计工程款是多少？

4）实际工程总造价是多少？竣工结算款为多少？

解：

问题1)：

预计合同总价 = ∑计价项目费用×(1+规费费率)×(1+税率)

= (2300×180+3200×160+180000+200000)元×(1+3.32%)×(1+3.47%)

= 139.62万元

材料预付款 = (2300×180+3200×160)元×(1+3.32%)×(1+3.47%)×20%

= 19.799万元

首次支付措施项目费 = 18万元×(1+3.32%)×(1+3.47%)×50%×90%

= 8.659万元

问题2)：

第1个月分项工程量价款：

(500×180+700×160)元×(1+3.32%)×(1+3.47%) = 21.595万元

承包人应得工程款：

21.595万元×90% = 19.436万元

第2个月分项工程量价款：

(800×180+900×160)元×(1+3.32%)×(1+3.47%) = 30.789万元

措施项目费第二次支付：

18万元×(1+3.32%)×(1+3.47%)×50%×90% = 8.659万元

承包人应得工程款：

(30.789×90%+8.659)万元 = 36.369万元

第3个月分项工程量价款：

(800×180+800×160)元×(1+3.32%)×(1+3.47%) = 29.078万元

应扣预付款：

19.799万元×50% = 9.9万元

承包人应得工程款：

(29.078×90%−9.9)万元 = 16.27万元

第4个月A分项工程累计完成工程量2700$m^3$，比清单工程量增加了400$m^3$，增加数量超出清单工程量的10%，超出部分单价应进行调整。

超出清单工程量10%的工程量：(2700−2300×1.1)$m^3$ = 170$m^3$

这部分工程量综合单价调整为：180元/$m^3$×0.9 = 162元/$m^3$

第4个月A分项工程量价款：

[(600−170)×180+170×162]元×(1+3.32%)×(1+3.47%) = 11.219万元

同理，第4个月B分项工程量价款：

[2800×160×1.08×1.069−(700+900+800)×160×1.069]元 = 10.673万元

本月完成A与B两分项工程量价款：

(11.219+10.673)万元 = 21.892万元

专业工程暂估价、计日工费用结算款：

(17+2.6)万元×(1+3.32%)×(1+3.47%) = 20.953万元

应扣预付款：9.9万元

承包人应得工程款：

(21.892×90%+20.953×90%-9.9)万元=28.66万元

问题3)：

分项工程量总价款：

(21.595+30.789+29.078+21.892)万元=103.354万元

竣工结算前，承包人应得累计工程款：

(19.436+36.369+16.27+28.66+8.659)万元=109.39万元

问题4)：

A分项工程的模板及其支撑措施项目费调增：

(2×400÷2300)万元=0.348万元

B分项工程的模板及其支撑措施项目费调减：

(3×400÷3200)万元=0.375万元

分项工程量价款增加：

[103.354/1.069-(2300×180+3200×160)×0.0001]万元=4.083万元

安全文明施工措施项目费调增：

(4.078+0.348-0.375)万元×2%=0.081万元

工程实际总造价：

103.354万元+(18+0.348-0.375+0.081)万元×1.069+20.953万元=143.607万元

竣工结算价款：

143.607万元×(1-5%)-19.799万元-109.39万元=7.238万元

## 6.5 资金使用计划的编制

### 6.5.1 资金使用计划编制的意义与作用

资金使用计划的编制与控制在整个建设管理中处于重要而独特的地位，对建设单位和施工单位的工程管理有着重要作用，其重要意义表现在以下几方面：

1）通过编制资金使用计划，合理确定工程造价的总目标值、各阶段目标值和各组成部分目标值，使工程造价的控制有所依据，并为资金的筹集与协调打下基础。如果没有明确的造价控制目标，就无法把项目的实际支出额与之相比较，也就不能找出偏差，从而使控制措施缺乏针对性。

2）通过资金使用计划的科学编制，可以对未来工程项目的资金使用有所预测，便于资金有效筹措和分配，消除不必要的资金浪费，也能够避免在今后工程项目中由于缺乏依据而进行不理性判断所造成的损失，从而使现有资金充分发挥作用。

3）在工程项目的进行过程中，通过资金使用计划的严格执行，可以有效控制工程造价上升，最大限度地节约投资，提高投资效益。

4）对脱离实际的工程造价目标值和资金使用计划，应在科学评估的前提下，允许修订和修改，使工程造价更趋于合理水平，从而保障发包人和承包人各自的合法利益。

### 6.5.2　资金使用计划的编制

**1. 按不同子项目编制资金使用计划**

按不同子项目划分资金的使用，首先必须对工程项目进行合理划分，划分的粗细程度应该根据工程的实际需要来确定。按照建设项目的组成划分子目，一个建设项目往往由多个单项工程组成，每个单项工程还可能由多个单位工程组成，而单位工程又由若干个分部分项工程组成。也可以按照建设项目工程造价组成进行项目划分，按照这种方式，不仅要分解建筑工程费用，而且要分解设备、工器具购置费用，工程建设其他费用，预备费，建设期利息等。

在施工阶段，往往是根据单位工程的建筑安装工程投资与成本进行进一步分解，具体分解到分部分项上。建设单位对投资进行控制，按照这种方式进行分解，不仅要分解建筑安装工程费用，而且要分解安装工程、设备购置及工程建设其他费用。施工单位要对其成本进行控制，按照子目分解并根据施工定额，对施工过程中的单项工程进行分解，分解建筑工程、装饰工程和安装工程的费用，并分解落实材料费、人工费、机械费、现场管理费用、组织措施费用的金额。有效地使用该方法的工具是项目管理的工作分解结构，该方法是一种合理的、有效的细分方法和手段。

在完成工程项目造价目标分解之后，应该具体地分配造价，编制工程分项的资金支出计划，从而得到详细的资金使用计划表，见表 6-6。其内容一般包括：①工程分项编码；②工程内容；③计量单位；④工程数量；⑤计划综合价格；⑥本分项合计。

表 6-6　资金使用计划表

| 序　号 | 工程分项编码 | 工程内容 | 计量单位 | 工程数量 | 计划综合价格 | 本分项合计 | 备　注 |
|---|---|---|---|---|---|---|---|
| | | | | | | | |

在编制资金使用计划时，要在项目总的方面考虑总的预备费，也要在主要的工程分项中安排适当的不可预见费，避免在具体编制资金使用计划时，可能发现个别单位工程或工程量表中某项内容的工程量计算有较大的出入，使原来的资金使用预算失实。

**2. 按时间进度编制资金使用计划**

工程建设项目投资总是分阶段、分期支出的，资金应用是否合理与资金时间安排有密切关系。工程施工阶段是投资支出和成本开支的主要阶段，为了编制资金使用计划，并据此筹措资金，尽可能减少资金占用和利息支出，有必要将总投资目标按使用时间进行分解，确定各个时间段分目标值。这对建设单位和施工单位都有重要的意义。

按时间进度编制的资金使用计划，其方法是在工程项目进度网络图基础上制订的。利用网络图控制各个时间段投资，即要求在拟定工程项目的执行计划时，一方面确定完成某项施工活动所需的时间；另一方面也要确定完成这一工作的合适的支出预算。

利用确定的网络计划便可以计算各项活动的最早开工时间及最迟开工时间，形成时标网络计划形式，获得项目进度计划的横道图。在横道图的基础上便可编制时间进度划分的投资支出预算，进而绘制时间-投资累计曲线（S 形曲线）。时间-投资累计曲线的绘制步骤如下：

1）确定工程进度计划，编制工程进度计划横道图，又称甘特图，见表 6-7。

表 6-7　某工程进度计划横道图

| 分项工程 | 进度计划/周 | | | | | | | | | | | |
|---|---|---|---|---|---|---|---|---|---|---|---|---|
| | 1 | 2 | 3 | 4 | 5 | 6 | 7 | 8 | 9 | 10 | 11 | 12 |
| A | 100 | 100 | 100 | 100 | 100 | 100 | 100 | | | | | |
| B | | 100 | 100 | 100 | 100 | 100 | 100 | 100 | | | | |
| C | | | 100 | 100 | 100 | 100 | 100 | 100 | 100 | 100 | | |
| D | | | | 200 | 200 | 200 | 200 | 200 | 200 | | | |
| E | | | | | 100 | 100 | 100 | 100 | 100 | 100 | 100 | |
| F | | | | | | 200 | 200 | 200 | 200 | 200 | 200 | 200 |

2）根据每单位时间内完成的实物工程量或投入的人力、物力和财力，按照相关规定，计算单位时间（月或周）的投资（表 6-8）。

表 6-8　按月编制的资金使用计划表

| 时间/月 | 1 | 2 | 3 | 4 | 5 | 6 | 7 | 8 | 9 | 10 | 11 | 12 |
|---|---|---|---|---|---|---|---|---|---|---|---|---|
| 投资/万元 | 100 | 200 | 300 | 500 | 600 | 800 | 800 | 700 | 600 | 400 | 300 | 200 |

3）计算规定时间 $t$ 计划累计完成的投资额，其计算方法为：各单位时间计划完成的投资额累加求和，可按下式计算：

$$Q_t=\sum_{n=1}^{t} q_n$$

式中　$Q_t$——某时间 $t$ 内计划累计完成的投资额；

$q_n$——单位时间 $n$ 的计划完成投资额；

$t$——规定的计划时间。

4）按各规定时间 $Q_t$ 值，绘制 S 形曲线，如图 6-1 所示。

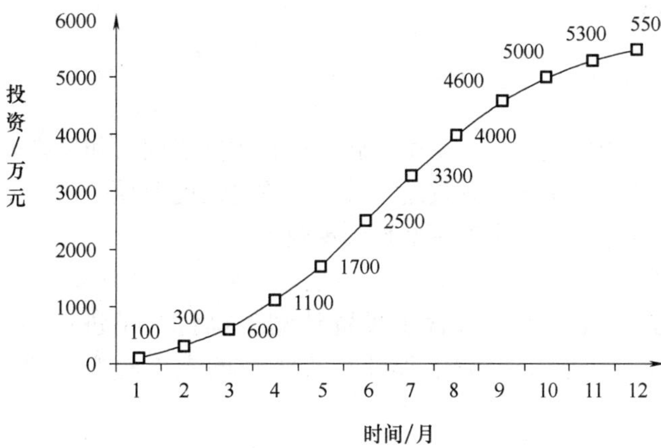


图 6-1　时间-投资累计曲线（S 曲线）图

每一条S形曲线都对应某一特定的工程进度计划。进度计划的非关键路线存在许多有时差的工序或工作，因而S曲线必然包括由全部活动都按照最早开始时间和全部活动按最迟开工时间开始的曲线所组成“香蕉图”内，如图6-2所示。

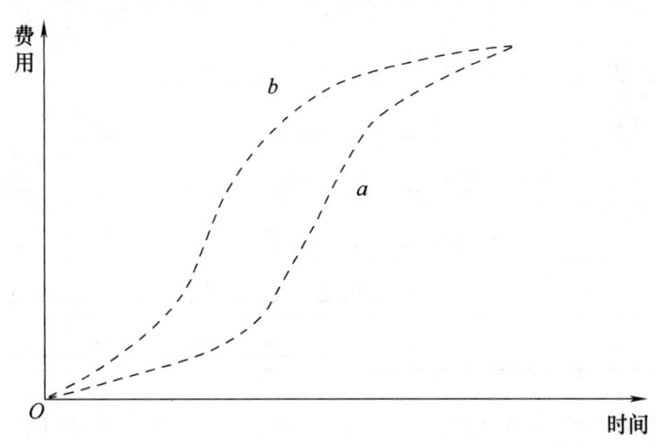


图6-2 投资计划值的“香蕉图”

其中下曲线是所有活动按最迟开始时间开始的曲线，上曲线是所有活动按最早时间开始的曲线。建设单位可根据编制的投资支出预算来合理安排资金，同时建设单位也可以根据筹措的建设资金来调整S曲线，即通过调整非关键线路上的工序项目最早或最迟时间，力争将实际支出控制在预算的范围内。一般而言，所有活动都按照最迟时间开始，对节约建设资金贷款利息是有利的，但同时也降低了项目按期竣工的保证率，因此必须合理确定投资支出预算，达到既节约投资，又控制项目工期的目的。

资金使用计划编制过程中要注意ABC控制法等现代管理方法的应用。ABC控制法是指将影响资金使用的因素按照影响程度的大小分成ABC三类，其中A类因素占因素总数的5%~10%，其对应资金耗用值占计划资金总额的70%~90%；B类因素占因素总数的25%~40%，其对应资金耗用值占计划资金总额的10%~30%；C类因素占因素总数的50%~70%，其对应资金耗用值占计划资金总额的5%~15%。那么，A类因素为重点因素，B类因素为次要因素，C类因素为一般因素。在具体计划编制过程中要把A类因素资金使用额作为优先考虑因素，是控制工程造价的重要依据和方法。

### 6.5.3 投资偏差与进度偏差分析

施工阶段投资偏差的形成过程，是由于施工过程中随机因素和风险因素的影响形成了实际投资与计划投资的差异，实际工程进度与计划工程进度的差异，这些差异称为投资偏差和进度偏差。偏差分析是施工过程中控制造价的有效方法。

**1. 实际投资与计划投资**

由于时间-投资累计曲线中既包含了投资计划，也包含了进度计划，因此有关实际投资与计划投资的变量包含了拟完工程计划投资、已完工程实际投资和已完工程计划投资。

（1）拟完工程计划投资　它是指根据进度计划安排，在某一确定时间内所应完成的工程内容实际投资。可以表示为在某一确定时间内计划完成的工程量与工程计划单价的乘积。

可按下式计算

拟完工程计划投资＝拟完工程量×计划单价

（2）已完工程实际投资　它是根据实际进度完成状况在某一确定时间内已经完成的工程内容的实际投资。可以表示为在某一确定时间内实际完成的工程量与单位工程实际单价的乘积，可按下式计算

已完工程实际投资＝已完工程量×实际单价

在进行有关偏差分析时，为简化起见，通常进行如下假设：拟完工程计划投资中的拟完工程量与已完工程实际投资中的实际工程量在总量上是相等的，两者之间的差异只是完成的时间进度不同。

（3）已完工程计划投资　由于已完工程实际投资和拟完工程计划投资既存在投资偏差，又存在进度偏差，已完工程计划投资正是为了更好地辨析这两种偏差而引入的变量，是指根据实际进度完成状况在某一确定时间内已经完成工程所对应的计划投资额。可以表示为在某一确定时间内，实际完成的工程量与单位工程量计划单价的乘积，可按下式计算

已完工程计划投资＝已完工程量×计划单价

**2. 投资偏差和进度偏差**

（1）投资偏差　投资偏差是指投资计划值与投资实际值之间存在的差异，当计算投资偏差时，应剔除进度原因对投资额产生的影响，计算公式为

投资偏差＝已完工程实际投资－已完工程计划投资
＝已完工程量×（实际单价－计划单价）

上式中结果为正表示投资增加，结果为负表示投资节约。

（2）进度偏差　与投资偏差密切相关的是进度偏差。进度偏差是指进度计划与实际进度之间的差异，是一种时间概念。当计算进度偏差时，应剔除单价原因产生的影响，计算公式为

进度偏差＝已完工程实际时间－已完工程计划时间

为了与投资偏差联系起来，进度偏差也可表示为

进度偏差＝拟完工程计划投资－已完工程计划投资
＝（拟完工程量－已完工程量）×计划单价

上式中结果为正表示进度拖延，结果为负表示工期提前。

**3. 有关投资偏差的其他概念**

（1）局部偏差和累计偏差　局部偏差有两层含义：一是相对于总项目的投资而言，指各单项工程、单位工程和分部分项工程的偏差；二是相对于项目的实施时间而言，是指每一投资控制周期所发生的投资偏差。累计偏差，则是在项目已经实施的时间内累计发生的偏差。局部偏差的工程内容及其原因一般都比较明确，分析结果比较可靠，而累计偏差所涉及的工程内容多、范围大，且原因也较复杂，因而累计偏差分析必须以局部偏差分析的结果进行综合分析，其结果更能显示规律性，对投资控制工作在较大范围内具有指导作用。

（2）绝对偏差和相对偏差　绝对偏差是指投资计划值与实际值比较所得的差额。相对偏差是投资偏差的相对数或比例数，即

$$相对偏差=\frac{绝对偏差}{投资计划值}=\frac{投资实际值-投资计划值}{投资计划值}$$

绝对偏差的结果比较直观，其作用主要是了解项目投资偏差的绝对数额，指导调整资金支出计划和资金筹措计划。但由于规模、性质、内容不同，其投资总额会有比较大的差异，因此，绝对偏差就显得有一定的局限性。而相对偏差就能够较客观地反映投资偏差的严重程度和合理程度，从对投资控制工作的要求来看，相对偏差比绝对偏差更有意义，应该给予更高的重视。

**4. 投资偏差分析方法**

投资偏差分析方法延续了投资计划编制方法，是在投资计划编制基础上形成的横道图法、时标网络法、表格法与曲线法。不同之处在于，投资偏差分析是在整个计划投资基础上根据工程实际完成工程量和实际单价进行偏差分析，并根据分析的结果为投资与成本控制提供依据。

(1) 横道图法　用横道图进行投资偏差分析，是用不同的横道标识拟完工程计划投资、已完工程实际投资和已完工程计划投资。在实际工作中往往需要根据拟完工程计划投资和已完工程实际投资确定已完工程计划投资后，再确定投资偏差和进度偏差。

根据拟完工程计划投资与已完工程实际投资确定已完工程计划投资的方法如下：

1) 已完工程计划投资与已完工程实际投资的横道位置相同。

2) 已完工程计划投资与拟完工程计划投资的各子项工程的投资总值相同。

横道图的优点是简单直观，便于了解项目投资的概貌，但这种方法的信息量较少，主要反映累计偏差和局部偏差，因而其应用有一定的局限性。

【例6-9】 假设某项目共含有两个子项工程，A子项和B子项，各自的拟完工程计划投资、已完工程实际投资和已完工程计划投资见表6-9。

表6-9　某工程计划与实际进度横道图

| 分项工程 | 进度计划/周 | | | | | |
|---|---|---|---|---|---|---|
| | 1 | 2 | 3 | 4 | 5 | 6 |
| A | 8 | 8 | 8 | | | |
| | | 6 | 6 | 6 | 6 | |
| | | 5 | 5 | 6 | 7 | |
| B | | 9 | 9 | 9 | 9 | |
| | | | 9 | 9 | 9 | 9 |
| | | | 11 | 10 | 8 | 8 |

注：———— 表示拟完工程计划投资；

-------- 表示已完工程计划投资；

— — — — 表示已完工程实际投资。

根据表中数据，按照每周各子项工程拟完工程计划投资、已完工程计划投资和已完工程实际投资的累计值进行统计，可以得到项目投资数据见表6-10。

表 6-10　项目投资数据表

| 项　　目 | 投资数据 | | | | | |
|---|---|---|---|---|---|---|
| | 1 | 2 | 3 | 4 | 5 | 6 |
| 每周拟完工程计划投资 | 8 | 17 | 17 | 9 | 9 | |
| 拟完工程计划投资累计 | 8 | 25 | 42 | 51 | 60 | |
| 每周已完工程计划投资 | | 6 | 15 | 15 | 15 | 9 |
| 已完工程计划投资累计 | | 6 | 21 | 36 | 51 | 60 |
| 每周已完工程实际投资 | | 5 | 16 | 16 | 15 | 8 |
| 已完工程实际投资累计 | | 5 | 21 | 37 | 52 | 60 |

第 4 周末投资偏差=已完工程实际投资-已完工程计划投资=(37-36)万元=1 万元，即投资增加了 1 万元。

第 4 周末进度偏差=拟完工程计划投资-已完工程计划投资=(51-36)万元=15 万元，即进度拖后了 15 万元。

（2）时标网络图法　时标网络图是在确定施工计划网络图的基础上，将施工的实际进度与日历工期相结合而形成的网络图。根据时标网络图可以得到每一时间段的拟完工程计划投资，已完工程实际投资可以根据实际工作完成情况测得。在时标网络图上，考虑实际进度前锋线并经过计算，就可以得到每一时间段的已完工程计划投资。实际进度前锋线表示整个项目目前实际完成的工作面情况，将某一确定时点下时标网络图中各个工序的实际进度点相连就可以得到实际进度前锋线，如图 6-3 所示。

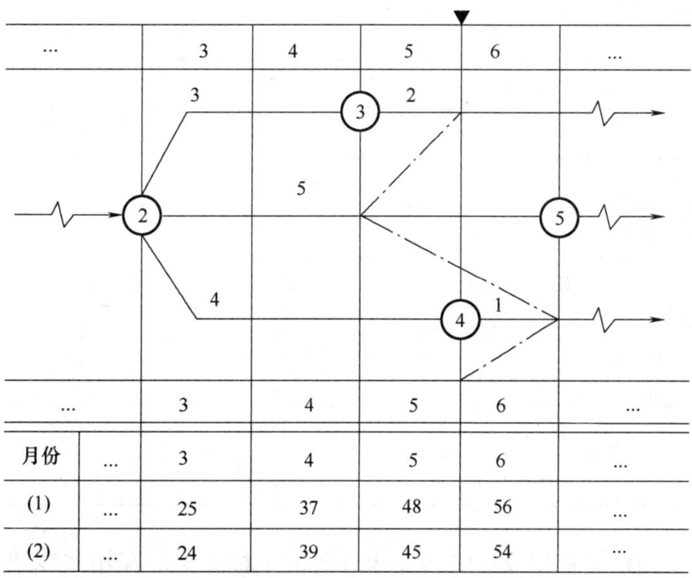


| 月份 | … | 3 | 4 | 5 | 6 | … |
|---|---|---|---|---|---|---|
| (1) | … | 25 | 37 | 48 | 56 | … |
| (2) | … | 24 | 39 | 45 | 54 | … |

注：1. 图中每根箭头线上方数值为该工作每月计划投资。

2. 图下方表内（1）栏数值为该工程拟完工程计划投资累计值；（2）栏数值为该工程已完工程实际投资累计值。

图 6-3　某工程时标网络图（投资数据单位：万元）

图中第 5 月份末用▼标示的虚线即为实际进度前锋线，其与各工序的交点即为各工序的实际完成进度。因此：

5 月份末的已完工程计划投资累计值 = (48-5+1) 万元 = 44 万元

可以计算出投资偏差和进度偏差：

5 月份末的投资偏差 = 已完工程实际投资 - 已完工程计划投资 = (45-44) 万元 = 1 万元，即投资增加 1 万元。

5 月份末的进度偏差 = 拟完工程计划投资 - 已完工程计划投资 = (48-44) 万元 = 4 万元，即进度拖延 4 万元。

时标网络图法具有简单、直观的特点，主要用来反映累计偏差和局部偏差，但实际进度前锋线的绘制有时会遇到一定的困难。

(3) 表格法　表格法是进行偏差分析最常用的一种方法。可以根据项目的具体情况、数据来源、投资控制工作的要求等条件来设计表格，因而实用性较强。表格法的信息量大，可以反映各种偏差变量和指标，对全面深入地了解项目投资的实际情况非常有益；另外，表格法还便于计算机辅助管理，提高投资控制工作的效率，见表 6-11。

表 6-11　投资偏差分析

| 项目编码 | (1) | 011 | 012 | 013 |
|---|---|---|---|---|
| 项目名称 | (2) | 土方工程 | 打桩工程 | 基础工程 |
| 单位 | (3) | $m^3$ | m | $m^3$ |
| 计划单位 | (4) | 5 | 6 | 8 |
| 拟完工程量 | (5) | 10 | 11 | 10 |
| 拟完工程计划投资 | (6) = (5)×(4) | 50 | 66 | 80 |
| 已完工程量 | (7) | 12 | 16.67 | 7.5 |
| 已完工程计划投资 | (8) = (7)×(4) | 60 | 100 | 60 |
| 实际单价 | (9) | 5.83 | 4.8 | 10.67 |
| 其他款项 | (10) | | | |
| 已完工程实际投资 | (11) = (7)×(9)+(10) | 70 | 80 | 80 |
| 投资局部绝对偏差 | (12) = (11)-(8) | 10 | -20 | 20 |
| 投资局部相对偏差 | (13) = (12)/(8) | 0.17 | -0.20 | 0.33 |
| 进度局部绝对偏差 | (14) = (6)-(8) | -10 | -34 | 20 |
| 进度局部相对偏差 | (15) = (14)/(6) | -0.2 | -0.52 | 0.25 |

(4) 曲线法　曲线法是用投资时间曲线分析的一种方法。在用曲线法进行偏差分析时，通常有三条投资曲线，即已完工程实际投资曲线 $a$，已完工程计划投资曲线 $b$ 和拟完工程计划投资曲线 $P$。如图 6-4 所示，图中曲线 $a$ 和曲线 $b$ 的竖向距离表示投资偏差，曲线 $P$ 的水平距离表示进度偏差。图 6-4 反映的是累计偏差，主要是一种绝对偏差。用曲线法进行偏差分析，具有形象直观的优点。

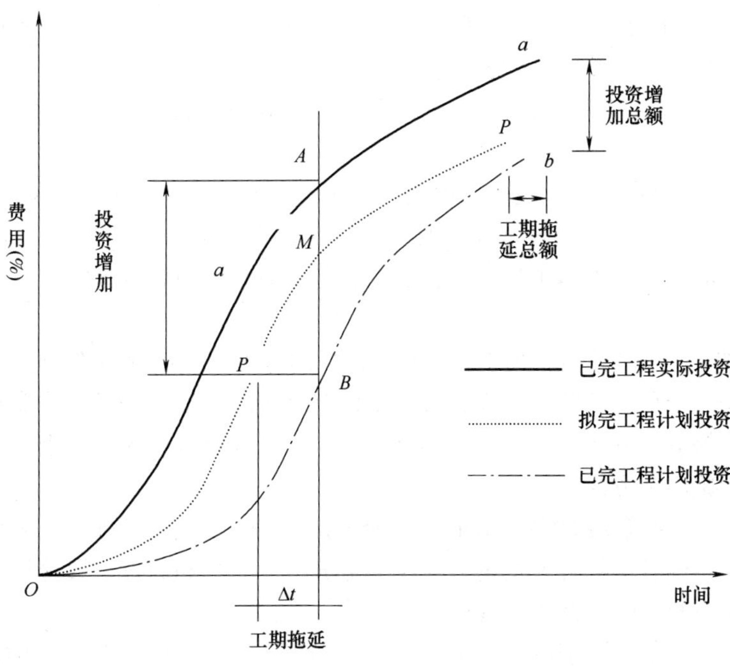


图 6-4　三种投资参数曲线

5. 偏差形成原因分析与偏差纠正

(1) 偏差原因　一般来讲，引起投资偏差的原因主要有四个方面，即客观原因、业主原因、设计原因和施工原因，见表 6-12。

表 6-12　投资偏差原因

| 客观原因 | 业主原因 | 设计原因 | 施工原因 |
|---|---|---|---|
| 人工费涨价<br>材料涨价<br>自然因素<br>地质因素<br>交通因素<br>社会人文因素<br>法律和法规因素<br>其他 | 投资规划不当<br>组织不落实<br>未及时付款<br>相关建设手续不完善<br>协调控制不足<br>其他 | 设计错误或缺陷<br>设计标准变更<br>图样提供不及时<br>结构变更<br>其他 | 施工组织设计不合理<br>质量事故<br>进度安排不当<br>其他 |

为了对偏差原因进行综合分析，通常采用图表工具，并结合项目风险分析工具。在用表格法时，首先要将每期所完成的全部分部分项工程的投资情况汇总，确定引起分部分项工程投资偏差的具体原因；然后通过适当的数据处理，分析每种原因发生的频率及其影响程度；最后按偏差原因的分类重新排列，就可以得到投资偏差原因综合分析表。利用虚拟数字可以编成投资偏差原因综合分析表。

在数量分析的基础上，可以将偏差的类型分为四种：

1) 投资增加且工期拖延。该类型是纠正偏差的主要类型，必须引起高度重视。

2）投资增加，但工期提前。要适当考虑工期提前带来的效益。从资金使用的角度看如果增加的资金值超过效益要采取纠偏措施。

3）工期拖延但投资节约。这种情况要根据实际情况进行判断，以确定是否需要采取相应措施。

4）工期提前且投资节约。这种情况是最理想的，通常不需要采取纠偏措施。

从偏差原因的角度，由于客观原因是无法避免的，需要各方重视，采取适当的措施规避；施工原因造成的损失由施工单位自己负责；对于业主原因和设计原因，应当作为投资控制的主要对象。

（2）偏差纠正　从施工管理的角度来看，合同管理、施工成本管理、施工进度管理、施工质量管理是几个重要环节。在投资及成本偏差分析的基础上，必须采取有力的措施进行偏差控制，以确保造价有效控制目标的实现。通常把纠偏措施分为组织措施、经济措施、技术措施和合同措施四个方面。

1）组织措施，是指从投资控制的组织管理方面采取的措施。例如，落实投资控制的组织机构和人员，明确各级投资人员的任务、职能分工、权利和职责，改善投资控制的工作流程。组织措施是投资控制的前提和保障。

2）经济措施最易为人们接受，但在运用中要特别注意，不可把经济措施简单理解为审核工程量和相应的支付条款，应从全局出发来考虑问题，如检查投资目标分解是否合理、资金使用计划是否有保障、会不会与施工进度计划发生冲突、工程变更有无必要、工程变更是否超标等。通过偏差分析和未完工程预测还可以发现潜在问题，及时采取预防措施，从而取得造价控制的主动权。

3）技术措施，即从技术的角度来考虑投资的节约性，主要是针对不同的工艺方案、建筑方案、结构方案进行技术经济分析，考虑投资挖潜的可能性与可行性。在出现了较大的投资偏差时采取技术措施。

4）合同措施，即通过合同责任的划分，明确合同双方控制责任和风险划分范围，从而为索赔管理提供依据，并在制度上明确各方具体的职责，以有利于各方主动控制投资或成本。在实施的过程中，加强合同索赔管理，落实双方的合同责任。

在施工中，应根据偏差发生的频率和影响程度，明确纠偏的主要对象，在偏差的纠正与控制中，应遵循经济性原则、全面性与全过程原则、责权利相结合原则、政策性原则、开源节约相结合原则、全员参与原则；要注意采用动态控制、系统控制、信息反馈控制、弹性控制和网络技术控制的原理，注意控制目标、运用手段方法的应用。各类人员通过共同配合，通过科学、合理、可行的措施，实现由分项工程、分部工程、单位工程及整体项目纠正资金使用偏差，以实现施工阶段工程造价有效控制的目标。

## 6.6 施工项目成本控制

### 6.6.1 施工成本控制概述

**1. 施工项目成本管理与施工项目工程造价管理**

施工项目成本管理是施工阶段工程项目管理的一个重要的组成部分，是建筑施工企业项目管理系统中的一个重要的子系统，是以建筑施工企业为主体从如何减少项目支出的角度来考虑造价管理的。对建筑施工企业而言，施工阶段的工程变更、价款调整、工程索赔、价款结算等是提高施工项目收入的重要工具和方法，也是建筑施工企业工程造价管理的重要内容。相反，对建设单位而言，施工阶段的工程变更、价款调整、工程索赔、价款结算等是减少工程项目支出、控制工程项目投资的重要工具和方法，是建设单位工程造价管理的重要内容和手段，但同时也是其项目成本管理的重要阶段和组成部分。这说明该阶段不同利益主体工程造价管理是相互联系、相互影响和相互制约的，但它们同时也统一到工程项目的建设过程中。因此，对建筑施工企业而言，为提高施工项目效益，应遵循“开源节流”工程造价管理思路。其工程造价管理的基本任务不仅是做好施工项目的工程变更、价款调整、工程索赔、价款结算等工作，而且还要做好施工项目的成本管理工作。

**2. 施工项目成本管理的内容**

施工项目成本管理具有管理的一般特性和职能，更具有自身的独特性和内容。施工项目成本管理的主要环节和内容包括：成本预测、成本决策、成本计划、成本控制、成本核算、成本分析和成本考核等。每一个环节都是相互联系和相互作用的。

成本预测是对成本决策的前提，也是实现成本控制的重要手段；成本决策是根据成本预测情况，经过科学的分析、判断，决策出建筑施工项目的最终成本；成本计划是成本决策所确定目标的具体化，是成本控制的依据，成本计划一经批准，其各项指标就可以成为成本控制、成本分析和成本考核的依据；成本控制则是对成本计划的实施监督，保证决策的成本目标的实现；而成本核算又是成本计划是否实现的最后检验，它所提供的成本信息又为下一个施工项目的成本预测和决策提供基础资料；成本考核是实现项目成本目标责任制的保证和实现决策目标的重要手段。

从施工项目成本管理流程和环节来看，做好成本控制应该遵循三阶段成本控制思路，即采用事前控制、事中控制和事后控制这三个阶段。事前控制就是要做好施工项目成本的预测、成本决策和成本计划，要形成施工项目的目标成本和成本控制措施，建立施工项目成本控制体系，其重点在于计划。事中控制就是运用好成本控制方法，加强成本核算，做好成本分析工作，其重点在于监督与控制。事后控制就是要处理好成本考核工作，目的在于加强成本控制组织建设，形成内部成本控制的评价与激励机制，调动员工的积极性。

为做好成本管理的各个环节和工作，在施工项目管理过程中建立相适应的组织机构，完善成本管理流程和制度是非常重要的前提。其基本思路是在施工过程中，对所发生的各种成本信息通过有组织、有系统地进行预测、计划、控制、核算和分析等一系列工作，做到事前有计划、事中有控制、事后有监督，促使施工项目系统内的各种要素，按照一定的目标运行，使施工项目的实际成本能够控制在预定的计划成本范围内。

**3. 施工项目成本控制内涵**

施工项目成本控制是指项目在施工过程中，对影响施工项目成本的各种因素加强管理，并采取各种有效措施，将施工过程中实际发生的各种消耗和支出严格控制在成本计划范围内，随时揭示并及时反馈，严格审查各项费用是否符合标准，计算实际成本和计划成本之间的差异并进行分析，消除施工中的损失浪费现象，发现和总结先进经验，通过成本控制，使之最终实现预期的成本目标。

长期以来，施工项目的成本控制一直立足于调查—分析—决策基础上的偏离—纠偏—再偏离—再纠偏的控制方法，处于一种被动控制的状态。在人们将系统论和控制论的研究成果用于项目管理后，将成本控制立足于事先主动地采取决策措施，通过完成计划—动态跟踪—再计划的循环过程，尽可能地减少甚至避免实际值与目标值的偏离，形成主动的、积极的控制方法。建立有效的成本控制方法和体系是成本控制成功的关键。

### 6.6.2　施工成本控制方法

1. 概述

与其他制造业不同的是，建筑业的产品大多是单件性的。这给有效的管理控制带来诸多的困难，因为每一个新工程都要由新组成的管理队伍管理；工人流动性大而且是临时招聘的；工地分散在各地。这样往往是公司各工地之间不能进行有效的联络。此外还有多变的气候条件等。所有这些都造成了施工企业不能建立像其他制造业一样的标准成本控制体系。

控制成本是大多数管理人员的明确目标，纸上谈兵并不能控制成本。归根到底，管理者决定改变某项工作的施工方法以及付诸实施的过程都是实现成本控制的行动。成本控制系统的要素是观测，即将观测结果与希望达到的标准相比较，必要时采取改进措施。将成本控制要素进行科学有效地组合是建立有效成本控制系统的关键。

成本控制系统应该让管理者能观察当前的成本水平，将其与标准或定额比较，进而制订改正措施将成本控制在允许的范围内。成本控制系统还应有助于发现哪些地方需要采取改正措施以及采取什么样的改正措施。

2. 常用的成本控制系统

成本控制系统的选择在一定程度上取决于工程项目的规模及复杂程度，但在更大程度上取决于上级管理层的态度和经验以及项目管理的模式。目前建筑施工行业常用的成本控制系统主要有：

（1）按总利润或亏损额控制　是指承包商在工程完成后将所获得的工程款与材料费、人工费、分包费、设备费及管理费的总和相比较。这些费用一般都来源于公司必须记录的财务账目。本系统仅适用于工期较短、所需人工和设备较少的小工程，它很少被作为正式的控制系统，因为它所提供的信息只能用来避免全局性失误在以后的工程中再次出现。

（2）按当前利润或亏损额控制　这种成本控制系统是将当前累计成本与包括保留金在内的工程价值相比较。计算时要特别注意计入那些已使用但尚未入账的材料费，扣除那些已到工地但尚未使用的材料费。如果记账时间与已完工作价值的时间不一致，则应做进一步调整。本系统的缺点是不同工作的利润没有进一步分离，体现的是一种相对整体性，故只能指示哪个合同需要管理者引起重视。不适用于多种重要成本分别摊入各单价中的合同。

（3）按单价控制　本系统中，各类工作（如搅拌混凝土与浇筑混凝土）的成本是分类记录的。这些成本即使累计成本也是以某一段时间为基础，都除以同期所完成的各项工作量，再将求出的各项工作的单价与投标书的单价进行比较。要特别注意保证所有成本都已计入，任何零星成本都必须统计并用适当的方法计入，如按一定比例分摊在各项已确定的工作上。通常最好还是记录工地上的实际成本并将之与未计及利润和总部管理费时的工程量清单上的单价进行比较。施工项目的合理分解与编码是该方法的基础，确定施工项目单价是控制关键。

（4）按标准成本控制　标准成本控制已成功地应用于制造业，特别是那些产品品种较少或基本元件较少的公司。先将生产每个元件的标准时间转化为货币值，标准时间（分）值与每个元件的生产、装配有关，并按照不同操作的小时费率转化为货币值。通过比较产出价值和制造成本就可求出它们的差额，这个差额就是所获得的利润与预算利润的差值。通过适当的观测记录就可能将总差额进一步分析，求出各项细部差异，例如：材料价格、材料用量、人工费率、劳动生产率、固定及可变管理费、产量、销量。但由于建筑产品的单件性，本系统很少直接用于施工行业。已完成工作的价值可以根据其工程预算之间的各项予以评估，当然工程预算备选反映承包商渴望获得支付的工程款额。

该系统的重要特点之一是建立完善的标准体系，对施工项目的量与价标准进行动态改进，并对建立的标准应用于投标报价、成本控制等具体工作中。企业定额在本质上是为标准成本控制建立的一种基准，总而言之，建筑施工行业与制造业存在着本质的不同，这可用来解释标准成本计算法在建筑业中应用并不普遍的事实。然而，这种系统从根本上来说还是非常有效的，它为从会议室里进行公司控制转变为下到作业面实施控制提供了综合的方法。

（5）PERT 成本控制　本系统要求每个工程都要用网络计划表示（PERT＝计划评审技术）。一揽子工作的价值，从本质上说是一系列预估价值的工序。网络计划的定期更新计算提供了该计算的“副产品”，即已完工工作的价值，该价值还可以根据成本编码进一步细分，因此，当观测了各类实际成本，按相同编码作了记录，则与计划成本的差额即可求出，为管理决策提供信息。

当工程量按与已完工工作有关的工程量清单估价，而不是按工序估价的话，本系统不能直接应用。由于这个原因，除非工程列出了工序表或作业清单，本系统很少被采用。实际上，该系统仅应用在设计/施工项目中。在这种项目中，承包商可很快以表格形式提交估价文件，因为这类表格就列出了他将要进行的作业。

（6）综合控制　信息技术发展为一种综合的、有效的造价控制提供了解决方案，形成了一种全面的、融合的施工项目成本控制系统。现代工程造价管理信息系统的发展和完善为形成融合了标准成本控制、PERT 成本控制方法的施工项目成本控制系统，为施工项目成本控制提供基础和条件。

**3. 施工成本控制方法**

（1）施工项目成本预测的方法　根据成本预测的内容和期限不同，成本预测的方法有所不同，但基本上可以归纳为定性分析法与定量分析法两类。定性分析法是通过调查研究，利用直观材料，依靠个人经验的主观判断和综合分析能力，对未来成本进行预测的方法，因而称为直观判断预测，或简称为直观法；定量分析法是根据历史数据资料，应用数理统计的方法来预测事物的发展状况，或者利用事物内部因素发展的因果关系，来预测未来变化趋势的方法。具体来说，包括以下几种常见的施工成本控制方法：

1）两点法。按照选点的不同，可分为高低点法和近期费用法。所谓高低点法，是指选取的两点是一系列相关值域的最高点和最低点。即以某一时期内的最高工作量与最低工作量的成本进行对比，借以推算成本中的变动费用与固定费用各占多少的一种简便的方法。如果选取的两点，是近期的相关值域，则称为近期费用法。两点法的优点是简便易算，缺点是有一定的误差，预测值不够精确。

2）最小二乘法。采用线性回归分析，寻求一条直线，使该直线比较接近约束条件，用以预测总成本和单位成本的一种方法。

3）专家预测法。依靠专家来预测未来成本的方法。这种预测值的准确性，取决于专家知识和经验的广度与深度。采用专家预测法，一般要事先向专家提供成本信息资料，由专家经过研究分析，根据自己的知识和经验，对未来成本做出个人的判断；然后再综合分析专家的意见，形成预测的结论。专家预测的方式，一般有个人预测和会议预测两种。个人预测的优点是能够最大限度地利用个人的能力，意见易于集中；缺点是受专家的业务水平、工作经验和成本信息的限制，有一定的局限性。会议预测的优点是经过充分讨论，所测数值比较准确；缺点是有时可能出现会议准备不周，走过场，或者屈从某单方的意见。

成本预测的方法还有很多，通过有效成本预测方法为成本预测提供保证。成本预测是进行成本决策和编制成本计划的基础，也为选择最佳成本方案提供科学依据，同时也是挖掘内部潜力，加强成本控制的重要手段。因此，选择成本预测方法应该综合考虑，提高准确性。

（2）施工项目成本计划的方法　施工项目的成本计划是指在计划工期内降低费用、成本水平的措施与方案，是成本预测的具体化，也是成本控制的依据。其各项指标和措施的制定应符合实际，并留有一定的余地。成本计划的常用方法表现为工程预算的方法，如工料单价法、综合单价法，但是以企业定额为标准和依据。除此以外，还有以项目管理的工作分解结构（WBS）为基础进行项目控制和项目成本控制，以建立标准编码体系为基础的标准成本管理。不管哪种方法，均应编制准确、合理的施工项目成本计划，为施工项目成本控制、分析与考核提供标准和依据。

（3）施工项目成本核算的方法　施工项目成本核算过程实际上是各项成本归集和分配的过程。成本的归集是指通过一定的会计制度，以有序的方式进行成本数据的收集和汇总；而成本的分配是将归集的间接成本分配给成本对象的过程，也称间接成本的分摊或分配。

1）人工费核算。如内包人工费，按月估算计入项目单位过程成本；外包人工费，按月凭项目经济员提供的“包清工工程款月度成本汇总表”预提计入项目单位过程成本。上述内包、外包合同履行完毕，根据分部分项的工期、质量、安全和场容等验收考核情况，进行合同结算，以结账单按实际调整项目的实际值。

2）材料费核算。根据限额领料单、退料单、报损报耗单和大堆材料耗用计算单等，由项目材料员按单位工程编制“材料耗用汇总表”，据以计入项目成本。

钢材、水泥、木材这“三材”的材料价差应列入工程预算账内作为造价的组成部分。单位工程竣工结算，应按实际消耗进行实际成本的调整。

装饰材料按实际采购价作为计划价核算，并计入该项目成本；项目对外自行采购或按定额承包供应的材料，如砖、瓦、砂等，应按照实际采购价或按议价供应价格结算，由此产生的材料成本差异，相应增减成本。

周转材料实行内部租赁制，以租赁的形式反映消耗情况，按“谁租用谁负担”的原则，核算其项目成本。按照周转材料租赁办法和租赁合同，由出租方与项目经理部按月结算租赁费。租赁费用按租用的数量、时间和内部租用的单价计入项目成本。

项目结构件的使用必须要有领发手续，并根据这些手续，按照单位工程使用对象编制“结构件耗用月报表”；结构件的单价，以项目经理部与外加工单位签订的合同为准，计算的耗用金额计入项目成本。

3）机械使用费核算。机械设备实行内部租赁制，以租赁形式反映其消耗情况，按“谁租用谁负担”的原则，核算其项目成本。按机械设备租赁办法和租赁合同，由企业内部机械设备租赁市场与项目经理部按月结算租赁费。租赁费根据机械使用台班、停置台班和内部租赁单价计算，计入项目成本，机械进出场费按照规定由承租项目承担。

4）其他直接费核算。项目施工生产过程中实际发生的其他直接费，凡能分清受益对象的，应直接计入受益成本核算对象的工程施工——“其他直接费”；如若与若干个成本核算对象有关的，可先归集到项目经理部的“其他直接费”总账科目，再按规定的方法分配计入有关成本核算对象的工程施工——“其他直接费”成本项目内。主要包含：二次搬运费、临时设施摊销费、生产工具用具使用费等。

（4）施工项目成本分析的方法　由于施工项目成本涉及的范围很广，需要分析的内容也很多，应该在不同的情况下采取不同的分析方法。综合成本、专项成本和目标成本差异分析方法如下：

1）比较法，是通过技术经济指标的对比，检查目标的完成情况，分析产生差异的原因，进而挖掘内部潜力的方法。该方法具有通俗易懂、简单易行和便于掌握的特点，因而得到了广泛的应用，但在应用时必须注意各技术经济指标的可比性。通常有多种形式：①实际指标与目标指标对比。通过对比检查目标的完成情况，分析完成目标的积极因素和影响目标完成的原因，以便及时采取措施，保证成本目标的实现。在进行实际与目标对比时，还应注意目标本身的质量。如果目标本身出现质量问题，则应调整目标，重新正确评价实际工作的成绩，以免挫伤他人的积极性。②本期实际指标与上期实际指标对比。通过这种对比，可以看出各项技术经济指标的动态情况，反映施工项目管理水平的提高程度。在一般情况下，一个技术经济指标只能代表施工项目管理的一个侧面，只有成本指标才是施工项目管理水平的综合反映。③与本行业平均水平、先进水平对比。通过这种对比，可以反映本项目的技术管理和经济管理与其他的平均水平和先进水平的差距，进而采取措施加以赶超。

案例：某项目本年节约“三材”的目标为300000元，实际节约320000元，上年节约295000元，本行业先进水平节约330000元。根据上述资料编制表6-13。

表6-13　实际指标与目标指标、上期指标、先进水平对比表　（单位：元）

| 指　标 | 本年目标数 | 上年实际数 | 企业先进水平 | 本年实际数 | 差　异　数 | | |
|---|---|---|---|---|---|---|---|
| | | | | | 与目标比 | 与上年比 | 与先进比 |
| “三材”节约额 | 300000 | 295000 | 330000 | 320000 | +20000 | +25000 | −10000 |

2）因素分析法，又称连环替代法，这种方法可用来分析各种成本形成的影响程度。在分析过程中，首先要假定众多因素中的一个因素发生了变化，其他因素则不变；其次逐个替换，并分别比较其计算结果，以确定各个因素的变化对成本的影响程度。因素分析法的计算步骤如下：①确定分析的对象，并计算出实际与目标数的差异；②确定该指标是由哪几个因素组成的，并按其相互关系进行排序；③以目标数为基础，将各因素的目标数相乘，作为分析替代的基数；④将各个因素的实际数按照上面的排列顺序进行替换计算，并将替换后的实际数保留下来；⑤将每次替换计算所得到的结果，与前一次的计算结果相比较，两者的差异即为该因素对成本的影响程度；⑥各个因素的影响程度之

和，应与分析对象的总差异相等。

案例：某工程浇筑一层结构商品混凝土，目标成本为130000元，实际成本为140454元，比目标成本增加10454元。用“因素分析法”（连锁替代法）分析其成本增加的原因：分析对象是浇筑一层结构商品混凝土的成本，实际成本与目标成本的差额为19760元。该指标是由产量、单价、损耗率三个因素组成的，其排序见表6-14。

表6-14 商品混凝土目标成本与实际成本对比

| 项 目 | 计 划 | 实 际 | 差 额 |
|---|---|---|---|
| 产量/$m^3$ | 500 | 510 | +10 |
| 单价/元 | 250 | 270 | +20 |
| 损耗率（%） | 4 | 2.0 | -2.0 |
| 成本/元 | 130000 | 140454 | +10454 |

以目标数130000元（=500×250×1.04）为分析替代的基础。

第一次替代：产量因素以510替代500，得132600元，即

510×250×1.04元=132600元

第二次替代：单价因素以270替代250，并保留上次替代后的值，得143208元，即

510×270×1.04元=143208元

第三次替代：损耗率因素以1.025替代1.04，并保留上两次替代后的值，即

510×270×1.02元=140454元

计算差额：

第一次替代与目标数的差额=(132600-130000)元=2600元

第二次替代与第一次替代的差额=(143208-132600)元=10608元

第三次替代与第二次替代的差额=(140454-143208)元=-2754元

产量增加使成本增加了2600元，单价提高时成本增加了10608元，而损耗率下降使成本减少了2754元。

为了使用方便，企业也可以通过运用因素分析表来求出各因素的变动对实际成本的影响程度，其具体形式见表6-15。

表6-15 商品混凝土成本变动因素分析表

| 顺 序 | 连环替代计算 | 差异/元 | 因素分析 |
|---|---|---|---|
| 目标数 | 500×250×1.04 | | |
| 第一次替代 | 510×250×1.04 | 2600 | 由于产量增加10$m^3$，成本增加2600元 |
| 第二次替代 | 510×270×1.04 | 10608 | 由于单价提高20元，成本增加10608元 |
| 第三次替代 | 510×270×1.025 | -2754 | 由于损耗率下降2%，成本减少2754元 |
| 合计 | | 10454 | |

必须说明，在应用“因素分析法”时，各个因素的排列顺序应该固定不变。否则，就

会得出不同的计算结果，也会产生不同的结论。

（5）施工项目成本考核方法　施工项目成本考核应该包括两方面的考核，即项目成本目标完成情况的考核和成本管理工作业绩的考核。这两个方面有着必然的联系，又同受偶然因素的影响。这两方面的考核是企业对项目成本进行评价和奖罚的依据。

1）施工项目成本考核的方法。施工项目的成本考核采用评分制，其具体方法为：先按考核内容评分，然后按一定比例加权平均，即责任成本完成情况评分按照一定比例评分，成本管理工作业绩按照一定比例评分。施工项目可以根据施工项目和企业等相关情况确定评分方案。施工项目的成本考核要与相关指标的完成情况相结合，成本考核的评分是奖罚的依据，相关指标的完成情况为奖罚的条件，同时选择与成本考核相结合的相关指标作为评价的依据，一般有进度、质量、安全和现场标化管理。达到目标与否将成为奖罚的重要依据。

2）施工项目成本的中间考核。中间考核主要有月度成本考核和阶段成本考核。月度成本考核一般是月度成本报表编制后，根据月度成本报表的内容进行考核，同时还应结合成本分析资料和施工生产、成本管理的实际情况，然后才能做出正确的评价，以保证项目成本目标的实现。阶段成本考核一般可分为基础、结构、装饰和总体四个阶段。如果是高层建筑，可对结构阶段的成本进行分层考核。阶段成本考核的优点在于对施工成本进行及时考核，可与施工阶段的其他指标的考核结合得更好，更便于成本管理，也更能反映施工项目的管理水平。

3）施工项目的竣工成本考核。施工项目的竣工成本是在工程竣工和工程款结算的基础上编制的，它是竣工成本考核的依据。施工项目的竣工成本是项目经济效益的最终反映，它既是上缴利税的依据，又是进行职工分配的依据。由于关系到不同方的利益分配，必须做到核算精准，考核正确。

### 6.6.3 施工企业工程项目成本控制案例

某大型建筑施工企业，其经营的工程项目多，项目规模大，项目分散在全国各地，这决定了企业工程造价控制的难度比较大。经过多年的摸索，运用先进的项目管理方式和工程项目成本控制模式，建立了完整的工程成本管理体系和方法，使得该企业的经营效益得到了良好的保证。以下为该公司项目成本管理与控制的思路和做法。

#### 1. 施工阶段造价控制的基本思路

施工阶段工程造价控制就是按照工程造价构成理论，根据需要控制的目标，以不同角度对工程造价进行分解、分析、组合三个步骤地重复循环。并根据事件的发展进程做好三个阶段成本控制。

（1）事前控制　事前控制是三个阶段控制中最重要的部分，是施工企业对项目实施后完成目标的预计与期望，也是成本控制工作最有效的阶段。

目前，国内施工企业通常实行项目承包制，即施工企业在做好目标成本的情况下，交由项目实施主体——项目经理部（通常是在项目施工招投标阶段，承包商已经有针对性地组建了项目经理部）在公司授权范围内履行总承包合同，公司与项目经理部之间签订目标成本责任书。因此，对承包商而言施工阶段造价控制的事前控制就是目标成本测算或称为承包指标的确定。

随着清单计价规范的实施（GB 50500—2013），工程量清单项、清单量的风险基本都由发包方承担。但是，在实际施工过程中或多或少的存在一些清单项、清单量的变化，从而涉及工程造价的相应变化。另外，施工过程中也不可避免地会出现一些设计变更等影响造价的因素。因此，项目承包制的指标往往是目标成本金额、目标成本指标双重控制。

1）目标成本形成。从造价构成角度讲，目标成本就是由直接费（人工费、材料费、机械费）、临时设施费、项目管理费组成。明确两个解释：①清单规范中的措施项目费按费用性质分解计入相应部分；②项目管理费不同于定额取费表中的现场经费，不仅包括了施工企业项目经理部组织施工过程中发生的费用，同时还包括实施过程中发生的劳动保护费、财务经费等与该项目相关的所有费用。

2）目标成本的项目划分。目标成本划分即把目标成本分解成能够直接确定成本的若干分项目标，其常用的方法有以下两种：①按市场分工划分。随着科学技术的逐渐进步，市场分工越来越细，因此分项目标划分基本上按照现行市场分工模式决定。一般将直接费部分分成劳务分包、专业分包、物资采购、机械设备租赁等几项。同时还会出现水电费、保安费、咨询费、废旧物资处理、临设摊销、固定资产折旧等分项目标。②按施工先后顺序划分。按照工程施工进度计划安排的分项工程即按施工先后顺序划分分项目标。如降水、土方工程、护坡、主体结构、水电预埋、二次结构、机电安装等。

需要注意的是分项目标不宜划分过细，主要依据施工组织设计中的施工方案确定，同时考虑分项目标的相对独立性。

3）目标成本的测算。目标成本测算的依据包括：①招标文件及总承包合同；②施工图样；③中标预算；④市场价格（包括相关部门发布的造价信息、市场询价）；⑤经验数据（类似工程的参考数据、公司内部数据库）；⑥公司确定的工程目标（包括质量、安全、工期等）；⑦公司内部的管理制度；⑧政府部门的相关法律、法规、规定等。

分项目标价格的确定是目标成本确定的最重要环节，单价的准确程度直接关系到整体目标成本的准确程度。

直接费部分的项目价格主要通过公司已有的招投标价格（包括项目准备阶段已经实施的招标、其他在施项目施工价格、同地域同行业当时的招标价格）、市场询价及公司内部数据库确定，同时要适当注意市场价格变化规律。

临时设施费的价格主要根据项目策划阶段审批确定的平面布置图和施工企业自身形象要求（CIS）确定分项目标，具体方法与直接费部分价格确定相同。结合项目现场情况一般以每平方米包干方式确定。出现现场特别狭小等特殊情况时，场地外租及相关的交通等费用另行计算。

项目管理费的确定主要通过公司的工薪体制，结合项目工期（若公司要求的实际工期比合同工期提前时以实际工期为准）及项目定编（管理人员数量）确定。一般以费用总额包干方式确定。

4）中标预算分解。为便于项目实施过程中的事中控制和事后控制，通常将中标预算收入分解与目标成本支出对比分析。在保证与目标成本项目划分（即分项目标）口径一致的情况下，分解中标预算收入。需要强调的是中标预算整体范围比目标成本大，主要包括管理费（施工企业总部）、利润、税金等。

5）承包指标的确定。目标成本确定即成为项目经理部的成本目标，中标预算收入与目标成本之间的差额与中标预算之比即形成项目的承包指标。通过以上过程的测算，准确程度较高，误差率一般能控制在 1%~2%。

表 6-16 为中标预算与目标成本分解示例。该表为成本控制指标的控制确定了详细依据。

表 6-16　目标成本测算总表　（单位：元）

| 序号 | 项目名称 | 单位 | 中标预算 | | | 项目目标成本 | | | 备注 |
|---|---|---|---|---|---|---|---|---|---|
| | | | 数量 | 单价 | 合价 | 数量 | 单价 | 合价 | |
| 1 | 土建劳务分包 | $m^2$ | 1000 | 200 | 200000 | 1000 | 190 | 190000 | 含模架 |
| 2 | 混凝土 | $m^3$ | 500 | 300 | 150000 | 480 | 280 | 134400 | 扣钢筋 |
| 3 | 钢筋 | t | 60 | 4000 | 240000 | 59 | 3950 | 233050 | |
| 4 | …… | | | | | | | …… | |
| 5 | 临设费 | $m^2$ | | | 50000 | 1000 | 30 | 30000 | |
| 6 | 项目管理费 | 人 | | | 60000 | 8 | 9000 | 72000 | 3 个月 |
| 7 | 管理费（总部） | | | | 50000 | | | 0 | |
| 8 | 利润 | | | | 30000 | | | 0 | |
| 9 | 税金 | | | | 27600 | | | 0 | |
| 10 | 合计 | | | | 807600 | | | 659450 | |
| 11 | 差额 | | | | | | | 148150 | |
| 12 | 比率 | | | | | | | 18. 34% | |

（2）事中控制　事中控制的主要目的就是落实、调整、纠偏目标成本的实施过程，就是检查、督促、指导项目经理部的日常管理。目前，各施工企业较常用的控制手段就是加强过程成本监督，即过程成本核算和考核。事中控制也体现了“事前、事中、事后”原则。

直接费部分主要包括三项内容：分包采购、物资采购、机械设备租赁，也是目标成本中最主要部分。主要通过合同方式确定和控制实际成本，严格控制成本支出。合同管理和成本管理相结合，加强对内承包和对外采购合同管理。

1）合同的签订阶段。各分项目标实施之前签订各项合同，分包造价尽可能在目标成本的控制范围内，并根据实际造价做好与目标成本之间的差异分析。重点分析实际造价与目标造价的差异点，引起差异点的原因，并根据实际情况将差异按可控因素、不可控因素、风险因素等归类，同时做好相应的调整、控制措施的准备工作。

2）合同履行阶段。根据差异分析，重点提炼差异分析中的可控、风险部分，在合同履行中给予重点关注，并根据合同实施情况，按预先的各项调整控制措施做好纠偏工作。

3）合同履行完后阶段。根据合同履行过程中的纠偏工作，在合同履行完毕后总结纠偏效果，并最终做好与目标成本的差异总结。同时，根据最终成本形成公司成本数据库的第一手资料。

临时设施费、项目管理费基本上是严格执行分项目标成本，当出现工期、人员等影响要素变化时，根据企业制度作相应的动态调整。在项目实施完成后进行数据分析，构成公司成本数据库资料的一部分。

按施工工序划分的控制方式也是基本雷同，区别在于合同的分解、组合、分析范围不同。

（3）事后控制　通过过程动态的成本管理，完成总承包合同后，对项目部进行全面的总结。为企业日后的对外投标、内部成本控制提供参考。

1）在第一手资料的基础上，剔除人为等主观因素对成本的影响，客观真实地反映正常施工成本，形成数据库。

2）系统整理施工过程中发生的各种影响造价变更的资料，从技术可行性和经济合理性角度修正正常施工成本。

3）按市场分工和分部分项施工顺序分别编制工程造价各种类型的比例构成。

4）进一步对基础数据（第一手资料）进行数学统计，客观分析其变化趋势和变化幅度（剔除非正常状态的变化因素），形成相应的指数体系。

### 2. 施工阶段造价控制的方法

施工企业施工阶段造价控制的方法差别不大，相互之间的区别主要由企业自身的项目管理体系造成的，但各种方法的理论依据是一致的。目前，结合公司实际情况，施工阶段采用的工程造价控制方法主要如下：

（1）公司充分授权　在企业自身的项目管理体系下，对项目经理部实行权限制约，最主要的权限为财权，即项目经理部的单项资金使用超过一定额度时，由企业总部直接参与。

（2）实行内部招投标　招标投标制度是一种竞争性的制度，在工程实施的各个环节都具有很重要的意义。其表现形式主要包括：

1）集中采购：利用企业总部的整体优势（包括采购数量和资金保证等）进行各项采购，有利于降低采购成本。

2）内部竞争机制：企业获得工程后，由公司下属项目经理部参与投标，项目之间互相竞争，提高项目部的主管控制意识。

（3）建立相应的合作库　注重收集和积累合作群体（主要为与企业有成功合作的单位），建立相应的数据库，目前施工企业常用的有《合格分包商库》《合格供应商库》等。为工程投标报价、分包采购等打下基础。

（4）采用包干制度　对施工过程中相对较难控制但又必须发生的费用，在详细数据分析整理的基础上，按包干使用方式控制成本，并在实践过程中不断调整、完善。形成企业的个别成本库。

公司通过建立成本控制体系，使得企业分散在各地的工程项目成本得以有效控制，工程项目效益得以有效保障，企业的竞争力得以提升，提高了项目管理的水平。

## 复习思考题

一、单选题

1. 以下不属于工程变更的是（　　）。

A. 设计变更　　B. 进度计划变更

C. 施工条件变更　　D. 技术规范

2. 某返迁安置房工程的一根框架柱钢筋为 12Φ18，承包方根据以往的施工经验，认为设计有问题，未报监理工程师，把框架柱钢筋改为了 12Φ20。多造成的工程费用，由谁承担。（　　）

A. 全部由发包方承担　　B. 全部由承包方承担

C. 两方各承担一半　　D. 两方协商解决

3. 由于工程变更会带来工程造价和工期的变化，为了有效地控制造价，无论哪一方提出工程变更，均需由（　　）。

A. 工程师确认，发包方签发工程变更指令

B. 发包方确认，工程师签发工程变更指令

C. 工程师确认并签发工程变更指令

D. 发包方确认并签发工程变更指令

4. 变更的时间通常很紧迫，甚至可能发生现场停工，等待变更通知，这种情况下的工程变更通常发生在（　　）。

A. 工程尚未开始　　B. 工程施工前准备

C. 工程正在施工　　D. 工程已完工

5. 承包方提出设计变更申请，工程师审查后，交原设计单位审查并提供（　　）。

A. 变更的相应图样与说明　　B. 工程量清单

C. 变更价款　　D. 概算造价

6. 建设单位需对原工程设计进行变更，根据《建设工程施工合同（示范文本）》的规定，发包方以书面形式向承包方发出变更通知，应不迟于变更前（　　）天。

A. 7　　B. 14　　C. 15　　D. 20

7. 承包商在施工中提出的合理化建议涉及设计图或施工组织设计的更改及对原材料、设备的换用，须经（　　）同意。

A. 发包方　　B. 工程师　　C. 设计方　　D. 工地负责人

8. 下列关于建设工程索赔的说法，正确的是（　　）。

A. 承包人可以向发包人索赔，发包人不可以向承包人索赔

B. 索赔按处理方式的不同分为工期索赔和费用索赔

C. 工程师在收到承包人送交的索赔报告的有关资料后 28 天未予答复或未对承包人做进一步要求，视为该项索赔已经认可

D. 索赔意向通知发出后的 14 天内，承包人必须向工程师提交索赔报告及有关资料

9. 下列关于索赔和反索赔的说法，正确的是（　　）。

A. 索赔实际上是一种经济延罚行为

B. 索赔和反索赔具有同时性

C. 只有发包人可以针对承包人的索赔提出反索赔

D. 索赔单指承包人向发包人的索赔

10. 包工包料工程的预付款的支付比例不得低于签约合同价（扣除暂列金额）的（　　），不宜高于签约合同价（扣除暂列金额）的（　　）。

A. 10%　30%　　B. 5%　25%　　C. 10%　25%　　D. 5%　30%

11. 有关费用偏差产生的原因，以下说法正确的是（　　）。

A. 客观原因导致的投资偏差较易控制

B. 工程实施原因导致的投资偏差通常需要业主承担

C. 业主原因和设计原因产生的投资偏差通常需要承包商承担

D. 对于工程实施原因，业主和承包商能够做的只是加强合同管理，避免被承包商索赔

12. 在偏差计算中，如果费用偏差大于 0，进度偏差小于 0，则结论为（　　）。

A. 投资节约，进度提前　　B. 投资节约，进度拖延

C. 投资增加，进度提前　　D. 投资增加，进度拖延

13. 某设备工程，2019 年 6 月拟完成计划投资 10 万元，已完成工程计划投资 8 万元，已完工程实际投资 12 万元，则其进度偏差为（　　）。

A. 1 万元　　B. 2 万元　　C. 3 万元　　D. 4 万元

二、多选题

1. 项目工程中，造成工程变更的原因包含（　　）。

A. 业主方对项目提出新的要求

B. 由于现场施工环境发生了变化

C. 承包方施工延期

D. 由于使用新技术有必要改变原设计

E. 发生不可预见的事件，引起停工和工期拖延

2. 承包方按照工程师发出的工程变更通知及有关要求，下列需要进行变更有（　　）：

A. 材料供应商

B. 更改工程有关部分的位置和尺寸

C. 增减合同中约定的工程量

D. 改变有关工程的施工时间和顺序

E. 劳务班组进出场时间

3. 当工程变更发生时，要求工程师及时处理并确认变更的合理性。在提出工程变更和确认工程变更之间的一般过程有（　　）。

A. 分析提出的工程变更对项目目标的影响

B. 分析提出的工程变更对项目结构的影响

C. 分析有关的合同条款和会议、通信记录

D. 分析有关的法律、法规条款和施工组织设计

E. 初步确定处理变更所需的费用、时间范围和质量要求

4. 变更合同价款按下列（　　）进行。

A. 合同中已有适用于变更工程的价格，按合同已有的价格计算变更合同价款

B. 合同中只有类似于变更工程的价格，可以参照类似价格变更合同价款

C. 合同中没有适用于变更工程的价格，由承包人提出适当的变更价格，经工程师确认后执行

D. 合同中没有类似于变更工程的价格，由发包人提出适当的变更价格，经工程师确认后执行

5. 承包商向业主索赔成立的条件包括（　　）。

A. 由于业主原因造成费用增加和工期损失

B. 由于工程师原因造成费用增加和工期损失

C. 由于分包商原因造成费用增加和工期损失

D. 按合同规定的程序提交了索赔意向

E. 提交了索赔报告

6. 承包商可以就下列（　　）事件的发生向业主提出索赔。

A. 施工中遇到地下文物被迫停工

B. 施工机械大修，误工 3 天

C. 材料供应商延期交货

D. 业主要求提前竣工，导致工程成本增加

E. 设计图错误，造成返工

7. 在确定了纠偏的主要对象之后，就需要采取有针对性的纠偏措施，纠偏可用（　　）。

A. 组织措施　　B. 技术措施　　C. 合同措施

D. 经济措施　　E. 信息管理措施

8. 当某项工作进度出现偏差，为了不使总工期及后续工作受影响，在（　　）情况下需要调整进度计划。

A. 该工作为关键工作

B. 该工作为非关键工作，此偏差超过了该工作的总时差

C. 该工作为非关键工作，此偏差未超过该工作的总时差但超过了自由时差

D. 该工作为非关键工作，此偏差未超过该工作的总时差也未超过自由时差

E. 该工作为关键工作，此偏差未超过自由时差

9. 采用工程量清单计价方式时，工程竣工结算的编制内容包括工程量清单计价表所包含的各项费用内容有（　）。

A. 分部分项工程费　　B. 措施项目费

C. 其他项目费　　D. 规费和税金

E. 利润

10. 编制施工成本计划的方法有（　）。

A. 按施工成本组成编制施工成本计划　　B. 按子项目组成编制施工成本计划

C. 按工程进度编制施工成本计划　　D. 按施工预算编制施工成本计划

E. 按总报价编制施工成本计划

11. 承包合同价款结算可以根据不同情况采取多种方式，包括（　）。

A. 按月结算　　B. 竣工后一次结算

C. 分段结算　　D. 按季结算

E. 按年结算

## 三、简答题

1. 简述工程变更的概念，并分析产生工程变更的原因。
2. 简述工程变更的确认及处理程序。
3. 简述工程变更估价的确定方法。
4. 简述 FIDIC 合同条件下工程变更与变更估价的确定方法。
5. 简述工程索赔的概念和分类。
6. 工程索赔的依据有哪些?
7. 简述工程索赔的程序。
8. 简述费用索赔的组成内容与计算方法。
9. 工期索赔的计算方法有哪些?
10. 简述工程价款结算的常见方式与主要内容。
11. 什么是工程预付款？简述我国工程预付款的支付与扣回方法。
12. 简述我国工程进度款的结算方法。
13. 简述我国工程价款结算中质量保证金的预留方法。
14. 哪些情况下需要进行工程价款的调整?
15. 工程竣工结算的编制内容包括哪些?
16. 简述资金使用计划的编制方法。
17. 简述投资偏差与进度偏差的概念。
18. 投资偏差的分析方法有哪些?
19. 偏差纠正的措施主要包括哪些?
20. 施工项目成本管理的主要内容包括哪些?
21. 施工项目成本控制系统有哪些类型？各自的特点有哪些?
22. 施工项目成本控制的常用方法有哪些?

## 四、案例分析

### 1. 案例一

某施工单位承包了一工程项目，按照合同规定，工程施工从 2019 年 7 月 1 日起至 2019 年 12 月 20 日

止，在施工合同中，甲乙双方约定：该工程的工程造价为 660 万元人民币，工期 5 个月，主要材料与构件费占工程造价比重的 60%，预付备料款为工程造价的 20%，工程实施后，预付备料款从未施工工程尚需的主要材料及构件的价值相当于预付备料款数额时起扣，从每次结算工程款中按材料比重扣回，竣工前全部扣清。工程进度款采取按月结算的方式支付，工程保修金为工程造价的 5%，在竣工结算月一次扣留，材料价差按规定比上半年上调 10%，在结算时一次调增。

双方还约定，乙方必须严格按照施工图及相关的技术规定和要求施工，工程量由造价工程师负责计量。根据该工程合同的特点，造价工程师提出的工程量计量与工程款支付程序的要点如下：

1）乙方对已完工的分项工程在 7 天内向监理工程师认证，取得质量认证后，向造价工程师提交计量申请报告。

2）造价工程师在收到报告后 7 天核实已完工程量，并在计量 24 小时通知乙方，乙方为计量提供便利条件并派人参加。乙方不参加计量，造价工程师可按照规定的计量方法自行计量，结果有效。计量结束后造价工程师签发计量证书。

3）乙方凭计量证书向造价工程师提出付款申请。造价工程师在收到计量申请报告后 7 天内未进行计量，报告中的工程量从第 8 天起自动生效，直接作为工程价款支付的依据。

4）造价工程师审核申报材料，确定支付款额，向甲方提供付款证明。甲方根据乙方的付款证明对工程款进行支付或结算。

该工程施工过程中出现的下面几项事件：在土方开挖时遇到了一些工程地质勘探没有探明的孤石，排除孤石拖延了一定的时间；在基础施工过程中遇到了数天的季节性大雨，使得基础施工耽误了部分工期；在基础施工中，乙方为了保证工程质量；在取得在场监理工程师认可的情况下，将垫层范围比施工图规定各向外扩大了 10cm；在整个工程施工过程中，乙方根据监理工程师的指示就部分工程进行了施工变更。

该工程在保修期间发生屋面漏水，甲方多次催促乙方修理，但是乙方一再拖延，最后甲方只得另请施工单位修理，发生修理费 15000 元。

工程各月实际完成的产值情况如表 6-17 所示。

表 6-17 工程各月实际完成产值

| 月份 | 7 | 8 | 9 | 10 | 11 |
|---|---|---|---|---|---|
| 完成产值/万元 | 60 | 110 | 160 | 220 | 110 |

问题：

（1）若基础施工完成后，乙方将垫层扩大部分的工程量向造价工程师提出计量要求，造价工程师是否予以批准？为什么？

（2）若乙方就排除孤石和季节性大雨时间向造价工程师提出延长工期与补偿窝工损失的索赔要求，造价工程师是否同意？为什么？

（3）对于施工过程中变更部分的合同价款应按什么原则确定？

（4）该工程的预付备料款为多少？备料款起扣点为多少？

（5）若不考虑工程变更与工程索赔，该工程 7 月至 10 月每月应拨付的工程款为多少？11 月底办理竣工结算时甲方应支付的结算款为多少？该工程结算造价为多少？

保修期间屋面漏水发生的 15000 元修理费如何处理？

2. 案例二

某工程项目，业主与承包商签订的施工合同为 600 万元，工期为 3 月至 10 月共八个月，合同规定：

（1）工程备料款为合同价的 25%，主材比重 62.5%。

（2）保留金为合同价的 5%，从第一次支付开始，每月按实际完成工程量价款的 10%扣留。

（3）业主提供的材料和设备在发生当月的工程款中扣回。

(4) 施工中发生经确认的工程变更，在当月的进度款中予以增减。

(5) 当承包商每月累计实际完成工程量价款与累计计划完成工程量价款的差额大于该月实际完成工程量价款的 20% 及以上时，业主按当月实际完成工程量价款的 10% 扣留，该扣留项当承包商赶上计划进度时退还。但发生非承包商原因停止时，这里的累计实际工程量价款按每停工一日计 2.5 万元。

(6) 若发生工期延误，每延误 1 天，责任方向对方赔偿合同价的万分之十二的费用，该款项在竣工时办理。

在施工过程中 3 月份由于业主要求设计变更，工期延误 10 天，共增加费用 25 万元，8 月份发生台风，停工 7 天，9 月份由于承包商的质量问题，造成返工，工期延误 13 天，最终工程于 11 月底完成，实际施工 9 个月。

经工程师认定的承包商在各月计划和实际完成的工程量价款及由业主直供的材料、设备的价值如表 6-18 所示，表中未计入由于工程变更等原因造成的工程价款的增减数额。

表 6-18　工程各月计划、实际完成工程量价款及业主直供材料、设备价值

| 月　份 | 3 | 4 | 5 | 6 | 7 | 8 | 9 | 10 | 11 |
|---|---|---|---|---|---|---|---|---|---|
| 计划完成工程量价款/万元 | 60 | 80 | 100 | 70 | 90 | 30 | 100 | 70 | |
| 实际完成工程量价款/万元 | 30 | 70 | 90 | 85 | 80 | 28 | 90 | 85 | 42 |
| 业主直供材料设备价/万元 | 0 | 18 | 21 | 6 | 24 | 0 | 0 | 0 | 0 |

问题：

(1) 备料款的起扣点是多少？

(2) 工程师每月实际签发的付款凭证金额为多少？

(3) 业主实际支付多少？若本项目的建筑安装工程业主计划投资为 615 万元，则投资偏差为多少？

3. 案例三

背景：某综合楼工程项目合同价为 1750 万元，该工程签订的合同为可调值合同，合同报价期为 2018 年 3 月，合同工期为 12 个月，每季度结算一次。工程开工日期为 2018 年 4 月 1 日，施工单位 2018 年第四季度完成产值是 710 万元。工程人工费、材料费构成比例以及相关季度造价指数如表 6-19 所示。

表 6-19　工程人工费、材料费构成比例及相关季度造价指数

| 项　目 | 人工费 | 材料费 | | | | | | 不可索赔费用 |
|---|---|---|---|---|---|---|---|---|
| | | 钢材 | 水泥 | 集料 | 砖 | 砂 | 木材 | |
| 比例 (%) | 28 | 18 | 13 | 7 | 9 | 4 | 6 | 15 |
| 2018 年第一季度造价指数 | 100 | 100.8 | 102.0 | 93.6 | 100.2 | 95.4 | 93.4 | |
| 2018 年第四季度造价指数 | 116.3 | 100.6 | 110.5 | 95.6 | 98.9 | 93.7 | 95.5 | |

在施工过程中，发生如下几项事件：

(1) 2018 年 4 月，在基础开挖过程中，个别部位实际土质与给定地质资料不符造成费用增加 2.5 万元，相应工序持续时间增加了 4 天。

(2) 2018 年 5 月施工单位为了保证施工质量，扩大基础底面，开挖量增加导致费用 3.0 万元，相应工序持续时间增加了 3 天。

(3) 2018 年 7 月份，在主体砌筑工程中，因施工图设计有误，实际工程量增加导致费用 3.8 万元，相应工序持续时间增加了 2 天。

（4）2018年8月份，进入雨季施工，恰逢20年一遇的大雨造成停工，损失2.5万元，增加了4天。

以上事件中，除第4项外，其余工序均未发生在关键线路上，并对总工期无影响。针对上述事件，施工单位提出如下索赔要求：①增加合同工期13天；②增加费用11.8万元。

问题：

（1）施工单位对施工过程中发生的以上事件可否索赔？为什么？

（2）计算2018年第4季度应确定的工程结算款额。

（3）如果在工程保修期间发生了由施工单位原因引起的屋顶漏水、墙面剥落等问题，业主在多次催促施工单位修理而施工单位一再拖延的情况下，另请其他施工单位维修，所发生的维修费用如何处理？

4. 案例四

某工程项目，建设单位通过公开招标方式确定某施工单位为中标人，双方签订了工程承包合同，合同工期3个月。合同中有关工程价款及其支付的条款如下：

（1）分项工程清单中含有两个分项工程，工程量分别为甲项4500m³，乙项31000m³，清单报价中，甲项综合单价为200元/m³，乙项综合单价为12.93元/m³，乙项综合单价的单价分析表见表6-20。当某一分项工程实际工程量比清单工程量增加超出10%时，应调整单价，超出部分的单价调整系数为0.9；当某一分项工程实际工程量比清单工程量减少10%以上时，对该分项工程的全部工程量调整单价，单价调整系数为1.1。

表6-20 （乙项工程）工程量清单综合单价分析表（部分） （单位：元/m³）

<table>
<tr><td rowspan="6">直接费</td><td>人工费</td><td colspan="2">0.54</td><td rowspan="6">10.86</td></tr>
<tr><td>材料费</td><td colspan="2">0</td></tr>
<tr><td rowspan="4">机械费</td><td>反铲挖掘机</td><td>1.83</td></tr>
<tr><td>履带式推土机</td><td>1.39</td></tr>
<tr><td>轮式装载机</td><td>1.50</td></tr>
<tr><td>自卸汽车</td><td>5.60</td></tr>
<tr><td rowspan="2">管理费</td><td>费率（%）</td><td colspan="3">12</td></tr>
<tr><td>金额</td><td colspan="3">1.31</td></tr>
<tr><td rowspan="2">利润</td><td>利润率（%）</td><td colspan="3">6</td></tr>
<tr><td>金额</td><td colspan="3">0.73</td></tr>
<tr><td>综合单价</td><td colspan="4">12.90</td></tr>
</table>

（2）措施项目清单共有7个项目，其中环境保护等3项措施项目费用4.5万元，这3项措施项目费用以分部分项工程量清单计价合价为基数进行结算。剩余的4项措施项目费用共计16万元，一次性包死，不得调价。全部措施项目费在开工后的第1个月末和第2个月末按措施项目清单中的数额分两次平均支付，环境保护措施等三项费用调整部分在最后一个月结清，多退少补。

（3）其他项目清单中只包括招标人预留金5万元，实际施工中用于处理变更洽商，最后一个月结算。

（4）规费综合费率为4.89%，其取费基数为分部分项工程量清单计价合计、措施项目清单计价合计、其他项目清单计价合计之和；税金的税率为3.47%。

（5）工程预付款为签约合同价款的10%，在开工前支付，开工后的前两个月平均扣除。

（6）该项工程的质量保证金为签约合同价款的3%，自第1个月起，从承包商的进度款中，按3%的比例扣留。合同工期内，承包商每月实际完成并经工程师签订确认的工程量见表6-21。

表 6-21　各月实际完成工程量

| 分项工程 | 月份 | | |
|---|---|---|---|
| | 1 月 | 2 月 | 3 月 |
| 甲项工程量/$m^3$ | 1600 | 1600 | 1000 |
| 乙项工程量/$m^3$ | 8000 | 9000 | 8000 |

问题：

（1）该工程签约时的合同价款是多少万元？

（2）该工程的预付款是多少万元？

（3）该工程质量保证金是多少万元？

（4）各月的分部分项工程量清单计价合计是多少万元？并对计算过程做必要的说明。

（5）各月需支付的措施项目费是多少万元？

（6）承包商第 1 个月应得的进度款是多少万元？（计算结果均保留两位小数）

# 第7章 建设项目竣工决算的编制

本章学习重点与难点：通过本章的学习，读者可以了解竣工阶段工程造价确定与控制的内容，了解竣工验收和竣工决算的编制方法。要求读者在学习中熟悉建设项目竣工验收的基本概念与程序，熟悉竣工结算与竣工决算的编制方法；了解保修费用的处理原则。

## 7.1 竣工验收

### 7.1.1 竣工验收概述

**1. 竣工验收的概念**

建设工程项目竣工验收是指由建设单位、施工单位和项目验收委员会，以项目批准的设计任务书、设计文件以及国家或部门颁发的施工验收规范和质量检验标准为依据，按照一定的程序和手续，在项目建成并试生产合格后（工业生产性项目），对工程项目的总体进行检验、认证、综合评价和鉴定的活动。竣工验收是建设工程的最后阶段，是建设项目施工阶段和保修阶段的中间过程，是全面检验建设项目是否符合设计要求和工程质量检验标准的重要环节。

建设项目竣工验收，按被验收的对象划分，可分为单位工程验收（又称中间验收）、单项工程验收（又称交工验收）和工程整体验收（又称动用验收）。通常所说的建设工程项目竣工验收，指的是“动用验收”，即建设单位在建设工程项目按批准的设计文件所规定的内容全部建成后，向使用单位交工的过程。

**2. 竣工验收的范围**

凡新建、扩建、改建的基本建设项目和技术改造项目，已按批准的设计文件所规定的内容建成，工业项目经负荷试车考核（引进国外设备项目合同规定试车考核期满）或试运行期能够生产合格产品；非工业项目符合设计要求，能够正常使用，都要及时组织验收。验收合格后，才能移交生产或交付使用；若工程未经竣工验收或竣工验收未通过的，发包人不得使用。发包人强行使用时，由此发生的质量问题及其他问题，由发包人承担责任。凡是符合验收条件的工程，3个月内不办理竣工验收和固定资产移交手续的，视为该项目已正式投产，其一切费用不得从基建投资中支付，所实现的收入作为生产经营收入，不再作为基建收入管理。

**3. 竣工验收的作用**

1）全面考核建设成果，检查设计、工程质量是否符合要求，确保项目按设计要求的各项技术经济指标正常使用。

2）通过竣工验收办理固定资产使用手续，可以总结工程建设经验，为提高建设项目的经济效益和管理水平提供重要依据。

3）建设项目竣工验收是项目施工阶段的最后一个程序，是建设成果转入生产使用的标志，审查投资使用是否合理的重要环节。

4）建设项目建成投产交付使用后，能否取得良好的宏观效益，需要经过国家权威管理部门按照技术规范、技术标准组织验收确认。因此，竣工验收是建设项目转入投产使用的必要环节。

### 7.1.2　竣工验收的内容

不同的建设工程项目，其竣工验收的内容不完全相同，一般包括两大部分，即工程资料验收和工程内容验收。

#### 1. 工程资料验收

工程资料验收包括工程技术资料、工程综合资料和工程财务资料。

（1）工程技术资料验收内容　主要包括以下内容：

1）工程地质、水文、气象、地形、地貌，建筑物、构筑物及重要设备安装位置、勘察报告、记录。

2）初步设计、技术设计或扩大初步设计、关键的技术试验、总体规划设计。

3）土质试验报告、基础处理。

4）建筑工程施工记录、单位工程质量检验记录，管线强度、密封性试验报告，设备及管线安装施工记录及质量检查、仪表安装施工记录。

5）设备试车、验收运转、维修记录。

6）产品的技术参数、性能、图样、工艺说明、工艺规程、技术总结、产品检验、包装、工艺图。

7）设备图样、说明书。

8）涉外合同，谈判协议、意向书。

9）各单项工程及全部管网竣工图等资料。

（2）工程综合资料验收内容　工程综合资料验收内容包括项目建议书及批件、可行性研究报告及批件、项目评估报告、环境影响评估报告书、设计任务书、土地征用申报及批件、招投标文件、承包合同、施工执照、建设项目竣工验收报告、验收鉴定书等。

（3）工程财务资料验收内容　包括以下内容：

1）历年建设资金供应（拨、贷）情况和应用情况。

2）历年年度投资计划、财务收支计划。

3）建设成本资料。

4）支付使用的财务资料。

5）设计概算、预算资料。

6）施工决算资料。

#### 2. 工程内容验收

工程内容验收包括建筑工程验收和安装工程验收两部分。

（1）建筑工程验收内容

1）建筑物的位置、标高、轴线是否符合要求。

2）对基础工程中的土石方工程、垫层工程、砌筑工程等资料的审查（“交工验收”时已验收）。

3）对结构工程的砖木结构、砖混结构、内浇外砌结构、钢筋混凝土结构的审查验收。

4）对屋面工程的保温层、防水层等的审查验收。

5）对门窗工程的审查验收。

6）对装修工程的审查验收。

（2）安装工程验收内容

1）建筑设备安装工程。建筑设备安装工程指民用建筑物中的上下水管道、暖气、煤气、通风、电气照明等安装工程。验收时应检查这些设备的规格、型号、数量、质量是否符合设计要求，检查安装时的材料、材质、材种，检查试压、闭水试验、照明。

2）工艺设备安装工程。工艺设备安装工程包括生产、起重、传动、试验等设备的安装，以及附属管线敷设和涂装、保温等。验收时应检查设备的规格、型号、数量、质量，设备安装的位置、高程、机座尺寸、质量，单机试车、无负荷联动试车、有负荷联动试车，管道的焊接质量、清洗、吹扫、试压、试漏及各种阀门。

3）动力设备安装工程。动力设备安装工程指有自备电厂的项目或变配电室（所）、动力配电线路的验收。

### 7.1.3 竣工验收的程序

建设项目全部建成，经过各单项工程的验收符合设计的要求，并具备竣工图表、竣工决算、工程总结等必要文件资料，由建设项目主管部门或发包人向负责验收的单位提出竣工验收申请报告，按程序验收。工程验收报告应经项目经理和承包人及有关负责人审核签字。竣工验收的一般程序如下。

#### 1. 承包人申请交工验收

承包人在完成了合同工程或按合同约定可分部移交工程的，可申请交工验收。交工验收一般为单项工程，但在某些特殊情况下也可以是单位工程的施工内容，诸如特殊基础处理工程、发电站单机机组完成后的移交等。承包人施工的工程达到竣工条件后，应先进行预检验，对不符合要求的部位和项目，确定修补措施和标准，修补有缺陷的工程部位；对于设备安装工程，要与发包人和监理人共同进行无负荷的单机和联动试车。承包人在完成了上述工作和准备好竣工资料后，即可向发包人提交“工程竣工报验单”。

#### 2. 监理人到场初步验收

监理人收到“工程竣工报验单”后，应由总监理工程师组成验收组，对竣工的工程项目的竣工资料和各专业工程的质量进行初验，在初验中发现的质量问题，及时以书面形式通知承包人，令其修理甚至返工。经整改合格后，监理工程师签署“工程竣工报验单”，并向发包人提出质量评估报告，至此，现场初步验收工作结束。

#### 3. 单项工程验收

单项工程验收又称交工验收，即验收合格后发包人方可投入使用。由发包人组织的交工验收，由监理人、设计单位、承包人、工程质量监督部门等参加。验收合格后，发包人和承包人共同签署“交工验收证书”，然后，由发包人将有关技术资料和试车记录、试车报告及交工验收报告一并上报主管部门，经批准后该部分工程即可投入使用。验收合格的单项工程，在全部工程验收时，原则上不再办理验收手续。

4. 全部工程的竣工验收

全部施工过程完成后，由国家主管部门组织竣工验收，又称为动用验收。发包人参与全部工程竣工验收。全部工程竣工验收分为验收准备、预验收和正式验收三个阶段。

（1）验收准备　发包人、承包人和其他有关单位均应进行验收准备。验收准备的主要工作内容有：

1）收集、整理各类技术资料，分类装订成册。

2）核实建筑安装工程的完成情况，列出已交工工程和未完工工程一览表，包括单位工程名称、工程量、预算估价以及预计完成时间等内容。

3）提交财务决算分析。

4）检查工程质量，查明须返工或补修的工程并提出具体的时间安排，预申报工程质量等级的评定，做好相关材料的准备工作。

5）整理汇总项目档案资料，绘制工程竣工图。

6）登载固定资产，编制固定资产构成分析表。

7）落实生产准备各项工作，提出试车检查的情况报告，总结试车考评情况。

8）编写竣工结算分析报告和竣工验收报告。

（2）预验收　在竣工验收准备工作结束后，由发包人或上级主管部门会同监理人、设计单位、承包人及有关单位或部门组成预验收组进行预验收。预验收的主要工作包括：

1）核实竣工验收准备工作内容，确认竣工项目所有档案资料的完整性和准确性。

2）检查项目建设标准、评定质量，对竣工验收准备过程中有争议的问题和有隐患及遗留问题提出处理意见。

3）检查财务账表是否齐全并验证数据的真实性。

4）检查试车情况和生产准备情况。

5）编写竣工预验收报告和移交生产准备情况报告，在竣工预验收报告中应说明项目的概况，对验收过程进行阐述，对工程质量做出总体评价。

（3）正式验收　建设项目的正式竣工验收是由国家、地方政府、建设项目投资商或开发商以及有关单位领导和专家参加的最终整体验收。大型和限额以上的建设项目的正式验收，由国家投资主管部门或其委托项目主管部门或地方政府组织验收，一般由竣工验收委员会（或验收小组）主任（或组长）主持，具体工作可由总监理工程师组织实施。国家重点工程的大型建设项目，由国家有关部委邀请有关方面参加，组成工程验收委员会进行验收。小型和限额以下的建设项目由项目主管部门组织。发包人、监理人、承包人、设计单位和使用单位共同参加验收工作。正式验收的主要工作包括：

1）发包人、勘察设计单位分别汇报工程合同履约情况以及在工程建设各环节执行法律、法规与工程建设强制性标准的情况。

2）听取承包人汇报建设项目的施工情况、自验情况和竣工情况。

3）听取监理人汇报建设项目监理内容和监理情况及对项目竣工的意见。

4）组织竣工验收小组全体人员进行现场检查，了解项目现状、查验项目质量，及时发现存在和遗留的问题。

5）审查竣工项目移交生产使用的各种档案资料。

6）评审项目质量，对主要工程部位的施工质量进行复验、鉴定，对工程设计的先进性、合理性和经济性进行复验和鉴定，按设计要求和建筑安装工程施工的验收规范和质量标准进行质量评定验收。在确认工程符合竣工标准和合同条款规定后，签发竣工验收合格证书。

7）审查试车规程，检查投产试车情况，核定收尾工程项目，对遗留问题提出处理意见。

8）签署竣工验收鉴定书，对整个项目做出总的验收鉴定。竣工验收鉴定书是表示建设项目已经竣工，并交付使用的重要文件，是全部固定资产交付使用和建设项目正式动用的依据。

整个建设项目进行竣工验收后，发包人应及时办理固定资产交付使用手续。在进行竣工验收时，已验收过的单项工程可以不再办理验收手续，但应将单项工程交工验收证书作为最终验收的附件而加以说明。发包人在竣工验收过程中，如发现工程不符合竣工条件，应责令承包人返修，并重新组织竣工验收，直到通过验收。

## 7.2 竣工决算

### 7.2.1 竣工决算概述

#### 1. 竣工决算的概念

建设项目竣工决算是指建设项目竣工后，由建设单位编制的向国家报告财务状况和建设成果的总结性文件，它是建设项目竣工验收报告的重要组成部分，综合反映建设项目从筹建开始到项目竣工交付为止的全部建设费用、投资效果和财务情况。通过竣工决算，既能够正确反映建设工程的实际造价和投资结果，又可以通过竣工决算与概算、预算的对比分析，考核投资控制的工作成效，为工程建设提供重要的技术经济方面的基础资料，提高未来工程建设的投资效益。

《关于进一步加强中央基本建设项目竣工财务决算工作的通知》（财办建［2008］91号）指出，项目建设单位应在项目竣工后3个月内完成竣工财务决算的编制工作，并报主管部门审核。主管部门收到竣工财务决算报告后，对于按规定由主管部门审批的项目，应及时审核批复，并报财政部备案；对于按规定报财政部审批的项目，一般应在收到决算报告后1个月内完成审核工作，并将经其审核后的决算报告报财政部审批。

对中央级大中型项目、国家确定的重点小型项目竣工财务决算的审批实行“先审核、后审批”，即先委托财政投资评审机构或经财政部认可的有资质的中介机构对项目单位编制的竣工财务决算进行审核，再按规定批复项目竣工财务决算。对审核中审减的概算内投资，经财政部审核确认后，按投资来源比例归还投资方。

#### 2. 竣工决算的作用

建设项目竣工决算的作用主要表现在以下几个方面：

1）竣工决算是综合全面地反映竣工项目建设成果及财务情况的总结性文件。竣工决算采用货币指标、实物数量、建设工期和各技术经济指标，综合全面地反映建设项目从筹建到竣工为止的全部建设成果和财务状况。

2）竣工决算是竣工验收报告的重要组成部分，也是办理交付使用资产的依据。建设单位与使用单位在办理交付资产的验收交接手续时，通过竣工决算反映了交付使用资产的全部价值，包括固定资产、流动资产、无形资产和其他资产的价值，同时还详细提供了交付使用资产的名称、规格、数量、型号和价值等明细资料，是使用单位确定各项新增资产价值并登记入账的依据。

3）竣工决算是分析、检查设计概算的执行情况以及考核投资效果的依据。通过竣工决算，可分析工程的实际成本与概预算成本之间的差异，可考核建设项目的投资效果，为有关部门制定类似项目的建设计划和修订概预算定额提供资料。

## 7.2.2　竣工决算的内容与编制程序

竣工决算由竣工财务决算说明书、竣工财务决算报表、工程竣工图和工程竣工造价比较分析四部分构成。其中，竣工财务决算说明书和竣工财务决算报表统称为建设项目竣工财务决算，是竣工决算的核心内容。

### 1. 竣工财务决算说明书

竣工财务决算说明书主要反映竣工工程建设成果和经验，是对竣工决算报表进行分析和补充说明的文件，是全面考核分析工程投资与造价的书面总结，是竣工决算报告的重要组成部分，其内容主要包括：

1）建设项目概况，它是对工程总的评价，一般从进度、质量、安全和造价 4 个方面进行分析说明。

2）会计账务的处理、财产物资情况及债权债务的清偿情况等财务分析。

3）基本建设收入、投资包干结余、竣工结余资金的上交分配情况。

4）主要技术经济指标的分析、计算情况。

5）工程建设的项目管理和财务管理以及竣工财务决算中存在的问题、建议。

6）决算与概算的差异和原因分析。

7）需说明的其他事项。

### 2. 竣工财务决算报表

竣工财务决算报表是竣工决算内容的核心部分，根据大中型建设项目和小型建设项目分别编制。大中型建设项目竣工决算报表包括：建设项目竣工财务决算审批表；大中型建设项目概况表；大中型建设项目竣工财务决算表；大中型建设项目交付使用资产总表；建设项目交付使用资产明细表。小型建设项目竣工财务决算报表包括建设项目竣工财务决算审批表、竣工财务决算总表、建设项目交付使用资产明细表等，详见表 7-1。

表 7-1　建设项目竣工财务决算报表构成明细表

| 项目类型 | 竣工财务决算报表内容 | 适用范围 |
| --- | --- | --- |
| 大中型项目 | 建设项目竣工财务决算审批表<br>大中型建设项目概况表<br>大中型建设项目竣工财务决算表<br>大中型建设项目交付使用资产总表<br>建设项目交付使用资产明细表 | 经营性项目投资额在 5000 万元以上、非经营性项目投资额在 3000 万元以上的建设项目 |
| 小型项目 | 建设项目竣工财务决算审批表<br>建设项目竣工财务决算总表<br>建设项目交付使用资产明细表 | 其他 |

（1）建设项目竣工财务决算审批表 该表作为竣工决算上报有关部门审批时使用，其格式是按照中央级小型项目审批要求设计的，地方级项目可按审批要求做适当修改，大中小型项目均要按照下列要求填报此表，见表7-2。

表7-2 建设项目竣工财务决算审批表

| 建设项目法人（建设单位） | | 建设性质 | |
|---|---|---|---|
| 建设项目名称 | | 主管部门 | |
| 开户银行意见：<br><br>盖 章<br>年 月 日 | | | |
| 专员办审批意见：<br><br>盖 章<br>年 月 日 | | | |
| 主管部门或地方财政部门审批意见：<br><br>盖 章<br>年 月 日 | | | |

建设项目财务决算审批表的各栏内容按以下要求填报：

1）建设性质按新建、扩建、改建、迁建和恢复建设项目等分类填列。

2）主管部门是指建设单位的主管部门。

3）所有建设项目均须先经开户银行签署意见后，按下列要求报批：①中央级小型建设项目属国家确定的重点项目，其竣工财务决算经主管部门审核后报财政部审批，或由财政部授权主管部门审批；其他项目竣工财务决算报主管部门审批，由主管部门签署审批意见。②中央级大中型建设项目竣工财务决算，经主管部门审核后报财政部审批。③地方级项目、地方级基本建设项目竣工财务决算的报批，由各省、自治区、直辖市、计划单列市财政厅（局）确定。

4）已具备竣工验收条件的项目，3个月内应及时填报审批表，如3个月内不办理竣工验收和固定资产移交手续的视为项目已正式投产，其费用不得从基建投资中支付，所实现的收入作为经营收入，不再作为基建收入管理。

（2）大中型建设项目概况表 该表用来反映建设项目总投资、基建投资支出、新增生产能力、主材消耗和主要技术经济指标等方面的概算与实际完成的情况，大中型建设项目概况表（见表7-3）的各栏内容按以下要求填报：

1）建设项目名称、建设地址、主要设计单位和主要施工单位，要按全称填列。

2）表中所列新增生产能力、完成主要工程量、主要材料消耗的实际数据，根据建设单位统计资料和施工单位提供的有关成本核算资料填列。

3）设计概算批准文号，是指最后经批准文件号。

4）主要技术经济指标，包括单位面积造价、单位生产能力、单位投资增加的生产能力、单位生产成本和投资回收年限等反映投资效果的综合性指标，根据概算和主管部门规定的内容分别按概算和实际填列。

5）基本建设支出是指建设项目从开工起至竣工为止发生的全部基建支出。包括形成资产价值的交付使用资产，即固定资产、流动资产、无形资产、其他资产支出，以及不形成资产价值按规定应核销的非经营性项目的待核销基建支出和转出投资。上述支出，应根据财政部门历年批准的“基建投资表”中的有关数据填列。

表 7-3 大中型建设项目概况表

<table>
<tr><td>建设项目（单项工程）名称</td><td colspan="2"></td><td>建设地址</td><td colspan="2"></td><td rowspan="9">基本建设支出</td><td>项目</td><td>概算/元</td><td>实际/元</td><td>备 注</td></tr>
<tr><td rowspan="2">主要设计单位</td><td colspan="2" rowspan="2"></td><td rowspan="2">主要施工企业</td><td colspan="2" rowspan="2"></td><td>建筑安装工程投资</td><td></td><td></td><td></td></tr>
<tr><td>设备、工具、器具</td><td></td><td></td><td></td></tr>
<tr><td rowspan="2">占地面积</td><td>设计</td><td>实际</td><td rowspan="2">总投资/万元</td><td>设计</td><td>实际</td><td>待摊投资</td><td></td><td></td><td></td></tr>
<tr><td></td><td></td><td></td><td></td><td>其中：<br>建设单位管理费</td><td></td><td></td><td></td></tr>
<tr><td rowspan="2">新增生产能力</td><td colspan="3">能力（效益）名称</td><td>设计</td><td>实际</td><td>其他投资</td><td></td><td></td><td></td></tr>
<tr><td colspan="3"></td><td></td><td></td><td>待核销基建支出</td><td></td><td></td><td></td></tr>
<tr><td rowspan="2">建设起止时间</td><td colspan="2">设计</td><td colspan="3">从 年 月开工至 年 月竣工</td><td>非经营项目转出投资</td><td></td><td></td><td></td></tr>
<tr><td colspan="2">实际</td><td colspan="3">从 年 月开工至 年 月竣工</td><td>合计</td><td></td><td></td><td></td></tr>
<tr><td>设计概算批准文号</td><td colspan="10"></td></tr>
<tr><td rowspan="3">完成主要工程量</td><td colspan="5">建设规模</td><td colspan="5">设备/台、套、t</td></tr>
<tr><td colspan="2">设计</td><td colspan="3">实际</td><td colspan="3">设计</td><td colspan="2">实际</td></tr>
<tr><td colspan="2"></td><td colspan="3"></td><td colspan="3"></td><td colspan="2"></td></tr>
<tr><td rowspan="2">收尾工程</td><td colspan="2">工程项目、内容</td><td colspan="3">已完成投资额</td><td colspan="3">尚需投资额</td><td colspan="2">完成时间</td></tr>
<tr><td colspan="2"></td><td colspan="3"></td><td colspan="3"></td><td colspan="2"></td></tr>
</table>

填报大中型建设项目概况表时，还需要注意以下几点：①建筑安装工程投资支出、设备工器具投资支出、待摊投资支出和其他投资支出构成建设项目的建设成本。②**待核销基建支出**是指非经营性项目发生的江河清障、航道清淤、补助群众造林、水土保持、城市绿化、取消项目可行性研究费、项目报废及其他经财政部门认可的不能形成资产部分的投资，作待核销处理。在财政部门批复竣工决算后，冲销相应的资金。能够形成资产部分的投资，计入交付使用资产价值。③**非经营性项目转出投资支出**是指非经营性项目为项目配套的专用设施投资，包括专用道路、专用通信设施、送变电站、地下管道等，产权归属本单位的，计入交付使用资产价值；产权不归属本单位的，作转出投资处理，冲销相应的资金。

6）表中的“收尾工程”是指全部工程项目验收后还遗留的少量收尾工程，应明确填写收尾工程内容、完成时间，尚需投资额，完工后不再编制竣工决算。

（3）大中型建设项目竣工财务决算表　它用来反映建设项目的全部资金来源和资金运用情况，是考核和分析投资效果的依据。该表采用平衡表形式，即资金来源合计等于资金支出合计。大中型建设项目竣工财务决算表（见表7-4）各栏按如下要求填报：

1）表中的“资金来源”包括基建拨款、项目资本金、项目资本公积金、基建借款、上级拨入投资借款、企业债券资金、待冲基建支出、应付款和未交款以及上级拨入资金和留成收入等。

表7-4 大中型建设项目竣工财务决算表

| 资金来源 | 金额 | 资金占用 | 金额 | 补充资料 |
|---|---|---|---|---|
| 一、基建拨款 | | 一、基本建设支出 | | 1. 基建投资借款期末余额 |
| 1. 预算拨款 | | 1. 交付使用资产 | | |
| 2. 基建基金拨款 | | 2. 在建工程 | | |
| 3. 专项建设基金拨款 | | 3. 待核销基建支出 | | |
| 4. 进口设备转账拨款 | | 4. 非经营项目转出投资 | | |
| 5. 器材转账拨款 | | 二、应收生产单位投资借款 | | 2. 应收生产单位投资借款期末数 |
| 6. 煤代油专用基金拨款 | | 三、拨付所属投资借款 | | |
| 7. 自筹资金拨款 | | 四、器材 | | |
| 8. 其他拨款 | | 其中：待处理器材损失 | | |
| 二、项目资本金 | | 五、货币资金 | | |
| 1. 国家资本 | | 六、预付及应收款 | | 3. 基建结余资金 |
| 2. 法人资本 | | 七、有价证券 | | |
| 3. 个人资本 | | 八、固定资产 | | |
| 三、项目资本公积金 | | 固定资产原值 | | |
| 四、基建借款 | | 减：累计折旧 | | |
| 五、上级拨入投资借款 | | 固定资产净值 | | |
| 六、企业债券资金 | | 固定资产清理 | | |
| 七、待冲基建支出 | | 待处理固定资产损失 | | |
| 八、应付款 | | | | |
| 九、未交款 | | | | |
| 1. 未交税金 | | | | |
| 2. 未交基建收入 | | | | |
| 3. 未交基建包干结余 | | | | |
| 4. 其他未交款 | | | | |
| 十、上级拨入资金 | | | | |
| 十一、留成收入 | | | | |
| 合计 | | 合计 | | |

注：1. 项目资本金是经营性项目投资者按国家关于项目资本金制度的规定，筹集并投入项目的非负债资金。经营性项目筹集的资本金，在项目建设期间和生产经营期间，投资者除依法转让外，不得以任何方式抽走。竣工决算后，相应转为生产经营企业的国家资本金、法人资本金、个人资本金和外商资本金。

2. 项目资本公积金是指经营性项目对投资者实际缴付的出资额超出其资本金的差额（包括发行股票的溢价净收入）、接受捐赠的财产、外币资本折算差额等，在项目建设期间作为资本公积金。项目建成交付使用并办理竣工决算后，相应转为生产经营企业的资本公积金。

3. 基建收入是指在基本建设过程中形成的各项工程建设副产品变价净收入、负荷试车和试运行收入以及其他收入。需注意的是：基建收入应依法缴纳企业所得税，经营性项目基建收入的税后收入，相应转为生产经营企业的盈余公积金；非经营性项目基建收入的税后收入，相应转入行政事业单位的其他收入。

2）表中的“预算拨款”“自筹资金拨款及其他拨款”“项目资本金”“基建借款”及“其他借款”等项目，是指自开工建设至竣工截止的累计数。应根据历年批复的年度基本建设财务决算和竣工年度的基本建设财务决算中资金平衡表相应项目的数字，经汇总后得出投资额。

3）资金占用指建设项目从开工准备到竣工全过程的资金支出。主要包括：基本建设支出、应收生产单位投资借款、库存器材、货币资金、有价证券和预付及应收款以及拨付所属投资借款和库存固定资产等。

4）表中的“基建资金结余资金”是指竣工时的结余资金，应根据竣工财务决算表中有关项目计算填列，基建结余资金计算公式为

基建结余资金=基建拨款+项目资本+项目资本公积金+基建借款+企业债券资金+待冲基建支出-基本建设支出-应收生产单位投资借款

（4）大中型建设项目交付使用资产总表　该表是反映建设项目建成后，交付使用新增固定资产、流动资产、无形资产和递延资产的全部价值，作为财产交接、检查投资计划完成情况和分析投资效果的依据。小型项目不编制“交付使用资产总表”，直接编制“交付使用资产明细表”，大中型项目在编制“交付使用资产总表”的同时，还需编制“交付使用资产明细表”。大中型建设项目交付使用资产总表（见表 7-5）各栏按以下要求填报：

表 7-5　大中型建设项目交付使用资产总表

| 单项工程项目名称 | 总　计 | 固定资产 | | | | | 流动资产 | 无形资产 | 其他资产 |
|---|---|---|---|---|---|---|---|---|---|
| | | 建筑工程 | 安装工程 | 设　备 | 其　他 | 合　计 | | | |
| 1 | 2 | 3 | 4 | 5 | 6 | 7 | 8 | 9 | 10 |
| | | | | | | | | | |
| | | | | | | | | | |

交付单位　　负责人：　　接受单位：　　负责人：
盖章　　年　月　日　　盖章　　年　月　日

表中各栏数据根据“交付使用资产明细表”各相应项目的汇总数分别填写，表中“总计栏”的总计数应与“竣工财务决算表”中交付使用资产的金额一致。

（5）建设项目交付使用资产明细表　该表是交付使用财产总表的具体化，反映交付使用固定资产、流动资产、无形资产和递延资产的详细内容，是使用单位建立资产明细账和登记新增资产价值的依据。建设项目交付使用资产明细表见表 7-6，各栏根据交付使用资产的实际情况分别填写。

表 7-6　建设项目交付使用资产明细表

| 单项工程项目名称 | 建筑工程 | | | 设备、器具、家具 | | | | | | 流动资产 | | 无形资产 | | 其他资产 | |
|---|---|---|---|---|---|---|---|---|---|---|---|---|---|---|---|
| | 结构 | 面积 | 价值 | 名称 | 规格型号 | 单位 | 数量 | 价值 | 设备安装费 | 名称 | 价值 | 名称 | 价值 | 名称 | 价值 |
| | | | | | | | | | | | | | | | |
| | | | | | | | | | | | | | | | |
| 合计 | | | | | | | | | | | | | | | |

交付单位　　负责人：　　接受单位：　　负责人：
盖章　　年　月　日　　盖章　　年　月　日

（6）小型建设项目竣工财务决算总表　该表是大中型项目概况表与竣工财务决算表合

并而成，用来反映小型建设项目的全部工程和财务情况，其格式与内容见表 7-7。

表 7-7 小型建设项目竣工财务决算总表

<table>
<tr><td>建设项目名称</td><td colspan="2"></td><td colspan="3">建 设 地 址</td><td colspan="2"></td><td colspan="2">资 金 来 源</td><td colspan="2">资 金 运 用</td></tr>
<tr><td rowspan="2">初步设计概算批准文号</td><td colspan="7" rowspan="2"></td><td>项目</td><td>金额/元</td><td>项目</td><td>金额/元</td></tr>
<tr><td rowspan="2">一、基建拨款<br>其中：预算拨款</td><td rowspan="2"></td><td>一、交付使用资产</td><td></td></tr>
<tr><td rowspan="3">占地面积</td><td>计划</td><td>实际</td><td rowspan="3">总投资/万元</td><td colspan="2">计划</td><td colspan="2">实际</td><td>二、待核销基建支出</td><td></td></tr>
<tr><td rowspan="2"></td><td rowspan="2"></td><td>固定资产</td><td>流动资产</td><td>固定资产</td><td>流动资产</td><td>二、项目资本金</td><td></td><td rowspan="2">三、非经营项目转出投资</td><td rowspan="2"></td></tr>
<tr><td></td><td></td><td></td><td></td><td>三、项目资本公积金</td><td></td></tr>
<tr><td rowspan="2">新增生产能力</td><td colspan="2">能力(效益）名称</td><td>设计</td><td colspan="4">实际</td><td>四、基建借款</td><td></td><td rowspan="2">四、应收生产单位投资借款</td><td rowspan="2"></td></tr>
<tr><td colspan="2"></td><td></td><td colspan="4"></td><td>五、上级拨入借款</td><td></td></tr>
<tr><td rowspan="2">建设起止时间</td><td colspan="2">计划</td><td colspan="5">从 年 月 日开工<br>至 年 月 日竣工</td><td>六、企业债券资金</td><td></td><td>五、拨付所属投资借款</td><td></td></tr>
<tr><td colspan="2">实际</td><td colspan="5">从 年 月 日开工<br>至 年 月 日竣工</td><td>七、待冲基建支出</td><td></td><td>六、器材</td><td></td></tr>
<tr><td rowspan="9">基建支出</td><td colspan="5">项目</td><td>概算/元</td><td>实际/元</td><td>八、应付款</td><td></td><td>七、货币资金</td><td></td></tr>
<tr><td colspan="5">建筑安装工程</td><td></td><td></td><td rowspan="3">九、未付款<br>其中：<br>未交基建收入<br>未交包干收入</td><td rowspan="3"></td><td>八、预付及应收款</td><td></td></tr>
<tr><td colspan="5">设备工器具</td><td></td><td></td><td>九、有价证券</td><td></td></tr>
<tr><td colspan="5" rowspan="2">待摊投资<br>其中：建设单位管理费</td><td rowspan="2"></td><td rowspan="2"></td><td>十、原有固定资产</td><td></td></tr>
<tr><td>十、上级拨入资金</td><td></td><td></td><td></td></tr>
<tr><td colspan="5">其他投资</td><td></td><td></td><td>十一、留成收入</td><td></td><td></td><td></td></tr>
<tr><td colspan="5">待核销基建支出</td><td></td><td></td><td rowspan="2"></td><td rowspan="2"></td><td rowspan="2"></td><td rowspan="2"></td></tr>
<tr><td colspan="5">非经营性项目转出投资</td><td></td><td></td></tr>
<tr><td colspan="5">合计</td><td></td><td></td><td>合计</td><td></td><td>合计</td><td></td></tr>
</table>

### 3. 建设工程竣工图

建设工程竣工图是真实记录建筑物、构筑物情况的技术文件，是工程进行交工验收的依据，是重要的技术档案。国家规定各项新建、扩建、改建的基本建设工程，特别是隐蔽部位，在施工过程中应及时做好隐蔽工程检查记录，整理好设计变更文件，编制竣工图。编制竣工图的形式和深度，应根据不同情况区别对待，具体要求包括：

1）按图竣工没有变动的，由施工单位在原施工图上加盖“竣工图”标志后，即作为竣工图。

2）凡在施工过程中，虽有一般性设计变更，但能将原施工图加以修改补充作为竣工图的，可不重新绘制，由施工单位负责在原施工图（必须是新蓝图）上注明修改的部分，并出具设计变更通知单和施工说明，加盖“竣工图”标志后，作为竣工图。

3）结构型式改变、施工工艺改变、平面布置改变等重大改变，不宜再在原施工图上修改的，应重新绘制改变后的竣工图。由设计原因造成的，由设计单位负责重新绘图；由施工原因造成的，由施工单位负责重新绘图；由其他原因造成的，由建设单位自行绘图或委托设计单位绘图。施工单位负责在新图上加盖“竣工图”标志，并附有关记录和说明，作为竣工图。

#### 4. 工程造价对比分析

工程造价对比分析是将决算报表中提供的实际数据与批准的概预算指标进行对比，以反映项目总造价和单方造价是节约还是超支，并在比较分析的基础上，总结经验教训。实际工作时，侧重分析主要实物工程量、主要材料消耗量、建设单位管理费等。

1）考核主要实物工程量。对于实物工程量出入比较大的情况，必须查明原因。

2）考核主要材料消耗量。根据主要材料实际超概算的消耗量，查明是在工程的哪个环节超出量最大，再进一步查明超耗的原因。

3）考核建设单位管理费。建设单位管理费的取费标准要按照国家的有关规定，根据竣工决算报表中所列的建设单位管理费与概预算所列的建设单位管理费数额进行比较，依据规定查明是否存在多列或少列的费用项目，确定其节约超支的数额，并查明原因。

#### 5. 竣工决算的编制程序

为了严格执行建设项目竣工验收制度，正确核定新增固定资产价值，考核分析投资效果，建立健全经济责任制，所有新建、扩建和改建等建设项目竣工后，都应及时、完整、正确地编制好竣工决算。竣工决算的编制步骤包括：

1）收集、整理和分析有关依据资料。在编制竣工决算文件前，必须准备一套完整齐全的资料，这是准确、迅速编制竣工决算的必要条件，要系统地整理所有的技术资料、工程结算的经济文件、施工图样和各种变更与签证资料，并分析它们的准确性。

2）清理各项财务、债务和结余物资。在收集和分析有关资料时，要特别注意对建设工程从筹建到竣工投产或使用的全部费用的各项账务、债权和债务的清理，做到工程完毕账目清晰。既要核对账目，又要查点库有实物的数量，做到账实相等，账账相符。对结余的各种材料、工器具和设备，要逐项清点核实，妥善管理，并按规定及时处理，收回资金。对各种往来款项要及时进行全面清理，为编制竣工决算提供准确的数据和结果。

3）核实工程变动情况。核实各单位工程、单项工程造价，将竣工资料与原设计图样进行查对、核实，确认实际变更情况。根据经审定的施工单位竣工结算等原始资料，按照有关规定对原预算进行增减调整，重新核定建设项目实际造价。

4）编制竣工决算报表和说明书。按照竣工决算报表规定的内容，根据资料进行必要的统计或计算，将其结果填到相应的栏目内，完成所有报表的填写，并按照竣工决算说明的规定内容要求，再根据决算报表中的结果，编写文字说明。

5）做好工程造价对比分析。

6）清理、装订竣工图。

7）上报主管部门审查存档。

### 7.2.3　新增资产价值的确定

1. 新增资产的分类

按照新的财务制度和企业会计制度，新增资产按性质不同可分为固定资产、流动资产、无形资产和其他资产。

2. 新增固定资产价值的确定

（1）新增固定资产价值的确定　新增固定资产又称交付使用的固定资产，是投资项目竣工投产后增加的固定资产价值，是以价值形态表示的固定资产投资最终成果的综合性指标。

新增固定资产价值包括以下内容：

1）已投入生产或交付使用的建筑、安装工程的造价。

2）达到固定资产标准的设备、工具、器具的购置费用。

3）增加固定资产价值的其他费用。

（2）新增固定资产价值的计算　新增固定资产价值以独立发挥生产能力的单项工程为对象。单项工程建成并经有关部门验收鉴定合格，正式移交生产使用，即应计算新增固定资产价值。一次性交付生产或使用的工程，一次计算新增固定资产价值；分期分批交付生产或使用的工程，应分期分批计算新增固定资产价值。计算时应注意以下几种情况：

1）对于为了提高产品质量、改善劳动条件、节约材料消耗、保护环境而建设的附属辅助工程，只要全部建成，正式验收或交付使用后就应计入新增固定资产价值。

2）对于单项工程中不构成生产系统，但能独立发挥效益的非生产性工程，如住宅、食堂、医务所、托儿所、生活服务设施等，在建成并交付使用后，也应计算新增固定资产价值。

3）凡购置达到固定资产标准不需要安装的设备、工具、器具，均应在交付使用后计入新增固定资产价值。

4）属于新增固定资产价值的其他投资，若与建设项目配套的专用铁路线、专用公路、专用通信设施、送变电站、地下管道、专用码头等由本项目投资其产权归属本项目所在单位的，应随同受益工程交付使用的同时一并计入新增固定资产价值。

（3）交付使用财产成本的计算　应按下列内容计算：

1）房屋、建筑物、管道、线路等固定资产的成本，包括建筑工程成本和应分摊的待摊投资。

2）动力设备和生产设备等固定资产的成本，包括需要安装设备的采购成本、安装工程成本、设备基础支架等建筑工程成本、砌筑锅炉及各种特殊炉的建筑工程成本、应分摊的待摊投资。

3）运输设备及其他不需要安装的设备、工具、器具、家具等固定资产一般仅计算采购成本，不计分摊的“待摊投资”。

（4）新增固定资产其他费用的分摊　新增固定资产的其他费用，如果是属于整个建设项目或两个以上单项工程的，在计算新增固定资产价值时，应在各单项工程中按比例分摊。一般来说，建设单位管理费由建筑工程、安装工程、需安装设备价值总额等按比例分摊；土地征用费、勘察设计费等费用只按建筑工程造价分摊；生产工艺流程系统设计费按安装工程造价比例分摊。

【例 7-1】　某工业建设项目及其总装车间的建筑工程费、安装工程费、需安装设备费以及应摊入费用见表 7-8，计算总装车间新增固定资产价值。

表 7-8　分摊费用计算表　（单位：万元）

| 项目名称 | 建筑工程 | 安装工程 | 需安装设备 | 建设单位管理费 | 土地征用费 | 建筑设计费 | 工艺设计费 |
|---|---|---|---|---|---|---|---|
| 建设单位竣工决算 | 3000 | 600 | 900 | 70 | 80 | 40 | 20 |
| 总装车间竣工决算 | 600 | 300 | 450 | | | | |

解：应分摊的建设单位管理费 $=\frac{600+300+450}{3000+600+900}\times 70$ 万元 $=21$ 万元

应分摊的土地征用费 $=\frac{600}{3000}\times 80$ 万元 $=16$ 万元

应分摊的建筑设计费 $=\frac{600}{3000}\times 40$ 万元 $=8$ 万元

应分摊的工艺设计费 $=\frac{300}{600}\times 20$ 万元 $=10$ 万元

总装车间新增固定资产价值 $=[(600+300+450)+(21+16+8+10)]$ 万元
$=(1350+55)$ 万元 $=1405$ 万元

### 3. 新增流动资产价值的确定

流动资产指可以在一年内或者超过一年的一个营业周期内变现或者运用的资产，包括货币资金、存货、短期投资、应收及预付款项以及其他流动资产等。

（1）货币资金　指现金、银行存款和其他货币资金，一律按实际入账价值核定计入流动资产。

（2）存货　指企业的库存材料、在产品、产成品等。外购的存货，按照买价加运输费、装卸费、保险费、途中合理损耗、入库前加工、整理及挑选费用以及缴纳的税金等计价；自制的存货，按照制造过程中的各项实际支出计价。

（3）短期投资　包括股票、债券、基金。股票和债券根据是否可以上市流通分别采用市场法和收益法确定其价值。

（4）应收及预付款项　包括应收工程款、应收销售款、其他应收款、应收票据及预付分包工程款、预付分包工程备料款、预付工程款、预付备料款、预付购货款等。一般情况下，应收及预付款项按企业销售商品、产品或提供劳务时的实际成交金额入账核算。

### 4. 新增无形资产价值的确定

无形资产指特定主体所拥有或控制的，不具有实物形态，对生产经营长期发挥作用且能带来经济利益的可辨认非货币性资产，包括专利权、非专利技术、商标权、著作权、土地使用权、商誉等。

（1）专利权　专利权分为自创和外购两种。自创专利权，其价值按开发过程中的实际支出计价，主要包括专利的研究开发费、专利登记费、专利年费和法律诉讼费等。专利转让时（包括购入和卖出），其价值主要包括转让价格和手续费用。由于专利权是具有独占性并能带来超额利润的生产要素，因此，专利权转让价格不能按其成本估价，而应依据所带来的超额收益估价。

（2）非专利技术　非专利技术是指具有某种专有技术或技术秘密、技术诀窍，是先进的、未公开的、未申请专利的，可带来经济效益的专门知识和特有经验，它也包括自制和外购两种。自制的非专利技术，一般不得以无形资产入账，自制过程中发生的费用，按新财务制度可作当期费用处理，这是因为非专利技术自制时难以确定是否成功，这样处理符合稳健性原则；外购非专利技术，应由法定评估机构确认后，再进一步估价，一般通过其产生的收益来估价，其方法同专利技术。

（3）商标权　商标权是商标经注册后，商标所有者依法享有的权益，它受法律保护。分为自创和转让两种。自创商标权一般不能作为无形资产入账，而是直接以销售费用计入当期损益；企业购入和转让商标时，商标权的计价一般根据被许可方新增的收益来确定。

（4）土地使用权　土地使用权的计价方法有以下几种情况：一是建设单位向土地管理部门申请，通过出让方式取得有限期的土地使用权而支付的出让金，作为无形资产核算；二是建设单位获得土地使用权是通过行政划拨的，就不能作为无形资产核算。只有在将土地使用权有偿转让、出租、抵押、作价入股和投资，按规定补交土地出让金后，才可作为无形资产核算。

## 7.3 竣工决算案例

本案例为某工程的竣工决算审核报告（见表7-9）。所属工程为教工住宅，框架结构，建筑面积3590m$^2$，经审定结算价为2216496.34元。待摊投资额见“×××工程待摊投资明细审定表”（见表7-10），基本建设项目竣工财务决算表见表7-11，建筑安装工程决算审批表见表7-12，基本建设项目概况表见表7-13，基本建设项目交付使用资产总表见表7-14。

表7-9　关于××大学××工程项目的工程结算及竣工财务决算的审核意见

省财政厅：

根据财政部印发的《财政投资评审管理暂行规定》的通知（财建［2001］591号）和省财政厅《关于加强我省基本建设工程投资概预算审查工作的通知》（赣财基字［2000］33号）等规定，中心对×××大学×××工程项目的图样及有关资料和会计核算账、证进行了评审，审核结果经甲乙双方核对确认无异议。本中心审核意见根据×××大学提供的工程资料和财务收支凭证，其资料真实性由提供方负责。该工程结算、竣工财务决算审核意见如下：

1. 工程概况

×××大学×××工程经省发改委×××字［×××］×××号文件下达投资计划，工程计划总投资300万元。工程由×××设计单位负责设计、×××监理公司负责监理、×××公司中标承建，工程于2005年9月开工，2006年5月竣工。项目实际总投资248.48万元，资金来源为自筹。

2. 审核依据

中华人民共和国经济合同法；《江西省建筑工程综合预算定额》《江西省建筑预算定额》《全国统一安装工程预算定额》（江西省单位估价表）和建筑工程造价信息；施工合同以及招标投标文件资料；施工图、设计变更、修改通知单、隐蔽工程签证；财政部及省财政厅有关基本建设财务管理和会计核算制度、规定；建设单位会计账、证及基建财务报表；其他有关资料。

3. 审核范围

×××大学×××工程结算及竣工财务决算。

4. 审核结果

工程结算审核：×××大学×××工程送审造价2238261.94元，审定工程（结算）造价2216496.34元，核减21765.60元。

竣工财务决算审核：×××大学×××工程审定工程竣工财务决算总造价2484825.64元，其中：建安工程投资2216496.34元，待摊投资268329.30元。

×××

二〇〇七年四月二十九日

表 7-10　×××工程待摊投资明细审定表

送审单位：×××大学　　　建设单位（项目）负责人：×××　　　（单位：元）

| 序号 | 日期 | 凭证号 | 摘　要 | 金　额 | 核对内容 | | | | | | 说明 |
|---|---|---|---|---|---|---|---|---|---|---|---|
| | | | | | 1 | 2 | 3 | 4 | 5 | 6 | |
| 1 | 200409 | 14 | 转×××报测图费 | 2629.00 | | | | | | | |
| 2 | 200411 | 8 | 转×××报勘探设计费 | 1000.00 | | | | | | | |
| 3 | 200411 | 9 | 付×××报转账支票款 | 20.00 | | | | | | | |
| 4 | 200412 | 14 | 转×××报勘探设计费 | 4120.50 | | | | | | | |
| 5 | 200503 | 11 | 转×××报设计费 | 39490.00 | | | | | | | |
| 6 | 200504 | 3 | 转×××报消防宣传费 | 3000.00 | | | | | | | |
| 7 | 200504 | 15 | 付×××报晒图费 | 1095.00 | | | | | | | |
| 8 | 200504 | 16 | 付×××有限公司设计费 | 1500.00 | | | | | | | |
| 9 | 200504 | 18 | 转×××报施工图设计审查费 | 3590.00 | | | | | | | |
| 10 | 200505 | 5 | 转×××报招标公告费 | 2400.00 | | | | | | | |
| 11 | 200506 | 10 | 转×××报公告费 | 1400.00 | | | | | | | |
| 12 | 200506 | 21 | 收银行存款利息 | -929.32 | | | | | | | |
| 13 | 200506 | 24 | 付×××报转账支票款 | 40.00 | | | | | | | |
| 14 | 200506 | 30 | 付×××报图样加晒费 | 372.00 | | | | | | | |
| 15 | 200507 | 16 | 付×××工程咨询有限公司最高限价编制费 | 3075.00 | | | | | | | |
| 16 | 200507 | 23 | 更正 2005 年 6 月 24#凭证 | -20.00 | | | | | | | |
| 17 | 200508 | 12 | 转×××报交易服务费 | 823.60 | | | | | | | |
| 18 | 200508 | 19 | 付×××报资信证明手续费 | 200.00 | | | | | | | |
| 19 | 200509 | 6 | 付×××监理公司监理费 | 6300.00 | | | | | | | |
| 20 | 200509 | 9 | 转×××报房屋报建综合费 | 357564.00 | | | | | | | |
| 21 | 200510 | 13 | 转×××报基础检测费 | 1760.00 | | | | | | | |
| 22 | 200510 | 19 | 付×××公司勘察费 | 4550.00 | | | | | | | |
| 23 | 200511 | 8 | 收×××公司交回招标投标费 | -11488.00 | | | | | | | |
| 24 | 200601 | 18 | 付×××公司清单编制费 | 7005.00 | | | | | | | |
| 25 | 200603 | 18 | 收银行存款利息 | -2319.00 | | | | | | | |
| 26 | 200603 | 22 | 更正 2005 年 8 月 11#凭证 | 2594.00 | | | | | | | |
| 27 | 200603 | 28 | 更正 2005 年 4 月 11#凭证 | 90.00 | | | | | | | |
| 28 | 200604 | 23 | 付赣州市地方税务局印花税款 | 630.90 | | | | | | | |
| 29 | 200606 | 17 | 付×××公司监理费 | 6300.00 | | | | | | | |
| 30 | 200606 | 19 | 收赣州市财政局退综合报建费 | -185000.00 | | | | | | | |
| 31 | 200607 | 9 | 付×××报消防宣传费 | 3500.00 | | | | | | | |
| 32 | 200609 | 23 | 转×××报档案服务费 | 3640.00 | | | | | | | |
| 33 | 200703 | 6 | 付×××报测绘费 | 1000.00 | | | | | | | |
| 34 | 200710 | 12 | 付×××公司监理费 | 3759.00 | | | | | | | |
| 35 | 200804 | 15 | 付×××评审费 | 4637.62 | | | | | | | |
| 合计 | | | | 268329.30 | | | | | | | |

表 7-11 基本建设项目竣工财务决算表 （单位：元）

| 资金来源 | 金额 | 资金占用 | 金额 |
|---|---|---|---|
| 一、基建拨款 | 2484825.64 | 一、基本建设支出 | 2484825.64 |
| 1. 预算拨款 | | 1. 交付使用资产 | 2484825.64 |
| 2. 基建基金拨款 | | 2. 在建工程 | |
| 3. 进口设备转账拨款 | | 3. 待核销基建支出 | |
| 4. 器材转账拨款 | | 4. 非经营项目转出投资 | |
| 5. 煤代油专用基金拨款 | | 二、应收生产单位投资借款 | |
| 6. 自筹资金拨款 | 2484825.64 | 三、拨付所属投资借款 | |
| 7. 其他拨款 | | 四、器材 | |
| 二、项目资本 | | 其中：待处理器材损失 | |
| 1. 国家资本 | | 五、货币资金 | |
| 2. 法人资本 | | 六、预付及应收款 | |
| 3. 个人资本 | | 七、有价证券 | |
| 三、项目资本公积 | | 八、固定资产 | |
| 四、基建拨款 | | 固定资产原价 | |
| 五、上级拨入投资借款 | | 减：累计折旧 | |
| 六、企业债券资金 | | 固定资产净值 | |
| 七、待冲基建支出 | | 固定资产清理 | |
| 八、应付款 | | 待处理固定资产损失 | |
| 九、未交款 | | | |
| 1. 未交税金 | | | |
| 2. 未交基建收入 | | | |
| 3. 未交基建包干节余 | | | |
| 4. 其他未缴款 | | | |
| 十、上级拨入资金 | | | |
| 十一、留成收入 | | | |
| 合计 | 2484825.64 | 合计 | 2484825.64 |

表 7-12　基本建设项目建筑安装工程决算审批表

江西省基本建设项目

建筑安装工程决算审批表

| 建设单位：×××大学 | 施工单位：×××建筑有限公司 | |
|---|---|---|
| 建设项目名称：×××工程 | 建筑面积：3590m$^2$ | 建设性质：新建 |
| 建安总造价（大写）： | 贰佰肆拾捌万肆仟捌佰贰拾伍元陆角肆分 | |

建设单位意见：

同意审核意见

负责人签字：×××　　　　公章：　　　　2007 年 4 月 20 日

审核单位意见：

同意

负责人签字：×××　　　　公章：　　　　2007 年 4 月 29 日

财政部门审定意见：

负责人签字：×××　　　　公章：　　　　年　月　日

表 7-13 基本建设项目概况表 （单位：元）

| 建设项目（单项工程）名称 | ×××工程 | | 建设地址 | ×××学校内 | | 基本建设支出 | 项 目 | 概 算 | 实 际 | 备 注 |
|---|---|---|---|---|---|---|---|---|---|---|
| 主要设计单位 | ×××设计院 | | 主要施工企业 | ×××公司 | | | 建筑安装工程 | | 2216496.34 | |
| | | | | | | | 设备、工具、器具 | | | |
| 占地面积 | 计划 | 实际 | 总投资/万元 | 设计 | 实际 | | 待摊投资 | | 268329.30 | |
| | 507m² | 507m² | | 300 | 248.48 | | 其中：建设单位管理费 | | | |
| 新增生产能力 | 能力（效益）名称 | | | 设计 | 实际 | | 其他投资 | | | |
| | | | | | | | 待核销基建支出 | | | |
| 建设起止时间 | 设计 | 2005.07~2006.05 | | | | | 非经营项目转出投资 | | | |
| | 实际 | 2005.09~2006.05 | | | | | 合计 | | 2484825.64 | |
| 设计概算批准文号 | ×××字［×××］×××号 | | | | | 主要材料消耗 | 名称 | 单位 | 概算 | 实际 |
| 完成主要工程量 | 建筑面积/m² | | 设备/（台、套、t） | | | | 钢材 | t | | |
| | 设计 | 实际 | 设计 | 实际 | | | 木材 | m³ | | |
| | 3590.00 | 3590.00 | | | | | 水泥 | t | | |
| 收尾工程 | 工程内容 | | 投资额 | 完成时间 | | 主要技术经济指标 | | | | |
| | | | | | | | | | | |

表 7-14 基本建设项目交付使用资产总表 （单位：元）

| 单位工程项目名称 | 总 计 | 固定资产 | | | | 流动资产 | 无形资产 | 递延资产 |
|---|---|---|---|---|---|---|---|---|
| | | 建安工程 | 设 备 | 其 他 | 合 计 | | | |
| ×××工程 | 2484825.64 | 2216496.34 | | 268329.30 | 2484825.64 | | | |
| | | | | | | | | |
| | | | | | | | | |
| | | | | | | | | |
| | | | | | | | | |
| | | | | | | | | |
| 合计 | 2484825.64 | 2216496.34 | | 268329.30 | 2484825.64 | | | |

交付单位：××× 接受单位：×××

盖 章： 盖 章：

# 复习思考题

一、单选题

1. 建设单位应当在工程竣工验收（ ）将验收的时间、地点及验收组名单书面通知负责监督该工程的工程质量监督机构。

A. 14 个工作日前 B. 7 个工作日前

C. 10个工作日前　　D. 6个工作日前

2. 项目监理机构编写完成工程质量评估报告后，经（　　）审核签字后方可报建设单位。

A. 专业监理工程师　　B. 建设单位负责人

C. 监理单位总经理　　D. 监理单位技术负责人

3. 新增固定资产是以（　　）为对象。

A. 单项工程　　B. 单位工程

C. 建设项目　　D. 分部工程

4. 建设单位应当自工程竣工验收合格之日起（　　）内，向工程所在地建设主管部门备案。

A. 10日　　B. 15日

C. 30日　　D. 45日

5. 建设项目竣工决算的内容不包括（　　）。

A. 竣工财务决算报表　　B. 竣工财务决算说明书

C. 新增资产价值的确定　　D. 工程造价对比分析

6. 下列工作中，不属于验收委员会或验收组的主要工作内容的是（　　）。

A. 审查档案资料　　B. 评定工程质量

C. 签订交工验收证书　　D. 编制移交生产准备情况报告

7. 建设项目验收，按被验收的对象划分，不包括（　　）。

A. 工程整体验收　　B. 单位工程验收

C. 分部工程验收　　D. 单项工程验收

8. 工程资料验收的内容不包括（　　）。

A. 工程人员资料验收　　B. 工程财务资料验收

C. 工程技术资料验收　　D. 工程综合资料验收

9. 建设项目竣工决算应包括（　　）的全部实际费用。

A. 从设计到竣工投产　　B. 从筹集到竣工投产

C. 从立项到竣工验收　　D. 从开工到竣工验收

10. 关于竣工结算报告，在大中型项目竣工决算中均包括的竣工决算报表是（　　）。

A. 建设概况表　　B. 竣工财务决算总表

C. 交付使用资产总表　　D. 建设项目竣工财务决算审批表

二、多选题

1. 工程竣工验收是在施工单位按照建设工程相关规定完成（　　）的各项内容后组织的。

A. 国家有关法律、法规　　B. 工程建设规范、标准

C. 工程设计文件要求　　D. 投标文件

E. 合同约定

2. 竣工验收阶段，建设工程依照（　　）的规定完成各项施工内容，由建设单位组织工程竣工验收。

A. 国家有关法律、法规　　B. 工程建设规范、标准

C. 检测报告　　D. 工程资料

E. 施工记录

3. 工程竣工验收的作用是（　　）。

A. 工程竣工验收是总结项目建设经验，提高项目管理水平的重要环节

B. 工程竣工验收是促进项目达到设计能力和使用要求，提高项目运营效果的需要

C. 工程竣工验收是承包商对所承担的工程建造任务接受建设单位和国家主管部门的全面检查和认可

D. 工程竣工验收是承包商完成合同义务的标志

E. 工程竣工验收是建设单位完成合同义务的标志

4. 工程竣工验收申请报告应经（ ）审核签字。

A. 总监理工程师 B. 建设单位项目负责人

C. 项目经理 D. 监理单位有关负责人

E. 施工单位有关负责人

5. 下列建设项目，具备竣工验收条件的是（ ）。

A. 工业项目已完成某些单项工程，但不能提前投料试车的

B. 某些特殊材料短期内不能解决，虽然工程内容尚未全部完成，但已可以投产或使用的项目

C. 规定要求的内容已完成，但因外部条件的制约，使已建工程不能投入使用

D. 未完成建设工程设计和合同约定的各项内容

6. 工程竣工验收后，建设单位应编制完成（ ）。

A. 工程竣工验收质量评估报告

B. 工程竣工验收报告

C. 工程竣工验收备案表

D. 工程档案验收报告

7. （ ）称为建设项目竣工财务决算，是竣工决算的核心内容。

A. 工程竣工图

B. 工程竣工造价对比分析

C. 竣工财务决算说明书

D. 竣工财务决算报表

E. 竣工财务结算报表

8. 关于新增固定资产价值的确定，下列表述中正确的有（ ）。

A. 新增固定资产价值的计算是以单项工程为对象的

B. 计算新增固定资产价值，均应一次性计算

C. 建设单位管理费按建筑工程、安装工程、需安装设备价值总额的比例分摊

D. 土地征用费、勘察设计费用按建筑、安装工程造价总额的比例分摊

E. 运输设备及其他不需安装设备不计入分摊的“待摊投资”

9. 竣工决算的编制依据包括（ ）。

A. 批准的设计文件，以及批准的概（预）算或调整概（预）算文件

B. 招标文件、标底（如果有）及与各有关单位签订的合同文件等

C. 设计变更、现场施工签证等建设工程中的文件及有关支付凭证

D. 竣工图及各种竣工验收资料

E. 竣工验收资料

10. 竣工决算是（ ）的依据。

A. 反映投资效果 B. 工程结清价款

C. 考核投资分析效果 D. 建立健全经济责任制

E. 正确核定新增归档资产

## 三、简答题

1. 简述竣工验收的主要内容及验收的一般程序。
2. 简述不同阶段竣工验收的验收条件。
3. 工程项目竣工决算应包括哪些内容？
4. 竣工决算的编制依据。
5. 简述竣工决算的编制步骤。
6. 新增固定资产按资产性质分为哪几类？如何确定？

7. 建设项目竣工财务决算报表由哪些报表组成？

四、案例分析

1. 某工业建设项目由甲、乙、丙三个单项工程组成，其中：建设单位管理费 160 万元，勘察设计费 200 万元，建设项目建筑工程费 6000 万元，安装工程费 1000 万元，设备费 9000 万元。甲工程建筑安装费 2500 万元，安装工程费 500 万元，设备费 4000 万元，则甲单项工程新增固定资产价值是多少？

# 第 8 章 建设项目造价审计

本章学习重点与难点：通过本章的学习，读者可以了解造价审计与政府审计机关对建设项目造价审计的相关内容，能够初步开展造价审计工作。要求读者在学习中熟悉建设项目造价审计的基本概念与造价审计方法；了解政府审计机关进行建设项目造价审计时基本程序与主要审计内容；了解政府审计机关如何进行设计概算、施工图预算与竣工结算的审计。

## 8.1 概述

### 8.1.1 建设项目造价审计的概念

**1. 建设项目审计的概念**

建设项目审计是指由独立的审计机构和审计人员，根据《中华人民共和国审计法》等法律法规和相关的技术经济标准，运用一定的审计技术方法，对建设项目建设全过程的技术经济活动以及与之相联系的各项工作进行的审计监督。

根据中国内部审计协会 2005 年颁发的《内部审计实务指南 1 号：建设项目内部审计》的定义，建设项目内部审计是指组织内部审计机构和人员对建设项目实施全过程的真实性、合法性、效益性所进行的独立监督和评价活动。其目的是为了促进建设项目实现“质量、速度和效益”三项目标。

**2. 建设项目造价审计的概念**

建设项目造价审计是建设项目审计的核心内容和主要构成要素，是建设项目审计的内容之一。它主要是对建设项目从开工筹建到竣工验收全过程中发生的所有建设费用的真实性、合理性和有效性实施的审计监督。其审计的目标是“四算两价”（投资估算、设计概算、施工图预算、竣工决算、结算价和合同价）的真实性、合法性和有效性。

**3. 建设项目造价审计的基本要素**

（1）审计主体　我国建设项目造价审计的主体由政府审计机关、社会审计组织和内部审计机构三大部分组成。

从审计职责权限来看，政府审计机关主要是对国家投资或融资为主的基础性项目和公益性项目实施审计；社会审计组织主要对被审计单位或审计机关委托的项目实施审计。在我国审计实务中，社会审计组织接受建设单位委托实施审计的项目大多为以企业投资为主的竞争性项目；接受政府审计机关委托进行审计的项目大多为基础性项目或公益性项目；内部审计机构则是对本单位或本系统内投资建设的所有项目实施审计。

就目前审计实践来看，相对于社会审计组织和内部审计机构，政府审计机关的审计职能和权限较大。政府审计在审查建设项目造价的真实性、合法性和有效性的基础上，可以审查和揭露政府投资项目建设过程中的违规违纪的问题，并可根据规定移交纪检部门进一步审查。因此，本章着重从政府审计机关角度介绍建设项目造价审计。

（2）审计客体　审计的客体是指审计的对象，包含项目建设过程中的所有技术经济活动内容，从实体上来看，审计对象主要是指建设项目的主管部门、各地方或国家的政府机关、建设单位、设计单位、施工单位、监理单位及其他社会中介机构等机构。特殊情况下（如延伸审计），还包括间接与项目建设有联系的单位甚至个人。

（3）审计范围　建设项目造价审计主要包括基本建设项目和技术改造项目两大主要部分。

（4）审计依据　建设项目造价审计依据主要由以下四个层次组成：

1）方针政策。主要指党和国家在一定时间颁发的与国民经济发展有关的宏观调控政策、产业政策和一定时期的发展规划等。这些方针政策直接影响建设项目造价的审计工作，是建设项目造价审计的宏观性和指导性的依据。

2）法律法规和规章制度。根据依法审计的要求，建设项目造价审计必须严格遵照一定的法律法规和规章制度来实施。主要包括：《中华人民共和国审计法》《中华人民共和国建筑法》《中华人民共和国民法典》《中华人民共和国招标投标法》《中华人民共和国价格法》《中华人民共和国税法》《中华人民共和国土地管理法》《建设项目内部审计指南》以及国家、地方和各行业定期或不定期颁发的相关文件规定等。例如，深圳市人大发布的《深圳经济特区政府投资项目审计监督条例》等地方法规是深圳市政府投资项目审计的地方法规依据。

3）相关的技术经济标准。主要是指建设项目造价审计中所依据的概算定额或指标、预算定额及综合价格，在进行造价绩效性审计分析时，还包含有关的造价技术经济指标等技术经济分析参数指标。

4）其他重要审计依据。例如，人大下发的要求进行专项造价效益审计文件、审计机关制订的年度工作计划等文件。少了这些审计依据，被审计单位就不一定会给予配合，审计工作就难以开展下去。另外，设计图样、招标文件和合同等建设项目资料也是审计不可或缺的重要依据。

（5）审计目标　工程造价的合理确定与控制主要是指“四算两价”（投资估算、设计概算、施工图预算、竣工决算、结算价和合同价）的合理确定与控制。具体是指：投资估算控制设计概算，设计概算（此处指设计图造价部分）控制施工图预算，施工图预算控制竣工结算，设计概算控制竣工决算，合同价控制结算价。因此，建设项目造价审计的基本目标是建设项目的“四算两价”的真实性、合法性和有效性。

## 8.1.2　建设项目造价审计的内容与程序

### 1. 建设项目造价审计的内容

由于一个建设项目只有在立项并且下达计划后才能接受审计监督，因此，建设项目造价的审计主要从设计概算开始。在审计设计概算时，同时对投资估算的真实性、合法性和有效性进行一定的事后审计。因此，建设项目造价审计内容主要包括三个方面：设计概算审计、施工图预算（标底）审计和竣工结（决）算审计。在这三个方面审计时，可分析“四算两价”的真实性、合法性和有效性。

本章内容主要针对建设项目造价审计，而竣工决算的审计由于主要涉及财务审计的内容，故不在本章介绍范围内。

2. 建设项目造价审计的程序

建设项目造价审计程序，是指进行该项审计工作所必须遵循的先后工作顺序。按照科学的程序实施建设项目审计，可以提高审计的效率，确保审计的质量和规避审计的风险。根据我国内部审计协会颁发的内部审计准则要求，建设项目造价审计程序一般可分为审计准备阶段、审计实施阶段、审计终结阶段和后续审计阶段。

（1）审计准备阶段 主要包括编制审计计划、编制审计实施方案、收集审计资料和下达审计通知书四项工作。

1）确定审计项目，编制审计计划。确定审计项目有两重含义：一是审计机构编制年度审计计划；二是审计人员按照本部门年度审计计划要求，选择具体的审计项目。

对政府审计机关而言，一般依据审计相关法规，根据政府投资项目的建设实施情况，结合自身审计能力，确定审计项目范围，并使用风险评估的方法，按照风险的大小和审计的重要程度，对当年度项目审计的重点、先后顺序进行统筹安排。审计计划一般包含年度审计计划、项目审计计划和审计实施方案三个层次，具体编制要求执行《内部审计具体准则第 1 号——审计计划》。

2）组成审计小组，做好审前调查，编制审计实施方案。在确定了审计项目之后，要根据建设项目的性质和规模大小落实审计人员，成立审计小组，明确审计小组组长。

审计小组组长对建设项目造价内容进行分工。根据中华人民共和国审计署第 6 号令《审计机关审计项目质量控制办法（试行）》规定，审计小组在实施审计前，应当编制审计实施方案。审计机关和审计组在编制审计实施方案前，应当根据审计项目的规模和性质，安排适当的人员和时间，对被审计单位的有关情况进行审前调查。由此可见，审计方案编制的好坏，直接取决于审前调查的质量。因此，做好审前调查就显得非常重要。

审前调查可选择到被审计单位调查了解情况、对被审计单位进行试审、查阅相关资料、走访上级主管部门、有关监管部门、组织人事部门及其他相关部门和其他必要的方式了解被审计单位基本情况，收集与项目有关的资料。一般而言，审前调查在送达审计通知书之前进行，必要时（如被审单位不配合时），可以向被审计单位送达审计通知书后进行审前调查。审前调查案例见表 8-1。

审计实施方案的主要内容包括：编制的依据；被审计单位的名称和基本情况；审计目标；重要性水平的确定和审计风险的评估；审计的范围、内容、重点以及对审计目标有重要影响的审计事项的审计步骤和方法；预定的审计工作起止时间；审计组组长、审计组成员及其分工；编制的日期；其他有关内容。审计实施方案案例见表 8-2。

3）初步收集和熟悉审计资料。在实施项目审计之前，审计人员应初步收集和熟悉与建设项目造价有关的资料。目前，对于政府投资项目而言，由于政府实行阳光理政，开设办事窗口，被审计单位可以在网上查询和下载建设项目造价审计需要的资料，备齐资料后即可在办事窗口递交至审计机关。这里所说的收集和熟悉审计资料主要是审计组人员内部从资料室接收并熟悉审计所需要的所有资料，为做好审计作充分的准备。审计资料递交表格式与内容见表 8-3。

表 8-1　××政府投资项目审前调查表

| 项 目 名 称 | ××中学 | 审 计 类 别 | 结　　算 | 项目立项号 | ×× [××]××号 |
|---|---|---|---|---|---|
| 被审计单位名称 | ××局 | | | 审前调查时间 | 2008. 05. 09 |
| 调查内容和调查结论 | 调查内容:<br>工程项目的立项情况:发改局按正常程序立项,计划资金 3 亿元<br>项目竣工情况:已于××年完工,学校已正式上课近 2 年,符合做结算要求<br>结算书代建单位已初审,三方无异议<br>项目资金控制情况:由于设计变更与深化图样设计,工程结算超合同<br>审计时间:要求 45 个工作日内完成<br>调查结论:<br>工程已竣工 2 年。工程质量总体良好,但局部有小裂缝与渗水。变化大的是室外绿化工程与景观工程。学校已进行二次绿化 | | | | |
| 审计风险评估和拟采取的措施 | 审计风险:<br>1. 由于工程已经完工 2 年,工程现场变化较大,工程装饰及绿化等部分真实性难以把握<br>2. 由于装饰工程的主材材料比较多,且复杂,单价的确定比较困难<br>3. 单位工程多,工程比较复杂,审计人员相互协调要求多<br>拟采取的措施:<br>1. 针对工程已完工近 2 年的事实,要求工程师多加强与学校、建设单位、代建单位的沟通,了解现场实际情况<br>2. 针对材料多的问题,审计人员要多询价,货比三家,确定变更主材的单价<br>3. 针对单位工程多的问题,审计人员要相互协调,多沟通,防止重复计算 | | | | |

**表 8-2 审计实施方案**

<table>
<tr><td>被审计单位名称</td><td colspan="3">××局</td></tr>
<tr><td>审 计 类 别</td><td>结算</td><td>审计工作时间</td><td>45 个工作日</td></tr>
<tr><td>审计期间、范围</td><td colspan="3">2008 年 5 月 19 日至 2008 年 7 月 18 日</td></tr>
<tr><td>方案编制依据</td><td>年度计划</td><td>编　制　人</td><td>××</td></tr>
<tr><td>被审计单位基本情况</td><td colspan="3">建设单位：××局；工程地点：××；项目批准文号：××［××］××号；计划投资：3 亿元；建设内容：××中学新建所有的单项工程</td></tr>
<tr><td>审计目标、内容、重点及风险评估</td><td colspan="3">审计目标：<br>1. 通过审计，使该项目各项造价准确、合理<br>2. 投资资金来源和使用真实、合法、合理。审计范围：单项工程预结算涉及的各项费用及项目资金的来源和使用情况，财务收支活动及其所涉及的其他经济活动<br>审计内容：<br>竣工图样、设计变更及现场签证单、招投标等资料与结算工程量的符合性检查、审核送审单价的准确性、审核套取定额、取费或投标报价的正确性<br>审计重点：<br>对结算报送综合单价和中标单价进行重点分析和审计、对招标范围外增减工程进行重点分析<br>风险评估：<br>由于工程已经完工 2 年，工程现场变化较大，工程的真实性难以把握</td></tr>
<tr><td>审计人员分工及工作步骤</td><td colspan="3">审计组共 13 人，组长××，负责全面的协调工作。主审××，××负责中心的审计技术协调工作，××负责基建办技术协调工作。××抓好安装协调工作。××代拟审计报告。具体分工详见审计安排表（略）</td></tr>
<tr><td>方案调整修改及补充事项</td><td colspan="3">编制人员签名：<br>年　　月　　日</td></tr>
<tr><td>部门负责人审核意见</td><td colspan="3">审核人签名：<br>年　　月　　日</td></tr>
<tr><td>局领导审批意见</td><td colspan="3">审核人签名：<br>年　　月　　日</td></tr>
</table>

**表 8-3 审计资料递交表**

| 序 号 | 资 料 名 称 | 份/套 | 预 算 | 期中结算 | 决 算 | 备 注 |
|---|---|---|---|---|---|---|
| 1 | 计划局立项批文（或资金统筹部门计划） | | √ | √ | √ | |
| 2 | 承诺书 | | √ | √ | √ | |
| 3 | 规划设计要点 | | √ | √ | √ | |
| 4 | 规划设计许可证 | | √ | | | |
| 5 | 开工证明书 | | | √ | | |
| 6 | 投资许可证 | | | √ | | |
| 7 | 开工许可证 | | | √ | | |
| 8 | 项目建议书 | | √ | | | |
| 9 | 可行性研究报告 | | √ | | | |
| 10 | 环境影响评价报告 | | √ | | | |
| 11 | 地质勘探报告 | | √ | | | |
| 12 | 经审批的工程图样（全套：土建、安装） | | √ | | | |
| 13 | 经批准的项目概算或项目资金分配表 | | √ | | | |
| 14 | 招、投标书（按招标规定内容提交） | | √ | √ | | |

（续）

| 序　号 | 资料名称 | 份/套 | 预　算 | 期中结算 | 决　算 | 备　注 |
|---|---|---|---|---|---|---|
| 15 | 工程预决（结）算书（加盖送审、编制单位公章） | | √ | √ | | |
| 16 | 工程量计算书（表） | | √ | √ | | |
| 17 | 材料分析表 | | √ | √ | | |
| 18 | 材料预算价差调整及调整依据文件、证明 | | √ | √ | | |
| 19 | 定标书 | | | √ | | |
| 20 | 设备预算价依据文件、证明 | | √ | | | |
| 21 | 工程设计、施工、监理合同、补充合同及协议书 | | | √ | | |
| 22 | 已审批的施工组织设计方案 | | | √ | | |
| 23 | 施工单位资质证明（复印件加红章） | | | √ | | |
| 24 | 施工单位营业执照、税务登记（复印件加红章） | | | √ | | |
| 25 | 设计变更图样、设计变更签证单、备案单 | | | √ | | |
| 26 | 施工过程中三方签证资料 | | | | √ | |
| 27 | 施工进度形象记录（包括隐蔽工程记录、吊装工程记录） | | | √ | √ | |
| 28 | 建设单位提供材料明细表 | | | | √ | |
| 29 | 施工单位自购材料明细表 | | | | √ | |
| 30 | 建设单位预付工程款、垫付款项明细表 | | | √ | | |
| 31 | 材料决算价差调整及调整依据文件、证明 | | | | √ | |
| 32 | 设备决算调整价依据文件、证明 | | | | √ | |
| 33 | 竣工图 | | | √ | | |
| 34 | 竣工验收证明表 | | | √ | | |

4）下达审计通知书。审计机关根据审计项目计划确定的审计事项组成审计组，并应当在实施审计三日前，向被审计单位送达审计通知书；遇有特殊情况，经本级人民政府批准，审计机关可以直接持审计通知书实施审计。

内部审计机构应在实施审计前，向被审计单位送达审计通知书。特殊审计业务可以在实施审计时送达。

审计通知书案例见表 8-4。

**表 8-4　审计通知书**

关于××住宅楼工程项目结算审计的通知

［××］××号

××局：

根据你单位申请及我局工作计划安排，决定派出审计组，自××××年×月××日起，对你单位××工程结算进行审计。请给予积极配合，并提供有关资料和必要的工作条件。

审计组长：　　　　×××

审计组员：　　　　×××

××审计局

×年×月×日

(2) 审计实施阶段　主要包括了解被审计项目情况并编写审计日记、内部控制制度测评、造价审计、取证并完成审计工作底稿与撰写审计报告五项工作。

1) 进驻被审计单位，了解被审计项目的情况，开始编写审计日记。下达审计通知书后，审计人员按预定的日期进驻被审计单位，一般要召开一个由被审计单位领导和有关人员参加的进点会，审计组介绍审计组人员，传达审计署规定的“审计八不准”纪律，说明审计目的和要求，取得被审计单位的支持，由被审单位领导、与被审项目有关的业务部门负责人简要介绍项目情况。审计人员一般应了解被审项目的情况如下：①建设单位的基本情况，包括法人代表、机构设置与人员定编情况等；②项目的资金来源与计划金额，计划投入与实际投入的数额等；③项目的基本情况，包括项目的平面布置、建筑面积、占地面积，单位(或单项) 工程基本情况等；④工程项目的整体竣工情况，包括完成的单项工程的数量和造价，未完工的单项工程的工程进度；⑤工程设计单位、施工单位、监理单位等相关工程主体参与方情况；⑥其他审计组认为要了解的情况。

在初步了解被审计项目情况的基础上，审计组根据审计项目的需要可以进一步收集与审计事项有关的审计资料。一般审计所需要的资料在被审计单位递交项目审计申请的时候就已经交齐了 (见前面审计资料递交表)，故这里所指的资料是指其他需要补齐的资料，如施工签证资料签字人员不齐时，需要补签等手续。所提交的资料即是项目审计的依据，也是审计的对象，一般情况下，都由建设单位提供。所以，为了保证审计资料的真实性，被审计单位一般要提交“被审计单位承诺书”，由建设单位承诺所提供的所有资料都是真实的、完整的，无故意隐瞒或遗漏。被审计单位承诺书的格式与内容见表 8-5。

表 8-5　被审计单位承诺书

| |
|---|
| ××审计局：<br>我们已按贵局审计组的要求，提供了（××工程项目结算审计）等相关资料，并郑重承诺所提供的资料是真实的、完整的，无故意隐瞒或遗漏。<br><br>承诺单位盖章：<br><br>法定代表人（委托代理人）签字：<br>×年×月×日 |

审计日记是记录审计人员每日做了哪些事情。对一个项目的审计是非常重要的，因此，审计人员一定要逐日编写审计日记，记录每天自己做了哪些审计事项。审计日记的撰写一直要到审计报告完成并归档后方可停止。根据《审计机关审计项目质量控制办法 (试行)》规定，审计日记的要素包括：①审计项目名称；②审计人员姓名；③审计分工；④实施审计的日期；⑤审计工作具体内容；⑥索引号；⑦页次。

审计日记案例见表 8-6。

表 8-6　××审计局审计日记

审计项目：××住宅工程项目结算

| 审计人员 | （签字） | 审计分工 | 主　审 |
| --- | --- | --- | --- |

| 日　期 | 审计工作具体内容 | 索引 |
| --- | --- | --- |
| 2008.06.27 | 接受资料，发审计通知书 | |
| 2008.07.03 | 编写审计实施方案，分配审计任务 | |
| 2008.07.03~2008.07.13 | 熟悉研究合同、结算资料 | Z |
| 2008.07.14 | 下午去现场初步勘察，了解项目基本情况 | |
| 2008.07.15~2008.08.08 | 做其他审计项目 | |
| 2008.08.08 | 审计白蚁防治工程单价，与甲方核对工程量和单价 | |
| 2008.08.08~2008.10.28 | 做其他工程项目。等施工单位核对其他单位工程项目 | |
| …… | …… | |
| 2008.10.30~2008.11.02 | 做其他工程项目 | |
| 2008.11.03 | 消防工程项目结算出具结果。撰写审计报告 | |

2）对建设项目的内部控制制度的健全性和符合性进行测试，评价建设项目的内部控制制度。与其他的专业审计一样，建设项目造价审计也采用制度基础审计方法，即通过对建设项目内部控制制度测试，评价建设项目内部控制制度的恰当性与有效性，并确定最佳控制点；然后从最佳控制点入手，实施重点审计，以提高项目审计的效率。此过程一般包括三个主要步骤：

首先是描述内部控制制度。审计人员可以通过调查问卷、流程图或文字表达等方式来描述建设项目内部控制制度。包括建设项目的承建方式描述、建设与管理的组织系统描述、现场管理制度描述、授权制度描述、财务管理制度描述、材料与设备采购制度描述等。内部控制制度描述能够进一步说明建设项目的建设与管理情况，使审计人员能够对建设项目有一个完整的认识。

其次是测试内部控制制度。对内部控制制度进行测试，需要经过穿-行测试和小样本测试两个主要阶段。其中，穿-行测试可以通过两种途径达到：一是"凭证穿-行测试"，即根据组织的记录来追踪整个活动过程；二是"程序穿-行测试"，即由审计人员对活动的每一步进行一到两次的测试。穿-行测试是从控制点的分析开始的，审计人员针对项目建设活动中的控制点，对项目建设活动分层进行测试。小样本测试的实质是选择少量的行为活动进行测试，其目的是检查内部控制制度实施的有效性程度，即实际活动效果是否达到了预期的目标。

完成了对上述内部控制制度的描述和测试之后，审计人员立即对建设项目的内部控制情况进行评价，据此，可调整审计方案或进行扩大测试。

3）根据调整后的审计方案要求，采用一定的方法对建设项目造价进行审计。选择项目造价审计的重点，对有关资料、文件、合同、资金使用、现场竣工情况等进行认真的审查。同时，审计人员一定要编撰审计工作底稿。经过反复取证及分析审计之后，审计人员对被审单位报送的资料有了完整的认识，并按照国家的方针、政策、法规、有关技术经济指标和定额等依据评价被审项目的真实性、合法性和有效性，采用斯维尔或广联达等软件进行套价后，得出初步的审计结论。初步审计结果出来后，审计人员应就已得出的初步审计结果与被审计单位交换意见，对其适当性进行沟通与探讨，并争取达成一致意见。

4）恰当取证，并完成审计工作底稿。《审计机关审计质量控制办法（试行）》规定，对被审计单位违反国家规定的财政收支、财务收支行为以及对审计结论有重要影响的审计事项，审计人员应当在编写审计日记的基础上，编制审计工作底稿。正确编写审计工作底稿，是建设项目造价审计中的一个重要环节。审计人员一定要严格按规定的格式、结构和其所反映的内容要求编写审计工作底稿。

在明确正式的填制内容之前，审计人员首先必须弄清楚如下问题：①所填写的内容是否是编写审计报告所必须；②是否为证明审计项目所需；③是否为纠正违纪问题所必需；④是否为本案今后继续调查所必需；⑤是否符合审计的目的，如果回答是肯定的，则相关资料应被编入审计工作底稿，否则，就不用编入工作底稿。

根据《审计机关审计项目质量控制办法（试行）》，审计工作底稿的要素包括：①被审计单位名称，即接受审计的单位或者项目的名称；②审计事项，即审计实施方案确定的审计事项；③会计期间或者截止日期，即审计事项所属会计期间或者截止日期；④审计人员及编制日期，即实施审计项目并编制审计工作底稿的人员及编制日期；⑤审计结论或者审计查出问题摘要及其依据，即简要描述审计结论或者审计查出问题的性质、金额、数量、发生时间、地点、方式等内容，以及相关依据；⑥复核人员、复核意见及复核日期，即审计组组长或者其委托的有资格的审计人员对审计工作底稿的复核意见及实施复核的日期；⑦索引号及页次，即审计工作底稿的统一编号及本页的页次；⑧附件，即审计工作底稿所附的审计证据及相关资料。

审计工作底稿是在审计活动中取得的，其内容主要来源于如下几个方面：国家方针、政策、法令；有关部门的规章制度、批文；被审单位的有关计划、方案，各项管理制度、会计制度、责任制度，各类账表、凭证、统计资料及经济活动分析、财产物资实有状况等。各方检举揭发的材料，有关人员检查交代和情况说明，以及其他单位或个人提供的同被审计项目或被审计单位有关的情况资料；审计人员工作日记，调查询问记录，检查账表记录，各种查证、函证核实材料等。

编写审计工作底稿时，应注意以下几个问题：

第一，内容完整、真实、重点突出。如要完整、如实地反映审计计划、审计方案制订及其实施情况，包括与形成和发表审计意见有关部门的所有重要事项，以及审计人员的专业判断。审计工作底稿不得被擅自修改或删减。

第二，编写的审计工作底稿应做到观点明确，条理清楚，用词恰当，字迹清楚，格式规范，标识一致；审计工作底稿应有索引编号和顺序编号，索引号与审计日记中的索引号要一致；审计工作底稿中载明的事项、时间、地点、当事人、数据、计量、计算方法和因果关系必须准确无误，前后一致；相关的证明资料如有矛盾，应当予以鉴别和说明。

第三，应充分考虑建设项目造价审计的性质、目的和要求，使审计工作底稿繁简适当，充分体现审计工作底稿的简明性和适用性。

第四，相关的审计工作底稿之间、审计工作底稿与审计日记之间相互引用时要注明索引编号。

第五，审计工作底稿中由被审单位、其他第三者提供或代为编制的资料，审计人员除应注明资料来源外，还应实施必要的审计程序，形成相应的审计记录；审计工作底稿所附的审计证明材料应当经过被审计单位或其他提供资料的单位签字盖章认可或鉴证，如果确有特殊情况无法认定或鉴证的，应当由审计组做出书面说明。审计工作底稿案例见表 8-7。

表 8-7　××审计局审计工作底稿

索引号：　　Z

| 被审计单位名称 | | ××建筑工务局 | |
|---|---|---|---|
| 审计事项 | | 深圳市××中学 | |
| 会计期间或者截止日期 | | 2008 年 7 月 2 日 | |
| 审计人员 | ×××（签字） | 编制日期 | 2008 年 7 月 2 日 |
| 审计结论或审计查出问题摘要及其依据 | ××中学项目于 2006 年 9 月竣工验收，但直到 2008 年 5 月 19 日才送审计机关进行结算审计，不符合《深圳经济特区政府投资项目审计监督条例》第二十八条“建设、施工等与项目建设相关的单位，应当在项目完成竣工验收之日起九十日内报送决算审计”的规定。因此，建议建设单位完善相关制度，严格按《深圳经济特区政府投资项目审计监督条例》第二十八条规定报送政府投资项目决算审计。<br>其他略。 | | |
| 复核意见 | 以上所反映的问题属实 | | |
| 复核人员 | ×××（签字） | 复核日期 | 2008 年 7 月 5 日 |

共　1　页　第　1　页　　　　附件（共　页）

5）撰写审计报告。审计报告是审计机关实施审计后，对被审计单位的财政收支、财务收支的真实、合法、效益发表审计意见的书面文书。根据《审计机关审计项目质量控制办法（试行）》规定，审计报告包括以下基本要素：①标题，统一表述为“审计报告”；②编号，一般表述为“××××年第×号”；③被审计单位名称；④审计项目名称，一般表述为“××××年度××××审计”；⑤内容；⑥出具单位，即派出审计组的审计机关；⑦签发日期。

审计报告的内容主要包括以下六个方面：

第一，审计依据，即实施审计所依据的法律、法规、规章的具体规定。

第二，被审计单位的基本情况，包括被审计单位的经济性质、管理体制、财政、财务隶属关系或者国有资产监督管理关系，以及财政收支、财务收支状况等。

第三，被审计单位的会计责任，一般表述为被审计单位应对其提供的与审计相关的会计资料、其他证明材料的真实性和完整性负责。

第四，实施审计的基本情况，一般包括审计范围、审计方式和审计实施的起止时间。审计范围应说明审计所涉及的被审计单位财政收支、财务收支所属的会计期间和有关审计事项。

第五，审计评价意见，即根据不同的审计目标，以审计结果为基础，对被审计单位财政收支、财务收支真实、合法和效益情况发表评价意见。真实性主要评价被审计单位的会计处理遵守相关会计准则、会计制度的情况，以及相关会计信息与实际的财政收支、财务收支状况和业务经营活动成果的符合程度。合法性主要评价被审计单位的财政收支、财务收支符合相关法律、法规、规章和其他规范性文件的程度。效益性主要评价被审计单位财政收支、财务收支及其经济活动的经济、效率和效果的实现程度。发表审计评价意见应运用审计人员的专业判断，并考虑重要性水平、可接受的审计风险、审计发现问题的数额大小、性质和情节等因素。审计机关只对所审计的事项发表审计评价意见。对审计过程中未涉及、审计证据不充分、评价依据或者标准不明确以及超越审计职责范围的事项，不发表审计评价意见。

第六，审计查出的被审计单位违反国家规定的财政收支与财务收支行为的事实和定性、处理处罚决定应以相应的法律、法规、规章为依据，必要时可以对被审计单位提出改进财政收支、财务收支管理的意见和建议。

审计报告经审计组组长审核后，送达被审计单位征求意见（见表 8-8）。被审计单位对征求意见的审计报告有异议的，审计组应当进行核实，并做出书面说明。必要时，应当修改审计报告。被审计单位自收到审计报告之日起 10 日内没有提出书面意见的，视同无异议，并由审计人员予以注明。征求意见的审计报告应予保留。

**表 8-8　对审计报告（征求意见稿）的意见回复单**

| ××审计局：<br>深福审××征［××］××号审计报告征求意见书及审计报告收悉，我们对审计报告的意见如下：<br><br>无异议。<br><br>（单位盖章）<br>××年××月××日 |
| --- |

审计组应当将审计报告、被审计单位对审计报告的书面意见、审计组的书面说明、审计实施方案、审计工作底稿、审计证据以及其他有关材料，报审计组所在部门复核。审计组所在部门对审计报告进行复核后，代拟审计机关的审计报告。对被审计单位违反国家规定的财政收支、财务收支行为需要依法进行处理、处罚的，审计组所在部门应当代拟审计决定书。对审计发现的依法应当由其他有关部门纠正、处理、处罚或者追究有关责任人员行政责任、刑事责任的问题，审计组所在部门应当代拟审计移送处理书。审计组所在部门应当将其代拟的审计报告、审计决定书、审计移送处理书、被审计单位对审计报告的书面意见，以及其他有关材料报送法制工作机构复核。审计组所在部门应当将代拟的审计报告、审计决定书、审计移送处理书和法制工作机构的复核意见书、报送审计机关分管领导。最后经审计机关领导审核（审计文书审阅程序见表 8-9）后，可签发审计报告。

审计机关实行审计结果公告制度，可以依照有关规定向社会公布审计报告，以公告为原则，不公告为例外。审计机关公布审计报告，应当依法保守国家秘密和被审计单位的商业秘密，遵守国家的有关规定。

（3）审计终结阶段　审计组应当按照审计档案管理要求收集与审计项目有关的材料，建立审计档案。审计档案实行审计组负责制，审计组组长对审计档案反映的业务质量进行审

表 8-9　审计文书审阅程序表

| 审计文书名称 | 关于深圳市××中学结算审计报告<br>附：审定表及审计事项造价计算书 | | |
|---|---|---|---|
| 科室：××办 | 撰稿人：　××× | 撰稿时间： | ××年××月××日 |
| 复核意见 | | | |
| 科长意见 | | | |
| 审理意见 | | | |
| 分管局长意见 | | | |
| 局长意见 | | | |
| 局业务会议意见 | | | |

查验收。审计组应当确定立卷责任人及时收集审计项目的文件材料；审计项目终结后，立卷责任人及时办理立卷工作。立卷责任人应当将与审计项目有关的下列文件材料归入审计项目案卷：

1）结论类文件材料，主要是审计报告及审计业务会议记录、复核意见书、审计组的书面说明、被审计单位对审计报告的书面意见等审计报告形成过程中形成的文件材料、审计决定书及相关文件材料、审计移送处理书及相关文件材料等。

2）证明类文件材料，主要是被审计单位承诺书、审计日记、审计工作底稿、审计证据等。

3）立项类文件材料，主要是上级审计机关或者本级政府的指令性文件、与审计事项有关的举报材料及领导批示、审计实施方案及审前调查记录等相关材料、审计通知书和授权审计通知书等。

4）备查类文件材料，主要是不能归入前三项的其他文件材料。

（4）后续审计阶段　后续审计一般是指审计机关对被审计单位在审计工作结束后，为检查审计建议和处理决定的执行情况，或发现有隐瞒行为，或出现漏审、错审进行的跟踪审计。

后续审计的主要内容包括：

1）把原审计结论、处理决定中所提出的问题的落实执行情况列为后续审计的重要内容。检查被审计单位有无认真采取整改措施，改正或处理有关人和事，效果如何。对于尚未得到采纳、执行的有关问题，要认真分析、查明原因；对于因故拖延不改或措施不力的，要督促其尽快采取措施解决；对于故意推托延迟，拒不执行，应责令其在限期内改正。

2）检查上一次审计时已审出的问题有无重犯的情况，特别要深查那些隐埋较深、上次审计时因某种原因（如时间仓促，人力有限，线索不够）未能见底的问题。例如，挪用、转移建设资金，挤占建设成本等。

3）审计有无产生新问题。有的单位钻空子，避开已审过的问题，在别的方面做文章，例如违反财经纪律的新方式、新计划外工程，损失浪费都有可能重新发生。

4）检查上一次的审计质量和审计报告的质量。回顾工作中有无不妥或失误之处，审计决定有无不够客观，不够准确，或者操作不便的情况。通过自我复审，利于改正工作，提高审计质量，树立审计的权威。

后续审计是审计工作程序不可缺少的重要组成部分，是强化审计监督职能，深化审计内容，加快实现审计工作制度化、规范化的有效途径。

### 8.1.3 建设项目造价审计方法

审计方法（Audit method）是指审计人员为了行使审计职能、完成审计任务、达到审计目标所采取的方式、手段和技术的总称。审计方法贯穿于整个审计工作过程，而不只存于某一审计阶段或某几个环节。审计工作从制定审计计划开始，直至出具审计意见书、依法做出审计决定和最终建立审计档案，都存在运用审计方法的问题。

关于审计方法概念的表达，归纳起来大致有两种不同的观点：一是狭义的审计方法，即认为审计方法是审计人员为取得充分有效审计证据而采取的一切技术手段；另一种是广义的审计方法，即认为审计方法不应只是用来收集审计证据的技术，而应将整个审计过程中所运用的各种方式、方法、手段、技术都包括在审计方法的范畴。

随着审计实践的丰富与审计理论的发展，审计方法也经历了由简单到复杂、由低级到高级、由个别到群体的漫长的历史演变，逐渐形成有系统的方法体系。从单项详查到系统抽查；从单一听审技术到综合检查技术；从手工审计手段到计算机技术审计手段。随着各种方法的综合运用，审计机关可以有效规避审计风险和提高审计质量。

审计的具体方法，主要是收集审计证据，大体可以分为审查书面资料的方法、实物证实的方法，以及审计调查的方法。

**1. 审查书面资料的方法**

按审查书面资料的技术，可分为核对法、审阅法、复算法、比较法、分析法；按审查资料的顺序分为逆查法和顺查法；按审查资料的范围，分为详查法和抽查法。

（1）核对法　核对法是将会计记录及其相关资料中两处以上的同一数值或相关数据相互对照，用以验明内容是否一致，计算是否正确的审计方法，其目的是查明证、账、表之间是否相符，证实被审单位财务状况和财务成果的真实、正确、合法。

（2）审阅法　审阅法是对凭证、账簿和报表，以及经营决策、计划、预算、合同等文件和资料的内容详细阅读和审查，以检查经济业务是否符合法规，经济资料是否真实正确，是否符合会计准则的要求。审阅法主要是查证证、账、表等会计资料。

（3）复算法　复算法是对凭证、账簿和报表以及预算、计划、分析等书面资料重新复核、验算的一种方法。这种方法是包含在核对法之中的。复核验算的主要方面有：一是原始凭证中单价乘数量的积数，小计、合计等；二是记账凭证中的明细金额合计；三是账簿中每页各栏金额的小计、合计、余额；四是报表中有关项目的小计、合计、总计及其他计算；五是预算、计划、分析中的有关数据。

复算法一般与审阅法结合运用，这样可提高审计的保险系数。

（4）比较法　比较法是通过相同被审项目的实际与计划、本期与前期、本企业与同类企业的数额进行对比分析，检查有无异常情况和可疑问题，以便跟踪追查提供线索，取得审计证据。如以某项目的造价经济技术指标与其他典型经济技术指标比较，都可以说明情况，发现问题。比较法又可分为绝对数比较法和相对数比较法，两者目的只有一个，就是为了更好地进行审计和核对。

（5）分析法 分析法就是通过分解被审项目的内容，以揭示其本质和了解其构成要素的相互关系。

（6）逆查法 逆查法就是按照经济活动进行的相反顺序，从终点查到起点的审计方法。在财务收支审计中，它就是按照会计核算程序的相反次序，先审查会计报表，从中发现错弊和问题，然后有针对性地依次审查和分析报表、账簿和凭证。

这种方法的主要优点是从大处着手，审计面较宽，审查的重点和目的比较明确，易于查清主要问题，审计功效较高；不足之处是着重审查分析报表，并据以重点逆查账目，可能遗漏或疏忽某些更重要的问题，难以揭露错弊。而且逆查法难度较大，因此对审计人员业务素质要求较高。

（7）顺查法 顺查法就是按照经济活动发生的先后顺序，依次从起点查到终点的审计方法。对会计资料的审查就按照会计核算程序的先后顺序，依次审核和分析凭证、账簿和报表。

这种方法的主要优点是简便易行，由于它按记账程序逐一、仔细地核对，审计内容详细，一般说来账务上的错误和弊端可以毫无遗漏，审计结果较为可靠。缺点是事无大小都同等对待，往往把握不住重点和主次方向，且着重对证账表的机械核对，费时费力，可能因小失大，因此一般适用于对规模较小，业务不多的单位审计时采用。

逆查法和顺查法各有侧重，各有利弊，为发挥审计较实用，实际中常将两种方法结合起来运用，即采用逆查法时，对于需要了解的部分，不妨局部兼用顺查法详细查核；采用顺查法时，对于重要事项也可兼用逆查法，以免遗漏。

（8）详查法 详查法就是对被审单位被审期内的全部证账表或某一重要（或可疑）项目所包括的全部账项进行全面、详细的审查。早期的财务审计、通常采用这种方法。

（9）抽查法 抽查法指从被审单位被审计对象中抽取其中一部分进行审查；根据审查结果，借以推断审计对象总体有无错误和弊端。其基本特点是：根据审计对象的具体情况和审计目的，经过判断，选取具有代表性的、相对重要的项目作为样本，或者从被审查资料中随机抽取一定数量的样本，然后根据样本的审查结果来推断总体的正确性，或推断其余未抽查部分有无错弊。这种方法的关键在于抽取样本，故又称为抽样审计法。现代审计多用此法。

抽查法可分为任意抽样法、判断抽样法和统计抽样法三种。

1）任意抽样法。这种方法是审计人员在总体中任意抽取一部分进行审计，抽查的出发点纯粹是为了减少审计人员的工作量。选取哪些内容，什么经济资料和经济活动，选取多少内容、多少样本等都无一定规律和依据，审计人员心中无数。因此，它所取得的审计证据，风险较大，有时带有极大的偶然性和任意性。

2）判断抽样法。又称重点抽查法，它是根据审计目的、被审单位内部控制完备程度和所需要的证据，由审计人员根据经验，有选择有重点地对审计总体中一部分内容进行审计，据以对总体做出推断。这种方法重点突出、针对性强，但所得的抽查结果是否有效，不好判定。此项抽查法和审计人员的素质是密不可分的。

显然，上述两种方法主观色彩太浓，客观性较差，不能正确反映审计工作的效果。

3）统计抽样法。又称数理抽查法，它是指审计人员运用概率论的原理，按随机原则在审计总体中抽取一定数量内容作为样本进行审计，再根据样本结果推断总体特征。统计抽样法有三个主要特点：①依靠概率论的原理进行抽查，不依赖审计人员的经验和判断能力，样本规模由审计总体的数量因素决定；②样本不是人为的重点选择，而是根据随机原则，保证了被审项目总体各部分被选择抽样的机会均等；③根据随机抽取的样本得出的结果来推断总体的特征，较为科学合理。统计抽样的具体运用有两种：一是用于符合性测试，用来估计总体特征的发生率；二是用于实质性测试，用来估计总体数额的差异值，前者称属性抽样，后者称变量抽样。

抽查法审查重点明确，如果选对目标，省时省力，具有事半功倍的效果，但如目标和对象选择不当或缺乏代表性，往往不能发现问题，甚至前功尽弃。在财务收支审计和财经法纪审计中，抽查法往往不及详查法，因此它还是有一定的局限性。实际中常将抽查法与其他方法配合运用。

#### 2. 实物证实的方法

除了收集书面资料方面的信息，审计工作还必须取得实物存在方面的资料，即证明落实客观事物的形态、性质、存在地点、数量、价值等，以审核是否账目相符，有无错误和弊端。这类方法主要有现场勘察法和鉴定法。

1）现场勘察法，是指审计人员通过对工程项目的内容实地勘察，检查工程内容的真实性的一种方法。

2）鉴定法，是指邀请有关专业人员运用专门技术对书面资料、实物和经济活动进行确定和识别的方法。例如，工程项目竣工后对钢筋等隐蔽工程真实性的鉴定，就超出了一般审计人员的能力，需要聘请一定数量的专业技术人员提供鉴定结论，并做出独立的审计证据。

#### 3. 审计调查的方法

审计调查是审计方法中不可缺少的一个重要组成部分。审计实施过程除了审查书面资料和证实客观事物外，还需要对经济活动及其活动资料以内或以外的某些客观事实进行内查外调，以判断真相，或查找新的线索，或取得审计证据，这就需要审计人员深入实际进行审计调查。审计调查方法包括观察法、查询法、函证法。

（1）观察法　观察法是审计人员亲临现场进行实地观察检查，借以查明事实真相，取得审计证据的一种调查方法。如造价审计人员到达现场后，对工程内容进行直接的观看视察，注意其是否符合审计标准和书面资料的记载，从中发现薄弱环节和存在的问题，借以收集书面资料以外的证据。充分收集证据，是搞好审计的关键，否则是不能发现问题的。

（2）查询法　查询法指对审计过程中发现的疑点和问题，通过口头询问或质疑的方式问清事实真相并取得口头或书面证据的一种调查方法。对一般问题，口头或书面询问均可。但对重要问题，则尽量采用书面询问并取得书面证据。书面证据是非常重要的，有时是审计成败的最重要因素。

（3）函证法　函证法实际上也是一种查询法，它是指审计人员通过给有关单位和个人发函，以了解情况取得证据的一种调查方法。这种方法多用于往来款项的查证，作为认证债权债务的必要手段。函证法有很强的核对性，在查证方面非常有效，是审计工作必不可少的重要一环。

除上述审计方法外，针对特定审计种类，还有一些专门方法，如评审内部控制制度采用的调查表法和流程图法等。

审计方法作为一种技术方法体系，其内容会随着社会经济的发展、审计科学的深化而不断更新。事实上，在从传统审计进入现代审计的发展过程中，审计方法已经经历了三个发展阶段：一是从面向数据发展到面向制度和面向数据并举；二是从单纯的财政财务审计发展到财政审计和经济效益审计并举；三是从单纯的手录数据处理系统审计发展到手录数据处理系统审计与电子数据处理系统审计并举。审计技术也在不断完善和发展中。随着时代的前进，审计工作也在日趋复杂化、系统化和先进化。

最后需要明确的是，在实际工作中各种方法的使用不是孤立的、单一的。通常一项审计内容要运用多种审计方法，相互补充、相互促进，以求尽快查明经济活动和经济资料的正确性、真实性、合法性、合理性和有效性，对各种方法的“综合利用”是值得大力提倡的。

## 8.2 设计概算审计

### 8.2.1 概述

审计机关对国家建设项目概算执行情况进行审计时，应当检查概算审批、执行、调整的真实性和合法性。对于财政性资金投入较大或者关系国计民生的国家建设项目，审计机关可以对其前期准备、建设实施、竣工投产的全过程进行跟踪审计。因此，审计机关可以对设计概算进行跟踪审计。但在概算编制过程中，由于审计力量、审计体制和审计观念等诸多因素的限制，使得概算跟踪审计遇到了较大的阻力。因此，在审计实践中概算审计多以事后审计为主，即在设计概算编制完成之后，在项目的建设阶段或竣工验收阶段审计设计概算的执行情况，检查预算是否有超概算，预算是否超出概算的标准。由于当前普遍存在设计概算编制比较粗糙的情况，使得原先以概算为标准来审计其执行情况在很大程度上没有多大意义，因此审计人员往往在事后对概算编制情况进行审计时，揭示出概算编制存在的问题和提出相关审计建议。但这又使得概算执行情况审计缺乏刚性标准，使得概算控制预算的刚性控制流于形式。

因此，从理论上来说，审计人员应在初步设计阶段过程中实施设计概算跟踪审计，使设计概算审计与设计工作同步进行，从而避免事后审计的缺点。

### 8.2.2 设计概算审计的内容

#### 1. 设计概算审计需要的资料

1）经有关部门批准的可行性研究报告及投资估算。

2）经上级部门批准的有关文件。

3）工程地质勘测资料、经批准的设计文件。

4）水、电和原材料供应情况、交通运输情况及运输价格、地区工资标准、已批准的材料预算价格及机械台班价格。

5）国家或省市颁发的概算定额、概算指标、建筑安装工程间接费定额及其他有关取费标准、国家或省市规定的其他工程费用指标、机电设备价目表、类似工程概算及技术经济指标。

6）编制的概算书及相关资料。

7）其他审计需要的资料。

2. 设计概算审计的主要内容

（1）审计设计概算编制的依据 主要是审计概算编制依据是否合法、编制依据的时效性以及编制依据的适用性。

1）审计概算编制的依据是否合法。设计概算必须依据经过国家有关部门批准的可行性研究报告及投资估算进行编制，审计其是否存在“搭车”多列项目现象，应严格控制设计概算，防止概算超估算，确实有必要超估算的，应分析原因，要求被审计单位重新上报概算审批部门重新审批，并且要总结经验，找原因查清楚为什么会超估算。

2）审计概算编制的依据是否具有时效性。设计概算编制的大部分依据是国家或有关部门颁发的现行规定，因此应注意审计编撰概算的时间与其使用的文件资料的适用时间是否吻合，不能使用过时的依据资料。

3）审计设计概算编制的依据是否适用。各种编制依据都有规定的适用范围，如各主管部门规定的各种专业定额及取费标准，只适用于该部门的专业工程；各地区规定的定额及取费标准只适合于本地区的工程等。因此，在编制设计概算时，不得使用规定范围之外的依据资料。

（2）审计设计概算编制的深度 通常大中型建设项目的设计概算都有完整的编制说明和“三级概算”（建设项目总概算书、单项工程概算书、单位工程概算书），审计过程中应注意审计其是否符合规定的“三级概算”，各级概算的编制是否按照规定的编制深度。

（3）审计设计概算内容的完整性 主要包括三个方面的内容。

1）审计建设项目总概算书。重点审计总概算中所列的项目是否符合建设项目前期决策批准的项目内容，项目的建设规模、生产能力、设计标准、建设用地、建筑面积、主要设备、配套工程、设计定员等是否符合批准的可行性研究报告，各项费用是否有可能发生，费用之间是否重复，总投资额是否控制在批准的投资估算以内，总概算的内容是否完整地包括了建设项目从筹建到竣工投产为止的全部费用。

2）审计单项工程综合概算和单位工程概算。重点审计在上述概算书中所体现的各项费用的计算方法是否得当，概算指标或概算定额的标准是否适当，工程量计算是否正确。例如，建筑工程所采用工程所在地区的概算定额、价格指数和有关人工、材料、机械台班的单价是否符合现行规定，安装工程采用的部门或地区定额是否符合工程所在地区的市场价格水平，概算指标调整系数、主材价格、人工、机械台班和辅材调整系数是否按当时最新规定执行，引进设备安装费率或计取标准、部分行业安装费率是否按有关部门规定计算等。在单项工程综合概算和单位工程概算审计中，审计人员应特别注意工程费用部分，尤其是生产性建设项目，由于工业建设项目设备投资比重大，对设备费的审计也就显得十分重要。

3）审计工程建设其他费用概算。重点审计其他费用的内容是否真实，在具体的建设项目中是否有可能发生，费用计算的依据是否适当，费用之间是否重复等有关内容。其他工程费的审计要点和难点主要体现在建设单位管理费审计、土地使用费审计和联合试运转费审计等方面，审计人员在审计时，应加以注意。

另外，在设计概算的审计过程中，审计人员还应重点检查总概算中各项综合指标和单项指标与同类工程技术经济指标对比是否合理，这也体现了造价的有效性审计要求。

### 8.2.3 审计案例

深圳市××村旧城改造项目位于福田区南端的皇岗口岸地区。该项目用地面积为 29451.6m²，总建筑面积为 228422m²，其中，住宅楼精装修部分面积为 83188m²。其概算编制费用如下（表 8-10）：

表 8-10 项目名称：××村旧城改造项目概算成本

| 序号 | 建筑安装工程费用 | 建筑面积/m² | 单位造价/(元/m²) | 概算投资/万元 |
|---|---|---|---|---|
| 一 | 建筑安装工程费用 | 228422/83188 | 建筑按 3198，装修按 415 计 | 76501.66 |
| 二 | 工程建设其他费用 | 计费依据及标准 | | 6397.13 |
| 1 | 建设单位管理费 | (一)×0.729% | | 557.70 |
| 2 | 设计费 | (一)×3% | | 2295.05 |
| 3 | 勘察费 | (一)×2.45%×0.3 | | 562.29 |
| 4 | 施工图技术审查费 | 勘察设计费×10.00% | | 56.23 |
| 5 | 施工图预算编制费及竣工图编制费 | 勘察设计费×18.00% | | 101.21 |
| 6 | 工程监理费 | (一)×2% | | 1530.03 |
| 7 | 建设单位临时设施费 | (一)×1% | | 765.02 |
| 8 | 质监费 | 建筑面积×2.5 元/m² | | 57.11 |
| 9 | 安检费 | (一)×1‰ | | 76.50 |
| 10 | 工程保险费 | (一)×1‰ | | 76.50 |
| 11 | 招标投标交易费 | (一)×1.4‰ | | 107.10 |
| 12 | 前期咨询费 | (一)×0.2% | | 153.00 |
| 13 | 人防易地建设费 | 按规定计取 | | 0.00 |
| 14 | 墙改基金 | 建筑面积×5 元/m² | | 0.00 |
| 15 | 白蚁防治费 | 建筑面积×2.6 元/m² | | 59.39 |
| 三 | 预备费 | | | 0.00 |
| 1 | 基本预备费 | (一+二)×0% | | 0.00 |
| 2 | 涨价预备费 | | | 0.00 |
| 四 | 总成本 | (一+二+三) | | 82898.79 |
| | 市政部分 | | | 466.99 |
| 总计 | | | | 83365.78 |

建设项目总概算书、单项工程概算书、单位工程概算书（略）。

审计发现的问题：

1）工程概况内容不完整。工程概况应包括建设规模、工程范围并明确工程总概算中所包括和不包括的内容。审计发现：本概算中未包括原政府无偿提供的土地，概算编制单位应当对此加以说明。

2）编制依据不完整。概算中的建筑安装工程费用没有说明相应的编制依据和编制方法。建筑安装成本按 3198 元/m²，精装修 415 元/m² 计算没有依据，数据是估算得来，市政部分 466.99 万元未进行详细的分析和测算。

3）编制内容不完整。该概算未编制资金筹措及资金年度使用计划。

4）工程项目概算编制的内容不完整、不正确，主要表现在：①概算造价内未包含旧房拆迁费及村民临时租房费等前期费用。②部分计费标准不正确，如设计费率按《工程勘察设计收费标准》（2002 年修订本）附表计算应为 2.45%；工程监理费率按《深圳市工程建设监理费规定》计算应为 1.9%；基本预备费按规定应按 3%计取。

审计建议：建议建设单位针对审计中发现的问题进行整改和完善。

## 8.3 施工图预算（标底）审计

### 8.3.1 施工图预算（标底）审计需要的资料

根据审计资料提交表中规定，预算（标底）审计需要提交的资料有：

（1）前期计划立项文件　包括发改局立项批文（或资金统筹部门计划）、经批准的项目概算或项目资金分配表、规划设计要点、规划设计许可证、项目建议书、可行性研究报告、环境影响评价报告、地质勘探报告等。

（2）预算（标底）计算依据　包括经审批的工程图样（全套：土建、安装）、招标书（按招标规定内容提交）、工程预算书（加盖送审、编制单位公章）、设备预算价依据文件与证明、工程量计算书、材料分析表、材料预算价差调整及调整依据文件与证明等资料。

（3）被审计单位承诺书　审计机关或审计人员自己必备的资料：各种专业的预算定额、取费标准、费用文件等计价依据；市造价站等造价主管部门发布的材料信息价文件；工程预算审计相关软件（如斯维尔计价与计量软件、国家审计署开发的现场审计实施系统（AO）或各级政府办公软件等计算机辅助审计系统）。

### 8.3.2 施工图预算（标底）审计的主要内容

#### 1. 审计施工图、招标文件、合同条款和概算等资料

审计思路：审计施工图是否完整，设计深度是否满足招标要求，是否有设计相关人员的签字及设计单位的盖章，是否经审图机构审查，设计文件是否有明显的错误；审计招标文件是否符合法规的要求，是否完整，招标文件中的合同条款是否合法、合理和公正；审计概算的组成是否完整，预算是否超出概算。

#### 2. 审计项目招标前的合法合规性

审计思路：审计项目预算内容是否完整，是否有肢解工程发包的嫌疑等。

#### 3. 审计预算工程量

审计思路：对于预算工程量，由于现在工程项目的招标都要求标底和报价采用工程量清单计价的方式，其工程量的审计作用正在淡化。但如果工程量相差太大，将给有经验的投标人不平衡报价的机会，从而使政府或业主造价得不到合理的控制。因此，对于预算工程量，主要还是以技术经济指标分析后，针对工程量及造价差异较明显的分项工程进行重点抽查审计。实际中很少采用全面审计的方法。

#### 4. 审计工程单价

审计思路：选用的定额是否正确，是否采用当地定额套用，如深圳地区工程项目是否套

用深圳市建设工程造价站颁发的定额；是否按专业类别套用，如市政工程是否按市政定额套用；定额子目是否套错，是否存在高套定额的现象，套用定额的工作内容是否与设计要求的项目内容一致，如不一致，是否按规定进行了定额的换算，换算是否正确，换算条件是否适当，换算的方法是否正确，是否存在重复套取定额的现象；主材价格是否选用设计图规定的主材品牌、规格和标准，单价是否是造价管理部门发布的信息价，市场价是否合理（未公布信息价时）。

5. 审计工程取费

审计思路：审计工程定额测定费、社会保险费（失业、养老、工伤、医疗和住房公积金费）、工程排污费、城市道路占用挖掘费、临时占用绿地费、绿化补偿（赔偿）费等规费的计取是否合理；审计工程安全文明施工措施费是否合理；审计工程税金的计取是否合理。

6. 审计综合评价与建议

审计思路：初步审计结果出来后，审计人员还需对工程项目预算的经济性进行相应的评价，评价其有关技术经济指标是否合理，总预算和分预算是否超概算，最终设计的标准是否与批准的概算标准一致。审计机关可根据以上发现的问题提出相应的审计建议。

### 8.3.3　审计案例

1. 项目的基本情况

拟建的××体育公园位于深圳市××区，用地面积约为 6.3 万 $m^2$。项目建成后主要为了满足全区市民强身健体的目的。该一期工程主体已全部完工，二期工程分为Ⅰ标段车库工程、Ⅱ标段体育大楼工程、Ⅲ标段体育文化街工程、Ⅳ标段体育馆工程，框架及钢结构，地上二十六层，地下一层，建筑面积为 10 万 $m^2$。计划投资 8.05 亿元，全部由政府财政预算资金拨付。

2. 审计情况

根据××区 200×年政府投资项目计划和审计工作计划的安排，审计小组于 200×年 6 月 7 日至 200×年 6 月 30 日期间，对××体育公园二期工程预算（标底）进行了审计。

（1）审计目标　依据《审计机关国家建设项目审计准则》和《深圳经济特区建设工程施工招标投标条例》，为确保该政府投资项目顺利完成招投标和严格控制政府投资造价，提高投资效益，对该项目预算造价的真实性与准确性实施审计监督。

（2）审计范围　××体育公园二期范围内的Ⅰ标段车库工程、Ⅱ标段体育大楼工程、Ⅲ标段体育文化街工程、Ⅳ标段体育馆工程，框架及钢结构，地上二十六层，地下一层，建筑面积为 10 万 $m^2$。

（3）审计内容　图样中各项工程量的真实性；各项工程取费标准和参照定额是否合理；主材的数量与价格是否准确。

（4）审计重点　根据××建筑工务局提供的工程施工图、图样会审资料、会议纪要等资料，依据国家和深圳有关招投标法、合同法和计量计价方法等法规，重点审计该项目预算（标底）造价的分部分项工程项目综合价格计算是否准确，各种材料单价计取是否合理，是否接近市场价，工程类别是否符合深圳市有关规定。

（5）审计依据　审计依据《中华人民共和国审计法》《深圳经济特区政府投资项目管理条例》《深圳市政府投资项目审计监管暂行条例》，设计施工图，招标文件，送审造价计算书，《深圳市建筑装饰工程综合价格》（1997 年修订本）、《深圳市安装工程综合价格》

(1998 年) 等。

(6) 审计方法 根据该工程的特点，以定额测算和市场调查相结合进行审计，对被审计单位提供的其他相关资料（工程量计算书、单价分析表）进行重点抽查。

(7) 审计组织 ××审计局接到审计任务后，成立了由 9 人组成的审计组，配备了土建、安装等专业人员，自 200×年 6 月 7 日至 200×年 6 月 30 日，对该项目进行了审计。

**3. 审计结果**

被审计单位送来的二期主体工程预算造价为 4.23 亿元，审定造价为 3.76 亿元（未含设备价约 0.26 亿元），审减额为 0.21 亿元，审减率为 5.29%。

审计中发现的主要问题：

1）设计深度不够，致使某些单价很难确定，不利于控制造价。例如，玻璃幕墙分部工程，面积有几千平方米，但没有具体的设计详图，只有一个示意图，没有明确幕墙的柱、框的材质、规格尺寸，玻璃的厚度和色彩，这就很难确定单价，只能进行估价，这可能影响施工过程中造价的增加。

2）工程量计算不准确，少计、漏计较多，不利于招标阶段的造价控制。例如，Ⅰ段地下室的土方回填工程，报送的土方量仅为 $43m^3$，远远少于实际土方量，实际土方量在几千立方米以上。这给所有投标单位创造了不平衡报价的机会，在不影响总报价的情况下，如果每立方米报价多报 20 元，在结算调整工程量时就要多调增几十万元。

3）重大报批手续尚未到位，存在变更未知因素，造价有可能失控。根据要求，二期工程中供配电系统和消防报警控制系统设计图必须报供电局和消防局审批，在得到正式批文以后，才能正式成为施工图设计。如果仓促上马，有关部门在审查不合要求后提出修改意见，所有已做的要全部返工，这肯定会造成资金的极大浪费。

4）设备材料一味追求品牌，忽视了设备材料性价比的综合比较，这将达不到保证质量和提高经济效益的目的。对于设备、材料的选型，必须坚持物有所值、高性价比的原则进行采购。实际上很多进口设备和材料不是原装进口，而是组装，其质量不一定比国内一些品牌设备材料的质量高，单价却要高 3 倍以上。

5）建设单位没有提供概算书，无法确定预算是否超过概算的最高限额。根据“三不超”原则，即结算不超预算，预算不超概算，概算不超估算，审计小组在对××体育公园二期施工图预算进行审计时，必须要有设计概算最高限额的控制，但被审计单位并没有提供××体育公园二期工程的设计概算，致使审计无法确定施工图预算是否控制在设计概算范围内，达不到合理规划和控制资金的目的。

**4. 审计意见**

1）本次审定的预算造价 3.76 亿元作为招标标底。

2）招标前，钢结构工程的施工措施费的确定应另报审计局审定。建议在施工措施费中考虑超常规钢结构损耗率。

3）设备价 0.26 亿元应和电梯、发电机组、冷水机组三大件一并纳入设备招标范围，招标前应报审计局再次审定。

4）由于钢筋市场价和信息价相差较大，且波动频繁，建议招标中钢筋统一按 3600 元/t 报价，结算时按实调整。

5）为防止不平衡报价，在施工过程中新增分项工程的结算价应按审计局结算审定价乘以相应分项工程投标时的下浮比例来确定。

5. 审计效果

通过预算审计，揭示了预算中存在的问题，并为后续的招标工作提出了建设性的审计意见，较好地控制了工程造价。

6. 案例评析

通过本项目预算审计，以下几点值得预算项目审计借鉴。

1）对设计深度不够的专业工程，为了控制政府投资项目资金，应按暂定价包含在标底中，深化设计后，重新对该专业单位工程进行招标；或按相应分项工程的下浮比例同比例下调。

2）不平衡报价和施工过程中依靠变更签证来赚取超额利润是施工单位普遍采取的方式，因此，为了预防政府投资项目造价的失控，标底审计时，应明确规定新增分项工程的结算价应按审计局结算审定价乘以相应分项工程投标时的下浮比例来确定。

3）主要工程量一定要计算准确，预防不平衡报价导致政府投资项目资金的失控。

## 8.4 竣工结算审计

### 8.4.1 竣工结算审计需要的资料

根据审计资料提交表中规定，结算审计需要提交的资料有：

（1）前期计划立项类文件　发改局立项批文（或资金统筹部门计划）、规划设计要点。

（2）招标过程资料　招投标书（按招标规定内容提交）、定标书、施工单位资质证明、施工单位营业执照、税务登记（复印件加红章）。

（3）各种合同及协议书　工程设计合同（补充合同和协议书）、施工合同（补充合同和协议书）、监理合同（补充合同和协议书）。

（4）施工过程中的资料　开工证明书、投资许可证、开工许可证、设计变更图样、设计变更签证单及备案单、施工进度形象记录（包括隐蔽工程记录、吊装工程记录）、建设单位预付工程款或垫付款项明细表、竣工图、竣工验收证明、已批准的施工组织设计方案。

（5）工程项目结算书及量价计算依据　工程结算书（加盖送审、编制单位公章）、工程量计算书、材料分析表、材料价差调整以及调整依据文件及证明。

（6）被审计单位承诺书　审计机关或审计人员自己必备的资料：各种专业的预算定额、取费标准、费用文件等计价依据；市造价站等造价主管部门发布的材料信息价文件；建筑安装材料、五金手册及相关手册；工程结算审计相关软件（如斯维尔计价与计量软件、国家审计署开发的AO或各级政府办公软件等计算机辅助审计系统）。

### 8.4.2 竣工结算审计的主要内容

1. 审计竣工图、合同、补充协议等竣工资料

审计思路：审计竣工图是否完整、是否加盖了竣工图章，是否与实际竣工现场一致（需去现场勘察）；审计工程施工合同条款的合法性与合理性，审计施工合同条款是否与现行法规相抵触，是否与招标文件一致，审计合同是属单价合同、还是固定总价合同或是可调

合同；审计补充协议的签订是否合法合规。

2. 审计项目实施过程中的合法合规性

审计思路：主要是审计工程项目招标过程中有无违法违纪行为，如是否按规定的程序公开、公平、公正地选择了承包商等；审计施工过程中有无违法违纪行为，审计设计变更单价是否按规定的程序计取，是否有相互串通，舞弊行为，是否有人为因素实施变更的行为，是否有故意增加隐蔽工程量的行为等。

3. 审计结算工程量和结算单价

审计思路：要全面履行国家审计署“全面审计，突出重点”的原则实施审计。对于重大项目，宜重点审计量大价高的分部工程。从审计工作的实际要求看，房屋建筑工程重点抽查钢筋混凝土结构部位、隐蔽工程部位、墙体工程部位及高级装饰部位等；道路工程重点审计面层、垫层及土方工程；装饰工程重点审计墙面、地面、顶面及特殊装饰部位；修缮工程重点审计改造比例较大的部位，如墙面铲除工程量、油漆涂料部分工程量等。对于中小项目，实施详细审计的方法审计工程量。

在实践中，工程实施合同的签订基本上都是固定单价合同。因此，对于结算单价的审计，可分为两部分进行。对于没有变更的工程量，可依次审计各分项工程的单价是否按投标价计取。对于变更的工程量，则应严格按合同规定计取：对于合同中有的单价，则应按中标价计取，对于合同中可参照的单价，则参照合同单价计取，合同中既无相应单价，也无可参照单价的，则应严格按合同条款规定的程序计取单价，确保变更单价的合法合理。因此，结算单价审计的重点在于变更工程的单价审计，审计人员一定要本着实事求是的精神，熟悉合同，掌握主材的信息价格和市场价格，这样才能保证审计质量。

4. 审计设计变更和现场签证造价

审计思路：审计设计变更和签证手续是否齐全，设计变更和签证内容是否真实。如审计设计变更和签证是否有设计变更通知单，是否有建设单位项目负责人、施工单位负责人、监理单位负责人的签字及单位盖章，设计变更和签证的内容是否发生了，是否存在虚假情况。特别是对于一些隐蔽的工程量（如基坑工程量，其开挖回填的工程量事后是难以复核的），应要求被审计单位提供相片等影视类资料，确保其真实性。

5. 审计工程取费

审计思路：与预算审计一样，结算工程取费审计内容也包含了预算工程取费审计的内容，两者审计的主要差异是在工程施工措施费的审计上。由于工程施工措施费一般是作为不可竞争费用计入投标价的，因此，在结算审计时，要严格按预算时的安全文明施工措施费计算结算造价，而不能按结算价的费率计取此项费用。

6. 审计工程结算价是否超出合同价

如果结算价超出了合同价，甚至超出了计划（概算），则应按规定程序办理超合同或超计划的审批手续，否则不能出具结算审计报告。

### 8.4.3 审计案例

1. 项目的基本情况

××花园项目位于××区新洲路与金地一路交叉路口西北角，建设单位为××住宅开发中心，项目计划投资额为3.45亿元，全部来自政府住宅专项资金，项目建成后作为安居房。

工程于 2001 年 1 月 1 日开工，2002 年 7 月 8 日竣工。工程项目为框剪结构，高层住宅，两层地下室，地面以上由 14 栋塔楼组成。建筑面积为 10.86 万 $m^2$，其中地下室建筑面积为 3.27 万 $m^2$，地上塔楼建筑面积为 7.59 万 $m^2$。

2. 审计情况

（1）审计目标　依据《审计机关国家建设项目审计准则》，全面审计××花园竣工结算造价，确保该项目结算造价的真实性与准确性，为该项工程结算款项提供依据并实施审计监督。

（2）审计范围和对象　××花园施工合同范围内的所有已完工程结算造价（送审总投资金额为 3.04 亿元），包括桩基础工程、地下室工程和 1 号~14 号住宅土建工程和安装工程四大部分竣工结算造价。

（3）审计重点　根据施工合同、工程竣工图和结算凭证等资料，依据国家和深圳有关招投标法、合同法建筑法等法规，重点审计该项目结算造价的工程量计算是否准确，单价计取是否合理，取费标准是否符合施工合同、国家和地方有关规定。

（4）审计方法　采取同类项目比较法、现场取证法和外地调查取证和延伸审计。

（5）审计组织与分工　审计小组共 10 人，土建 7 人分别负责土建的桩基工程、地下室工程、1~14 号住宅楼工程，3 人负责安装的给水排水工程、电气工程、通风、防排烟工程、消火栓、喷淋系统、高低压配电工程、煤气工程、智能化系统工程、电梯工程和甲方供应材料设备（饮水设备、变频供水设备、火灾报警主材设备）各专业安装工程。

（6）审计要求　审计任务必须保质保量完成，以确保工程款项的顺利结算和固定资产的移交；审计小组全体人员在实施审计过程中必须严格执行审计署“八不准”的有关规定，明确审计对象为建设单位，除与施工单位核对外，不得与施工单位单独接触。并应将“八不准”在被审计单位中进行告示，自觉接受被审计单位的群众监督。

3. 审计结果

（1）造价审计情况　该项目送审造价为 3.04 亿元，审定造价为 2.86 亿元，审减额 0.18 亿元，审减率为 5.79%。原合同价为 2.17 亿元，但工程施工过程中设计变更频繁，变更单价过高，建设单位和监理工程师对单价把关不严，致使单价调高。如在地下室底板、外墙、卫生间防水，内外墙、地面装饰等分部工程，实际施工时全面推翻了原设计图上的做法，致使材料单价随意调高，经初步统计，由于变更原因造成的结算价合计增加约 3000 万元。

（2）审计发现的主要问题　该项目审计中发现的问题主要有：

1）部分按规定应该进行公开招标的专项分包工程没有在市招标中心进行公开招标。除电梯外，所有设备和材料均没有在市招标中心公开招标，如高低压配电系统、气体灭火系统、室外电缆等单位工程。

2）部分在市招标中心公开招标的单项工程，所有没有在市招标中心公开招标的单项工程，其评标书上没有公开抽签评标专家的签字。例如，在市招标中心招标的电梯，没有公开招标的直饮水工程等。

3）部分单位工程没有招标投标文件、工程合同和商检报告等资料。

4）工程设备、材料合同单价普遍偏高。如气体灭火系统，合同价为 2.14 万元/瓶，实际市场价约为 1.2 万元/瓶，共 36 瓶，总造价比市场价高出约 33.8 万元。

5）部分单位工程高估冒算。例如，室外高压进线电缆，施工单位报价为 98.3 万元，监理审核为98万元，经审计小组成员去现场丈量，发现其工程量实际为720m（施工单位报送1540m），审计后造价为42.5万元，审减额达57%，根据合同条款，该工程已付工程款的90%，即88.2万元，比审定造价多计45.7万元。

6）个别单位工程招标书和中标书上时间出入很大，前后矛盾。例如，观光电梯，施工合同签订时间为2002年6月20日，中标通知书上时间却为2003年6月17日（注：审计小组收到该资料是2003年6月16日）。

7）总包合同中关于工程单价的实施和结算违背了《中华人民共和国招标投标法》（以下简称《招标投标法》）的规定。施工合同中约定单价按施工工期平均信息价计取，而招标文件中明确规定：以工程量清单招标的，是单价合同，单价应以标书单价为准，不允许在合同中更改。其违背了《招标投标法》、招标文件和工程量清单投标报价的规定。

8）评标定标不合规定，体现在以下五个方面：

第一，智能化工程项目评标人员不符合《深圳经济特区工程施工招标投标条例》和“评标规程”的要求。在“××花园专业项目工程公开招标的评标规程”中规定，由招标机构派出的2名专家及从市交易中心专家库随机抽取3名专家组成的评审组对施工组织设计进行评审打分。但在其定标书中并没有发现有专家库随机抽取的评标专家的签字。

第二，智能化工程项目评标原则、方法含糊。中标单位是深圳市某电子工程有限公司，中标价为76.5万元，在有效的标书中为最低报价，但有两家投标单位在方案评价中被评为不合格，没有发现为什么不合格的解释，其投标报价一项为空白。

第三，高低压配电系统入围方法不公正。有12家投标人报名，其中4家由甲方直接推荐入围，在剩余的8家中随机抽取4家入围。入围的8家成为正式的投标人，其中又有3家不知什么原因没有投标，最后只有5家投标。根据《中华人民共和国招标投标法》第十八条规定，招标人不得以不合理的条件限制或者排斥潜在投标人，不得对潜在投标人实行歧视待遇。显然对于这些需要抽签入围的投标人来说是不公正的。

第四，高低压配电系统定标缺乏依据和竞争力。在定标书中发现有3家在评价方案时被认为不合格而废标，实际上只有两家有效标。根据《招标投标法》第二十八条规定，投标人少于3个的，招标人应当依照本法重新招标。又根据《深圳市建设工程施工招标评标委员会和评标方法规定》第十三条规定，评标委员会根据《深圳经济特区工程施工招标投标条例》规定否决无效投标或者界定为废标后，因有效投标不足3个使得投标明显缺乏竞争的，评标委员会可以否决全部投标。所有投标被否决的，招标人应当依照《深圳经济特区工程施工招标投标条例》重新招标，但该次招标并没有重新开始。

第五，在高低压配电系统电力工程安装施工招标文件中明确规定，评标人数由招标人、监理单位及市建设局交易中心随机抽取的专家组成，但在定标书中并没有评标专家人员的签字。

**4. 审计建议**

建设单位今后应严格按《招标投标法》规定办理其他拟建工程项目的招标手续；建设单位应严格按《深圳经济特区政府投资项目管理条例》规定实施在建工程项目，严格控制工程质量、工程进度和工程造价，预防“三超”现象的发生。

**5. 审计效果**

项目审计完成后，为政府节约了政府资金。审计中发现的问题引起了有关领导的重视，群众反响强烈，对其他正在建设的政府投资项目具有警示作用。

6. 案例评析

审计人员较为成功地查出了项目实施中存在的问题，以下审计手段可供参考：

1）对项目单位工程、单项工程造价与市场同类工程造价进行对比，把造价差异较大的分项工程作为重点审计对象。

2）针对造价差异明显的单位工程，全面审查招标阶段的实施状况和施工实施中造价变更情况，找出造价差异明显的原因。

3）通过外调和延伸审计，进一步核实造价差异大的原因和有关违规行为。

在项目审计过程中，由于是事后审计，面对明显高于市场价的合同单价，审计人员却没有权利审减，这进一步说明了事后审计的局限性。因此，加强事前、事中审计对控制政府投资项目资金具有重要的意义。

## 复习思考题

一、单选题

1. 我国建设项目造价审计的主体不包括（　　）。

A. 政府审计机关　　B. 社会审计组织

C. 内部审计机构　　D. 企业审计部门

2. 一般情况下，内部审计机构应审计（　　）。

A. 基础性建设项目　　B. 公益性建设项目

C. 竞争性建设项目　　D. 在本单位内投资建设的所有项目

3. 工程造价审计的主要内容不包括以下哪项（　　）。

A. 其他费用结算

B. 设备材料价款结算及增值税抵扣

C. 设计变更和现场签证

D. 设备价款分摊

4. 建设项目造价审计主要包括基础性项目审计和（　　）以及竞争性项目审计三大部分。

A. 基本建设项目造价审计

B. 公益性项目审计

C. 技术改造项目造价审计

D. 其他投资建设项目造价审计

5. 施工图预算审计和竣工结算审计在工程取费审计方面的差异主要是在（　　）。

A. 社会保险费　　B. 工程排污费

C. 税金　　D. 工程施工措施费

6. 以下属于建设项目造价审计实施阶段的是（　　）。

A. 下达审计通知书　　B. 进驻被审计单位

C. 组成审计小组　　D. 编制审计计划

7. 一般情况下，审计机关根据审计项目计划确定的审计事项组成审计组，应当在实施审计（　　）前，向被审计单位送达审计通知书。

A. 9 日　　B. 7 日　　C. 5 日　　D. 3 日

二、多选题

1. 建设项目造价审计调查的一般方法有（　　）。

A. 询问法　　B. 审核法　　C. 观察法　　D. 考察法　　E. 函证法

2. 以下说法正确的是（　　）。

A. 与其他专业审计一样，建设项目造价审计也采用制度基础审计方法

B. 对于工期较短、金额较少的工程项目可不进行后续审计

C. 鉴定法属于实物证实方法

D. 对于财政性资金投入较大或者关系国计民生的国家建设项目，审计机关可以进行全过程跟踪设计

3. 审计报告中实施审计的基本情况一般包括（　　）。

A. 审计范围　　B. 审计方式

C. 审计实施的起止时间　　D. 被审计单位的会计责任

4. 以下属于审计日记要素的是（　　）。

A. 审计时项目所在地的天气状况　　B. 审计分工

C. 索引号　　D. 页次

E. 审计工作具体内容

5. 施工图预算审计需要提交的资料有（　　）。

A. 被审计单位承诺书　　B. 前期计划立项书

C. 预算（标底）计算依据　　D. 编制的概算书及相关资料

6. 以下说法不正确的是（　　）。

A. 审计报告必须向社会公布

B. 被审计单位自收到审计报告之日起20日内没有提出书面意见的，视同无异议

C. 被审计单位应对其提供的与审计相关的资料的真实性和完整性负责

D. 审计机关对评价依据不明确的事项，可以发表审计评价意见

7. 其他工程费的审计要点和难点主要体现在（　　）。

A. 建设单位管理费　　B. 联合试运转费

C. 检验试验费　　D. 土地使用费

三、简答题

1. 简述建设项目造价审计的概念。

2. 建设项目造价的审计方法主要有哪些？各自的特点是什么？

3. 设计概算审计的主要依据。

4. 设计概算审计的主要内容。

5. 施工图预算审计的内容有哪些？

6. 竣工结算审计的主要内容有哪些？

四、案例分析

某房地产开发公司在建一座高48.6m、16层的商品住宅楼，建筑面积为12800$m^2$，各层层高及平面布局完全相同。该工程经过招标，由某施工单位包工并包全部建筑材料，以2304万元的设计概算额度包死造价进行施工，工期为20个月，现已施工至第八层。建设单位提出设计变更，在其他条件不变的情况下，加建两层，该变更要求经过有关部门的批准，设计单位经复核同意以原标准层图样施工，其他无变更。在此条件下，建设单位与施工单位另外针对变更部分签订补充合同。在确定合同造价时，双方一致同意按如下方式计算增加的费用：（2304万元÷16层×2层）万元=288万元。

问题：计算的增加费用是否正确？如果建设单位的内部审计人员在审计时遇到这一问题，应如何处理？

# 第9章 建设项目造价管理的新理论与方法简介

本章学习重点与难点：通过本章的学习，读者可以了解国内外工程造价管理的理论方法体系。要求读者在学习中掌握我国工程造价管理理论的发展与形成，同时对造价管理的三大理论体系——全生命周期造价管理、全面造价管理、全过程造价管理有所了解。

## 9.1 工程造价管理理论发展简介

### 9.1.1 工程造价管理理论的发展进程回顾

#### 1. 国外工程造价管理理论发展进程回顾

工程造价管理理论的发展，是随着生产力、社会分工及商品经济的发展而逐渐形成和发展的。

伴随着资本主义的发展，16~18世纪英国随着设计和施工的分离，出现了工料测量师对已完工程量进行测量、计算工料、进行估价，并以工匠小组名义与工程委托人和建筑师洽商，估算工程价款。19世纪初，开始推行招标承包制，要求工料测量师在工程设计以后和开工以前就进行测量和估价，根据图样算出实物工程量并汇编成工程量清单，为招标者确定标底或为投标者做出报价。1868年在英国成立的“皇家特许测量师协会”标志着工程造价管理专业的正式诞生。

20世纪30年代开始，许多经济学的原理开始被应用到工程造价管理领域，包括从简单的计价，逐步发展到项目前期的造价分析和投资效益分析，尤其是项目的技术与经济分析。到20世纪30年代末期，工程经济学创立，将加工制造业的成本控制方法运用于工程项目的造价控制，这使得建设项目的经济效益大大提高并使建设项目造价管理得到了很大的发展。尤其在第二次世界大战以后的全球重建时期，大量的项目建设为人们进行造价管理的理论研究与实践提供了机会，许多新理论与新方法在这一时期得以创建，工程造价管理领域在这一时期取得了巨大的发展。

到20世纪50年代，工程造价管理的理论和方法在职业化的推动下获得了很大的发展。从1951年澳大利亚工料测量师协会成立开始，1956年美国造价工程师协会成立、1959年加拿大工料测量师协会成立，先后有二十多个国家成立了工程造价管理方面的专业协会，随后建立了国际造价工程师联合会。这些协会成立以后，积极组织本专业人员并与大专院校合作，对工程造价确定与控制、工程造价风险管理等许多方面的理论与方法展开全面研究。

从 20 世纪 80 年代初开始，各国的建设工程造价管理协会和相关学术机构先后开始了对造价管理新理论和新方法的探索。例如，英美一些国家的工程造价界学者和实际工作者在管理理论和方法研究与实践方面进行广泛的交流与合作，提出了全生命周期工程造价管理概念，后在英国皇家测量师协会的直接组织和大力推动下，逐步成为较完整的理论和方法，使造价管理理论有了新的发展；美国从 1967 年开始探索“项目造价与工期控制系统的管理规范”，经反复修订成为现在的“项目工期与成本集成管理”的规范版本，开创了造价与工期集成管理理论，后来该方法成为全面造价管理的主要起源之一。随后的 20 世纪 80～90 年代，对工程造价管理理论与实践的研究进入综合与集成的研究阶段。各国纷纷借助其他管理领域在理论与方法上的最新成果，对工程造价进行更为深入和全面的研究，创造并形成全面工程造价管理思想和方法。

**2. 中国工程造价管理理论发展进程回顾**

我国历代工匠在实践中积累了丰富的经验，逐步形成了一套工、料限额管理制度。据《辑古籑经》等书记载，我国唐代就有夯筑城台的用工定额——功。公元 1103 年著名的北宋土木建筑家李诫编修了《营造法式》，该书共 36 卷，3555 条，包括释名、各作制度、功限、料例、图样五个部分。其中“功限”就是现在的劳动定额，“料例”就是材料消耗定额。第一、二卷主要是对土木建筑名词术语的考证，即“释名”；第三至十五卷是石作、木作等各作制度，说明各作的施工技术和方法，即“各作制度”；第十六卷至二十五卷是各作用工量的规定，即“功限”；第二十六卷至二十八卷是各工程用料的规定，即“料例”；第二十九卷至三十六卷是图样。可见，《营造法式》实际上就是官府颁布的建筑规范和定额，它汇集了北宋以前的技术精华，对控制工料消耗，加强施工管理起了很大的作用，并一直沿用到明清。明代工部对其加以完善，编著成《工程做法》流传至今。由此可看出，我国北宋时已有了造价管理的雏形。

新中国成立后，从 1950—1957 年是我国计划经济下建设项目造价管理概预算定额制度的建立阶段。这一阶段在全面引进、消化和吸收苏联建设项目概预算管理制度的基础上，于 1957 年颁布了自己的《关于编制工业与民用建设预算的若干规定》。该规定给出了在建设项目各个不同设计阶段的工程造价概预算管理的初步办法，明确了建设项目概预算在工程造价管理中的作用。另外，当时的国务院和国家计划委员会还先后颁布了《基本建设工程设计与预算文件审核批准暂行办法》《工业与住宅民用建设设计和预算编制办法》和《工业与民用建设预算编制暂行细则》等一系列国家性的法规与文件。在此基础上，国家先后成立了一系列的工程标准定额局和部门，并于 1956 年成立了国家建筑经济局。随后国家建筑经济局在全国相继建立了分支机构。可以说从新中国成立到 1957 年是我国计划经济条件下建设项目造价管理体制和管理方法基本确立的阶段。

自 1977 年～20 世纪 90 年代初期，是我国建设项目造价管理工作逐步恢复、整顿和发展的阶段，但是在这种恢复中人们仍然沿用了传统的基于定额的计划经济体制下的建设项目造价管理的理论和方法。从 1977 年我国开始恢复和重建国家的工程造价管理机构，1983 年成立了国家基本建设标准定额局，随后又在 1988 年将国家基本建设标准定额局从国家计委划归了国家建设部并成立了建设部标准定额司。我国完成了传统建设项目造价管理体制和方法的恢复工作。随着国家体制从计划经济向市场经济的全面转移和各种市场经济下管理新理论和新方法的引进，尤其是自1992年开始我国的改革开放力度增大，经济加速向有中国特色的社会主义市场经济转变，我国在建设项目造价管理的范式、理论和方法等方面同样也开始了全面的变革。由于我国传统的建设项目造价概预算和定额管理范式中有许多计划经济下行政命令与行政干预的影响，这些方法已经越来越无法适应社会主义市场经济的需要。因此，自1992年全国工程建设标准定额工作会议以后，我国的工程造价管理体制逐步从苏联的“量、价统一”的工程造价定额管理模式，向“量、价分离”并逐步实现以市场机制为主导，由政府职能部门实行协调监督，与国际惯例全面接轨的建设项目造价管理模式的转变。

与此同时，国内的许多高等院校和学术机构开始介绍、引进当时国际上先进的工程造价管理理论、方法与技术。这些使得这一阶段成了新中国在建设项目造价管理理论与实践方面都获得了快速发展的一个阶段。从1995年开始准备，到1997年国家建设部和人事部开始共同组织试行和实施全国造价工程师执业资格考试与认证工作。同时，从1997年开始由建设部组织进行我国工程造价咨询单位的资质审查和批准工作，这些方面的工作对我国建设项目造价管理理论与方法的发展和与国际接轨起到了很大的促进作用。现在我国的注册造价工程师和工程造价咨询单位都已经顺利诞生。工程造价管理的许多专业性工作已经在按照国际通行的中介咨询服务的方式运作。

### 9.1.2 三种工程造价管理理论简介

如以上所述，20世纪80年代，工程造价管理进入了新一轮发展，新理论和新方法不断涌现。其中，具有代表性的主要有：以中国工程造价管理界为主提出的全过程造价管理，以英国工程造价管理界为主提出的全生命周期造价管理，以美国工程造价管理界为主提出的全面造价管理。

**1. 全生命周期造价管理**

全生命周期造价管理主要是由英、美的一些造价工程界的学者和实际工作者于20世纪70年代末和80年代初提出的。后在英国皇家测量师协会的直接组织和大力推动下，进行了广泛深入的研究和推广。发展至今，逐步成为较完整的现代化工程造价管理理论和方法体系。全生命周期造价管理理论的代表性文献主要有：戈登（A. Gordon）于1974年在英国特许测量师协会《建筑与工料测量》季刊上发表的“3L概念的经济学”、奥桑（O. Orshan）的“全生命周期造价：比较建筑方案的工具”、弗莱内根（R. Flanagan）的“全生命周期造价管理问题”、德拉索拉（P. E. Dellasola）等人的“设计中的全生命周期造价管理”、英国皇家特许测量师协会等组织出版的《建筑全生命周期造价管理指南》等。

全生命周期造价管理理论是运用工程经济学、数学模型等多学科知识，采用综合集成方法，重视投资成本、效益分析与评价，强调包括工程项目建设前期、建设期、使用维护期、拆除期等各阶段在内的总造价最小的一种管理理论和方法。全生命周期造价管理的核心思想是综合考虑项目的建设期成本和运营期成本，以较小的全生命周期成本去完成项目的建设与运营，从而实现项目价值的最大化。

全生命周期造价管理常用于建设项目可行性研究阶段和设计阶段的造价管理，也就是说，该管理方法主要是作为一种指导建设项目投资决策和建筑设计与计划安排的方法，它的适用性存在一定的局限。

2. 全面造价管理

全面造价管理理论可以用于管理任何企业、作业、设施、项目、产品或服务的工程造价管理的思想和体系。例如，安永公司（Ernst & Young）发表了许多企业全面造价管理的文章并提出了相应的全面造价管理方法指南，凯姆贝（J. P. Campi）发表了在企业中应用全面造价管理的研究结果。全面工程造价管理是指在整个造价管理过程中以工程造价管理的科学原理、已获验证的技术和最新的作业技术作支撑，强调会计系统、造价系统和作业系统共同集成才能够实现的工程造价管理思想方法。

针对建设项目造价管理的全面造价管理理论是1991年由美国造价管理学界在其协会的学术年会上提出来的。1992年，为推动自身发展和工程造价管理理论与实践的进步，美国造价工程师协会更名为“国际全面造价管理促进会”，在全面造价管理理论与方法方面开展了一系列的研究和探讨，形成了全面造价管理理论框架。全面工程造价管理理论的代表性文献主要有：崴斯内（R. E. Westney）的“20世纪90年代项目管理的发展趋势”、麦德雷（L. G. Medley）的“使用全面造价管理为政府服务”等。

全面造价管理所使用的方法主要包括：经营管理和工作计划的方法、造价预算的方法、经济与财务分析的方法、造价工程的方法、作业与项目管理的方法、计划与组织的方法、造价与进度度量和变更控制的方法等。

全面造价管理包含有四个方面的含义：其一是参与建设项目的各相关主体都要参与建设项目工程造价的管理工作；其二是从综合考虑工期、质量等要素的角度进行工程造价的管理；其三是要实施全过程和全生命周期的造价管理；其四是要实施包括项目风险造价管理在内的全部造价管理。

由此可见，全面造价管理理论打破了传统的工程造价管理的局限性，拓宽了工程造价管理的范畴和领域，是现有工程造价管理理论和方法的全面集成，是一种对于建设项目造价开展全面集成管理的方法。但是，这种管理思想和方法建立在市场经济比较发达的基础上，并要求有一定的技术支撑才能得以实施和发展，同时，该理论的方法论和技术方法还有待完善。因此，全面造价管理在实际应用中有一定的局限性。

3. 全过程造价管理

全过程造价管理思想和观念，是中国工程造价管理学界提出的，已经成为我国工程造价管理的核心指导思想。全过程造价管理，作为一种建设项目造价确定与控制的方法在实践中得到了广泛的应用和认可，它是中国工程造价管理学界对工程项目造价管理科学所做的创新和重要贡献。

全过程造价管理强调建设项目是一个过程，建设项目造价的确定与控制也是一个过程，在项目的全过程中都需要开展建设项目造价管理的工作。全过程造价管理的根本方法是项目建设全过程中的各相关单位分工合作，共同承担建设项目全过程的造价控制责任。它要求项目全体相关利益主体的全过程参与，这些建设项目的相关利益主体构成了一个利益团队，共同合作并分别负责整个建设项目全过程中各项活动的造价确定与造价控制，只有这样才能做好建设项目全过程造价的管理。

## 9.2 全生命周期造价管理

建设项目的全生命周期是指包括项目的建造、使用以及最终清理的全部过程。建设项目的全生命周期一般可划分为项目的建造（Creation）阶段、使用（Use）阶段和清除（Demolition）阶段，其中建造阶段还可以进一步划分为开始（Inception）、设计（Design）和施工（Implementation）三个阶段。

从项目的整个生命周期来看，在一定范围内，工程项目的建设成本和运营维护成本存在此消彼长的关系。因此，实施全生命周期造价管理，将一次性建设成本和未来的运营、维护成本，乃至拆除成本加以综合考虑，取得两者之间的平衡，从而实现建设项目生命周期总成本的最小化是非常必要的。

### 9.2.1 全生命周期造价管理简介

#### 1. 全生命周期造价管理理论的提出

如上节所述，全生命周期造价管理（Life Cycle Costing，LCC）主要是由英、美造价工程界的学者和实际工作者于 20 世纪 70 年代末和 80 年代初提出的，后来在英国皇家测量师协会的直接组织和大力推动下，进行了广泛深入地研究和推广。发展至今，逐步成为较完整的现代化工程造价管理理论和方法体系。这种主要由英国皇家测量师协会的学者及工料测量师提出、创立并推广的全新工程造价管理理论与方法，已在国外普遍采用。

国外的一些机构与学者通过大量的调查研究发现一个项目 75%~80%的工程造价在方案设计阶段就已经确定了，而项目施工阶段对工程造价的影响程度在 6%~20%。也就是说，投资决策和设计阶段对工程造价的影响程度最大。这些研究结果对于全生命周期造价管理理论与方法的提出起了积极作用。

#### 2. 全生命周期造价管理简介

全生命周期造价管理是一种实现工程项目全生命周期，包括建设前期、建设期、使用期和翻新与拆除期等阶段总造价最小化的方法。它综合考虑工程项目的建造成本和运营与维护成本，从而实现科学的建筑设计和合理地选择建筑材料，以便在确保设计质量的前提下，实现降低项目全生命周期成本的目标。它指导人们自觉地、全面地从工程项目全生命周期出发，综合考虑项目的建设造价和运营与维护成本，从多个可行性方案中，按照生命周期成本最小化的原则，选择最佳的投资方案，从而实现科学合理的投资决策。

由于全过程造价管理把建设成本和运营维护成本割裂开来，导致建设项目的建设成本目标和运营维护成本目标容易发生冲突。这是由于从项目的整个生命周期来看，在一定范围内，工程项目的建设成本和运营维护成本存在此消彼长的关系。因此，不仅要考虑建设成本，而且还要考虑未来的运营维护成本。全过程工程造价管理只考虑建筑物的建设成本，因此，以建设成本最小化为目标的投资方案放在全生命周期这个大环境下就未必最优。只有综合考虑建设项目整个生命周期内各阶段成本间的相互制约关系，综合平衡项目的建设成本与运营维护成本才有可能实现全生命周期成本的最优，如图 9-1 所示。

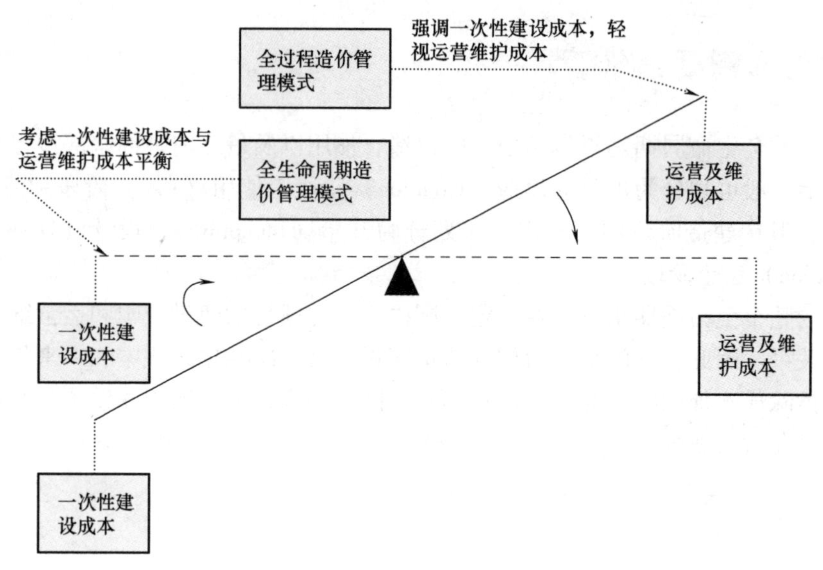


图 9-1 一次性建设成本与运营维护成本的均衡

### 9.2.2 全生命周期造价管理的运用案例

国家游泳中心（水立方）总投资约10.2亿元人民币，位于北京奥林匹克公园，是2008年北京奥运会标志性建筑物之一。它与国家体育场分列于北京城市中轴线北端的两侧，共同形成相对完整的北京历史文化名城形象。

国家游泳中心规划建设用地62950m$^2$，总建筑面积约80000m$^2$，是一个完全由膜结构进行全封闭的大型公共建筑，但是这种膜结构造价非常高，施工难度大，维修费用高昂。对该项目的造价控制就要从前期决策和设计阶段开始直到运行维护进行全生命周期的成本控制。

国家游泳中心在设计阶段就充分考虑了项目建成后的运营维护费用，并测算了运营维护期的经济效益。

1. 合理选用建筑材料

ETFE（乙烯-四氟乙烯共聚物）是一种轻质新型材料，具有有效的热学性能和透光性，可以调节室内环境，冬季保温、夏季散热，且表面附着力极小，对灰尘、污水的自洁净性强。选用该材料，尽管一次性建设成本高，但降低了运营维护期的清洁费用，约为5万元/年。

2. 优化方案设计

在建筑表面安装太阳能集热器，冬季利用其高透过率最大限度地吸收太阳能，从而降低了能源消耗费用，约30万元/年。

在建筑立面设置采光窗（带），采光窗TIM透明绝热材料（具有反射性能）。夏季可促进空气流通，保持室内温度适中。该设计降低了能源消耗费用约15万元/年。

该设计完全满足“绿色奥运，科技奥运”的设计理念。

3. 增加运营期的经济效益

1）运营项目，奥运会后改建成水上娱乐中心，运营水上娱乐项目。

2）项目共设计有 17000 个座位，其中 11000 个采用了临时结构，奥运会后拆除。北侧临时座椅拆除后，形成高级水上会所；南侧临时座椅拆除后，形成集餐饮、酒吧、电影院等的室内步行街。该临时结构的设计使运营维护期内降低了拆除费用约 30 万元。

3）增加两层建筑面积，该设计可减少空余空间的空调费用约 5 万元/年，并增加了商业运营面积，增加了运营收入。

该项目运用了全生命周期造价管理，从投资决策和设计阶段就已经考虑到如何降低运营维护阶段的成本和提高项目的运营经济效益，使有限的资金得到了合理利用，从而提高了投资效益。

## 9.3 全面造价管理

### 9.3.1 工程项目全面造价管理的诞生与发展

#### 1. 全面造价管理理论的提出

根据国际全面造价管理促进会前主席（原美国造价工程师协会主席）R. E. Westeny 先生于 1992 年 10 月所发表的“全面造价管理——美国造价工程师协会的发展展望”一文的说法，国际全面造价管理促进协会的全面造价管理的思想是他于 1991 年 5 月在美国休斯敦海湾海岸召开的春季研讨会上所发表的论文“20 世纪 90 年代项目管理的发展趋势”一文中提出的。在那次研讨会上，与会者辩论了随着时代的变迁，造价工程（或造价管理）专业所面临的压力和变革，讨论了美国造价工程师协会应该如何通过领导工程造价管理领域的变革来拯救自己。并谋求这一专业和整个协会的发展等方面的问题。人们通过研讨提出了美国造价工程师协会和工程造价管理领域的发展所面临的一个核心问题，即为什么“工程造价管理”这样一个很有价值的专业，却没有得到它所应有的社会承认，没有像其他有价值的专业一样从学术和实践两个方面得到全面的发展。

随后，美国造价工程师协会的理事会召开专门会议讨论了这一问题，并且将这一问题提交到协会 1991 年的西雅图年会上，以便让全体与会的会员们对此进行更为深入的讨论。经过深入的讨论，最后他们统一了认识，大家都认为问题的症结在于人们对“造价工程”和“造价工程师”的定义与理解存在着很大的片面性，正是对于“造价工程”和“造价工程师”这两个名词的理解和诠释的片面性和人们受这两个名词传统含义束缚，限制了整个造价工程专业和美国造价工程师协会的发展。因为绝大多数人认为“造价工程师”就是估算造价（我国称为造价员或预算员）的人。而这项工作通常又被人们普遍认为是低级的技术工作。所以实际上正是“造价工程”和“造价工程师”这两个名词以及其他一些相关名词的传统含义，限制了造价工程专业和美国造价工程师协会的发展。

R. E. Westeny 在文章中指出：“在协会成立的初期，‘造价工程’主要指的就是造价的估算。但是，现在应该认识到这是非常不准确的。‘造价工程师’这个职业在今天有着更为广泛的工作内容。实际上今天的造价工程师应该是：

1）计划者与进度控制者。

2）造价分析师、系统分析师和价值工程师。

3）经济分析师、参数分析师和预算分析师。

4）项目控制专家和高级主管人员。

5）资源经理、材料经理、合同经理和索赔专家。

6）生产力分析师、项目可施工性分析师、项目盈利能力分析师。

7）维修养护经理、质量经理和其他方面的管理者。”

R. E. Westeny 认为由于“我们原来的名称及其定义只描述了这些造价工程师职能当中的一少部分，所以才形成了造价管理专业的裹足不前”。

这一问题提出以后，究竟如何去解决呢？R. E. Westeny 提出应该借用全面质量管理的思想和方法，尽快地去构造一套全面造价管理的思想和方法，即“对所有的尚未发生的造价进行全面管理的思想与方法”。他认为“全面造价管理是一个更好地描述当今造价工程（或造价管理）专业的专业范畴、专业多样性和理论与实践深度的提法，这是一个更好地描述不同行业的所有经理实际所需要的造价管理的说法”。全面造价管理的提法出笼以后，紧接着就有许多人（前美国造价工程师协会会员）对此发表了意见，认可了这一提法的先进性和可行性。会议还讨论了全面造价管理思想的内涵，面向21世纪造价工程的发展方向等。与会的前美国造价工程师协会成员普遍认为，全面造价管理是一个“恰逢其时”的工程造价管理的新思想。

**2. 全面造价管理理论体系的形成**

既然一种新思想提出来了，那么美国造价工程师协会就需要努力去实现它，于是美国前造价工程师协会又召开了一次特别会议，讨论和确定造价工程（或造价管理）专业和美国造价工程师协会的使命以及未来发展规划。这次会议提出了全面重新定义“什么是造价工程师”及其任务，以及造价工程专业的发展方向。这次会议确定了全面造价管理的最初始定义和美国造价工程师协会面向21世纪的发展规划。这个规划共有五个部分，各部分都是为创立和推动全面造价管理和美国造价工程师协会的发展服务的。这个规划的主要内容是：

（1）获得社会认可　美国造价工程师协会通过贯彻最高的职业道德标准，使用最新的专业技术（全面造价管理的专业技术）为专业和大众的需要服务。从而建立一个动态、激励、有号召力的全新行业协会形象。

（2）多元化和成长　美国造价工程师协会应该从所有的社团、行业和专业技术人员中吸收会员，壮大自己（而不是像以前那样只限于吸收预算和造价控制人员，凡是全面造价管理所涉及的人员都可以吸收）。

（3）社会责任　美国造价工程师协会应该率先推动全面造价管理的应用，以满足国家和国际社会经济发展与人类的需要。

（4）资格认证　美国造价工程师协会的认证（有关全面造价管理专业人员的资格认证）应该在全世界范围内，从法律上和行业技术水准上获得社会的全面认可。

（5）教育　美国造价工程师协会要提供有关全面造价管理方面的广泛而深入的继续教育。

R. E. Westeny 认为关于全面造价管理和美国造价工程师协会21世纪的规划，最关键的一点是：“不能丢弃任何东西，相反要以现有的东西为基础，去建立一套全新的理论与方法，要去集成现有的东西以适合今天和未来的需要，并推销它使其物有所值。”

随后在1992年召开的年会上，美国造价工程师协会的会员以绝对多数的选票，通过了将协会更名为“国际全面造价管理促进协会”，并使协会国际化的提案。以便借此去积极地推动世界同行对于全面造价管理的理论研究与实践探索。当时美国造价工程师协会有 83% 的会员认为世界需要他们这样去做，同时认为只有这样才能够推动造价工程专业的发展，才能够改变人们对于造价工程专业和造价工程师的看法并理解。同时他们也认为新的协会有能力做好全面造价管理的研究和推动工作。

从这些有关工程项目全面造价管理诞生的过程可以看出，全面造价管理的思想是人类社会和经济发展的客观需要。工程项目造价管理发展到 20 世纪 90 年代，局限于造价估算和非全面造价控制的传统造价管理思想与方法已经不能适应社会发展需要，已经不能适应当今的工程项目造价管理的需要。另外，美国造价工程师协会的发展陷入困境也是促使全面造价管理诞生的因素之一。

1）项目管理科学的发展要求必须建立一套新的造价管理理论与方法，去适应现今工程项目造价管理之中所包含的经济分析、参数分析、风险分析、价值分析、系统分析、生产率分析、盈利率分析，项目管理、资源管理、质量管理、合同管理、纠纷处理、索赔管理、计划进度管理以及使用信息技术、知识工程等许多新的分析、管理技术。所以正是社会的发展，才促使全面造价管理思想顺利地诞生。

2）美国造价工程师协会自身发展所遇到的困境要求必须有一种全新的工程项目全面造价管理思想。正如 R. E. Westeny 在其文章中所说的那样，当时该协会有人提出了："你所认识的年轻人有几个想成为造价工程师？你在造价工程师的各类会议上见过几个年轻人？有几个年轻人听说过造价工程师这个专业？有多少个高层主管人员清楚造价工程师能为他们做些什么？"等一系列的问题。而对于这一系列问题的答案都是负面的，这种严重的局面促使该协会不得不考虑今后的出路和发展，这样就促使全面造价管理思想的加速诞生。

因此，美国造价工程师协会提出的全面造价管理思想，虽然有很大的进步性，但是也存在一定的功利性。其进步性在于它的确使工程项目造价管理的思想与理论取得了很大的进步；但是其功利性在于它的指导思想在很大程度上阻碍了全面造价管理思想与方法的研究与开拓。对于后者所造成的问题，现在有许多国际全面造价管理促进协会的成员都已经认识到了。

值得一提的是，在 1994 年的《冶金工程造价信息》杂志上，天津大学的求知先生曾翻译发表了 R. E. Westeny 的文章，介绍了国际造价工程领域里的这一重大发展和变化。随后又有傅水林先生于 1995 年在《工程造价管理》杂志上发表了他翻译的 L. G. Medley 先生（当时是国际全面造价管理促进协会的当选主席，也是当时的国际全面造价管理促进协会政府联络委员会的主席）在 1994 年美国"COST ENGINEERING"《造价工程》杂志上发表的"使全面造价管理为政府服务"的文章。但是此后再也未见到国内发表过有关全面造价管理的文章或译文。这一方面是由于国际全面造价管理促进协会在随后对全面造价管理的推动把重点主要放在了利用全面造价管理名称促进协会的发展方面，所以在全面造价管理理论与实践方面并未推出系统性的理论与方法体系；另一方面是因为我国工程项目造价管理的理论和实践与国际惯例尚有很大差距，我国的造价管理体制还处在由计划经济体制向市场经济体制过渡的时期，所以并未追踪和开展国际先进的工程项目全面造价管理的理论与方法的研究与实践。

### 9.3.2 全面造价管理的定义

**1. 全面造价管理的初始定义**

R. E. Westeny 在其“全面造价管理——美国造价工程师协会的发展展望”一文中，给全面造价管理下的定义是：“全面造价管理就是通过有效地使用专业知识和专门技术去计划和控制资源、造价、盈利和风险”。这一定义在美国造价工程师协会会议上通过后就成了美国造价工程师协会最初对于全面造价管理的官方定义了。

随后在1993年11月的国际全面造价管理促进会的会刊“COST ENGINEERING”《造价工程》上刊登了特别专论“全面造价管理阐述”一文，文中对上述初始定义进行了如下的补充和说明：“简单地说，全面造价管理是一种用于管理任何企业、作业、设施、项目、产品或服务的全生命周期造价管理的系统方法。它是通过在整个造价管理过程中以造价工程和造价管理的科学原理、已获验证的技术方法和最新的作业技术作支持而得以实现的”。在这篇专论中，国际全面造价管理促进会对其定义的全面造价管理系统方法所涉及的管理阶段进行了划分，按照先后顺序给出了全面造价管理的如下几个阶段：

1）发现需求和机遇阶段。

2）说明目的、使命、目标、指标、政策和计划的阶段。

3）定义具体要求和确定支持技术的阶段。

4）评估和选择方案的阶段。

5）研究和开发新方法的阶段（如果需要的话）。

6）根据选定方案进行初步开发与设计的阶段。

7）获得设施和资源的阶段。

8）实施阶段。

9）修改和提高阶段。

10）退出服务和重新分配资源阶段。

11）补救和处置阶段。

这样，实际上国际全面造价管理促进协会在给出全面造价管理阶段的同时，将全生命周期造价管理的合理内涵也融进了他们提出的全面造价管理的范畴之中。

对于全面造价管理所用的方法，该文认为：在实行全面造价管理中，可以使用的方法包括如下几项：

1）经营管理和工作计划的方法。

2）造价预算的方法。

3）经济与财务分析的方法。

4）造价工程的方法。

5）作业与项目管理的方法。

6）计划与排产的方法。

7）造价与进度度量和变更控制的方法。

确切地说，文中列举的这些全面造价管理的方法都是现有常规工程项目管理和工程项目造价管理的通用方法，并不是针对工程项目全面造价管理提出的新的系统性方法。

此后，国际造价工程界对全面造价管理的定义及其理论与实践进行了大量的研究。先后有许多学者在专业会议和专业刊物上发表了大量的论文。例如，在国际全面造价管理促进会学术年会上发表的有代表性的论文有：N. K. Cupa 的“全面造价管理在资本投资项目中的应用”，L. G. Medley 的“全面造价管理：在造价未发生前就管理好造价”，G. A. K. Padmaperuna 等人的“投资项目全面造价管理”，J. P. Prentice 的“聚焦：全面造价管理”，P. Dojerty 的“互联网络时代的全面造价管理”。而在国际全面造价管理促进协会会刊和国际上主要的造价工程刊物上发表的文章就更多了，最有代表性的论文有：R. J. Hatwell 的“未来的造价工程系统”，P. D. Giammalvo 的“建筑专业研究会的主格式：全面造价管理的一种工具”，K. Pedwell 的“项目资本造价风险和合同战略”等一大批关于全面造价管理的学术论文。

在经过了广泛的学术讨论之后，国际全面造价管理促进会在其协会章程中对全面造价管理给出了如下的定义：“本协会将献身于对全面造价管理和造价工程概念的进一步拓展。全面造价管理就是有效地使用专业知识和专门技术去计划和控制资源、造价、盈利和风险。简单地说，全面造价管理是一种管理各种企业、工作、设施、项目、产品或服务的全生命周期造价的系统方法。这是通过在整个管理过程中以造价工程和造价管理的原理、已获验证的方法和最新的技术来做支持而得以实现的”。“全面造价管理是一个工程实践领域，在这个领域中工程经验和判断与科学原理和技术方法相结合，以解决经营管理和工作的计划，造价预算，经济和财务分析，造价工程，作业与项目管理，计划与生产和造价与进度的情况度量与变更控制”。

2. 全面造价管理定义的修订

但是国际全面造价管理促进协会至今仍在继续进行有关全面造价管理概念和定义的争论与研究。主持国际全面造价管理促进协会的《AACE-I 全面造价管理指南》课题研究的 John Hollman 先生至今仍认为有必要对全面造价管理的定义进行重新审视与修订。他所主持的这一研究课题的主要内容就是要对全面造价管理的定义进行重新界定和解释，进一步全面而准确地定义全面造价管理的术语和概念。在这一研究课题即将推出的《AACE-I 全面造价管理指南》（以下简称《指南》）一书中，全面造价管理被重新定义为：“全面造价管理是一系列的造价管理实践中使用的理论与方法的集成。企业可以使用全面造价管理的方法与程序去管理其全部资产投资的全生命周期造价”。《指南》对全面造价管理的详细定义是：

(1)“全面造价管理”的概念　全面造价管理是用于管理全部战略资产投资的各种资源投入的全生命周期造价的实践与程序。例如，一家房地产开发商对其开发的一栋办公大楼在其整个生命周期中需要完成招投标、建造、维护、整修，直到最后拆毁的全过程，在这一办公大楼整个生命周期的各个阶段，开发商都需要投资；而要管理好这些投资，开发商既需要管理大楼的运行成本与运行盈利，还需要寻找投资机遇，提出方案、计划和控制投资项目，所有这些都属于全面造价管理的范畴。

(2)“造价”与“全面”的定义　全面造价管理中的“造价”包括在企业战略资产投资中所投入的各种资源，即包括：时间、资金、人力资源和物质资源；全面造价管理中的“全面”是指在企业战略资产的全生命周期造价管理中要采用全面性的方法对投入的全部资源进行全过程的造价管理，而全面造价管理中的“战略资产”则是指对企业具有长期和未来价值的、达到一定规模数量的各种物质与知识财产，这既可以是建筑物、软件程序，也可以是阶段性的产品。“战略资产”的投资需要通过项目或作业的实施来实现。“项目”是指在给定时期内创造、改进、维护或消除具体“战略资产”所付出的实际努力。有关造价（或资源）、项目和战略资产的关系如图 9-2 所示。

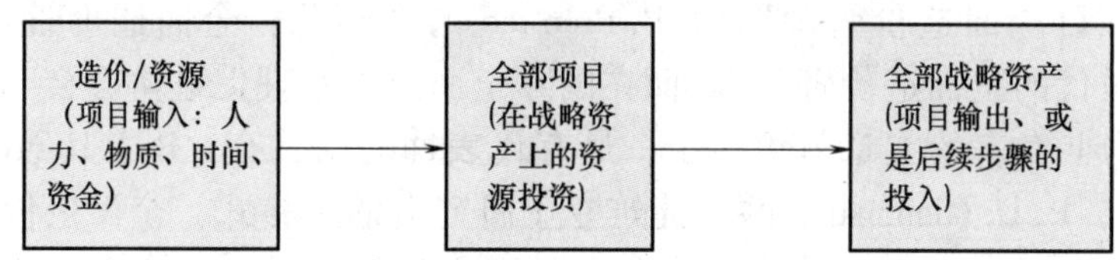


图 9-2 造价（资源）、项目与战略资产关系图

（3）“管理过程”与“资产生命周期” 全面造价管理中的“管理过程”指的是战略资产的管理过程，而其中的“控制过程”指的是项目的控制过程。“资产生命周期”包括项目提议、创造、运营、完善和消除五个不同的阶段。而“战略资产管理”的过程是指涉及各个阶段的造价管理。“项目生命周期”包括立项、计划、实施、结束四个不同的项目阶段，“项目控制过程”是指涉及项目各个阶段造价控制的过程。

（4）造价管理循环过程 全面造价管理的模型借用了全面质量管理的 PDCA（计划、实施、检查、评价）循环，这些循环的目的是在确保企业总资产的优化和企业盈利能力以及企业其他成功要素的前提下，去实现对资产全生命周期的造价和资产全过程的全面控制。全面造价管理的这种循环可以按企业职能分成不同层次的许多循环。这主要包括从整个企业的角度去管理企业全部战略资产的循环，从具体项目层次去对一项战略资产的创造、改进、维护或消除过程的造价管理循环。这两个不同层次的造价管理循环过程分别被称为：战略资产管理过程和项目控制过程。

战略资产管理的全面造价管理 PDCA 过程如下：

1）战略资产的评估——发现提升资产价值或创立新战略资产机遇的工作。

2）战略资产经营管理和计划——分析和策划各种备选战略方案，以便给所发现的机遇分配资源，然后选定提升资产价值或创立新资产的项目与工作。

3）实施选定的方案或项目——将选定的资产提升或创立新资产的方案或项目付诸实施或实现。

4）战略资产的检查——检查战略资产实施的成果或通过对照方案（或项目计划）检查资产的实际运营情况，对照预期去检查战略资产的管理情况并给出相应的度量结果。

项目全面造价管理的 PDCA 过程如下：

1）项目管理情况的评估——项目队伍详细评价业主与用户的需求，进一步评价选定的资产提升与新资产创立的备选方案。

2）项目计划——项目队伍要开发出能够实现业主与用户要求的集成化计划。计划要描述工作、活动、造价、进度和资源基本配备，以便进行项目进度情况的度量。

3）开展项目作业活动——执行项目作业计划。

4）项目进度情况检查——对照计划检查项目进度情况，找出改进的机遇并采取行动。

上述两个循环的具体过程如图 9-3 所示。

（5）“战略资产管理过程”的目标 全面造价管理中的“战略资产管理过程”的目标

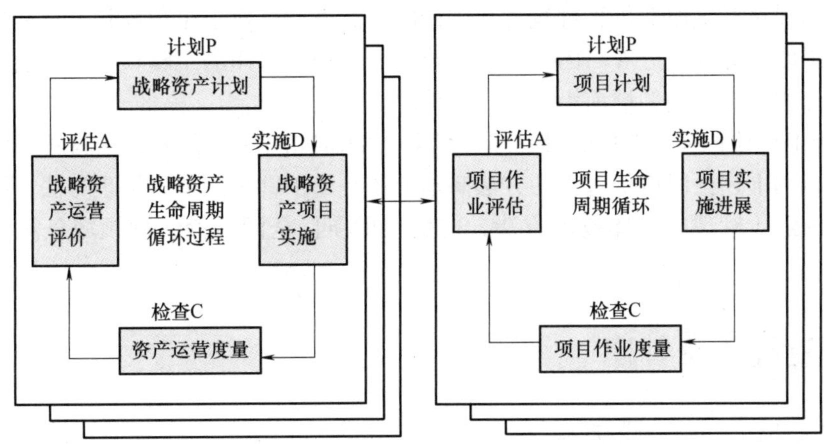


图 9-3　全面造价管理 PDCA 过程图

是管理好一个企业所投入的全部资产的造价、进度和资源配置。这必须按照风险与收益平衡的原则去管理，以便能够在质量和价值上实现最优化。

（6）项目管理过程　全面造价管理的“项目管理过程”与“战略资产管理过程”分享相同的理念，即管理和控制好资源与风险。但是整个“项目管理过程”的目的是由项目队伍在一项战略资产的实现过程中管理好项目的造价。

对于上述《指南》中给出的全面造价管理的定义，国际全面造价管理促进协会在其“技术部项目报告”和该项目的课题负责人 Hollman 先生在“意见征求书”中都指出《指南》对协会有关全面造价管理的原有定义进行了修订，所以他们要求全体会员对这种修订进行评价和发表意见。这种征求评价意见的做法也说明，事实上对于全面造价管理的研究直到今天，在很大程度上仍未脱离理论研究和探索的阶段，甚至对全面造价管理的定义研究也还处在概念研究的阶段。

综合上述有关全面造价管理的研究现状，可以得出以下结论：

1）工程项目全面造价管理的理论和思想是一套非常先进的工程造价管理的思想。这套思想打破了传统的工程造价管理的局限性，拓宽了工程造价管理的范畴和领域。同时，这套思想和理论也非常适合当今经济的发展要求。尤其是当今信息社会与知识经济时代，各种各样的项目开发与实施正在逐步成为社会生产和企业技术创新的重要形式，特别是随着经济的发展和社会的进步，项目开发这种生产形式将会成为今后人类社会的主流生产形式。现在在一些发达国家，各种项目的开发已经占据了国内生产总值很大的比例，各种研究与开发项目、软件开发项目、形形色色的工程项目仍在不断地增长。甚至有人预言，知识经济时代将是一个以项目生产方式为主的时代。因此，工程项目全面造价管理是一个顺应时代发展的管理新思想。

2）当今在工程造价管理方面的最新研究领域是对于工程项目全面造价管理理论与方法的研究。虽然开展对于全面造价管理思想与方法的研究时间还不长，但是已经取得了一定的进展，并且对于这一理论和方法的研究正在继续向深度和广度推进，可以肯定地说，全面造价管理最终将成为 21 世纪工程造价管理的主导方法。

3）有关工程项目全面造价管理的研究至今还存在着很大的局限性，这主要表现在：研究至今仍然局限在对全面造价管理概念和理论的研究方面，对于工程项目全面造价管理方法论的研究尚未取得突破性进展。因此研究并建立一套切实可用的工程项目全面造价管理的方法论是当今工程造价管理领域前沿性的研究课题。

4）关于工程项目全面造价管理具体技术方法的研究同样十分欠缺。国际全面造价管理促进协会给出的上述全面造价管理的方法基本上还是属于常规的造价管理方法。因此，有关工程项目全面造价管理的具体技术方法，也是工程项目全面造价管理领域急需研究的课题之一。

## 9.4 全过程造价管理

### 1. 全过程造价管理理论的产生

自 20 世纪 80 年代中期开始，我国工程造价管理领域的理论工作者和实际工作者中就有一批专家与学者，像龚维丽、徐大图、刘尔成等，先后提出了对工程项目进行全过程造价管理的思想。

进入 20 世纪 90 年代以后，我国工程造价管理学界的学者和实际工作者更进一步对全过程造价管理的思想与内涵提出了许多看法和设想。例如，余伟德认为全过程造价管理是实现工程目标的根本手段之一，他提出：只有做好全过程的造价管理和全面的造价管理，工程造价管理的目标才能实现；张瑞宇则从工程造价控制的角度提出：工程造价的控制必须从立项就开始全过程的控制，从前期工作开始抓起，直到工程竣工为止；石秀武提出造价管理与定额管理的根本区别就在于对工程造价开展全过程跟踪管理。他认为：“从定额管理到造价管理，并不是单纯的名称变更，而是任务、职责的扩大和增加，要从可行性研究报告开始，到结算全过程进行跟踪管理。”另外，深圳市建设工程造价管理站根据自身多年工程造价管理改革经验，从工程造价的确定与控制两个方面对全过程造价管理提出了自己的看法。他们认为：“工程造价管理与改革发展到今天，时代要求我们从建设工程的前期工作开始，对其全过程、全方位的工程造价进行‘合理确定’和‘有效控制’，提高投资的社会效益和经济效益。”另外还有许多人发表了自己在全过程造价管理方面的见解，这使得我国的工程造价管理实践从简单的定额管理逐步走上了全过程造价管理的探索之路。

为了推进我国的全过程造价管理的理论和实践研究，中国建设工程造价管理协会做了大量的推动和引导工作。中国建设工程造价管理协会理事长杨思忠先生 1995 年在中国建设工程造价管理协会第一届理事会的工作报告中全面总结了我国工程造价管理从传统的定额管理向全过程造价管理转变过程所具有的极其重要意义。他指出：“工程造价管理这一崭新的观念逐步深入人心……有不少省、自治区、直辖市的定额站（处）已改名为建设工程造价管理站（处），正逐步实现由概预算定额管理向全过程造价管理的转变。有的虽然暂时还难以做到全过程工程造价管理，但也能从各自的实际情况出发，联系全过程工程造价管理这个总趋势做好自己分管的工作。”这一总结表明了，至 1995 年，我国工程造价管理界对于全过程造价管理的探索，无论在理论上和实践上都已经取得了一定的成绩和共识，工程项目全过程造价管理的思想和理念已经在全国工程造价管理界有了广泛的认同。同时，这也标志着由我国提出的全过程造价管理思想的诞生，因为这一思想已经由国家级的专业协会认可和采用了。通常一项管理思想能够被称为主导性的管理思想，或一个管理学派能够成为主流学派，都需要借助于一个国家级专业协会的认同，或者自主成立一个国家级的专业协会去推广自己的管理思想和学说。

2. 全过程造价管理理论的发展

1997年，中国建设工程造价管理协会的学术委员会为推动我国的全过程造价管理的发展，进一步明确了有关工程造价管理的目标和管理方针。在其当年下发的文件《建设工程造价管理工作要素（征求意见稿）》中提出了："建设工程造价管理要达到的目标：一是造价本身要合理，二是实际造价不超概算。为此要从建设工程的前期工作开始。采取'全过程、全方位'的管理方针。"其中，"一是造价本身要合理"是指在工程造价确定方面努力实现科学合理；"二是实际造价不超概算"是指要开展科学的工程造价控制；而"为此要从建设工程的前期工作开始，采取'全过程、全方位'的管理方针"的核心则是采取"全过程造价管理"的方针。这表明我国在工程项目造价管理中采取的"全过程造价管理"的基本方针已经确立。

另外，国际上也有一些工程造价管理方面的研究文献中包含有全过程造价管理的思想和观念。虽然这些文献并不是专门讨论全过程造价管理思想和观念的，但是都涉及了这方面的内容。例如，R. I. Carr 在其论文"造价与工期的集成控制"中就对全过程造价控制进行了初步的探讨；S. Baker 和 K. Baker 在他们的《按时/按预算：管理任何项目所需的步骤与指南》一书中，也提出要对照实际进度和工程预算开展工程项目全过程造价管理的思想；另外，R. E. Dragoo 和 R. A. Letendre 在他们的"实时造价管理"一文中同样提出了只有用全过程的造价控制，才能管理好工程项目造价的观点。当然，在其他许多工程造价管理文献中也还有一些有关全过程造价管理的思想和观点，但是国际上其他国家的工程项目造价管理界都没有像中国工程造价管理界那样，对工程项目造价的全过程管理思想和观念给予极高的重视，并且将这一思想作为工程造价管理的核心指导思想。应该说，工程项目造价管理科学中的全过程造价管理的思想和观念，是中国工程造价管理学界提出的，是中国工程造价管理学界对工程项目造价管理科学的创新和重要贡献之一。

综合上述内容可以看出，由中国造价管理界提出的全过程造价管理在现阶段基本上还是一种工程项目造价管理的方针和理念。虽然已经对全过程造价管理的理论与方法进行了一定的探索和研究，但是仍然没有提出一套系统的全过程造价管理理论和方法体系，至少在现有的文献记载和学术讨论中尚未见到这方面的具体研究成果。到现在为止，工程项目造价管理学界还没有提出一套成形的工程项目全过程造价管理的具体技术方法。现有的工程项目全过程造价管理研究还局限在对于这一工程造价管理指导思想与方针的对错和是非的讨论阶段。但是，如果一种管理思想或理论没有具体方法的支持，是难以用来指导管理实践的。同样，如果只有全过程造价管理思想和理论，是难以真正实现对工程项目开展"全过程"造价管理的。这正是现在阻碍工程项目全过程造价管理进一步发展的主要问题所在。因此，现阶段必须集中力量尽快对工程项目造价管理中的"全过程造价管理"方法论开展全面深入而系统的研究，必须借助于现代管理科学最新的一些成本核算与控制的方法，尽快建立一套适用于工程项目"全过程造价管理"的方法论。

# 复习思考题

一、单选题

1. 全过程造价管理理论诞生于（ ）。

A. 法国　B. 英国　C. 美国　D. 中国

2. 全过程造价管理的主要方法是（ ）。

A. 基本方法和辅助方法　B. 全风险造价管理技术方法

C. 计划和排查方法　D. 造价预算的方法

3. 建设项目建造阶段可以分为（ ）三个阶段。

A. 开始、设计和施工　B. 设计、使用和清除

C. 决策、设计和施工　D. 决策、设计和使用

4. 下列关于造价管理理论叙述错误的是（ ）。

A. 全面工程造价管理理论可以用于管理任何企业、作业、设施、项目、产品或服务的工程造价管理的思想和体系

B. 全生命周期造价管理的根本方法是项目建设全过程中各相关单位分工合作，共同承担建设项目全生命周期的造价控制责任

C. 全过程造价管理把建设成本和运营维护成本割裂开来，导致建设项目的建设成本目标和运营维护成本目标容易发生冲突

D. 造价管理循环过程包括战略资产管理过程和项目控制过程

5. 下列关于全生命周期造价管理的应用叙述错误是（ ）。

A. 全生命周期造价管理方法是建设项目投资决策的一种分析工具

B. 全生命周期造价管理是实现建设项目全生命周期总造价最小化的一种方法

C. 全生命周期成本仅指资金意义上的成本

D. 综合考虑建设项目整个生命周期内各阶段成本间的互相制约关系，才有可能实现全生命周期成本的最优

6. 下列属于全过程造价管理方法的是（ ）。

A. 全团队造价管理技术方法　B. 计划与组织的方法

C. 造价预算的方法　D. 经济与财务分析的方法

二、多选题

1. 20世纪80年代，工程造价管理进入了新一轮发展，其中涌现的具有代表性的新理论有（ ）。

A. 全过程造价管理　B. 价值管理

C. 全生命周期造价管理　D. 全面造价管理

E. 项目管理

2. 下列对于全生命周期造价管理的叙述正确的是（ ）。

A. 全生命周期造价管理理论源自于中国

B. 全生命周期造价管理的核心思想是以较小的全生命周期成本去完成项目的建设与运营，从而实现项目价值的最大化

C. 建设项目的全生命周期是指包括项目的建造、使用以及最终清理的全部过程

D. 全生命周期造价管理不仅要考虑建设成本，还要考虑运营维护成本

E. 全生命周期造价管理常用于建设项目可行性研究阶段和设计阶段的造价

3. 全过程造价管理的两项基本内容是（ ）。

A. 造价的确定　　B. 项目的决策
C. 项目进度规划　　D. 项目交付
E. 造价的控制

4. 下列对于全过程造价管理的叙述正确的是（　　）。
A. 多主体的参与和投资效益最大化是全过程造价管理范式的核心概念之一
B. 全过程造价管理就是全生命周期的费用管理，包括全过程、全要素、全风险、全团队的造价管理
C. 全过程造价管理中的建设项目造价确定是一种基于活动的造价确定方法
D. 全过程造价控制技术是全过程造价管理的一种方法
E. 全过程造价管理是一种管理各种企业、工作、设施、项目、产品或服务的全生命周期造价的系统方法

5. 全生命周期的阶段包括（　　）。
A. 项目前期　　B. 保修期　　C. 使用期
D. 拆除期　　E. 建设期

6. 下列对于全面造价管理的叙述正确的是（　　）。
A. 全面造价管理不仅包含资金意义上的成本，还包括环境成本、社会成本
B. 全面造价管理包括全过程、全要素、全风险、全团队的造价管理
C. 项目工期、造价、质量的全要素造价管理方法，是针对建设项目具体活动和活动过程的
D. 基于项目活动与过程的全过程造价管理方法是全面造价管理方法论的基础和出发点
E. 生命周期成本分析和生命周期成本管理是全面造价管理的两个内容

7. 建设项目全面造价管理方法论的构成包括（　　）。
A. 全要素造价管理　　B. 全生命周期造价管理
C. 全风险造价管理　　D. 全过程造价管理
E. 全团队造价管理

8. 不确定性因素的存在使得建设项目的造价一般可分为（　　）三种不同造价。
A. 确定性造价　　B. 风险性造价
C. 完全不确定性造价　　D. 无风险造价
E. 全生命周期造价

9. 全面造价管理就是有效地使用专业知识和专门技术去计划和控制（　　）。
A. 资源　　B. 人员　　C. 造价
D. 风险　　E. 盈利

10. 一个项目的全过程造价控制工作主要包括（　　）。
A. 全过程中项目活动的控制　　B. 全过程中各阶段造价的确定
C. 全过程中项目资源的控制　　D. 全过程工作分解技术方法
E. 全过程的造价结算控制

三、简答题

1. 简述全生命周期造价管理的含义。
2. 列举几个全面造价管理中使用的方法。
3. 简述全过程造价管理的基本原理。
4. 全过程造价管理的方法包括哪些？
5. 简述全生命周期成本的构成。
6. 综合全面造价管理的研究现状，分析全面造价管理的优势和局限。

# 10

# 第 10 章 BIM 与工程造价管理

## 10.1 BIM 技术的定义与主要特征

### 10.1.1 BIM 技术的概念

BIM 的全称为 Building Information Modeling，中文译为建筑信息模型。BIM 是以三维数字技术为基础，集成了建筑工程项目各种相关信息的工程数据模型，对工程项目设施实体与功能特性的数字化表达。它通过参数模型整合各种项目的相关信息，在项目策划、项目建设、运行和维护的全生命周期过程中进行共享和传递，使工程技术人员对各种建筑信息做出正确理解和高效应对，为工程建设各参与主体提供协同工作的基础，在提高生产效率、节约成本和缩短工期方面发挥重要作用。

BIM 概念的提出可以追溯到 1974 年美国 Chuck Eastman 博士发表的论文。2002 年 Autodesk 收购创立于 1996 年的 Revit，并正式运用 BIM 一词，自此，BIM 开始发生了巨大的变化，也随之席卷全球建筑行业。同时，BIM 技术始终在不断发展，新领域和新的前沿因素也不断地扩充“BIM”的定义，衍生出像 BIM+、CIM 等更广泛的概念及定义。国内目前的主流认识将 BIM 界定为“全生命期工程项目或其组成部分物理特征、功能特性及管理要素的共享数字化表达”。在《建筑工程信息模型应用统一标准》中进一步将 BIM 细化为建筑信息模型、模型应用及业务流程信息管理 3 个既独立又相互关联的部分，并指出基于我国现状，由单一模型来实现 BIM 是不切实际的，因而改为多任务信息模型，以达到“数据共享、互相衔接、数据在建筑生命全过程应用”的目的。

### 10.1.2 BIM 技术的主要特征

1. 信息化

BIM 技术最显著的特征就是信息化，因为 BIM 技术就是在信息化基础上建立起来的，是一种综合性技术手段，主要利用数字手段进行信息集成。在工程项目的建设过程中，信息技术通常应用于测量、计算和成图中。现阶段，在工程项目建设中，BIM 技术能够实现工程设计的立体化模式，从信息多维度建立数字化模型，清楚地展示工程项目的实体效果，使整个工程清晰明了，立体直观。

2. 效率化

效率化是 BIM 技术的第二特征。BIM 技术在项目工程管理中发挥了很大的作用，不仅能提高管理水平，还能提高工作效率，所以说 BIM 技术具有效率化。以前的项目工程造价管理中，主要的管理方式就是利用图样和文字进行信息传递，延长施工周期，应用 BIM 技术后，能够直接对项目信息进行修改和整合，在节省工作时间的基础上，缩短施工周期。因此，利用 BIM 技术可以进一步实现造价管理，对成本进行合理控制，减少繁琐的施工程序。

## 10.2 BIM 在国内外的发展与应用

1. BIM 在美国的发展与应用

经过多年的发展，美国在 BIM 技术研究和应用方面处于世界领先地位，目前美国大多数建筑项目都已应用 BIM 技术。首先是建筑师引领了早期的 BIM 实践，随后是拥有大量资金以及风险意识的施工企业。当前，美国建筑设计企业与施工企业在 BIM 技术的应用方面旗鼓相当且相对比较成熟，但是在其他工程领域的发展却比较缓慢。

2. BIM 在国内建筑业领域的应用现状

（1）BIM 应用的起步阶段（2001—2006 年） BIM 技术在国内的应用起步于 2001 年。在政策方面，2001 年国家科学技术部制定了《“十五”科技攻关计划》，开展课题为“基于 IFC 国际标准的建筑工程应用软件研究”，开始 BIM 技术相关研究。在 BIM 国家研究课题方面，设立了国家自然科学基金项目“面向建设项目生命周期的工程信息管理和工程性能预测”（2004. 1—2006. 12），国家“十五”重点科技攻关计划课题“基于国际标准 IFC 的建筑设计及施工管理系统研究”（2005. 7—2006. 12），并有三个相关的子课题：《工业基础类 IFC 2X 平台规范》研究、基于 IFC 标准的 CAD 软件原型系统研究与示范应用、基于 IFC 标准的 4D 施工管理原型系统研究与示范应用。以上述两个国家研究课题为契机，我国进入了 BIM 技术研究的起步阶段。在项目应用方面，典型案例有北京奥运会国家游泳中心（水立方）、万科金色里程、上海中心大厦、杭州西溪会馆等工程项目。BIM 在这些项目中主要应用于设计阶段，如进行设计前期项目的功能分析、建筑综合设计等，计划在建设项目全生命周期中应用 BIM。通过具体的项目应用，证明了 BIM 有助于推进项目设计的深化。

（2）BIM 应用的上升阶段（2007—2010 年） 在政策方面，2006 年科技部发布了《“十一五”科技攻关计划》，对 BIM 技术的发展给予政策支持。在 BIM 研究课题方面，主要有国家“十一五”科技支撑项目课题“现代建筑设计与施工一体化平台关键技术研究”，相关子课题“建筑设计与施工一体化信息共享技术研究”，国家“十一五”科技支撑项目课题“基于 BIM 技术的下一代建筑工程应用软件研究”，以及中国工程院和国家自然科学基金委联合课题“中国建筑信息化发展战略研究”。相关研究取得了可喜的成果，在标准研究成果方面主要有《工业基础类平台规范》；在基础研究成果方面主要体现在开发了面向设计和施工的 BIM 建模系统；在应用研究方面开发了基于 BIM 的工程项目 4D 施工管理系统。在项目应用方面，主要应用于上海世博会的德国国家馆、奥地利国家馆和上汽通用企业馆，苏州星海生活广场、中央音乐学院音乐厅以及银川火车站等工程项目。其应用阶段主要为设计阶段、深化设计阶段、模拟施工流程，实现了建设项目施工阶段工程进度、人力、设备、成本和场地布置的 4D 动态集成管理以及施工过程的 4D 可视化模拟。

（3）BIM 应用的快速发展阶段（2011 年至今）　在政策方面，2011 年住建部发布了《2011—2015 年建筑业信息化发展纲要》，界定了“十二五”规划期间建筑业信息化发展的总体目标。2012 年中国 BIM 发展联盟成立，着力加强我国 BIM 软件开发、技术研究和标准制定。2013 年成立了中国 BIM 标准委员会，对于加快我国 BIM 国家标准体系的建设步伐，促进管理制度改革具有重要的意义。2013 年中国 BIM 标准委员会发布了《绿色建筑设计评价 P-BIM 软件功能与信息交换标准》，标志着中国 BIM 系统编制工作正式启动。在国家研究课题方面，主要的代表性课题有国家 863 课题“基于全生命周期的绿色住宅产品化数字开发技术研究与应用”（2013—2016），以及国家自然科学基金项目“基于云计算的建筑全生命周期 BIM 数据集成与应用关键技术研究”（2013. 1—2016. 12）。研究成果方面，在标准研究方面主要有《中国建筑信息模型标准框架研究》《建筑施工 IFC 数据描述标准的研究》。在基础研究方面开发了“基于 IFC 的 BIM 数据集成与管理平台”，实现了 BIM 数据的读取、保存、提取、集成，子模型定义、提取与访问等功能，支持设计与施工 BIM 数据交换、集成共享。在应用性研究方面开发了“基于 BIM 技术的建筑设施管理系统”“基于 BIM 技术的建筑成本预测系统”“基于 BIM 技术的建筑节能设计系统”“基于 BIM 技术的建筑施工优化系统”“基于 BIM 技术的建筑工程安全分析系统”“基于 BIM 技术的建筑工程耐久性评估系统”“基于 BIM 技术的建筑工程信息资源利用系统”等。

在项目应用方面，主要案例有西部某高铁三维设计，BIM 技术在线路、路基协同设计中应用，建立大量参数化桥梁结构族库，并定制了相关的视图样板和明细表模板。深圳平安金融中心项目部与计算机公司联合，搭建了 BIM 私有云平台，满足项目现场管理、BIM 技术开发应用、信息化集成系统的应用，有效保证了各项先进技术在平安机电项目上的应用。首都机场地区标志性建筑“国门第一高”超高钢结构封顶中应用了 BIM 技术，通过 BIM 模型对工程空间、时间、成本等要素进行综合分析，模拟施工环节，开辟了垂直运输组织管理、大型构件预拼接等多个应用领域。

## 10.3 BIM 在中国建筑业应用与发展的障碍

### 1. 建筑领域传统思维及方法的转型障碍

BIM 是一个涵盖建设项目整个生命周期各流程环节的完整的技术理念，然而，BIM 的应用还处于转型阶段。对建筑信息模型的应用费用高、应用软件体系不健全、培训难度大、建模困难以及短期的工作效率低等因素，使得建筑行业转型的驱动力不足，同时工程技术人员的心理和思维方式对建筑业转型的阻力也比较突出。对 BIM 认识的另一个传统思维障碍是，目前建筑领域的设计成果仍然是以二维平面图的方式表达，缺乏改变传统的设计交付方式的勇气；同时对 BIM 的认识存在误区，认为开发一款软件能将建筑信息模型的所有功能都涵盖进去，而这不论从技术还是效益方面都是不现实的。而且 BIM 不仅是软件，还是一种理念，是一种对建设项目的“全局观”。

### 2. BIM 综合应用模式缺乏

目前 BIM 的应用主要集中于设计领域，在工程项目的其他阶段还没有得到很好的应用。推动 BIM 在建设项目全生命周期的综合应用需要探索与借鉴，而当前国内外都缺乏具有典型意义的 BIM 综合应用模式的案例。推动 BIM 综合应用是建筑领域的新的变革。由于资金投入过大、业务不熟练、技术缺陷和应用模式不完善等因素，导致 BIM 综合应用模式在缩短工期、提高项目投资收益率、降低成本等方面收效甚微，从而使得建设单位等缺乏变革的积极性。

#### 3. BIM 应用的大环境不够成熟

我国目前与 BIM 相关的标准规范与法律责任界限不明，BIM 软件的本土化程度不高，从而导致推广应用的大环境不够成熟。BIM 技术应用于施工时所产生的建设工程项目风险的承担和保险，BIM 模型的所有权，以及该技术模型数据错误而导致重大损失所引起的索赔、争议等法律责任问题都有待解决；同时建设项目各参与单位之间的法律责任界限也需要明确。目前我国建筑行业的设计成果主要以二维平面图的形式表达，BIM 技术在生成二维图样方面缺乏国家相关标准规范的支持，从而导致部分细节表达混乱，凸显了我国 BIM 标准制定的滞后性。此外在不同项目参与方之间的数据交互性方面，也缺乏相关标准规范的支持，这些都是推广 BIM 应用亟须解决的问题。比如在东莞厚街体育馆项目中，其建筑模型通过 Revit Architecture 建立，结构模型采用 TeklaStructure 建立。施工图设计时需要将已创建的三维模型转变成二维信息，利用软件自动生成二维信息，但是国内却没有统一的 BIM 标准规范作为支撑，使得生成的二维施工图不能完全达到国家标准的要求，从而增加了设计的工作量。

#### 4. BIM 软件信息集成和共享方面存在障碍

大型建设工程项目是一项复杂和综合的建设活动，它涵盖了众多的项目参与单位，同时各个单位在建设项目全生命周期会产生大量的信息。由于 BIM 数据需要依赖软件平台集成和共享，如何从根本上解决建设项目全生命周期 BIM 技术应用系统之间的信息断层，实现 BIM 数据信息的集成、共享和高效利用，是我国建筑领域数字信息化面临的突出问题。当前缺乏合适的协作平台和工具集成、共享建设项目不同阶段的 BIM 数据信息，不同软件之间的数据交换接口的兼容不完善，不同公司开发的 BIM 软件之间的数据信息关联性程度不够，无法实现数据信息的完美传递。同时，我国建筑领域在应用 BIM 对建设项目各阶段的 BIM 数据信息进行集成和数字化表达、实现信息共享的过程中，需要统一的数据表达和传输标准。而 BIM 的应用还处于初期阶段，国家和地方相关的 BIM 标准规范还处于调研、制定阶段，相对滞后。

比如在凤凰国际传媒中心的建设项目中，建筑造型曲面形式多样，空间关系复杂，涉及的软件和各参与方协调工作量大，交叉作业多。在应用 BIM 技术时出现了各专业数据整合和协调的问题，不同建设阶段各软件之间并行、兼容以及数据信息共享的问题，各参与方之间协同配合的问题等，影响了应用 BIM 的预期效果。

## 10.4 基于 BIM 技术的工程造价管理的特点

基于 BIM 技术的工程造价管理有以下特点：

1）BIM 模型承载了建筑物的物理特征、功能特征、时间特性等大量的信息，这些信息也是工程造价管理的必备信息，有效而合理地利用这些信息，是未来工程造价管理需要解决的重大问题。

2）BIM 模型丰富的参数信息、多维度的业务信息能够在任何时点，提供翔实可靠的技术经济信息，能够动态、准确的进行各时点的成本分析和控制。工程造价从业人员将从繁重的算量、对量、审核工作中解放出来，可以更加深入地对价格组成、成本管理等工作进行研究，能够以最少的时间实时实现任意维度的统计、分析和决策，保证了多维度成本分析的高效性和精准性，以及成本控制的有效性和针对性，促进工程造价行业整体水平与能力的提高。

3）BIM 模型除了加载了建筑物的物理、时间、成本、合约等方面的信息外，也是建设方与参建各方协同工作的资源平台，可以说是集设计资源、施工资源、成本资源等各类信息于一体的综合性数据库。另外，BIM 模型带来了另外一种思维模式：采用三维模型进行数据积累，方便随调随用，逐步加大工程信息数据的对比和分析，对于数据的再次利用有着极大的价值。

## 10.5 基于 BIM 技术的造价管理与现行的工程造价管理对比分析

**1. 现行工程造价管理的应用现状**

现行工程造价管理的应用现状都是在建筑 CAD 图样的基础上，建立算量模型，然后，依据工程计量和计价相关的标准规范，计算出相应的工程量，然后直接进行计价，最终出具造价文件成果。所出具的造价文件成果能得到充分的应用和认可，有较高程度的应用基础和相应法律保障。

但是，现行工程造价管理工作之中，对于工程算量模型的建立占据了大量的时间，而动态的成本控制方法不是工作核心，因此难以提升工程造价管理的价值。而且，造价管理只是阶段式的工作模式，主要应用阶段停留在工程项目的实施阶段，如招投标阶段、施工阶段、竣工结算阶段等，而对于项目前期的投资决策阶段、设计阶段是薄弱环节。

另外，设计、施工、造价等项目建设参与各方处于阶段式分离状况，参与各方专注于各自行业范围内的工作。设计方着力于符合设计相关规范和要求，施工方着力于施工过程质量进度安全的管理控制，而造价方着力于项目造价控制，各方缺乏必要的沟通衔接与协同，参与各方分离严重。由于建设项目的独特性使得造价数据十分离散，工程造价行业的数据积累十分薄弱。在以往的工程造价管理工作中数据成果微乎其微，与国民经济建设的发展要求和建设行业的管理要求差距很大，造价数据成果的累积存在一定的行业技术壁垒。

**2. BIM 技术在工程造价管理应用上的优势**

BIM 技术作为工程造价管理中便捷、高效的工具，它在工程造价管理方面的优势有：

1）BIM 技术将有效缩减算量工作时间，提高工程计量的准确度与效率，实现对整个工程造价的实时、动态、精确的成本分析。BIM 技术在工程造价管理中的应用，在一定程度上提高了工程量计算的准确度与效率，也直接缩减了算量工作时间。工程造价从业人员将从繁重的算量、对量、审核工作中解放出来，可以更加深入地对价格组成、成本管理等工作进行研究，可以实现实时、动态、精确的成本分析，协助建设方提高对建设成本的管控力度，展现出工程造价的价值所在。

2）BIM 技术的应用有利于推进全过程、全生命周期造价管理模式的开展。BIM 模型将建设项目建设过程的各种相关信息，通过 BIM 三维模型的形式将各个阶段相互串联起来。BIM 模型为建设参与各方提供信息共享平台，实现远程信息传递和信息共享等服务，有效避免数据的重复录入，实现了项目各个方面的协同与融合。因此，BIM 技术的推广有利于全过程、全生命周期的工程造价管理模式的开展。

3）BIM 信息化应用程度高。BIM 技术加强了建设工程参与各方的协同合作，提升了造价管理效率。BIM 技术作为一种信息化集成应用手段，将设计、采购、施工等各方协同进行统一管理，使阶段式分离的建设管理工作模式不复存在，直接加强了建设工程参与各方的协同合作。建设参与各方将以此捆绑在一起，联合集中处理和解决工程问题，有效优化工程设计质量，减少设计变更、工程索赔等，提升造价管理的工作效率。

4）BIM 技术可以满足大体量、特殊异型项目的工程计量和计价要求。在 BIM 技术条件下，大体量、特殊异型构件等不再是工程计量的难题。它在适当修改工程造价管理规则的基础上（如 BIM 计量规则等），基于信息准确的 BIM 模型将迅速提供建设项目工程量信息，可以满足大体量、特殊异型项目的工程计量和计价要求。

5）BIM 技术有助于工程造价数据的积累和共享。BIM 技术作为一种能追根溯源的信息技术，它带来了另外一种思维模式：采用统一标准建立的三维模型可以进行数据积累，且数据方便调用、对比和分析，可以直接协助进行工程计价，并提供相应的数据支持。同时，通过统一的数据接口，BIM 模型可以支持数据存储、传输以及移动应用，支持工程造价管理的信息化要求，是工程造价精细化管理的有力保障。

从现有阶段来看，虽然 BIM 技术在工程造价管理应用上尚处于萌芽阶段，其优势尚未得到一定程度的展现。但是，BIM 技术在工程造价管理应用上的优势远超原有工程造价管理的优势，作为一项新技术值得更进一步的探索和学习，找到新技术条件下的应对机制，充分体现 BIM 技术在工程造价管理应用的价值。

## 10.6 BIM 技术在建筑工程造价管理中应用的意义

### 1. BIM 技术有助于项目数据库的建立

在 BIM 技术中有一个非常重要的组成部分，即 BIM 技术的数据库。这套数据库在建筑工程造价项目中的作用，在于可以进行设计阶段造价数据以及施工阶段工程数据的存储。同时 BIM 技术的数据库是其实现建筑信息模型构建的关键因素。另外，BIM 技术的数据库控制系统操作非常容易，而且其中的存储数据并不是固定的，它可以根据建筑工程施工现场的各种变化动态改变，以便于设计人员能够及时更改数据库中的对应信息。除此之外，BIM 技术的数据库信息可以实现在互联网中传播。

### 2. BIM 技术有助于项目的计划工作

BIM 技术是针对建筑工程设计阶段的造价任务而开发的，它的主要功能是针对整个建筑工程施工过程进行前而设立的。也就是说，BIM 技术体现在建筑工程的准备阶段。在准备阶段，建筑工程设计人员需要对后续各个阶段的工作任务进行工程量、工程进度的划分。同时，其中还应该包括每个阶段的资金消耗、人员安排、建筑材料购买情况等。BIM 技术的这一功能可以使整个建筑工程有所控制，这是其计划功能支持作用的一大表现。

### 3. BIM 技术有助于项目的决策工作

一般地，工程设计人员利用 BIM 技术设计出建筑模型，随后利用视觉影视技术将其进行虚拟呈现，将整个施工过程以动态形式表达出来。建筑工程开发商可以很直观地提前知道整个工程是怎样施工的，以及施工完成后的建筑物与自己心里的构想是否一致。另外，通过这种方式还可以对不同建筑材料完成的建筑物进行抵抗力测试实验，最终选择硬度最强的建筑材料供正式施工使用。

4. BIM 技术有助于项目的模拟化与可视化

建筑信息技术模型在模拟性与可视性方面有些重大的作用，模拟性的精准、可视性的突破都是BIM技术的优点。在设计方面，BIM技术与CAD技术相互辅助、相互结合，利用BIM精准的模拟化使信息输出与实际紧密结合，从而进一步提高工程各方面的质量。在投资与决策方面，重点突出了BIM技术的可视化，向投资商和承包商展示建筑工程的整个过程，了解资金在各个阶段的基本使用状况。所以通过BIM的可视化可以合理地控制工程造价。

## 10.7 基于 BIM 的工程项目全过程造价控制方法

对于造价控制，通过在设计阶段建立BIM模型，并定义模型各类构件的属性，即可自动提取工程量。同时项目各参建方，如建设单位、施工单位、设计单位以及监理、咨询、审计等，都是基于统一的BIM模型得到的工程量，这样便可减少核算、审计等环节的时间和费用，同时也为合同商务谈判建立了统一的依据，减少了施工单位的不平衡报价。造价师从繁琐的工程算量、对量、审计中解脱后，便可投入更多的精力进行全过程的造价控制。目前，我国工程基本建设程序依次为决策、设计、招标、实施、竣工验收5个阶段。

### 10.7.1 决策阶段的造价控制

决策阶段主要是通过对不同的投资方案进行经济和技术论证，分析项目的必要性和可行性，并最后选择出最佳方案。统计表明，决策阶段对工程造价的影响程度高达80%~90%。投资估算是造价控制的总目标，是项目投资决策的重要依据，是多方案比选、优化设计、正确评价建设项目投资合理性的基础。投资估算应涵盖项目从构思决策、勘察设计、施工直至竣工运营的全部费用，精度要求在±30%以内，并以此对总概算进行控制。在工程造价管理决策阶段应用的相关控制方法有：

（1）市场调查研究　要做好项目的投资估算，就需要建设单位人员积极主动搜集各种工程相关资料，如工程场地的水文地质情况、工程所需主要材料设备的市场情况、工程所在地周边环境、水电路状况以及现有类似已完工程的造价资料等，同时建设单位造价人员要对所搜集的资料做认真分析，甚至做相关调整，保证项目投资预测分析数据的准确可靠。

（2）专家论证法　对项目的建设方案、建设规模及建设标准，聘请有经验的专家从技术、经济等多方面进行评价，并提出相应的修改意见，从而为决策者选择合理的方案提供多方面的建议。

（3）价值工程　价值工程是以提高产品或作业价值为目的，通过有组织的创造性工作，寻求用最低的生命周期成本，可靠地实现使用者所需功能的一种管理技术。决策阶段可通过价值工程，对各方案进行功能分析与成本分析，找出价值最高的投资方案。

（4）BIM信息化智能决策　建设单位在决策时，可借助BIM系列的相关软件，如用Revit创建工程实体BIM模型，用GIS与Inforworks软件创建地质模型，进行方案的厂址、规模以及道路路线等选择，同时将项目方案的进度安排、投资估算等数据指标与财务分析管理系统集成，一旦进行参数修改，便可迅速根据更新方案实时获得各方案的投资收益指标，为建设单位最终决策提供可靠的依据。

### 10.7.2　设计阶段的造价控制

工程设计阶段是建设单位落实建设方案的阶段。根据建设项目的不同情况，设计过程一般划分为初步设计和施工图设计两个阶段。大中型及特殊项目中间要进行技术设计，即三阶段设计。相应于设计阶段的造价管理，初步设计阶段的主要任务是编制项目设计总概算，其精度要求在正负 20%以内。扩大初步设计阶段的任务是编制修正设计概算。修正概算编制的要求精度在正负 10%以内。设计概算，是由设计单位根据初步设计以及概算定额，编制的建筑安装工程总费用的经济文件。在我国，经过政府部门批复的设计概算是工程造价控制的最高限额。在建设项目施工图设计阶段的造价管理的主要任务是编制施工图预算，其精度要求在正负 5%以内。在工程造价管理设计阶段应用的控制方法如下：

（1）精益设计　以精益思想为指导原则，对建设工程项目进行全面优化，尤其是对管理程序和管理方法进行重新设计，以满足工程功能为核心，在保证工程质量、满足规范要求和消耗最少资源和时间的前提下，完成建设任务的新型管理模式。

（2）限额设计　所谓限额设计，就是要按照批准的设计任务书及投资估算控制初步设计，按照批准的初步设计总概算控制施工图设计。它包括两方面内容，一方面是项目的下一阶段按照上一阶段的投资或造价限额达到设计技术要求，另一方面是项目局部按设定投资或造价限额达到设计技术要求。

（3）方案优化　即先由主设计单位提供初步设计，再另选一家资质相同或更高的设计单位对该设计进行审查，并向建设单位提交优化改进意见。经过两家设计单位对设计文件的双重审查，从而确保设计文件的质量、功能、美观达到最优化。方案确定后，再由设计单位领导、外聘专家、政府机关等专家传阅、审查和签署意见。

（4）BIM 审图　设计单位可以运用 BIM 技术对工程实体进行节能、日照、采光、通风、隔声噪声等设计分析，并对信息模型及时更改，分析对工程造价的影响，在控制范围内实现对方案的比选与不断优化调整。此外，设计阶段还可以运用 BIM 相关软件（如广联达 BIM5D、Navisworks 等）实现工程虚拟施工、漫游，碰撞检查等，及时发现设计中各专业的不对称等错误，及时改正，减少施工期间的工程变更，同时为编制施工图预算、招标控制价提供更可靠的依据。

### 10.7.3　招标阶段的造价控制

工程招标阶段的主要工作是选择合理的招标方式，制定严格的招标程序与详细的评标细则，设置合理的招标控制价，择优选择出更合理的投标价和有能力的承包商。对于造价管理，工程中标价不应高于招标控制价，便于项目有效地进行投资控制；同时，不应低于工程的最低招标控制价，避免造成投标单位为降低工程成本而偷工减料、拖延工期；在施工招标阶段，编制合理的招标控制价，设置合理的评标方法是控制工程造价管理的基础。目前，招标阶段造价控制的主要措施有：

（1）招标控制价的编制　使用 BIM 技术，招标方不仅可以通过 BIM 模型直接提取项目全部工程量信息，以避免漏项情况发生，而且还可以从软件中直接套取最接近市场的价格，完成招标控制价的编制。

（2）招标文件的编制 招标方在发放招标文件时，可将BIM模型和工程量清单一起发放给拟投标单位，而投标方则可根据BIM模型自动提取工程量或者对量，并根据招标文件的要求、企业自身的技术及管理水平来填报单价，从而节约复核时间。此外，采用BIM模型，由于模型的统一，还可以避免投标单位采用不平衡报价。

（3）设置合理的评标方法 根据国家标准施工招标文件的要求，鼓励采用电子招标的方式，实现招标无纸化、快捷化和透明化。常采用的评标方法还是经评审的最低投标价法和综合评估法。招标过程可借助BIM招投标信息化管理系统进行快速合理招标。

### 10.7.4 施工阶段的造价控制

项目施工阶段是按施工图设计的内容要求，将材料、设备等变成工程实体的主要阶段。对于建设单位，在这一阶段，工程造价控制的主要任务是根据动态控制，将实际费用与计划对比，严格控制工程设计变更、签证与索赔，做好工程款支付的工作，来达到降低工程造价的目的。这一阶段工程造价的控制方法主要有：

（1）根据资源使用计划，做好工程采购与结算 目前根据审核通过的BIM设计模型，在造价软件中直接勾选或框选构件图元信息，就可获取工程任意部分的工程量及其造价。此外，通过BIM相关软件的应用，不仅可以实现按时结算，而且还可以根据工程进度进行精确采购和按额领料，以及在BIM模型上添加时间进度和成本信息，自动提取工程各阶段的资金计划、材料采购计划和劳动力计划等资源使用计划。这样通过BIM技术的应用，可使得工程采购管理和工程结算简单、快捷与准确。

（2）严格控制工程变更、签证与索赔 在施工过程中，由于工程技术含量高，建设周期长，施工工艺复杂，设备材料型号规格多，价格变化快等诸多不确定因素，工程合同不可能对整个工程施工期间出现的各种不可预见的情况做出完整的预见和约定。所以工程变更与现场签证在所难免。在设计阶段，可通过BIM技术对工程进行严格审查，减少工程变更。在施工阶段，如果确实需要变更，也可以根据BIM模型，实现一处修改、处处联动的变更机制，得到变更后的效果与费用，从而决策工程变更的必要性。此外，由于根据BIM技术，可以准确直观地表达变更款项信息，减少了超付或延付现象，从而大大降低索赔情况的发生。

### 10.7.5 竣工阶段的造价控制

目前建设工程竣工结算存在的主要问题有以下几个方面：如虚报工程量、高套定额、提高材料价格、提高取费标准及资质等级、虚设和虚增费用、利用定额不完善提高造价等。所以，竣工阶段最重要的工作是竣工结算的审查。竣工结算审查的内容主要是审查工程是否按合同要求完成以及施工单位所报工程量的准确性，只有完成合同要求的全部内容并且经建设单位验收合格后才能办理竣工结算。检查隐蔽验收记录；落实设计变更签证；核实竣工图是否完整；核实现场签证，按合同约定对变更工程量、变更的综合单价，合理计取相关费用，防止各种计算误差。

利用BIM技术，可将工程实体的所有物理信息、几何信息等属性载入BIM模型，如各构件的材质、出厂信息、工程量、价格以及施工进度等，并随着工程项目的进展不断更新。因此，竣工结算时建设单位和施工单位使用同一个竣工BIM模型进行项目管理和结算，节省结算审计的时间和费用，从而大大简化竣工结算流程。此外，竣工移交阶段根据工程的实际情况和信息，建立 BIM 数据库，也便于后期工程的运营维护。

综上所述，BIM 技术能够将大量的、重复的、机械的算量工作交给机器去做，这对工程全过程造价控制有着极大的推动作用，从未来趋势来看，基本上所有的工程项目都会使用 BIM 技术进行造价成本管控。

## 10.8 营改增下基于 BIM 技术的工程造价管理

造价营改增新税制的实施对工程造价产生全面和深刻的影响，它解构了目前的造价体系，工程计价规则、计价依据、造价信息等都将发生深刻的变革，建设参与各方主体的造价管理也须根据新的制度进行相应调整。营改增后，工程造价管理的市场化、信息化要求越来越高，BIM 技术应用于工程造价管理为有效克服部分现行缺陷提供了可能。BIM 技术在造价方面快速、准确算量和对工程施工动态实时掌控，多角度算量对比，较好地解决了海量建筑信息共享利用的难题和高效的造价控制问题，对造价管理的改革发展意义重大。

实行营改增后，建筑业存在大量的人工费、材料费、机械费、其他费用等成本费用的进项税额抵扣问题，反映到造价管理中，则要求建设过程中尽可能详尽地实时掌控具体用量和成本信息，合理配置建设资源，对造价管理的信息化要求提高。BIM 技术的发展将逐渐实现有利于造价管理的 5D 技术及方法，提供成本、合同管理的信息，增加变更索偿的可行性，以提高工作效率，避免浪费。

## 复习思考题

1. 简述 BIM 的定义及特点。
2. 简述基于 BIM 的全过程造价管理。
3. 简要分析 BIM 技术在造价行业运用的优势和局限性。
4. 简要分析建立基于 BIM 的企业信息化平台的必要性。
5. 简述 BIM 在技术方面和经济方面的应用。
6. 针对 BIM 应用存在的问题，分析如何完善 BIM 应用。

# 参考文献


[1] 规范编制组. 2013 建设工程计价计量规范辅导［M］. 北京：中国计划出版社，2013.

[2] 全国造价工程师执业资格考试培训教材编审组. 工程造价计价与控制：2009 年版［M］. 北京：中国计划出版社，2009.

[3] 中国建设工程造价管理协会. 建设项目设计概算编审规程［M］. 北京：中国计划出版社，2007.

[4] 中国建设工程造价管理协会. 建设项目投资估算编审规程［M］. 北京：中国计划出版社，2007.

[5] 中国建设工程造价管理协会. 建设项目工程结算编审规程［M］. 北京：中国计划出版社，2007.

[6] 中国建设工程造价管理协会. 建设项目全过程造价咨询规程［M］. 北京：中国计划出版社，2009.

[7] 刘允延. 建设工程造价管理［M］. 北京：机械工业出版社，2008.

[8] 庄呈君. 建筑工程造价［M］. 北京：中国建筑工业出版社，2007.

[9] 梁前明，郭方胜. 建筑工程产品价格与工程造价的概念比较［J］. 山西建筑，2004，30（15）：135-136.

[10] 熊伟，王辉. 工程造价的概念与内涵［J］. 建筑，2006（9）：25-26.

[11] 王和平，赵丙芬. 工程造价管理中几个概念的界定问题［J］. 工程造价管理，2003（5）：24-27.

[12] 尹贻林，严玲. 工程造价概论［M］. 北京：人民交通出版社，2009.

[13] 戚安邦，孙贤伟. 建设项目全过程造价管理理论与方法［M］. 天津：天津人民出版社，2004.

[14] 郭婧娟. 工程造价管理［M］. 北京：清华大学出版社，北京交通大学出版社，2005.

[15] 董士波，潘盛军. 工程造价管理理论的现状与发展方向［J］. 工程造价管理，2003（6）：19-26.

[16] 中华人民共和国住房和城乡建设部. GB 50500—2013　建设工程工程量清单计价规范［S］. 北京：中国计划出版社，2013.

[17] 国家发展改革委，建设部. 建设项目经济评价方法与参数［M］. 3 版. 北京：中国计划出版社，2006.

[18] 郝建新，蔡绍荣，李小林. 美国工程造价管理［M］. 天津：南开大学出版社，2002.

[19] 尹贻林，申立银. 中国内地与香港工程造价管理比较［M］. 天津：南开大学出版社，2002.

[20] 王振强，夏立明，吴松，等. 日本工程造价管理［M］. 天津：南开大学出版社，2002.

[21] 刘琦. 工程造价管理的理论与方法［M］. 北京：中国电力出版社，2004.

[22] 赵振宇，刘伊生. 基于伙伴关系的建设工程项目管理［M］. 北京：中国建筑工业出版社，2006.

[23] 严玲，尹贻林. 工程计价学［M］. 3 版. 北京：机械工业出版社，2017.